有機金屬化學

Organometallic Chemistry

■ 洪豐裕

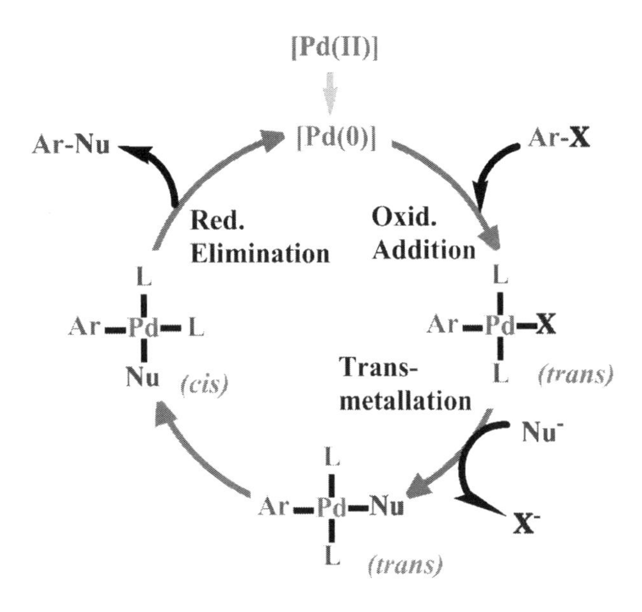

airiti press
華藝學術出版社
國立中興大學出版中心

謝誌

很高興這本書能如期問市。能夠為臺灣的化學教育留下隻字片語，個人實感榮幸。如果這本書對閱讀者有所幫助的話，我應該謝謝曾引導我進入化學這個領域、促使我日後對化學產生興趣，以及不斷提供我追求化學知識動力的多位相關學門的老師們。最早引發個人對化學萌生興趣的是燃燒現象，小學時期看到硫磺燃燒時的多種火燄顏色變化而深受吸引。大學時期有多位老師的淵博學識，再度引發個人對化學知識追求的憧憬。我要感謝已故清華大學化學系張昭鼎教授，個人在大學部期間修過他開的大一普通化學及大三無機化學，他是一位博學又關心社會動態及科學教育的長者。也要感謝我博士論文的指導老師美國印地安那納州 U. of Notre Dame 化學系的 Thomas P. Fehlner 教授，他是位有耐心又友善的紳士。我也要感謝歷年來從我實驗室畢業的學生們，他們經常做出一些我原先沒有規劃的研究結果，使得我必須在他們出乎預料卻充滿趣味的實驗現象後面追著跑。另外，中興大學化學系上過我開的有機金屬化學及配位化學課程的學生們，也讓我學習到教學相長的功課。最後要謝謝幫助我使此工作能順利完成的每一位，包括家人、中興大學化學系同事及學生，並要感謝中興大學圖書館出版組同仁的幫忙及出版社人員的編輯及校正。

洪豐裕

中興大學化學系

2014 於台中

前言

傳統上，化學學門分為「有機化學」、「無機化學」、「物理化學」及「分析化學」四大領域。後來，「生物化學」也漸漸成為另一個重要化學領域。早期這幾個領域在教學及研究上涇渭分明，近來則因跨領域研究的盛行，這種傳統上的區分已漸模糊。1981 年諾貝爾化學獎得主霍夫曼 (R. Hoffmann) 在得獎演說中，強調他所提出的軌域瓣類比 (Isolobal Analogy) 的概念是想要在「有機」和「無機」化學間做一座橋樑，俾使分別在這兩大領域研究的化學家能增進彼此之間互相溝通的可行性。「有機金屬化學」的興起即是在此兩大領域中做一座橋樑，結合雙方的長處而發展出來的一門跨領域的學問。

近代有機金屬化學的重新發展在歷史上一般均歸因於 1951 年鐵辛 (Ferrocene, $(\eta^5\text{-}C_5H_5)_2Fe$) 的合成及鑑定。而這學門發展的動力則和某些有機金屬化合物的優異催化能力有關。應用有機金屬化合物在「均相」及「非均相」觸媒反應的工業合成上早已樹立許多成功的典範。近年來，有機金屬化合物在有機「不對稱合成」上亦扮演一決定性角色。當然，這些成功的應用例子的背後是無數化學家在基礎研究上的辛勤努力所結出的果實。其中，如玻璃真空系統的改良、高壓反應器的改進、合成方法的推陳出新、先進分析儀器的日新月異、新的鍵結理論加上電算量子化學的精益求精等等，這些都是促使有機金屬化學快速發展的幕後功臣。

本書在題材的編輯上偏重化合物的結構分析及鍵結理論的介紹，而化合物的合成方法因為種類太多且繁瑣，只舉一些具代表性的合成方法加以說明。有機金屬化學應用的部分則置於本書後段。這些催化反應不論在學術界或工業界都帶來很大的方便性及時間和經費上的節省，這是催化反應的強項，也符合永續（或綠色）化學強調的精神。「硼化學」亦在本書中佔一些篇幅。嚴格來說，硼化學不屬於有機金屬化學的範疇；然而，因它的鍵結模式和過渡金屬叢化物有相當的相似性，且早期硼化學的發展，不論在鍵結理論上或合成技術上對有機金屬化學的發展有一定的貢獻，因此列入本書。每個章節後面都有「充電站」討論附加的議題。之後還有「練習題」，讀者可以從「練習題」的習作中更掌握每個章節的重點。最後是「章節註釋」，只擇取其中具代表性者。

有機金屬化學涉及的領域範圍相當廣。很明顯地，以本書篇幅無法完全涵蓋此領域所有內容。本書的架構是依個人有限的知識及對特定內容偏好所選定編輯而成，遺珠在所難免。個人誠摯希望本書是一本合適於「有機金屬化學」課程的教材，更希望讀者發現「有機金屬化學」是一門有趣且有用的學問。

有機金屬化學

目錄

謝誌 i

前言 iii

第 1 章　有機金屬化學簡介

1-1　有機金屬化學定義 1

1-2　配位化學和有機金屬化學的差異 1

1-3　蔡司鹽的發現 2

1-4　β- 氫離去步驟的分解機制 3

1-5　鐵辛的發現 3

1-6　威金森催化劑的發現 5

1-7　未來展望 6

第 2 章　常用化學鍵結理論

2-1　分子的結構和鍵結 17

2-2　八隅體規則 18

2-3　分子軌域理論 19

2-4　價鍵軌域理論 22

2-4-1　混成 22

2-5　價軌層電子對斥力理論 24

2-6　十八電子規則 25

2-7　金屬－金屬鍵 29

2-8　叢金屬化學 29

2-9　非傳統的鍵結模式 30

2-10　硬軟酸鹼理論 32

2-11　結語 33

第 3 章　配位基的角色

3-1　配位基的角色　49

3-2　常見配位基提供的電子數　49

3-2-1　μ-、η- 的定義　50

3-3　金屬羰基化合物　51

3-3-1　蒙德法純化鎳　51

3-3-2　互相加強的鍵結模式　53

3-3-3　金屬羰基叢金屬化合物　54

3-4　金屬磷基化合物　57

3-5　杜瓦－查德－鄧肯生模型　60

第 4 章　配位基的種類

4-1　一碳化學　71

4-2　NO^+ 和 CN^- 配位基　72

4-3　其他常見配位基　73

4-3-1　二烯錯合物　75

4-3-2　丙烯基錯合物　78

4-3-3　環戊二烯基錯合物　78

4-3-4　環戊二烯基錯合物的結構　79

4-3-5　茚基效應　83

4-4　其它的芳香烴錯合物　86

4-5　苯構體錯合物　86

4-6　其他的環碳衍生錯合物　88

4-7　雜環錯合物　92

4-8　炔屬烴錯合物　92

第 5 章　無機化學反應機理

5-1　無機反應機理　109

5-2　無機反應方式　109

5-3　配位基的取代反應　110

5-4　對邊及鄰邊效應　112

5-5 氧化加成與還原脫離反應 114
5-6 插入、轉移、脫離與抽取反應 116
5-6-1 一氧化碳插入或烷基轉移機制 116
5-7 親核性取代反應 119
5-7-1 鋰化反應 121
5-7-2 親核性加成反應 122
5-7-3 親電子性反應 124
5-8 金屬環化物的反應 124
5-9 烯屬烴的異構化 128
5-10 氫化物的轉移反應 131
5-11 金屬催化烯類交換反應 131
5-12 去羰基反應 132
第 6 章 硼化學與軌域瓣類比
6-1 行為獨特的硼化物 143
6-2 硼氫化合物結構新規則的建立 145
6-2-1 缺電子化合物 146
6-2-2 三中心 / 二電子鍵的鍵結模式 147
6-2-3 利普斯康的「styx 理論」 148
6-2-4 韋德規則 150
6-2-5 碳硼氫化合物及金屬碳硼氫化合物 153
6-2-6 韋德規則的延伸 155
6-3 硼化物的應用 155
6-4 軌域瓣類比定義 156
6-5 軌域瓣類比應用實例 157
6-6 由過渡金屬和主族元素所形成的基團 159
6-7 常見過渡金屬和主族元素所形成的基團軌域瓣類比關係 161
第 7 章 有機金屬分子結構變異性
7-1 立體化學的非剛性 171
7-2 有機金屬化合物立體化學非剛性的實例 172

7-2-1 η[1]- 環戊二烯基錯合物 172
7-2-2 環庚三烯基錯合物 174
7-2-3 η[3]- 丙烯基錯合物 175
7-3 從 NMR 光譜觀察分子變異性 177
7-4 配位基的親核性攻擊反應 179
7-5 雙金屬化合物的流變現象 179
7-6 叢金屬化合物的流變現象 180

第 8 章 無機合成技術及化合物鑑定

8-1 厭氧操作技術及溶劑純化 193
8-2 產物的分離、純化及鑑定 196
8-3 儀器方法 198
8-3-1 核磁共振光譜 198
8-3-2 紅外光譜 200
8-3-3 X- 光單晶繞射法 203
8-3-4 質譜法 204
8-3-5 元素分析法 205

第 9 章 有機金屬催化反應

9-1 催化劑的特點 213
9-2 催化循環 213
9-2-1 配位或加成步驟 214
9-2-2 脫離或還原脫離步驟 215
9-2-3 插入或排除步驟 215
9-2-4 氧化耦合與還原裂解步驟 216
9-2-5 抽取步驟 216
9-2-6 轉移步驟 216
9-2-7 異構化步驟 217
9-2-8 交換步驟 217
9-3 催化反應產物控制 218
9-4 使用過渡金屬錯合物來當催化劑的理由 219

9-5 催化反應使用配位基的理由 219
9-6 均相與非均相催化反應 220
9-7 催化反應運用的方向 221
9-8 氫化反應 221
9-9 不對稱合成 226
9-9-1 諾爾斯及野依的催化不對稱氫化反應 229
9-9-2 夏普勒斯的催化不對稱氧化反應 230
9-9-3 不對稱催化的機制選例 231
9-10 包生—韓德反應 233
9-11 耦合反應 235
9-11-1 Suzuki-Miyaura 耦合反應 237
9-11-2 Heck 耦合反應 240
9-11-3 Sonogashira 耦合反應 242
9-11-4 Neigishi 耦合反應 243

第 10 章 常見工業催化反應

10-1 氫醯化反應 253
10-2 齊格勒－納塔反應 255
10-3 費雪－特羅普希反應 257
10-4 水煤氣轉移反應 258
10-5 複分解反應 259
10-6 Wacker 烯屬烴氧化反應 261
10-7 尼龍 -66 的前驅物己二酸的製造 262
10-8 孟山都公司醋酸合成反應步驟 264
10-9 美孚石油公司將甲醇轉換成汽油的反應 265
10-10 殼牌的高烯屬烴合成反應 266

中英名詞對應表 287

第 1 章 有機金屬化學簡介

1-1 有機金屬化學定義

有機金屬化學 (Organometallic Chemistry) 是一門橫跨有機化學 (Organic Chemistry) 及無機化學 (Inorganic Chemistry) 兩個化學學門重要領域的學問。基本上是研究或是處理含有「金屬－有機配位基」鍵結的化合物化學性質的一門學科。[1]

根據美國化學會 (American Chemical Society, ACS) 發行的期刊《有機金屬》(*Organometallics*) 所下的定義，有機金屬化合物 (Organometallic Compounds) 是指那些具有直接「金屬－有機配位基」(M-C) 鍵結的化合物。也就是說有機金屬化合物中至少需包含一個金屬－有機配位基的鍵。[2] 這個 M-C 的鍵結可能是以 σ- 型態或以 π- 型態結合。當然，這個原本較為狹義的定義因著有機金屬化學的蓬勃發展而必須面臨逐漸被修改的命運。現在，較為一般有機金屬化學家接受的廣義的定義為金屬部分的認定可擴展到除了傳統主族金屬 (Main Group Metal Elements)、過渡金屬 (Transition Metal Elements)、鑭系 (Lanthanides) 及錒系 (Actinides) 金屬元素外，又可包括準金屬 (Metalloids) 如硼、矽、鍺、碲等等；而配位基部分則可延伸到含 CO, PR_3, $P(OR)_3$, NO, -OR, -SR, -H 等等。因此，現代所謂的有機金屬化學其研究涵蓋範圍已經相當廣泛。[3]

1-2 配位化學和有機金屬化學的差異

然而，嚴格來說有機金屬化合物 (Organometallic Compounds) 和配位化合物 (Coordination Compounds) 仍有所區別。雖然，兩者都是由配位基鍵結到金屬而形成。通常，配位化合物如 $Co(NH_3)_6^{3+}$ 的中心金屬為高氧化態為「硬」酸，且配位基為「硬」鹼；而有機金屬化合物如 $Cr(CO)_6$ 的中心金屬為低氧化態為「軟」酸，且配位基為「軟」鹼。此處「硬」「軟」酸鹼是根據皮爾森 (Pearson) 的定義，和「強」「弱」酸鹼定義有所不同。[4]

根據定義，配位化合物的中心金屬為高氧化態。因此，這類型化合物比較不厭氧，可在一般設備的反應桌面上執行合成步驟。而有機金屬化合物的中心金屬為低氧

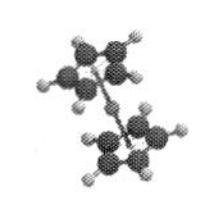

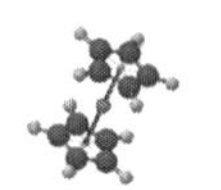

化態，反應需要在厭氧環境下（如玻璃真空系統）才可執行。否則，可能在氧氣存在下，中心金屬因為氧化而導致化合物崩解。因此，有機金屬化學的發展在時序上比配位化學晚，是有其背後的技術層面上的理由。

1-3 蔡司鹽的發現

依照早期狹義的有機金屬化合物定義，一般為化學家所接受的最早合成的有機金屬化合物當推於 1831 年成功製備的蔡司鹽 (Zeise's Salt, $K[PtCl_3(C_2H_4)]$)（圖 1-1）。[5] 在這化合物中含有直接的金屬（白金）和有機配位基（乙烯）的鍵結。一方面，因為早期缺乏適當的分析儀器，使此被發現的新型態化合物在結構鑑定有其困難；另一方面，因為當時鍵結理論無法圓滿地解釋此種鍵結模式（金屬和乙烯之間的 π– 鍵結）。因此，此一重要化合物的發現在當時並未引起化學家們特別的注意。遲至 1969 年及 1975 年，蔡司鹽的結構才被化學家相繼分別以 X- 光繞射法 (X-Ray Diffraction Method) 及中子繞射法 (Neutron Diffraction Method) 確立。[6] 在固態下，此化合物為平面四邊形 (Square Planar) 結構，乙烯配位基則垂直於此平面。在常溫下，乙烯配位基繞著金屬中心 Pt(II) 可以幾乎自由地旋轉。

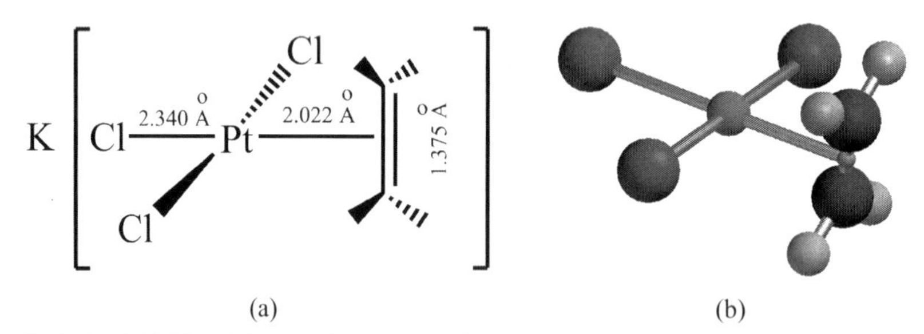

圖 1-1 (a) 蔡司鹽的結構。鍵長取自中子繞射法。(b) 從繪圖軟體產生的陰離子 $[(\eta_2\text{-}C_2H_4)PtCl_3]^-$ 的結構。

從 19 世紀末期到 20 世紀初期，被有機化學家廣泛使用於反應的親核劑，如烷基鋰 (RLi) 和格林納試劑 (RMgX) 都是有機金屬化合物。[7] 化學家於 1920 年代發現汽油中添加四乙基鉛 (Tetraethyllead, $Pb(C_2H_5)_4$) 可以減少發動機內發生震爆，提高燃料汽油的辛烷值。這四乙基鉛也是有機金屬化合物。[8] 這幾種化合物當中的金屬如鋰、鎂和鉛都是屬於主族金屬元素。所以，早期化學家在合成以主族金屬元素為中心的有機金屬化合物上並沒有遭遇到太大問題。

1-4 β- 氫離去步驟的分解機制

然而，在早期當化學家試圖合成含有過渡金屬的有機金屬化合物時卻遭遇一些困難。通常這些合成的化合物大多數不穩定，很容易在常溫下就分解成其他物質。後來化學家了解到，這是由於化合物的金屬和烷基容易進行所謂的 β- 氫離去步驟 (β-Hydrogen Elimination) 的分解機制所造成（圖 1-2）。[9] 經過研究後化學家瞭解到，這些化合物的有機取代基上的 β- 碳上若有接氫，則在整個機制的作用過程中可能會形成具四角環 (four-membered ring) 的中間物 (Intermediate)。在這中間物的 β- 氫和中心金屬的軌域（通常為 d 軌域）持續作用的結果，最後導致有機取代基上的 β- 碳上氫的斷鍵。分解後的化合物為烯類加上金屬氫化物 (Metal Hydride, [M]-H)。而後者通常不穩定，可能結合其他 [M]-H 及再脫氫後形成叢金屬化合物（或稱金屬簇，Metal Clusters），最終變成難溶解的沉澱物而沉澱下來。由於在早期化學家一直沒有穩定的、含有過渡金屬的有機金屬化合物可資研究，因而使得此一領域的科學發展受到限制。

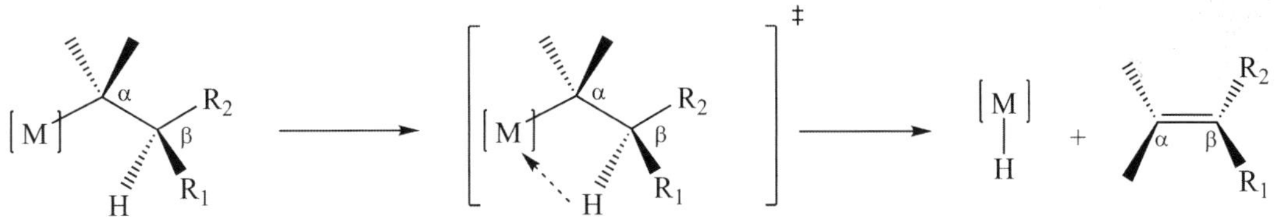

圖 1-2 β- 氫離去機制示意圖。

含主族金屬元素及含過渡金屬元素為中心的有機金屬化合物在穩定度上的大不同，主要肇因於中心的金屬可參與作用的軌域屬性。主族金屬元素僅含 s 及 p 軌域；而過渡金屬元素則除了含有 s 及 p 軌域外，尚加上 d 軌域。在過渡金屬元素 d 軌域的加入混成後，使得在 β- 氫離去機制過程中形成的四角環中間物的張力減小，使這 β- 氫離去機制較容易進行。其實 M-C 之間的鍵結能量並不算太弱，約為 20 ~ 50 Kcal/mol；因此，所謂的 β- 氫離去步驟導致 M-C 鍵瓦解，應歸因於動力學，而非熱力學現象。

1-5 鐵辛的發現

含過渡金屬元素為中心的有機金屬化合物難以合成的現象一直延續，直到 1951 年兩位英國化學家包森 (Pauson) 及米勒 (Miller) 意外地合成一個非常穩定的有機金屬化合物——鐵辛（Ferrocene, $(\eta^5\text{-}C_5H_5)_2Fe$，或稱二戊鐵）才改變了整個情況。[10] 很諷刺地，包森及米勒均將新合成的化合物的結構做了錯誤的描述（圖 1-3）。在他們的描述中，鐵離子 (Fe(II)) 和環戊二烯基 (Cyclopentadienyl) 之間以 σ- 鍵結。主要原因在於當時科學家都還沒有金屬與配位基之間形成 π- 鍵結的概念。

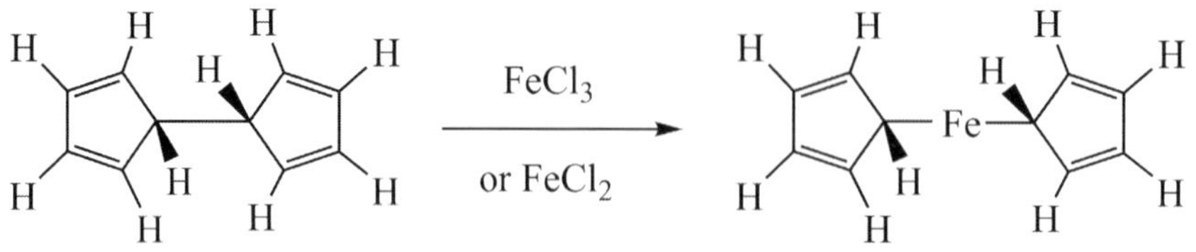

$FeCl_3$ or $FeCl_2$

圖 1-3 包森及米勒錯誤地定義鐵辛的結構。

在包森及米勒對新化合物發表結果錯誤描述的同一年，威金森 (Wilkinson) 警覺地認知到，若此新合成的化合物以上述描述的結構方式存在時並不穩定。因此，他將此新合成的化合物的鐵和環戊二烯基五角環的鍵結模式加以修改，成為一個 σ- 鍵結加上二個 π- 鍵結模式（圖 1-4）。此種描述法可有多種共振式。接著，威金森馬上意會到共振式等同於最右圖。而這結構也被後來（1952 年）的 X- 光晶體結構測定法加以證實。[11] 威金森在沒有晶體結構的佐證下，仍然能正確地預測出鐵辛的結構，他的洞察力相當令人敬佩。他稱這結構類型以環狀配位基一上一下和中間金屬離子做 π- 鍵結的型式結合而成的化合物為三明治化合物 (Sandwich Compounds)，據說和他喜歡吃鮪魚三明治有關。此兩個五角環上的每個碳和中心金屬距離均約略相等。碳原子和中心金屬間繪一條線只是表明之間有作用力，不必然隱含兩個電子在其中。

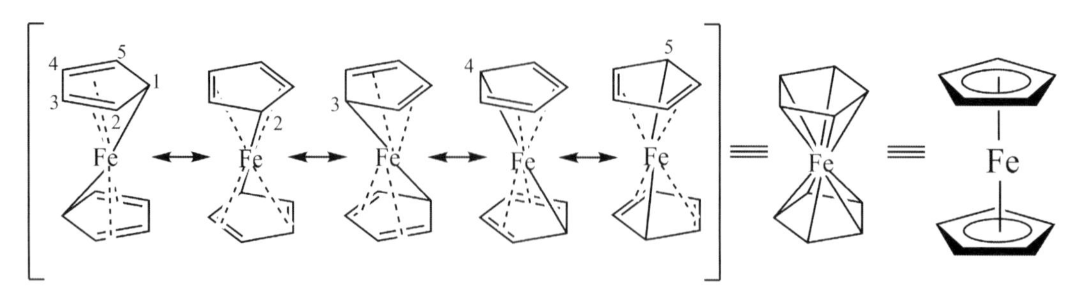

圖 1-4 威金森正確地預測鐵辛的結構。

在常溫下，溶液狀態的鐵辛上此兩個五角環是繞著鐵離子做迅速地旋轉。可以想像成直升機的螺旋槳轉動，或是雜耍藝人使用一根竹子在容器盤底快速轉動盤子的樣子。如此一來，10 個氫原子的環境被視為一致或等值的 (Equivalent)。這可由 ^1H

NMR 中只出現一吸收峰對應到 10 個氫原子的觀察現象來得到印證。在固態或低溫下，到底鐵辛上此兩五角環是以掩蔽式 (eclipsed, D_{5h}) 或間隔式 (staggered, D_{5d}) 組態存在是有爭議的（圖 1-5）。對鐵辛單分子進行理論計算的結果是掩蔽式構型比間隔式型稍微穩定。[12] 但若環上有較大的取代基（如甲基）時，則其構型會傾向以間隔式型式存在，以避免兩環上取代基之間的立體障礙效應 (Steric Effect)（圖 1-6）。

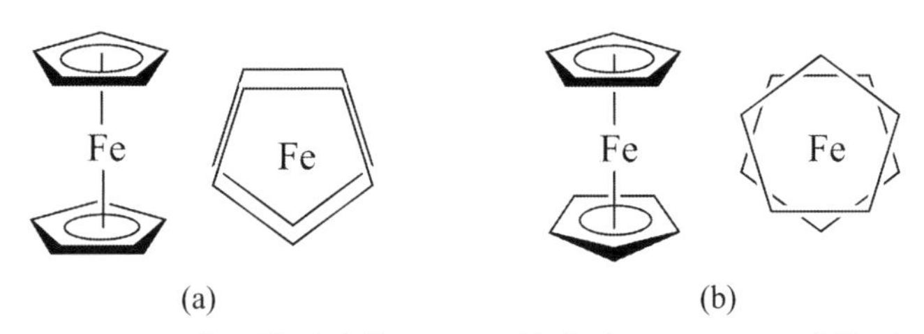

圖 1-5 兩種幾何構型的鐵辛：(a) 掩蔽式及 (b) 間隔式構型。

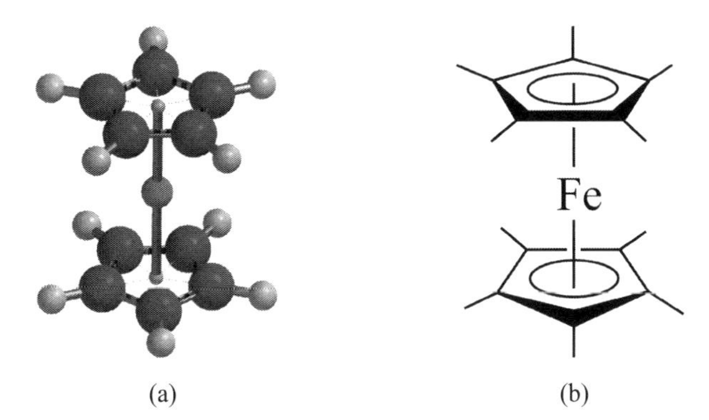

圖 1-6 (a) 從繪圖軟體產生間隔式鐵辛的結構。(b) 若環上有較大取代基時通常以間隔式型式存在。

鐵辛可視為是以 2 個五角型的帶負一價的環戊二烯配位基陰離子 (η^5-C_5H_5, Cp)，一上一下和中間帶正二價金屬鐵陽離子 (Fe^{+2}) 做 π- 鍵結的型式結合而成。由於環上的氫在五角平面上，無法彎曲接近中心金屬。因而，此鍵結方式巧妙地避開了可能因 β- 氫離去機制所造成的分子崩解。[13] 此黃色固態鐵辛甚至可以承受到 500°C 高溫還不致於崩解，在空氣中也很穩定，這特質在有機金屬化合物中非常少見。

1-6 威金森催化劑的發現

由於有了可靠的合成方法及穩定的化合物可以研究，學術界對沉寂一段很長時日

的有機金屬化學的研究從 1950 年代又開始蓬勃地發展起來。因此，有人稱 1950 年代是有機金屬化學研究再一次重生 (Reborn) 的年代並不為過。[14] 除了學術研究上的興趣外，有機金屬化學的急速發展和工業界對金屬催化劑的大量需求也有密切的關係。例如，威金森在 1965 年開始發展以 $RhCl(PPh_3)_3$ 為催化劑的有機烯類化合物之氫化反應 (Hydrogenation)，使得以前需在高溫及高壓才能進行的烯類化合物的氫化反應，變成在常溫常壓下即可進行，大量地節省設備開支及提高安全性。[15] 這平面四邊形含銠金屬化合物 $RhCl(PPh_3)_3$ 以後就被稱為威金森催化劑 (Wilkinson's Catalyst)（圖 1-7）。值得一提的是，在這威金森催化劑中，磷配位基 PPh_3 的功能。爾後，含磷配位基在有機金屬化學的發展過程扮演相當重要的角色。[16]

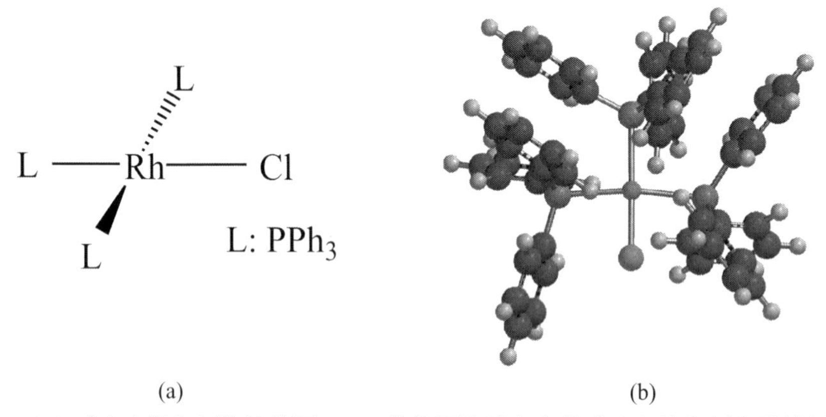

圖 1-7 (a) 威金森催化劑的結構圖。(b) 從繪圖軟體產生的威金森催化劑的結構樣式。

類似的情況可應用於有機烯類化合物的氫醯化反應 (Hydroformylation) 中。此反應將烯類 (alkene) 和水煤氣 (Water Gas, H_2 + CO) 藉著催化劑的作用轉變成比原來烯類多一個碳的醛類 (aldehyde)。[17] 接著，一些在工業生產上有用的催化劑接二連三的被發現，且一些重要反應的反應機構亦陸續被提出來，均促使有機金屬化學的研究更加急速地往前發展。

1-7 未來展望

自 1970 年代的能源危機後，有機金屬化學家的新課題是如何找到更有效的催化劑使煤 (Coal) 轉變成汽油 (Gasoline)，俾使能源供給不虞匱乏。近年來有機金屬催化劑亦運用在有機不對稱合成 (Asymmetric Synthesis) 上產生高附加價值的化學品如藥物等等。[18] 未來，電算化學 (Computational Chemistry) 在了解催化反應機制上，也將扮演愈來愈重要的角色。我們可以樂觀的預期，有愈來愈多的新形態催化反應將被發現及應用。有機金屬化學是一門頗具活力的研究領域，也是學術界研究和工業需求互相結合的成功典範。截至目前為止這領域尚在快速成長中。

《充電站》

1.1 鐵辛的命名和修飾

威金森視鐵辛化合物中間的鐵為帶二價正電荷的亞鐵離子 (ferrous)，而視上下兩個環戊二烯基（Cyclopentadienyl，或簡稱為 Cp）為帶一價負電荷具有類似烯類 (ene) 的芳香族特性 (Aromaticity) 的配位基。因此，將此新化合物命名為 Ferrocene。鐵辛可以簡單的 Cp_2Fe 或是更精確的 $(\eta^5\text{-}C_5H_5)_2Fe$ 來代表。五個氫皆以甲基取代時稱為 Cp*；若只有一個氫以甲基取代時稱為 Cp'。以甲基取代氫使鐵辛衍生物對有機溶劑的溶解度更好，更有利於在有機溶劑中的反應。相對地，化合物的價格也昂貴許多。

1.2 如何避免 β- 氫離去機制？

在 β- 氫離去機制 (β-Hydrogen Elimination) 的分解機制過程中，因有 β- 碳上的氫會和中心金屬形成四圓環中間體。如果可以避免形成四圓環中間體，應該就可以避免導致化合物分解的 β- 氫離去機制。

第一個可行的方法是，以甲基 (CH_3) 當取代基。由於甲基上沒有 β- 碳所以就沒有 β- 氫，可以避開 β- 氫離去機制。另外，也可將 β- 位置的氫改成鹵素。其他，就是可將烷基 (R) 改成矽基 (SiR_3)，讓金屬和矽之間的鍵拉長，β- 氫離去機制的機會就會減小。再則就是利用類似鐵辛的方式接上 Cp 環，避開 β- 氫離去機制。或是將烷基 (R) 改成苯基 (Ar)，使 β- 氫離去機制的機會減小。其實，這些方法不是在任何狀況下都行得通的，要視當時的實際情形斟酌使用。

1.3 有沒有 α- 氫離去機制？

在所謂的 β- 氫離去機制的分解機制過程中會形成四圓環中間體。一般而言，在有機碳化合物內形成四圓環的張力很大，很難發生。若中心的金屬為過渡金屬，則比較容易。一方面，因為過渡金屬體積較大；另一方面，過渡金屬有 d 或 f 軌域，電子雲散佈比較遠 (diffuse)，混成上對角度要求也比較沒碳化合物那麼嚴苛，會使四圓環中間體的張力減小。如此一來，使 β- 氫離去機制比較容易進行。β- 氫離去機制的逆向反應是烯類對 [M]-H 的加成反應 (Addition Reaction)。

前面提及 β- 氫離去機制是可能且經常發生的。至於 α- 氫離去機制 (α-Hydrogen Elimination) 可不可能發生？若要進行所謂的 α- 氫離去的分解機制，過程中要形成張力更大的三圓環中間體。可以想像反應更難且速率會更慢。α- 氫離去機制發生的必要條件是中心金屬很缺電子，另外，最好是中心金屬連結一個 R 基如 [M]-R，如此可以和轉移的 α-H 形成 RH 離去，增加反應驅動力（圖 1-8）。α- 氫離去機制的過程的中間態很像是抓氫鍵作用 (Agostic Interaction) 的樣式。α- 氫離去機制的產物是金屬碳醯 (Metal Carbene)，在交換反應 (Metathesis) 類型的反應中金屬碳醯常被使用當成催化劑。

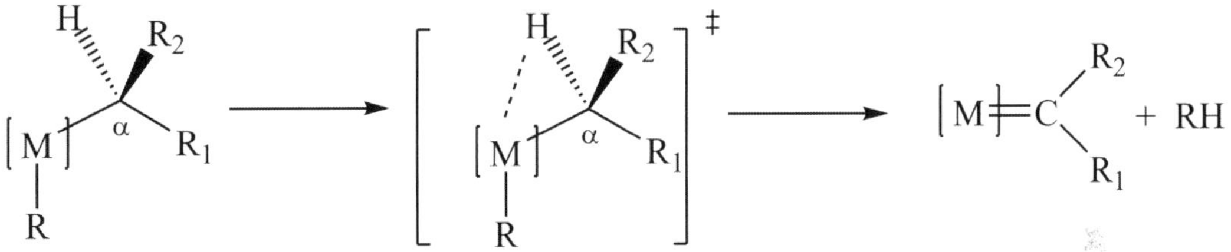

圖 1-8 α- 氫離去機制示意圖。

如果要發生金屬碳醯的 α- 氫離去機制勢必更難。最好是金屬上有可以當離去基的 R 基。金屬碳醯進行 α- 氫離去機制後產物是金屬碳炔 (Metal Carbyne)（圖 1-9）。

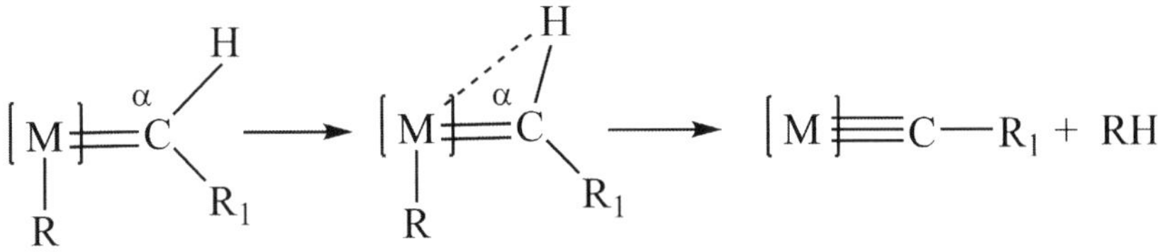

圖 1-9 金屬碳醯的 α- 氫離去機制。

那麼到底有沒有 γ- 氫離去機制 (γ-Hydrogen Elimination)？此分解機制會形成五圓環中間體，張力應該比較小，只要其他條件配合，γ- 氫離去機制應該比上述兩種機制更容易進行。

《練習題》

1.1 根據皮爾森 (Pearson) 的定義來說明有機金屬化學 (Organometallic Chemistry) 和配位化學 (Coordination Chemistry) 的區別。

1.2 根據皮爾森 (Pearson) 的定義來說明有機金屬化合物 (Organometallic Compound) 和配位化合物 (Coordination Compound) 的區別。

1.3 試著回答以下有關 β- 氫離去機制 (β-Hydrogen Elimination) 的問題。(a) 繪出 β- 氫離去機制，並說明為何含過渡金屬的有機金屬化合物會發生 β- 氫離去機制？(b) 說明為何鐵辛可避開 β- 氫離去機制？ (c) 提出至少 3 個可避免 β- 氫離去機制的方法。

1.4 說明為何主族金屬 (Main Group Metal Elements) 形成的有機金屬化合物可以穩定存在，不用擔心 β- 氫離去機制 (β-Hydrogen Elimination) 會發生？

1.5 若將有機（過渡）金屬化合物烷基換成矽基 (-SiMe_3) 是否會發生 β- 氫離去機制 (β-Hydrogen Elimination) ？

1.6 (a) 請說明有機（過渡）金屬錯合物的 α- 碳上氫原子被金屬吸引作用 (Agostic Interaction) 的過程。(b) 在什麼情況下會發生？

1.7 下列幾個例子中化合物都進行 β- 氫離去機制 (β-Hydrogen Elimination)。其中反應速率有很大的差別，說明之。[提示：從環張力角度著手]

Ln M(R')–CH2–CH(H)–R —β-hydride elimination→ Ln M(R')(H)(CH2=CHR)

	Reactant		Products	K_{rel}
Case (a)	L_2Pt(n-butyl)$_2$ (CH_3, CH_3)	→	L_2Pt + H_3C–CH2–CH=CH2 + H_3C–CH2–CH2–CH_3	1
Case (b)	L_2Pt (platinacyclononane)	→	L_2Pt + H_3C–(CH2)$_5$–CH=CH2	1
Case (c)	L_2Pt (platinacyclopentane)	→	L_2Pt + H_3C–CH2–CH=CH2	1×10^{-4}

1.8 1951 年，包森 (Pauson) 及米勒 (Miller) 經氧化方法試圖合成 Fulvalene($C_{10}H_8$) 化合物，卻意外地發現一個非常穩定的化合物分子式為 $C_{10}H_8Fe$。

很諷刺地，包森及米勒均錯誤地描述新合成的化合物的結構。

後來威金森 (Wilkinson) 正確地預測出鐵辛 (Ferrocene) 的結構為三明治構型。試著說明為什麼威金森 (Wilkinson) 會認為包森及米勒定錯了新合成的化合物的結構，而他卻能正確地預測鐵辛 (Ferrocene) 結構的過程。

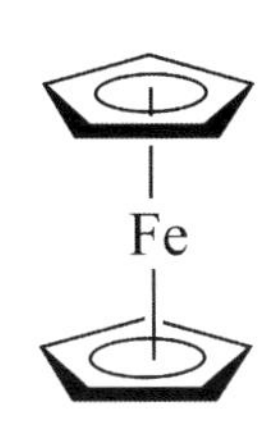

1.9 包森 (Pauson) 及米勒 (Miller) 將新合成的化合物的結構描述成鐵離子和環戊二烯基之間以 σ- 鍵結後來經晶體結構證實是錯誤。為何他們會使用那樣的描述方式？以現在的理解，他們的描述方式有甚麼不對的地方？

1.10 試著舉出至少 2 個合成鐵辛 (Ferrocene) 的方法。

1.11 化學家將鐵辛 (Ferrocene) 環戊二烯基上的氫以甲基取代，有何優缺點？

1.12 將金屬辛上 Cp 修飾成 Cp* 或 Cp’，在實驗操作上有何優點？

1.13 有甚麼實驗方法可以得知在室溫下鐵辛 (Ferrocene) 上的 Cp 環繞著 Fe(II) 在快速旋轉？

1.14 常溫下，在蔡司鹽 (Zeise’s Salt, K[(η^2-C_2H_4)$PtCl_3$]) 中，乙烯配位基繞著 Pt(II) 自由旋轉。(a) 試著說明化學家如何知道乙烯在常溫下繞著 Pt(II) 自由旋轉；(b) 試著以軌域重疊方式來說明這轉動現象。

1.15 氫原子因所處的環境不同，在 ^{1}H NMR 吸收峰位置會有不同。預測氫陽離子（質子）(Proton, H^+) 及氫陰離子 (Hydride, H^-) 的化學位移，在設定以 TMS 化學位移為零點的左或右邊。[註：由電子密度多寡來判斷吸收峰化學位移方向。]

章節註釋

1. 以下列舉常用有機金屬化學參考書目：(a) John F. Hartwig, *Organotransition Metal Chemistry: From Bonding to Catalysis*, University Science Books, **2012**. (b) Robert H. Crabtree, *The Organometallic Chemistry of the Transition Metals*, 5th Ed., Wiley, **2009**. (c) Christoph Elschenbroich, *Organometallics*, 3rd Ed., Wiley-VCH, **2006**. (d) Charles M. Lukehart, *Fundamental Transition Metal Organometallic Chemistry*, Thomson Brook/Cole, **1985**. 內容更廣泛的有機金屬化學套書從第一版到第三版：(e) Geoffrey Wilkinson, F. Gordon A. Stone, Edward W. Abel Eds., *Comprehensive Organometallic Chemistry*, Elsevier, **1982**. (f) Edward W. Abel, F. Gordon A. Stone, Geoffrey Wilkinson Eds., *Comprehensive Organometallic Chemistry II*, Elsevier, **1995**. (g) Robert H. Crabtree, D. Michael P. Mingos Eds., *Comprehensive Organometallic Chemistry III: From Fundamentals to Applications, Elsevier*, **2007**.
2. 美國化學會 (American Chemical Society) 發行的《有機金屬》 (*Organometallics*) 於 2013 年對投稿者有以下關於有機金屬化合物的定義："an 'organometallic compound' will be defined as one in which there is a bonding interaction (ionic or covalent, localized or delocalized) between one or more carbon atoms of an organic group or molecule and a main group, transition, lanthanide, or actinide metal atom (or atoms). Following longstanding tradition, organic derivatives of the metalloids (boron, silicon, germanium, arsenic, and tellurium) will be included in this definition."
3. (a) Robert H. Crabtree 對有機金屬化合物下的定義：Organometallic complexes contain an M-C bond. Such species tend to be more covalent, and the metal is often more reduced, than in classical coordination compounds such as the aqua ions. Robert H. Crabtree, *The Organometallic Chemistry of the Transition Metals*, 5th Ed., Wiley, **2009**. (b) Christoph Elschenbroich 對有機金屬化合物下的定義：Organometallic compounds are defined as materials which possess direct, more or less polar bonds $M^{\delta+}$-$C^{\delta-}$ between metal and carbon atoms. In many respects, the organic chemistry of the elements B, Si, P and As resembles the chemistry of the respective metallic homologues. Therefore, the term organoelement compounds is used occasionally in order to include for consideration the aforementioned non- and semi-metals. Christoph Elschenbroich, *Organometallics*, 3rd Ed., Wiley-VCH, **2006**.

4. 1963 年，皮爾森 (Pearson) 提出硬軟酸鹼 (Hard and Soft Acids and Bases) 理論，簡化的結論即是「硬酸喜歡硬鹼，軟酸喜歡軟鹼」。
5. 1831 年，蔡司 (Zeise) 發現並報導了 ($K[PtCl_3(C_2H_4)]$)，後稱為蔡司鹽 (Zeise's Salt)。W. C. Zeise, *Von der Wirkung zwischen Platinchlorid und Alkohol, und von den dabei entstehenden neuen Substanzen*. Annalen der Physik und Chemie, **1831**, *97(4)*, 497.
6. 於 1969 年，化學家以 X-ray 繞射法確定蔡司鹽的結構。M. Black, R. H. B. Mais, P. G. Owston, *The crystal and molecular structure of Zeise's salt, $KPtCl_3$•C_2H_4•H_2O, Acta Crystallographica Section B*, **1969**, *B25(9)*, 1753-1759. 再者，化學家於 1975 年以中子繞射法再次確定蔡司鹽的結構。R. A. Love, T. F. Koetzle, G. J. B. Williams, L. C. Andrews, R. Bau, *Neutron diffraction study of the structure of Zeise's salt, $KPtCl_3$•C_2H_4•H_2O. Inorg. Chem.*, **1975**, *14*, 2653-2657.
7. 格林納試劑 (Grignard Reagent, RMgX) 由法國化學家格林納 (V. Grignard) 於 19 世紀末期至 20 世紀初期研究開發。格林納試劑當親核基使用，是對水氣比較敏感的烷基銅 (R_2Cu) 或烷基鋰 (RLi) 之外的另外可能的選擇。格林納於 1912 年獲頒諾貝爾化學獎。有化學家曾說過凡是有機合成化學家的一生中應該都要做過格林納試劑的相關反應，可見它的重要性。
8. 化學家 T. Midgley 與 T. A. Boyd 經過多次測試後，於 1922 年成功地引進四乙基鉛 (Tetraethyllead, $Pb(C_2H_5)_4$) 當汽油抗震劑。後來因鉛對生態的影響，而慢慢被放棄，以後汽油都改成無鉛汽油。
9. J. P. Collman, L. S. Hegedus, J. R. Norton, R. G. Finke, *Principles and Applications of Organotransition Metal Chemistr*, 2nd Ed., University Science Books, Mill Valley, **1987**.
10. (a) T. J. Kealy, P. L. Pauson, *A New Type of Organo-Iron Compound, Nature*, **1951**, *168*, 1039-1940. (b) S. A. Miller, J. A. Tebboth, J. F. Tremaine, *Dicyclopentadienyliron, J. Chem. Soc.*, **1952**, *114*, 632-635.
11. 威金森 (G. Wilkinson) 和費雪 (E. O. Fischer) 幾乎同時發表有關鐵辛 (Ferrocene) 的結構猜測。兩人更同時於 1973 年獲頒諾貝爾化學獎。(a) G. Wilkinson, M. Rosenblum, M. C. Whiting, R. B. Woodward, *The Structure of Iron Bis-Cyclopentadienyl. J. Am. Chem. Soc.*, **1952**, *74*, 2125-2126. (b) E. O. Fischer, W. Pfab, *Cyclopentadien-Metallkomplexe, ein neuer typ metallorganischer Verbindungen. Zeitschrift für Naturforschung B,* **1952**, *7*, 377-379.

12. 鐵辛以掩蔽式 (eclipsed) 構型存在時，上下二個五角型的環戊二烯配位基和中間金屬之間的軌域重疊，比以間隔式 (staggered) 型稍微好些，因而在能量上掩蔽式構型稍微穩定。
13. 當中心金屬為更重金屬體積更大時，在此類型三明治化合物中，其 d 或 f 軌域可能散佈較遠 (Diffuse)，如果遠到足以和環戊二烯五角環上的氫作用，因而造成 β-氫離去機制 (β-Hydrogen Elimination)，可能引起的分子瓦解。

14. Helmut Werner, *Landmarks in Organo-Transition Metal Chemistry: A Personal View*, Springer, **2009**.
15. Johannes G. de Vries, Cornelis J. Elsevier Eds., *The Handbook of Homogeneous Hydrogenation*, Wiley-VCH, Weinheim, **2007**.
16. R. H. Crabtree 教授在所著的書中提到：「磷基非常有用，因可調整電子效應及立體障礙效應。」(Phosphines are so useful because they are electronically and sterically tunable.)。*The Organometallic Chemistry of the Transition Metals*, 4th Ed., John Wiley & Sons, Inc., **2005**.
17. Boy Cornils, Wolfgand A. Herrmann Eds., *Applied Homogeneous Catalysis with Organometallic Compounds*, 2nd Ed., Wiley, **2002**.
18. Iwao Ojima Ed., Catalytic Asymmetric Synthesis, 3rd Ed., **2010**.

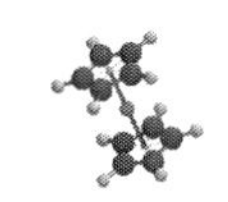

第 2 章　常用化學鍵結理論

2-1　分子的結構和鍵結

當化學家要掌握一個分子的特性時，首先必須先要了解它的外觀結構 (Structure)，再來是分子的內部鍵結 (Bonding)，然後才是它的化學反應性 (Chemical Reactivity)，最後才是它在學術及工業上的應用性 (Application)。[1] 譬如，當新的分子鐵辛 (Ferrocene) 於 1951 年被合成出來時，化學家要先了解它的外觀構型，接著要了解它的特殊 π- 鍵結模式，然後才是了解到它的五角環的環戊二烯基具有類似芳香族性 (Aromaticity) 的反應性及其特別的應用性。在取得外觀構型資訊方面，一般而言只要分子可以養成晶體，即可由 X- 光繞射法 (X-Ray Diffraction Method) 或中子繞射法 (Neutron Diffraction Method) 來取得相關數據。然而，在了解分子內部的鍵結模式時，則需要從化學鍵結理論 (Chemical Bonding Theory) 上來著手，特別是像鐵辛這種具有別於傳統有機化合物鍵結的 π- 鍵結模式的分子。化學鍵結理論隨著時代演進發展，有經過幾個比較明顯改變的階段，以下依照幾個常見鍵結理論發展的時序來加以說明。

早期化學家即對物質「由何組成」及「如何組成」等問題有極大的興趣。從 18 世紀末到 19 世紀初期，化學家相繼提出定比定律及倍比定律說明分子內組成元素（原子）間以整數比方式來做某種結合。[2] 有化學家甚至以「手」為比喻，假設氧原子具有兩隻手，氫原子為一隻手，則水分子是以 1 個氧原子的兩隻手和 2 個氫原子的各一隻手結合而成（圖 2-1）。同理，氨氣分子是以 1 個具三隻手的氮原子及 3 個具一隻手的氫原子結合而成。這種以「手」來描述原子間的結合能力即為「價」概念的濫觴。[3] 道耳頓 (John Dalton) 於 1808 年提出他的原子理論 (Atomic Theory)，將原子描述成如鋼珠般堅硬的微小粒子。[4] 此學說提出後，對於「如何由堅硬不可分割的原子組成分子，再由分子組成形形色色的化合物（物質）？」的疑問，一直困擾著科學家，也成為日後科學家努力解答的課題。直到 1895 年，湯姆森 (J. J. Thomson) 發現「電子」後，化學家才逐漸了解到「電子」在原子組合成分子時所扮演的關鍵性角色。於是，「價」的概念開始和「電子」拉上關係。[5]

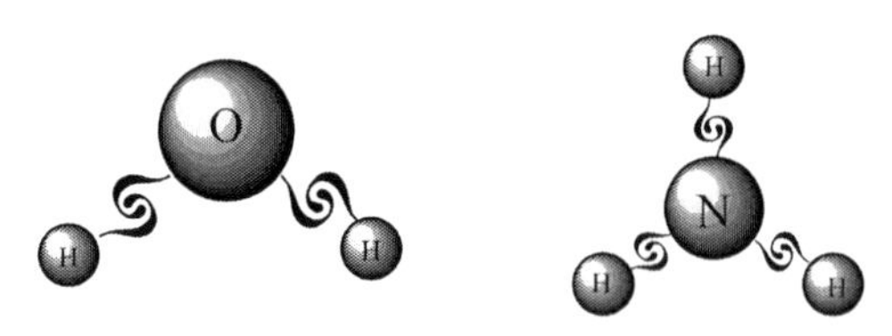

圖 2-1 早期分子內原子間結合的概念是由類似以「手」的方式互相拉住對方。

2-2 八隅體規則 [6]

路易士 (G. N. Lewis) 於 1916 年提出八隅體規則 (Octet Rule) 以及路易士結構理論 (Lewis Structure) 的概念，即是一個以電子為鍵結的最主要角色的簡單理論。[7] 而所有電子中以原子的最外層電子（價電子）活性最大，因此參與鍵結的電子以外層電子為主要考量。最初的八隅體規則敘述當分子以某第二週期元素為中心形成時，該元素的外圍價電子總數（包括自身及取代基提供之價電子）達到鈍氣組態（8 個價電子）時最穩定。如 CH_4、NH_3、H_2O 等分子的中心元素均符合八隅體規則的敘述（圖 2-2）。

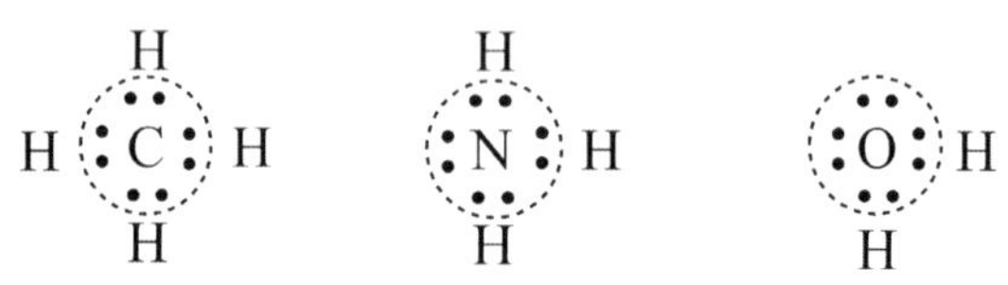

圖 2-2 符合八隅體規則的第二週期元素所形成的分子：CH_4、NH_3、H_2O。

路易士結構理論的概念很簡單實用，經常被使用於以含碳為主的有機化合物上。然而，由於這理論太過於簡化，仍存在著不少缺點。譬如，有些第二週期元素所形成的化合物（如 BF_3）並不遵守八隅體規則，BF_3 中心元素硼的外圍價電子只有 6 個（硼加上 3 個氟）。[8] 又如第三週期元素可能超越八隅體規則限制，PCl_5 即是其中一例。其 PCl_5 中心元素磷的外圍總價電子有 10 個（磷加上 5 個氯）。[9] 另外，比較奇特的是 NO 分子具有奇數價電子，因為路易士結構理論中規定電子必須配對，所以 NO 分子也不遵守八隅體規則。[10] 此外，路易士結構理論對分子的描述是把分子視為平面構形，沒有立體的概念，化學資訊明顯地不足。因為分子的立體形狀對分子的化學性質有著重大的影響。例如 NH_3 為一具有極性的角錐形分子，而不是非極性的平面三角形分子。更有甚者，有些分子甚至互為鏡像異構物 (Enantiomer)，如具有鏡像異

構物的沙利竇邁 (Thalidomide) 曾被當成相同藥物（外消旋的鏡像異構物的混合物，Racemic Mixture）一起販賣，卻在藥性上完全不同，造成懷孕婦女服用後生出身體殘缺下一代的悲劇。[11] 再再說明分子立體化學的重要性。

2-3 分子軌域理論 [12]

從 19 世紀末至 20 世紀初期，許多科學家持續地努力研究原子結構，建立了近代科學上的一個重要理論——量子力學 (Quantum Mechanics)。其後量子力學被引進化學領域，成為化學家利用來描述化學鍵結 (Chemical Bonding) 時不可或缺的利器。[13]

根據量子力學的公理 (Theorem)，有關某個被研究系統（如原子或分子）的所有物理量均可由解出該系統的波函數 (Wavefunction, ψ) 而取得。該系統的波函數是由相對應的該系統之物理量之運算子 (Operator, Ô) 去運算而得。鼎鼎有名的薛丁格方程式 (Schrödinger Equation) 即為一由運算子 (Ĥ) 去解波函數的方程式，其本身為一本徵值方程式 (Eigenvalue Equation)。運算子 (Ĥ) 包括動能（電子動能和原子核動能）及位能（電子和原子核作用力，電子和電子排斥力，原子核和原子核排斥力）等項。由氫原子的薛丁格方程式解出的解（波函數）即稱為軌域 (Orbital)。[14] 含有多於一個以上電子（多電子）的系統，電子和電子間排斥力項即無法取得完全精確解 (Exact Solution)，此時必須使用趨近法 (Approximation) 去解薛丁格方程式。當趨近法執行地很徹底時，得出來的波函數解（即軌域）也可能很趨近精確解。[15]

薛丁格方程式 (Schrödinger Equation, $\hat{H}\psi = E\psi$)：

$$\hat{H} = -\frac{1}{2}\sum_{i=1}^{N}\nabla_i^2 - \sum_{A=1}^{M}\frac{1}{2M_A}\nabla_A^2 - \sum_{i=1}^{N}\sum_{A=1}^{M}\frac{Z_A}{r_{iA}} + \sum_{i=1}^{N}\sum_{j>1}^{N}\frac{1}{r_{ij}} + \sum_{A=1}^{M}\sum_{B>A}^{M}\frac{Z_A Z_B}{R_{AB}}$$

譬如，氫原子的運算子 (Ĥ) 可以依據薛丁格方程式的規範寫出。根據本徵值方程式的運算可得到氫原子的正確波函數的解 (ψ)，即可以得到有關氫原子所有相對應的物理量。每一個解出的 ψ 會相對應到一個該函數解的能量 (E)。有些時候，某幾個不同波函數解相對應到同一能量，則稱此幾個不同函數為簡併狀態 (Degeneracy)，譬如 3 個 p 軌域（p_1, p_0, p_{-1} 或 p_x, p_y, p_z）能量一樣而波函數不同。對某一個被解出來的波函數的解 (ψ) 的物理意義的描述即是該原子（或分子）的某一軌域 (Orbital)。被解出的波函數 (ψ) 可能帶有虛數項 (a + bi)，此時可藉著線性組合的方法將虛數項部分除去，如前述的 3 個帶有虛數項的 p 軌域 (p_1, p_0, p_{-1}) 轉成 3 個只有實數項的 p 軌域 (px,

py, pz)。後來波恩 (Bohn) 解釋 ψ^2（或 ψ x ψ*）為電子出現機率，這種解釋方式稱為哥本哈根釋義 (Copenhagen Interpretation)。[16] 不幸地是，薛丁格的方程式無法對除了氫原子（或類氫原子 Hydrogen-like）以外的多電子原子或分子得到完全精確的解。因此，化學家使用趨近法來描述分子軌域。最直覺的方式為 LCAO-MO，即是將相關的原子軌域做線性組合模擬成分子軌域來使用。[17] 如此一來，原子軌域 (Atomic Orbital) 的概念即被延伸到分子軌域 (Molecular Orbital)。

以 H_2 分子為例，由 2 個 H 原子（H_A 和 H_B）的原子軌域（ψ_{A1s} 和 ψ_{B1s}）做線性組合 (Linear Combination) 當成薛丁格方程式的趨近解，可得到兩個分子軌域，即能量較低的鍵結軌域 (Bonding Orbital, σ_{1s}) 及能量較高的反鍵結軌域 (Anti-bonding Orbital, σ_{1s}^*)。其中，ψ_{A1s} 和 ψ_{B1s} 為氫原子 A 和 B 的 1s 軌域；C_1 和 C_2 為線性組合係數。

鍵結軌域：$\sigma_{1s} = C_1[\psi_{A1s} + \psi_{B1s}]$
反鍵結軌域：$\sigma_{1s}^* = C_2[\psi_{A1s} - \psi_{B1s}]$

自然界趨勢為系統往最低能量及最大亂度方向達到平衡。由圖 2-3 視之，形成 H_2 分子後 2 個電子填入能量較低的鍵結軌域，此時能量比以單獨氫原子存在時為低，有利於鍵結。因此，H_2 分子可由 2 個 H 原子組合而成。

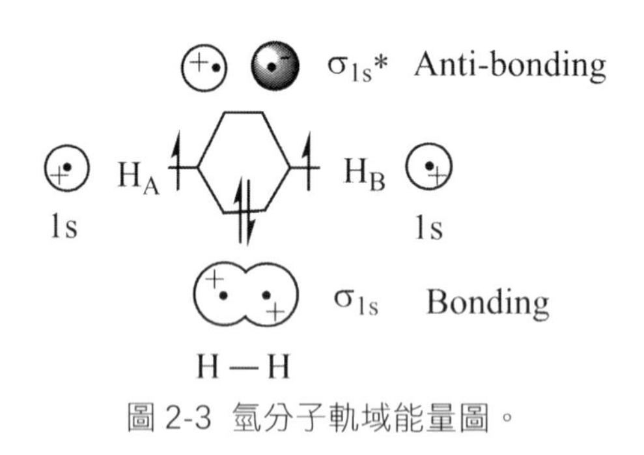

圖 2-3 氫分子軌域能量圖。

從波函數平方 (ψ^2) 為電子出現機率的觀點視之，電子雲的密度在鍵結軌域間因軌域重疊 (Overlap, $\psi_{A1s}\psi_{B1s}$) 增加而增多，使得兩帶正電原子核被帶負電的電子拉住而鍵結，能量降低變穩定。反之，反鍵結軌域間的電子雲密度在鍵結軌域間減少，使得兩原子核曝露而斥力增加，系統能量因而升高造成不穩定。

鍵結軌域電子出現機率：

$$[\sigma_{1s}]^2 = C_1^2[(\psi_{A1s})^2 + (\psi_{B1s})^2 + 2\psi_{A1s}\psi_{B1s}]$$

反鍵結軌域電子出現機率：

$$[\sigma_{1s}^{*}]^2 = C_2^{\,2}[(\psi_{A1s})^2 + (\psi_{B1s})^2 - 2\psi_{A1s}\psi_{B1s}]$$

兩氫原子形成氫分子時，2 個電子填入鍵結軌域，能量穩定，形成氫分子。而兩氦原子欲形成氦分子時，4 個電子必須同時填入鍵結軌域及反鍵結軌域，造成總能量不穩定，這可說明為何兩氦原子無法形成氦分子。[18] 若將鍵結模式從第一週期元素延伸至第二週期元素如 N_2、O_2、F_2 等等，此時則除了 s 軌域外，更需要引進 p 軌域，因而原子間有可能同時形成具有 σ 及 π 鍵的情形。

分子軌域理論 (Molecular Orbital Theory, MOT) 為較路易士結構理論精確的鍵結理論，可以描述為何氧氣分子 (O_2) 具有磁性；而氮氣分子 (N_2) 不具有磁性。因 O_2 在圖 2-4 中的 $\pi^*_{2px,2py}$ 簡併狀態軌域內有 2 個電子，根據韓德法則 (Hund's Rule) 分別填入 π^*_{2px} 和 π^*_{2py} 且自旋方向相同；使得 O_2 分子具有 2 個沒有配對的電子，因而具有磁性。在路易士結構理論中，限定每對電子都是配對，因此無法說明何以 O_2 具有磁性。這又是使用路易士結構理論模型的缺點之一。[19] 分子軌域理論也可以描述為何 O_2 具有雙鍵，因 O_2 在反鍵結 $\pi^*_{2px,2py}$ 軌域內填有 2 個未成對電子，而在鍵結 $\pi_{2px,2py}$ 及 σ_{2pz} 軌域內共填有 6 個電子，總鍵次（或稱鍵級，Bond Order）為二，即 (6–2)/2 = 2。[20] 在分子軌域理論同時考慮到鍵結及反鍵結軌域，當電子由基態 (Ground State) 跳到激發態 (Excited State) 時吸收能量，或反之放出能量，產生光譜現象。因此，分子軌域理論可以解釋分子的幾個重要特性，即分子幾何形狀 (Structure)，磁性 (Magnetism) 及顏色或光譜現象 (Color or Spectrum)。這是一個好的鍵結理論必須具備的基本條件。[21] 至於對 N_2 的描述就更容易了。因 N_2 在鍵結 $\pi_{2px,2py}$ 及 σ_{2pz} 軌域內共填有 6 個電子，總鍵次為三，即 (6–0)/2 = 3。N_2 沒有未成對電子，因此不具有磁性。

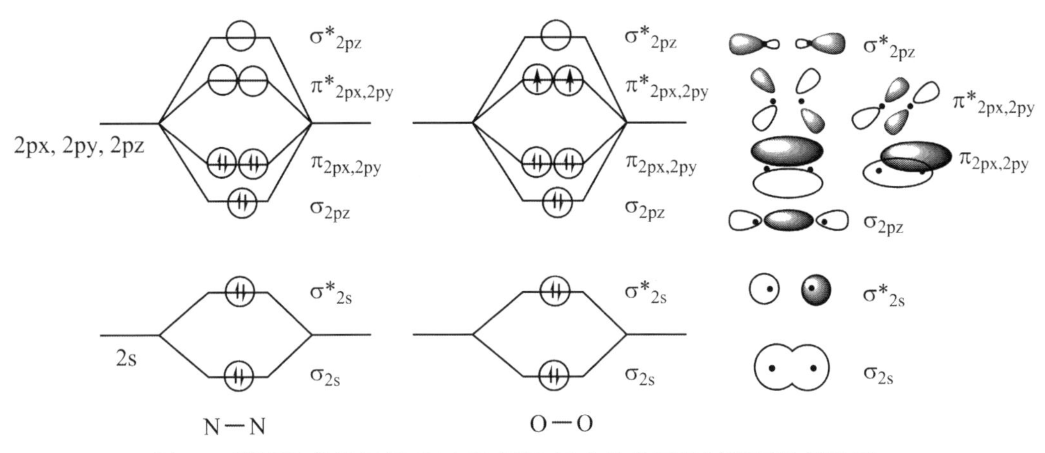

圖 2-4 雙原子分子氮氣 (N_2) 及氧氣 (O_2) 的分子軌域能量及鍵結圖。

然而，分子軌域理論在處理越來越大的分子時變得越來越複雜，導致化學家所熟悉的「化學鍵」概念越來越模糊，這是使用分子軌域理論不便利的地方。以 CH_4 為例，CH_4 為由 5 個原子所形成的分子。理論上，共有 9 個原子軌域 (C: 1s, 2s, $2p_x$, $2p_y$, $2p_z$; H: 1s) 要做組合形成 9 個分子軌域，困難度增加不少。

要更深入了解具有對稱性分子如 CH_4 的鍵結情形，需要引進群論 (Group Theory) 的概念。甲烷 CH_4 是具有對稱性的分子，可以用群論的對稱組合 (Symmetry-Adapted Linear Combinations, SALC) 概念來組合成和電算結果等同的分子軌域。[22] 注意由群論的 SALC 概念得到的分子軌域是定性而非定量，分子軌域能量高低無法得知。而由電算量子化學得到的結果是可以定量的。從群論的觀點，CH_4 是 T_d 對稱。它最多可有三個簡併狀態 (Triply Degenerate) 的分子軌域。[23] 明顯地，更大的分子在處理上更加複雜。所幸，進年來電算速度年年倍增使電算量子化學有長足進步，提供化學家一個很好的輔助工具。[24]

2-4　價鍵軌域理論 [25]

以分子軌域理論來解釋 CH_4 或是更大分子的鍵結顯然頗為複雜。另一個可能的選擇是價鍵軌域理論 (Valence Bond Theory, VBT)。[26] 這理論把最終的分子鍵結視為由個別原子間的化學鍵一個一個組合而成，如 CH_4 是由 4 個 C-H 鍵組合而成。雖然，價鍵軌域理論比起分子軌域理論較不精確；然而，在某些情形下以價鍵軌域理論來處理問題較為簡潔。換句話說，此理論具有「化學家的直覺」，易為化學家所接受。[27]

價鍵軌域理論在描述 CH_4 的鍵結時通常引進軌域混成 (Hybridization) 的概念。軌域可以混成是建立在微分方程中簡併狀態的函數可以做線性組合的學理基礎上。理論上，簡併狀態的函數可以做線性組合，其結果仍為原本微分方程的解。

2-4-1 混成

嚴格說來，第二週期元素如 N、O、F 等等的 2s 及 2p 軌域能量不太相同，理論上不能混成。但是，因其能量已相當接近，化學家暫且假設它們是簡併狀態。利用上述線性組合的方式將 2s 及 2p 軌域做適當的組合，可得 sp、sp^2 或 sp^3 混成（圖 2-5）。

下圖為以價鍵軌域理論來處理 CH_4 的情形，最後可得到 4 個相同的鍵，鍵角為 109.5^o（圖 2-6）。過程中需將原先碳原子的電子組態能量提升後，再加以混成處理，得到 4 個等值的 sp^3 混成軌域，接著個別混成軌域和 4 個氫原子的 1s 軌域鍵結。以價

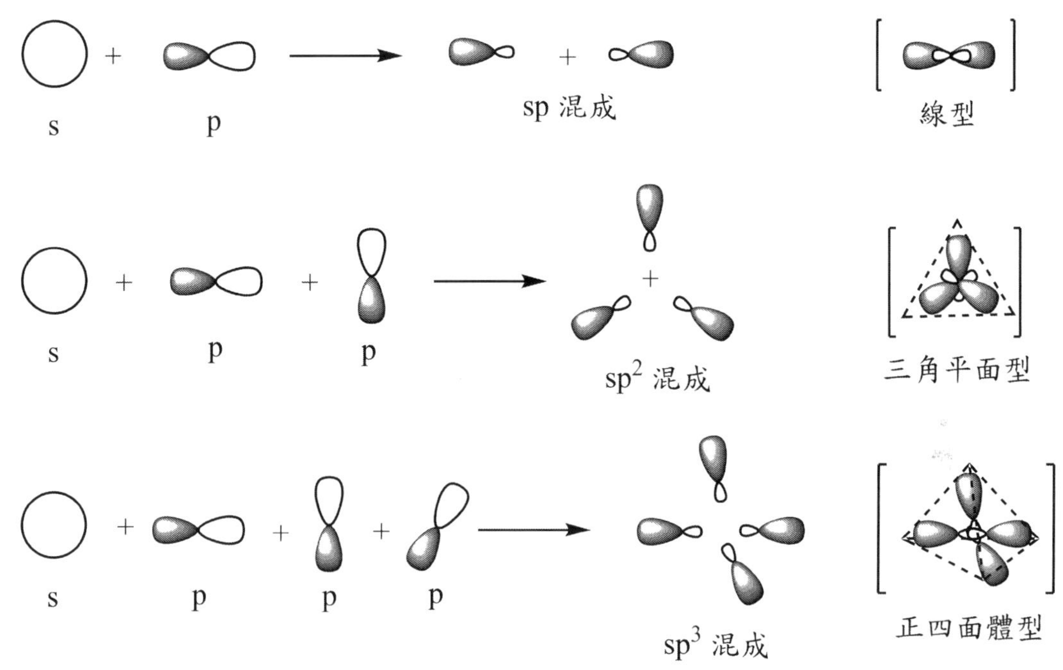

圖 2-5 由 2s 及 2p 軌域做適當的組合而得 sp、sp^2 或 sp^3 混成軌域。

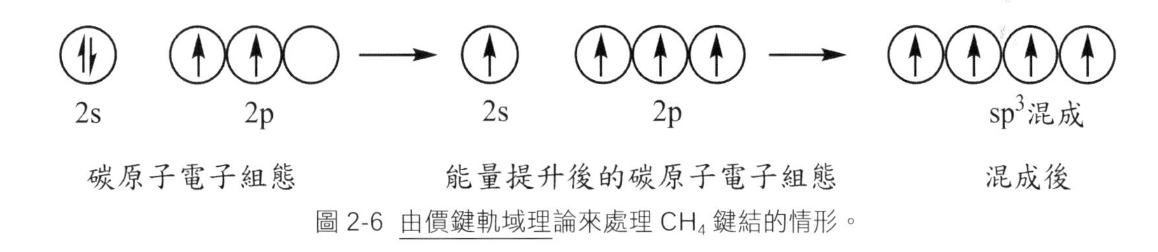

圖 2-6 由價鍵軌域理論來處理 CH_4 鍵結的情形。

鍵軌域理論來處理 CH_4，似乎很容易得到 CH_4 為正四面體分子，且 4 個 C-H 鍵等長的結果。反之，以分子軌域理論來處理 CH_4 的情形則頗為複雜。雖然以分子軌域理論比以價鍵軌域理論來處理鍵結時來得複雜，但前者仍為較精確的理論，特別是在解釋分子的光譜現象時。

以價鍵軌域理論來處理有機分子的情形相當普遍。因為有機分子通常沒有顏色也不具有磁性，因而不需要考慮反鍵結軌域的部分。[28] 而在無機化學中，化合物經常具有顏色及可能具有磁性，必須以分子軌域理論來解釋顏色及磁性等現象才算精準。由於分子軌域理論同時考慮鍵結及反鍵結軌域，用來預測分子光譜現象比較符合實驗觀察結果。價鍵軌域理論沒有考慮反鍵結軌域，因此無法解釋「顏色」或「光譜」現象。

2-5 價軌層電子對斥力理論 [29]

除了上述複雜的理論外，另外有一個以 Gillespie 為代表人物所發展出來，主要預測以「非金屬」元素為中心原子所構成的化合物結構的理論，稱為價軌層電子對斥力理論 (Valence-Shell Electron-Pair Repulsion theory, VSEPR)。此理論主要是以斥力 (Repulsion) 為基礎，考量電子對間產生的斥力關係，而認定以最小斥力為架構的化合物的結構為最穩定。通常，斥力大小排列如下：孤對電子 (Lone-paired) > 參鍵 (Triple Bond) > 雙鍵 (Double Bond) > 單鍵 (Single Bond)。因此，應儘量避免將孤對電子和另一個孤對電子放在相鄰位置。另一個考慮因素則是電子對之間的夾角，應儘量避免讓斥力大的基團產生 90° 夾角；而 120° 以上夾角斥力較小可以忽略。

以 IF_3 分子為例。中心碘原子 (I) 有 7 個價電子，除了其中 3 個價電子和 3 個氟原子 (F) 鍵結外，剩下 4 個價電子形成 2 對孤對電子。上述分子 IF_3 在 VSEPR 理論中一般以 AX_3E_2 符號表示。A 為中心原子；X 為配位基數目；E 為孤對電子數目。IF_3 在此即以為 5 配位的 AX_3E_2 方式來表達，含 3 個取代基及 2 對孤對價電子。眾所皆知，5 配位以雙三角錐 (Trigonal BiPyramidal, TBP) 結構最為穩定。

理論上，IF_3 可能採取以下幾種構型，其中以構型一的斥力最小。因此 IF_3 的外觀為 T 型（圖 2-7）。注意，此時分子外觀只看原子核位置而不看電子位置，而在前面預測分子構型時需同時考慮鍵結及孤對電子數目。同理可推，以 VSEPR 理論預測 I_3^- 為線形而非彎曲型分子。

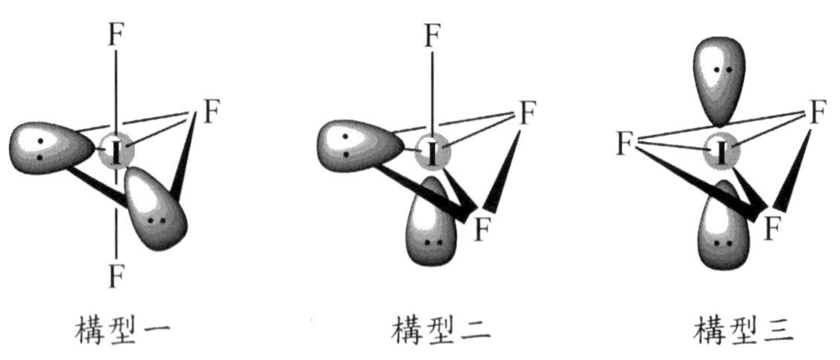

圖 2-7 由 VSEPR 理論預測 IF_3 可能採取的幾種構型。

VSEPR 理論在處理上述由非過渡金屬元素為中心形成的分子時非常有用；然而，在預測以過渡金屬元素為中心原子所構成的化合物的幾何形狀時經常發生錯誤。原因在於過渡金屬元素經常含有 d 電子。在不同的配位基的配位及不同的幾何形狀下，其結晶場穩定能量 (Crystal Field Stabilization Energy, CFSE) 可能扮演一決定性的角色。[30] 而 CFSE 的大小和配位基的個數、種類、位置、強度及中心過渡金屬原子的 d

電子個數等等因素都有關。因此，這類型分子以 VSEPR 理論預測其結構經常會導致誤判。另外，VSEPR 理論主要是以「斥力」為基礎，而完全忽略「吸引力」部分，這也可能造成判斷分子構型上的差錯。

2-6 十八電子規則 [31]

有效原子數規則 (Effective Atom Number Rule, EAN Rule) 是指一原子外層共用價電子總數達到鈍氣組態時為一穩定狀態，因而分子中鍵結原子有達到鈍氣組態的傾向。以第二週期元素來說，從碳原子開始大都遵守八隅體規則，即原子外層共用價電子數達到 8。因 $2p_x$、$2p_y$、$2p_z$ 及 2s 共 4 個軌域需要填入 8 個電子。而第三週期元素偶而會超越八隅體規則的情形，使用了包含 3d 的軌域（或其他可用的軌域）而使鍵結數目超過 4 而到達 5 或 6 以上。在過渡金屬化合物中有所謂的十八電子規則 (18-Electron Rule)，可視為延伸自路易士結構理論的八隅體規則之概念。而第一列過渡金屬元素（除了比較前面及後面的元素外）則大部分遵守此規則，即原子外層共用價電子數達到 18 個。因其 1 個 4s、3 個 4p 及 5 個 3d 軌域共 9 個軌域，共需要填入 18 個電子才能完全填滿。

以六配位之正八面體 (Octahedral, O_h) 的金屬化合物 $Cr(CO)_6$ 為例。其主要的鍵結分子軌域能量圖如下（圖 2-8）。注意，下圖只考慮配位基和金屬的 σ- 鍵結部分，而 π- 鍵結部分則暫時省略。[32] 中心金屬的 s、p 及 d 軌域在正八面體的環境下分裂成 t_{1u}、a_{1g}、e_g 及 t_{2g} 等四組。而 6 個配位基的軌域在此環境下分裂成 a_{1g}、t_{1u} 及 e_g 等三組。兩邊找到對稱一樣的軌域來鍵結形成鍵結軌域及反鍵結軌域。注意此時金屬的 t_{2g} 沒有找到相對應的軌域來形成鍵結，為非（不）鍵結軌域 (Non-bonding Orbital)，在加入配位基和金屬的 π- 鍵結考慮時，此 t_{2g} 軌域有機會被使用到。從最下面 a_{1g} 軌域填至 t_{2g} 軌域時共需填入 18 個電子，e_g* 為反鍵結軌域。在配位化學中，電子從 t_{2g} 軌域躍遷至 e_g* 反鍵結軌域（在配位化學中被稱為 e_g）所需能量被定義為 10 Dq。當躍遷能量出現在可見光區時，則化合物展現顏色。

當電子由有機金屬化合物 $Cr(CO)_6$ 的分子軌域能量圖的最下面 a_{1g} 軌域填至 t_{2g} 軌域時為穩定狀態，共需填入 18 個電子。再增加電子則會填入 e_g* 反鍵結軌域，甚至更高能量軌域，而造成不穩定。反之，電子數低於此數目亦不穩定。$Cr(CO)_6$ 即是此類典型的正八面體分子，其中每個 CO 提供 2 個電子而 Cr 提供 6 個電子參與鍵結，共 18 個價電子。在 $Cr(CO)_6$ 的例子中，當電子由 HOMO 的 t_{2g} 鍵結軌域激發至 LUMO 的 e_g* 反鍵結軌域時，因鍵結及反鍵結能差大，吸收範圍在紫外光區，因此 $Cr(CO)_6$ 為白色固體，這是比較少見的情形。但大多數含過渡金屬化合物吸收範圍皆

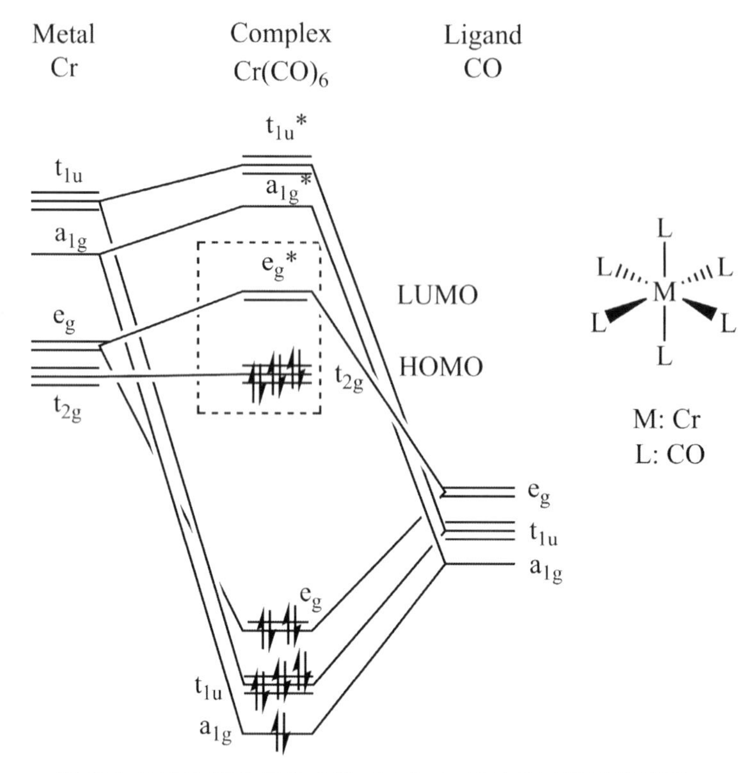

圖 2-8 正八面體金屬化合物 $Cr(CO)_6$ 鍵結分子軌域能量圖。

在可見光區，其互補光即是我們看到化合物的顏色。這是指吸收頻率的「位置」。另外，過渡金屬化合物吸收可見光的「強弱」會受到選擇律 (Selection Rules) 的限制而呈現不同吸收強度。[33]

另一個金屬化合物鍵結模式的例子是鐵辛 (Ferrocene, $(\eta^5\text{-}C_5H_5)_2Fe$)。圖 2-9 表示 Cp 環 ($\eta^5\text{-}C_5H_5$) 上 pπ 軌道與中心 Fe 的可配合軌道結合成鐵辛的近似 LCAO-MO 能階圖。圖 2-9 是鐵辛取間隔式 (staggered) 組態所得出的分子軌道能量圖。若為掩蔽式 (eclipsed) 組態則所得出的分子軌道能量圖會稍有不同。[34] 由圖 2-9 可看出電子從最底下的 a_{1g} 填到 a'_{1g} 軌道共需 18 電子，遵守十八電子規則，且電子均為配對，因此鐵辛為穩定且為反磁性的分子。

鐵辛為三明治型化合物 (Sandwich Compound)，配位基 Cp 環一上一下和中間金屬鐵離子以 π- 鍵結型式結合。從另一觀點視之，一個 Cp 環約佔有如正八面體金屬化合物的 3 個配位基位置，可視為三牙基，是很強的鍵結。此時若將鐵辛上的鐵換成鈷，稱為鈷辛 (Cobaltocene, $(\eta^5\text{-}C_5H_5)_2Co$)，為 19 個電子的金屬化合物。根據上述三明治型化合物的分子軌域能量圖（圖 2-9），第 19 個電子必須填入反鍵結軌域 e_{1g}*，能量不穩定且會造成分子具有磁性。有趣的是鈷辛仍然可以 19 個電子的中性分子形式存

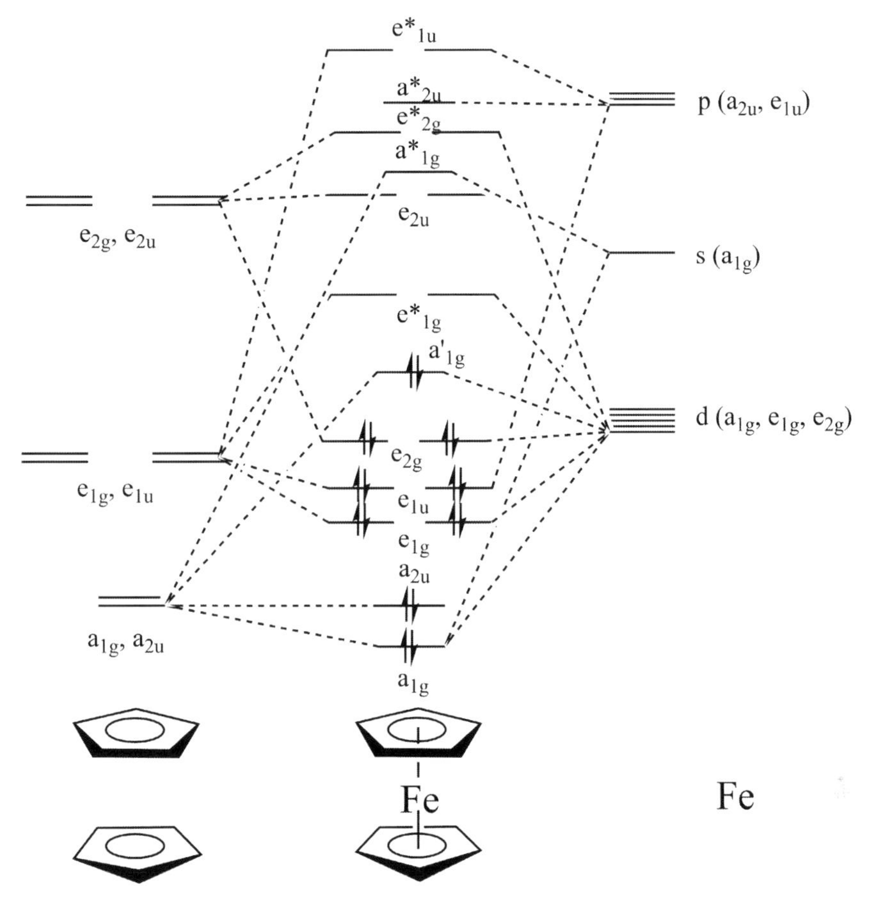

圖 2-9 鐵辛取間隔式組態鍵結的分子軌域能量圖。

在，因為填入反鍵結軌域的第 19 個電子並不足以對 Cp 環和中心金屬的強鍵結造成太大威脅。當然，鈷辛也可以藉著氧化過程，變成更穩定的 18 個電子的金屬化合物鈷辛離子 (Cobaltocenium, $(\eta^5\text{-}C_5H_5)_2Co^+$)。因此，鈷辛也可以當成能提供一個電子的還原劑。這是很獨特的概念，有別於長期以來化學家使用的如 Na 或 K 等等還原劑。同理，若將鐵辛上的鐵換成鎳，稱為鎳辛 (Nicklocene, $(\eta^5\text{-}C_5H_5)_2Ni$)，為 20 個電子的金屬化合物，鎳辛是具有 2 個未成對電子的磁性分子，可以當成能提供 2 個電子的還原劑。

雖然十八電子規則對判斷過渡金屬化合物的穩定度是一個很不錯的指標；然而，其中仍有許多例外情形發生。譬如，過渡金屬元素中早期金屬及晚期金屬 (Early/Late Transition Metals) 可能不遵守十八電子規則。[35] 早期過渡金屬所形成的錯合物如 $(\eta^5\text{-}C_5H_5)_2TiCl_2$ 只有 16 個電子，因為沒有足夠的空間來容納額外的配位基。另外，具 d^8 組態的金屬常受 Jahn-Teller Distortion 的影響而傾向形成為一個具 16 個電子的錯合

物。[36] 此類化合物通常為平面四方型 (Square Planar) 的幾何構型。因其配位數（四配位）及電子數（十六電子）均不飽和，容易進行加成反應。此類化合物經常為優秀的催化劑或其前驅物，如威金森催化劑 (Wilkinson's Catalyst, $RhCl(PPh_3)_3$) 為一個最佳範例之一（圖 1-7）。和威金森催化劑類似的 Vaska 化合物 (Vaska's Complex) 也是一個很好的例子（圖 2-10）。[37] 其中心 Ir(I) 金屬具有 d^8 組態，為一個具 16 個電子且為平面四方型幾何構型的錯合物。

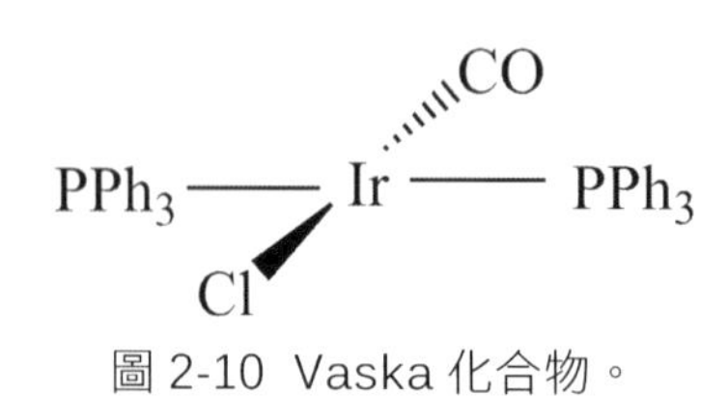

圖 2-10 Vaska 化合物。

另外，當配位基的錐角 (Cone Angle) 太大造成立體障礙 (Steric Hindrance) 的情形下，無法使足夠多的配位基接到金屬上，可能使化合物無法滿足十八電子規則，即在此情況下已達空間上飽和了。[38] 其他，如許多叢金屬化合物（Metal Cluster Compounds，有時亦翻譯成金屬群簇）亦不遵守十八電子規則。

計算有機金屬化合物的總體電子數目的方法其實是形式化 (Formalism) 的。以鐵辛為例，配位基 Cp 環可視為中性環，提供 5 個價電子；中間金屬鐵可視為中性，提供 8 個價電子 ($4s^23d^6$)；總共為 18 個電子。另一種看法，Cp^- 環視為帶負一價陰離子，提供 6 個價電子；而中心鐵金屬為正二價陽離子，提供 6 個價電子 ($4s^03d^6$)；總共仍為 18 個電子。兩種作法都能達到相同計算結果（圖 2-11）。前者方法比較不易造成混亂，但後者看法比較接近實驗事實，只是電荷值沒有那麼大的差異。

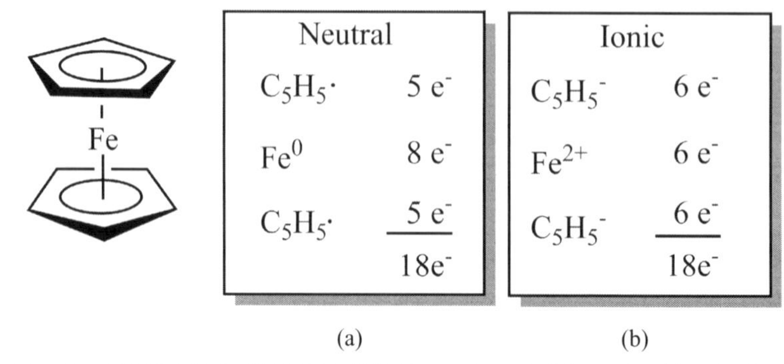

圖 2-11 計算鐵辛電子數目的兩種作法：(a) 中性算法；(b) 離子性算法。

2-7 金屬—金屬鍵

有機金屬化合物的中心金屬一般為低氧化態甚至為零價；因此，形成直接的金屬—金屬鍵的情形相當普遍。反觀，配位化合物的中心金屬一般為高氧化態；若形成直接的金屬—金屬鍵會造成電荷累積過多產生斥力。因此，絕大多數的配位化合物為單金屬化合物。

有機金屬化合物如 $Co_2(CO)_8$ 雙鈷金屬化合物，其中個別 Co 金屬中心都遵守十八電子規則。$Co_2(CO)_8$ 有兩種幾何構形，如下圖示（圖 2-12）。在固態結晶時其構形如右下圖；而在溶液狀態下，一般相信是在兩種幾何構形間做快速轉換。右下圖的架橋 (Bridging) 配位基 CO 可視為各提供一個電子給個別鈷金屬。以鍵結能量而言，架橋和端點 (Terminal) 配位基 CO 能量差不多。兩種幾何構形的迅速轉換就是藉著架橋和端點配位基 CO 的轉換來達成，這種轉換機制在這類型化合物中很常見。$Co_2(CO)_8$ 是很有用的雙鈷金屬化合物，在著名的氫醯化反應（Hydroformylation，或稱為 Oxo-, Roelen Reaction）或包生—韓德反應 (Pauson-Khand Reaction, PKR) 中常被當成觸媒來使用。[39] 當金屬—金屬間以單鍵存在時，兩金屬基團幾乎可以自由旋轉，金屬間以多重鍵或架橋配位基存在時，則兩金屬基團自由旋轉的可能性大降。

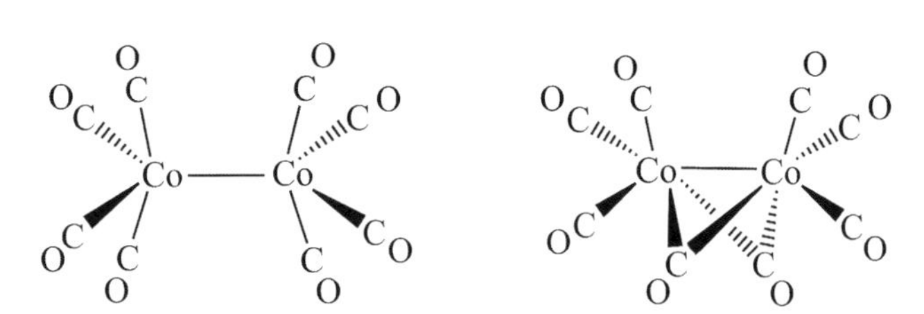

圖 2-12 $Co_2(CO)_8$ 的兩種幾何構型。

2-8 叢金屬化學 [40]

根據定義，叢金屬化合物 (Metal Cluster Compounds) 是由至少 3 個以上金屬（含）所組成，且具有直接的金屬—金屬鍵的分子（圖 2-13）。

當叢金屬化合物內金屬數目越來越大時，在化合物內的電子流動越容易，個別金屬中心越來越不遵守十八電子規則。這情形有點類似金屬鍵。金屬內部鍵結可視為一堆金屬原子核被流動的電子海包圍。從 EAN 律的觀點來看，金屬內部電子的數目並不足夠形成穩定化學鍵。事實上，雖然電子數偏少卻足以穩定整個金屬鍵。我們形容此類型的鍵結中電子流動性較大的特性為電子非定域化 (Electron-delocalization)，相對應於電子流動性較小的定域化 (Localization) 的鍵結模式如有機

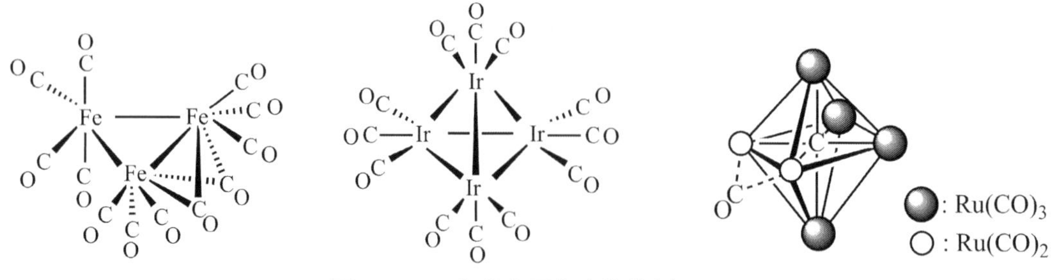

圖 2-13 一些叢金屬化合物的例子。

物中的碳—碳、碳—氫、碳—氧、碳—氮鍵等。電子是否容易被定域化和原子的電負度 (Electronegativity) 有關。有機物中的元素其電負度較大，電子易被定域化；反之，金屬元素其電負度較小，電子不易被定域化。通常我們發現叢金屬化合物的個別原子周圍的價電子數比十八電子規則預期的要少。

計算叢金屬化合物電子數的方法一般使用明戈斯規則 (Mingos' Rule)。明戈斯規則是以整體分子來做考量，而不侷限於化合物的某一特定金屬中心是否遵守十八電子規則。比較詳細討論叢金屬化合物電子數計算規則 (Electron Counting Rules) 請參考相關文獻。

2-9 非傳統的鍵結模式

在有機金屬化合物中，偶而也會發現一些非傳統性的鍵結模式，如 Agostic Bonding、Molecule Hydrogen Complex、Interstitial 等等鍵結模式（圖 2-14）。

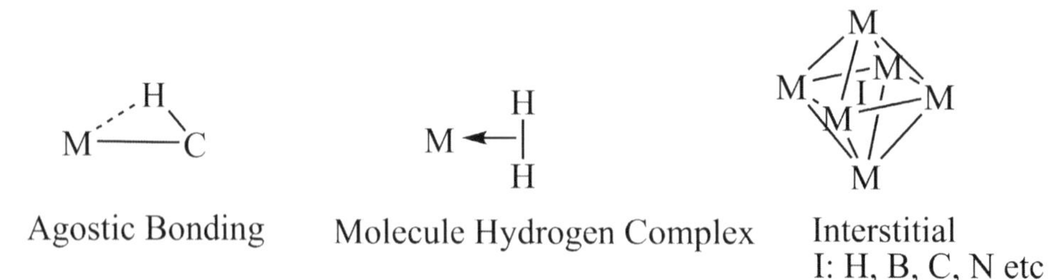

圖 2-14 一些非傳統的鍵結模式。

在一些特殊情形下，如中心金屬為很缺電子的有機金屬化合物，α 碳上的氫有可能會彎向中心金屬，形成所謂的抓氫鍵 (Agostic Bonding)（圖 2-15）。此時的 α 氫在 NMR 中的化學位移會往低磁場 (downfield) 方向移動。這鍵結模式有點類似三中心／

兩電子鍵（Three-Centers/Two-Electrons Bond，或簡化為 3c/2e 鍵）的形式。[41] 當作用力越強時，最終可能導致 C-H 斷鍵。其情形類似 β- 氫離去步驟的機制。

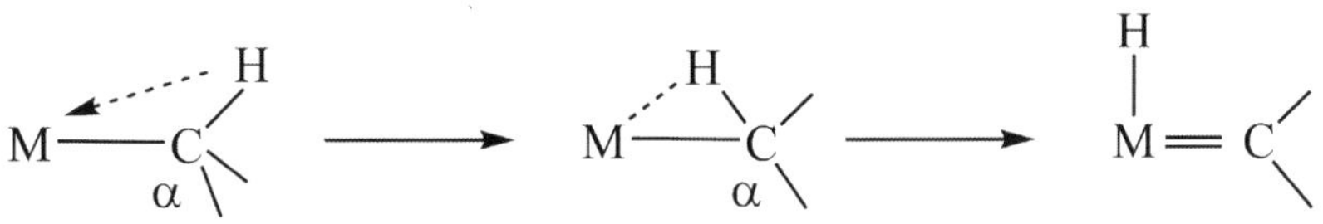

M—C(α)…H → M—C(α)…H → M=C(H)

圖 2-15 抓氫鍵模式。

庫巴斯 (Kubas) 在 1984 年首先發表氫分子直接和鉬 (Mo) 或鎢 (W) 等金屬以 π- 型式鍵結的例子，形成所謂的分子氫—金屬化合物 (Molecular Hydrogen Metal Complexes)（圖 2-16）。[42] 當氫分子和金屬間作用力越強時，最終可能導致 H-H 斷鍵及形成新的 M-H 鍵。此時的氫在 ^{1}H NMR 中的化學位移會往高磁場 (upfield) 方向移動。以 X- 光晶體繞射法來鑑定此類型分子中氫原子的位置不太容易，因為氫原子只有一個電子，在 X- 光晶體繞射法所得到的電子密度圖上只會顯出不太明確的標記。若要精確得到氫原子的位置，需要動用到更複雜的中子晶體繞射法。金屬氫化物 (Metal Hydride, [M]-H) 是許多催化反應的中間型式，經常藉由它來提供氫給不飽和有機物以進行加成反應 (Addition Reaction)。

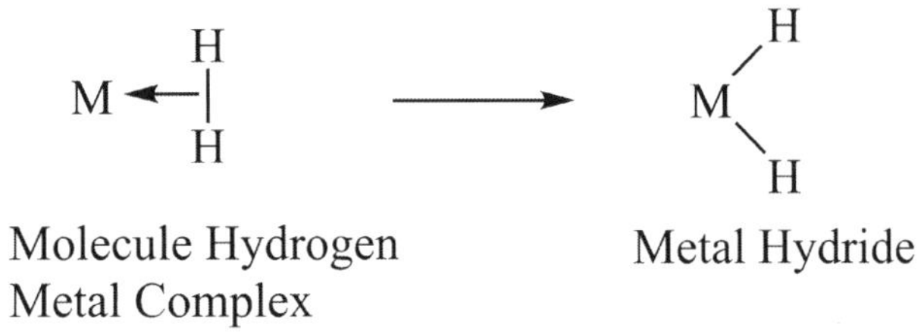

圖 2-16 分子氫—金屬化合物。

將主族元素嵌入叢金屬化合物的鍵結模式的研究在 1970 ~ 80 年代很盛行，主要是和工業界想將媒轉換成石油的催化反應需求有關。這些研究是模擬主族元素如碳或氫在金屬表面的性質及接在金屬表面上的 CO、CO_2 或 H_2 斷鍵情形。早期研究偏重在如釕 (Ru) 和鋨 (Os) 等等的重金屬。此處，主族元素可能完全或部分嵌入叢金屬內部（圖 2-17）。部分暴露的主族元素的化學活性可能很高，可加以利用在一些化學反應上。

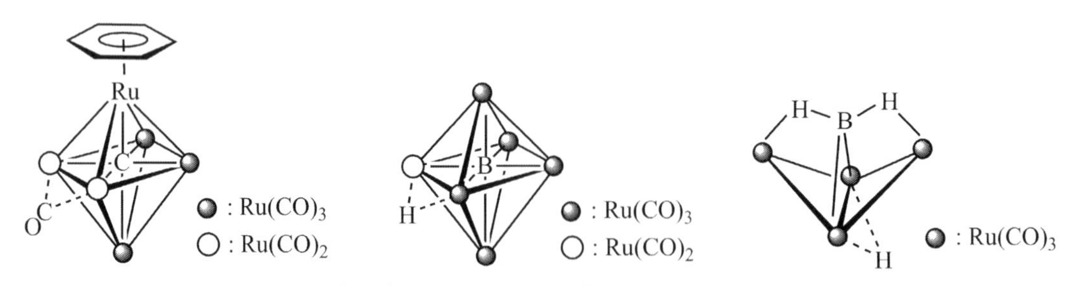

圖 2-17 主族元素全部或部分嵌入叢金屬化合物的鍵結模式。

2-10 硬軟酸鹼理論 [43]

化學家很早就發現，在錯合物中某些配位基和某些種類或氧化態的金屬有較強的鍵結，所形成的錯合物較為穩定。經由長期實驗結果的觀察，化學家將這些配位基和金屬區分為不同組別 Case (a) 和 Case (b)，如表 2-1 所示。

表 2-1 配位基和金屬依照鍵結屬性區分為不同組別 Case (a) 和 Case (b)

金屬	配位基
Case (a) or hard:	Class (a) or hard:
H^+, Li^+, Na^+, K^+	N >> P > As > Sb
Be^{2+}, Mg^{2+}, Ca^{2+}, Sr^{2+}, Sn^{2+}	O >> S > Se > Te
Al^{3+}, Se^{3+}, Ga^{3+}, In^{3+}, La^{3+}	F > Cl > Br > I
Cr^{3+}, Co^{3+}, Fe^{3+}, As^{3+}, Ir^{3+}	Class (b) or soft:
Si^{4+}, Ti^{4+}, Zr^{4+}, Th^{4+}, Pu^{4+}, VO^{2+} etc.	N << P > As > Sb
Borderline:	O << S < Se ~ Te
Fe^{2+}, Co^{2+}, Ni^{2+}, Cu^{2+}, Zn^{2+}, Pb^{2+}	F < Cl < Br < I
BMe_3, Zn^{2+}, SO_2, NO^+	
Case (b) or soft:	
Cu^+, Ag^+, Au^+, Tl^+, Hg^+, Cs^+	
Pd^{2+}, Cd^{2+}, Pt^{2+}, Hg^{2+}, CH_3Hg^+ etc.	

皮爾森 (Pearson) 提出理論試圖解釋此種現象，即大家熟悉的硬軟酸鹼理論 (Hard and Soft Acids and Bases, HSAB)。他簡化這些配位基（路易士鹼）和金屬（路易士酸）的作用規則為「硬酸喜歡硬鹼，軟酸喜歡軟鹼」。

舉例來說，根據這裡的分類 NH_3 是硬鹼，皮爾森預測可以和硬酸 Co^{3+} 結合，形成穩定的錯化合物。而 CO 是軟鹼則會和硬酸 Co^{3+} 結合會形成不穩定的錯化合物。

$Co^{3+} + 6\ NH_3 \rightarrow Co(NH_3)_6^{3+}$ （穩定）

$Co^{3+} + 6\ CO \rightarrow Co(CO)_6^{3+}$ （不穩定）

同理，當 Cr 為零價時，根據這裡的分類為軟酸。它會喜歡和軟鹼 CO 而不是硬鹼 NH_3 結合形成穩定的錯化合物。

$Cr + 6\ CO \rightarrow Cr(CO)_6$ （穩定）

$Cr + 6\ NH_3 \rightarrow Cr(NH_3)_6$ （不穩定）

2-11 結語

以上所提及的諸多化學鍵結理論中，有人也許會問哪一個理論最好。其實，有句古語說：「尺有所短，寸有所長。」目前化學家所使用的各個理論都各有其優缺點。有機化學家偏好價鍵軌域理論 (VBT)；無機化學家喜愛分子軌域理論 (MOT)。Huheey 為這兩種理論做了一個傳神的註解，他說：「分子軌域理論很精確，卻難使用；價鍵軌域理論很好用，卻不精確。」(Molecular Orbital Theory [MOT] is too true to be good; Valence Bond Theory [MOT] is too good to be true.) [44] 不過可以確定的是，在有機金屬化學的領域裡，不懂得分子軌域理論 (MOT)，肯定很難深入理解這門學問。

《充電站》

2.1 σ-、π- 與 δ- 鍵結的定義

在化學鍵結中經常會提到 σ-、π- 與 δ- 鍵結。σ- 及 π- 鍵結在有機化合物中經常出現；而 δ- 鍵結只有在含有過渡金屬的化合物才可能發生。以兩個甲基 (CH_3•) 來形成乙烷說明 σ- 鍵結最為直接。將兩各自混成後的甲基 (CH_3•) 軌域鍵結，形成乙烷後，兩甲基之間的電子雲，從兩參與鍵結原子的軸線（z 軸）看過去為圓柱體，或者說電子雲為一整體沒有被上下切割的鍵結型態，稱為 σ- 鍵結（圖 2-18）。注意，此時判定上只在意兩參與鍵結的原子部分的電子雲形狀。

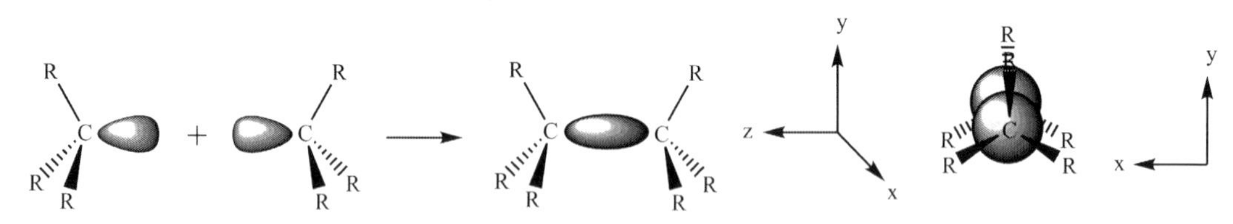

圖 2-18 由兩個甲基 (CH_3•) 藉著 σ- 鍵結形成乙烷。

只要找到適當的相對應軌域，σ- 鍵結也可發生於「金屬—碳」間或「金屬—金屬」間。如下圖 2-19 所示，雖然後者是以 d 軌域來參與鍵結，鍵結後兩基團之間的電子雲，從兩參與鍵結原子的軸線（z 軸）看過去為圓柱體沒有被切割，所以仍然視為 σ- 鍵結（圖 2-19）。

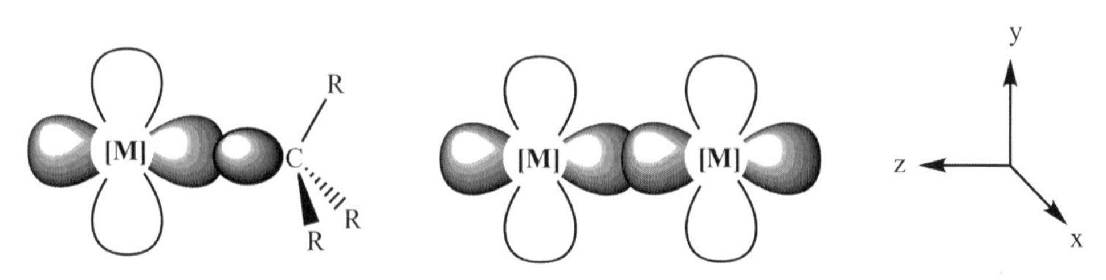

圖 2-19 由「金屬—碳」或「金屬—金屬」間適當的相對應軌域形成 σ- 鍵結。

有一個容易被誤解的 σ- 鍵結情形，是發生在炔類（或烯類）和過渡金屬的鍵結上。炔類（或烯類）是以其自身原先的「π 軌域」或「π* 軌域」來和過渡金屬的適當的相對應軌域鍵結（圖 2-20）。鍵結以後，從兩參與鍵結基團的軸線（z 軸）看過去電子雲為一整體並沒有被切割，因此仍視為 σ- 鍵結。

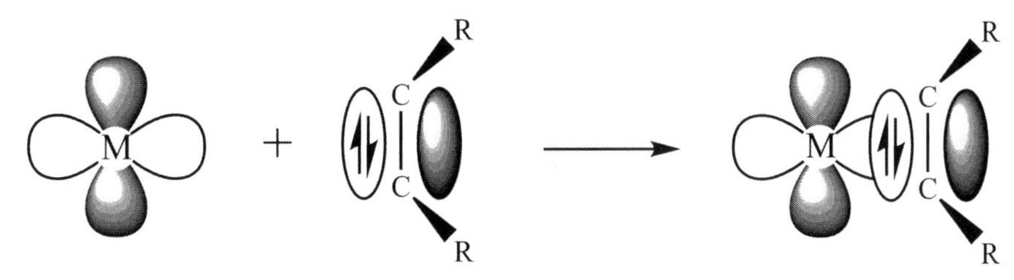

圖 2-20 由金屬—炔類（或烯類）間選擇適當的相對應軌域形成 σ- 鍵結。

若炔類（或烯類）是以其 π* 軌域來和過渡金屬的適當的相對應軌域鍵結。鍵結以後，從兩參與鍵結基團軸線看過去電子雲被切成兩半，是為 π- 鍵結（圖 2-21）。

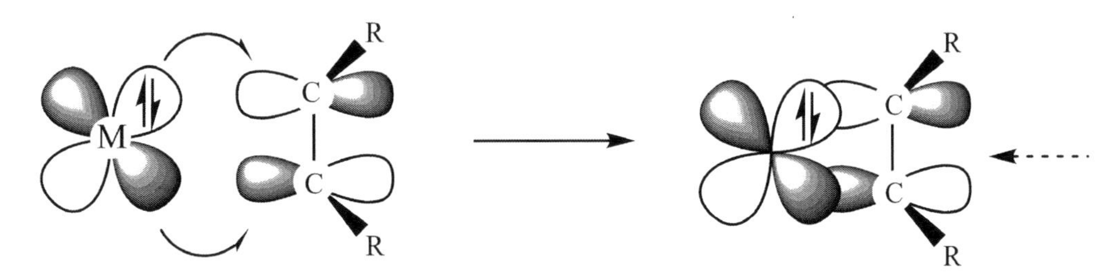

圖 2-21 炔類（或烯類）π* 軌域和適當選擇的金屬軌域形成 π- 鍵結。

科頓 (F. A. Cotton) 的重大貢獻之一是於 1964 年發現第一個具有金屬—金屬間四重鍵 (Quadruple Bond) 的金屬化合物 $Re_2Cl_8^{2-}$。這四重鍵分別為 1 個 σ、2 個 π、及 1 個 δ（圖 2-22）。其中 δ- 鍵結是以 2 個過渡金屬 Re 上面適當的 d 軌域面對面相鍵結而成。鍵結以後，從兩參與鍵結原子的軸線（z 軸）看過去電子雲被切成 4 片，是為 δ- 鍵結。δ- 鍵結在有機物中沒有相對應的例子，因為碳原子沒有 d 軌域，或者說得

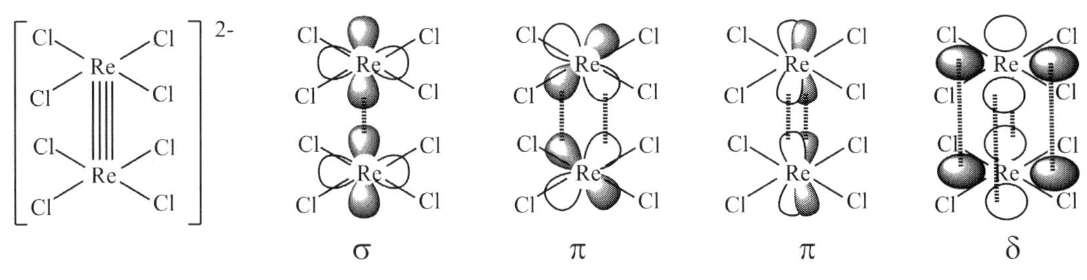

圖 2-22 化合物 $Re_2Cl_8^{2-}$ 金屬—金屬間四重鍵分別為 1 個 σ、2 個 π 及 1 個 δ。

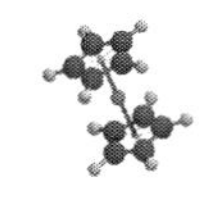

更精確，是沒有能量足夠低的 d 軌域可以利用來參與鍵結。另外值得注意的是，兩個 Re 金屬基團必須採取掩蔽式 (eclipsed, D_{4h}) 組態才能產生 δ- 鍵結。注意，四重鍵中的 1 個 σ- 及 2 個 π- 鍵結，不一定要由 d 軌域來組成。只要找到適當的相對應的軌域，如 s 或 p 軌域皆可。但是此處的 δ- 鍵結只有 d 軌域才能組成。

2.2 軌域混成與簡併狀態函數

設若 ψ_1 及 ψ_2 為下述微分方程式的解，且為簡併狀態，即能量相同 (E)，而波函數 (ψ_1, ψ_2) 不同者。

$H\psi = E\psi$ ⇨ 本徵值方程式

假設現有一新函數 ψ_{new} 為 ψ_1 及 ψ_2 的線性組合：$\psi_{new} = a\psi_1 + b\psi_2$

可以得到的結論是新的線性組合的波函數 (ψ_{new}) 仍為原本微分方程的解：

$$H\psi_{new} = H(a\psi_1 + b\psi_2) = aH\psi_1 + bH\psi_2 = aE\psi_1 + bE\psi_2 = E(a\psi_1 + b\psi_2) = E\psi_{new}$$

也就是說，簡併狀態函數是可以線性組合成新的函數仍為原本微分方程的解。這就是「軌域混成」的理論基礎。依照這原理，2s 和 2p 能量有稍微差異，學理上不能形軌域混成。但是因為 2s 和 2p 能量差異很小，化學家仍默許這些軌域混成，才有我們熟悉的 sp、sp^2 及 sp^3 混成。

《練習題》

2.1 (a) 請說明何謂「EAN 規則」。(b) 說明為何大部分金屬羰基化合物 ($M(CO)_n$) 遵守十八電子規則 (18-Electron Rule)？(c) 舉出至少三種金屬化合物不遵守十八電子規則。(d) 古典配位金屬化合物如 $Fe(H_2O)_6^{2+}$ 雖然總價電子數目為 18 個電子，仍不被視為遵守十八電子規則，說明之。

2.2 下列金屬化合物何者不遵守十八電子規則 (18-Electron Rule)？

(a) $Mn(CO)_6^+$　(b) $Fe(CO)_4Cl_2$　(c) $Mo(CO)_4Cl_2^{2-}$

(d) Cp_2TiCl_2　(e) $RhCl(PPh_3)_3$　(f) $Mn(CO)_5(-C(O)CH_3)$

2.3 舉出下列金屬化合物的 (a) 氧化態、(b) d 電子數目及 (c) 總價電子數目。那些金屬化合物容易氧化，那些容易還原？

(a) Cp_2Fe　(b) Cp_2Ni　(c) Cp_2V

(d) $(\eta^6\text{-}C_6H_6)_2Mo$　(e) $Cp_2ZnCl(OMe)$　(f) $CpCo(PPh_3)X$

(g) $(RO)_3W\equiv CMe$　(h) $[PtCl_3(C_2H_4)]^{-1}$　(i) $Re(CO)_3(CNCH_3)_2Cl$

(j) $Pt(CO)_2Br_2$　(k) $Fe_2(CO)_8(\mu\text{-}CH_2)$

2.4 有金屬化合物的結構如下。若要遵守十八電子規則 (18-Electron Rule)，則兩者的金屬—金屬之間的鍵次 (Bond Order) 為何？ [M = Co, Ni]

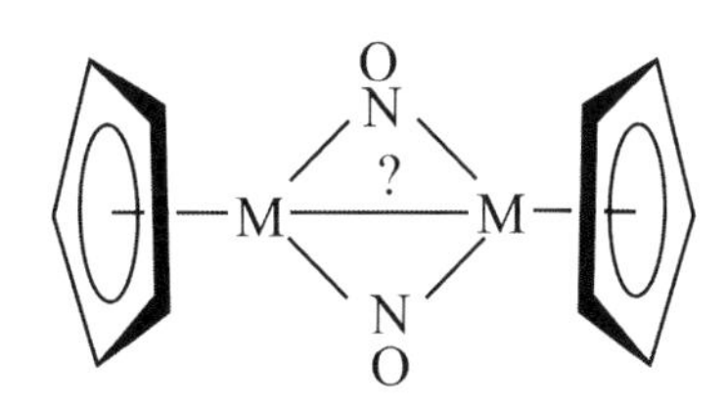

2.5 舉出下列金屬化合物內被圈選金屬的總價電子數目。分別指出從金屬及配位基個別提供的電子個數。[提示：十八電子規則 (18-Electron Rule)]

(a)

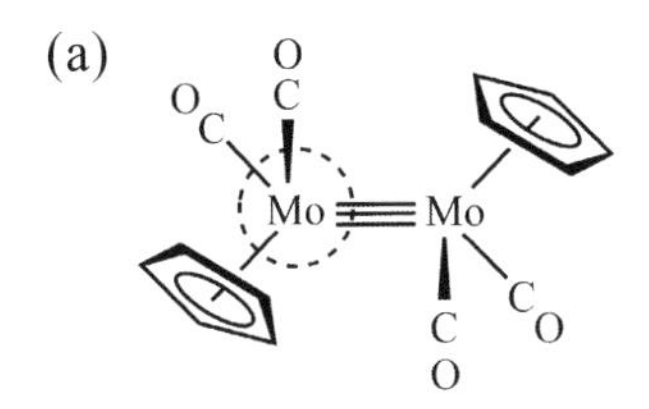

(b)

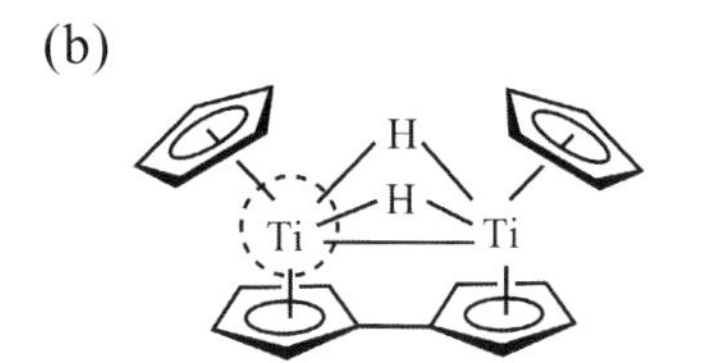

(c)

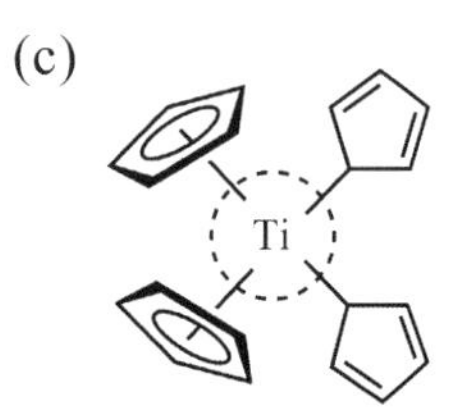

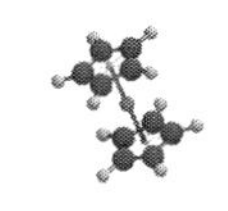

2.6 舉出下列金屬化合物內金屬的總價電子數目。分別指出從金屬及配位基個別提供的電子個數。[提示：十八電子規則 (18-Electron Rule)]

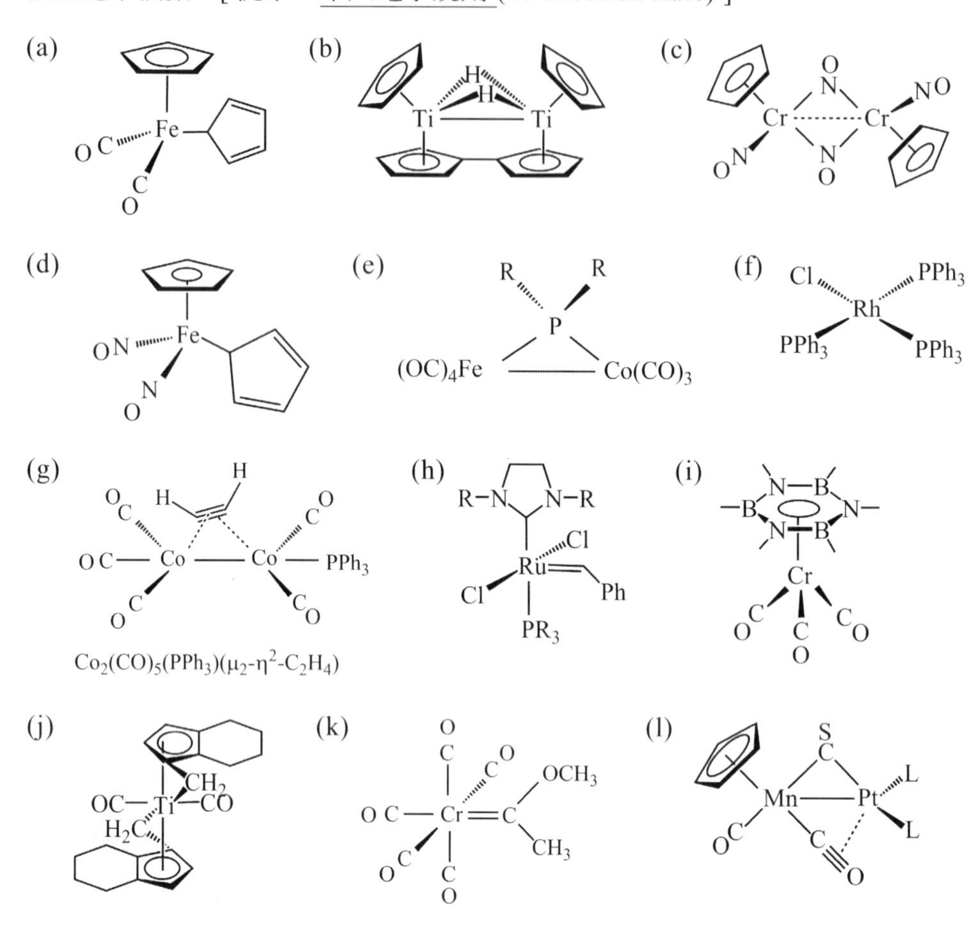

2.7 舉出下列多層三明治化合物 (Multiple-Decker Compounds) 價電子總數目。分別指出從金屬及配位基個別提供的電子個數再加總。

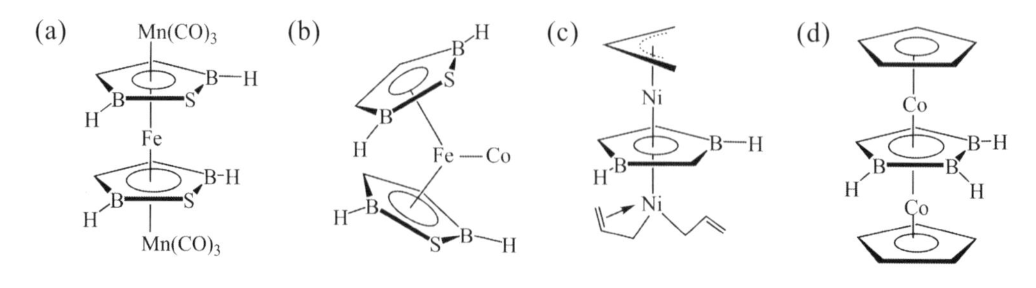

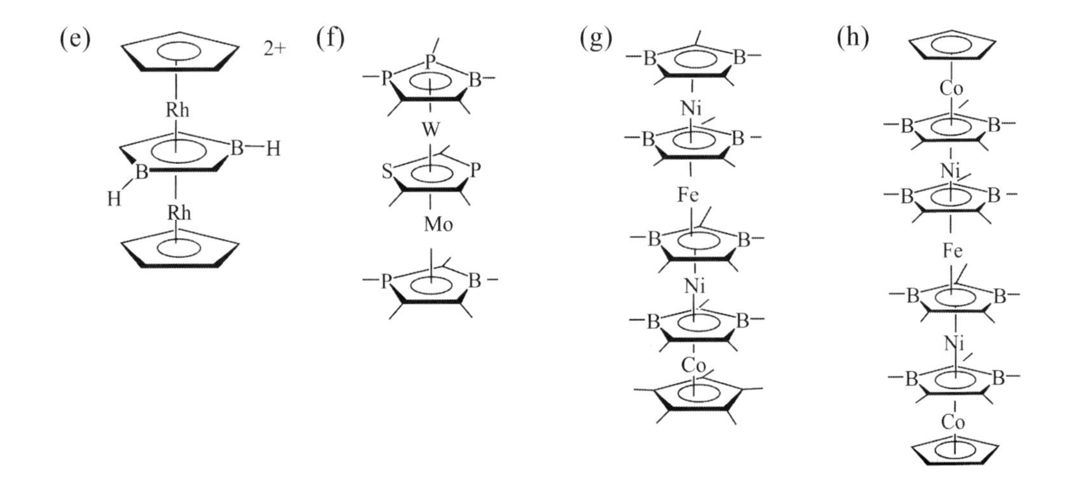

2.8 多層三明治化合物 (Multiple Decker Compounds) 對填入電子數的容忍範圍比金屬辛 (Metallocene) 大。說明之。

2.9 試繪出下列金屬化合物的結構。

(a) $Rh(COD)_2(BPh_4)$; (b) $(Indenyl)_2W(CO)_2$; (c) $Fe_2(CO)_6(\eta^4\text{-}\mu_2\text{-}C_4R_4)$;

(d) $RhCl(PPh_3)_3$; (e) $Os_3(CO)_9(NO)_2$

[提示：COD (cyclooctadiene), ; Indenyl,]

2.10 以下金屬化合物晶體結構顯示 Fe-Fe 間是單鍵，且有 1 個 μ_2-CO。說明此金屬化合物是否遵守 EAN 規則。

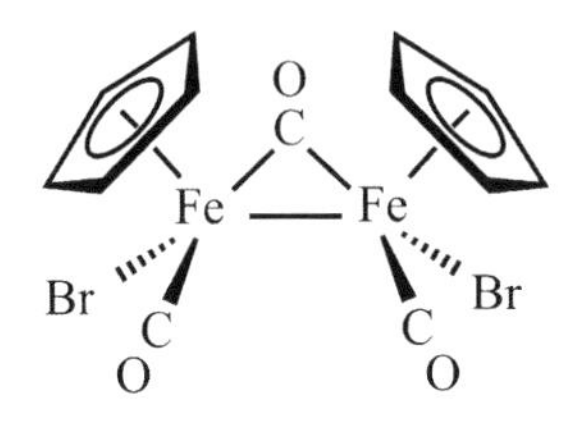

2.11 以下含雙金屬化合物，金屬—金屬之間的鍵次 (Bond Order) 為何？ [提示：十八電子規則]

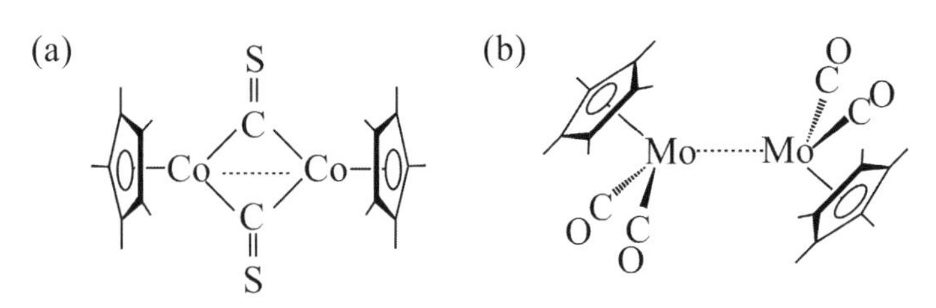

2.12 有一金屬化合物 $Fe_2(CO)_9$ 和 MeN = NMe 反應，生成的主產物如下。舉出金屬化合物個別金屬的總價電子數目。包括分別從金屬及配位基來的價電子個數。

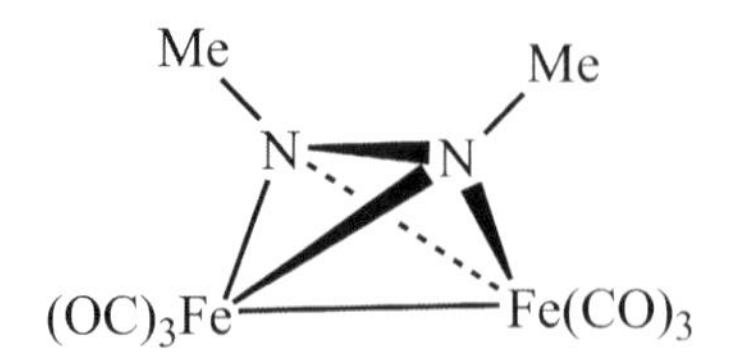

2.13 有一金屬化合物如下圖。(a) 試將 (η^2, μ_2-PhC ≡ CPh) 當配位基 π- 鍵結到雙鈷上，說明形成 (η^2, μ_2-PhC ≡ CPh)$Co_2(CO)_6$ 化合物的鍵結。並指出錯合物是否遵守十八電子規則。(b) 或將 (-CPh) 視為一基團提供 3 個電子參與整個鍵結，以此方式來說明鍵結。

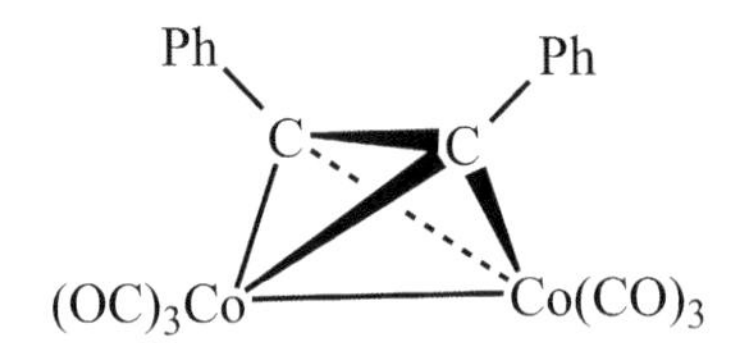

2.14 (a) 解釋 $Re_2Cl_8^{2-}$ 具有四重鍵 (Quadruple Bond) 的成因。(b) 試定性地繪出其中的σ-、π- 及δ- 鍵結。(c) 此分子採取掩蔽式 (eclipsed, D_{4h}) 組態才能形成δ- 鍵結。(d) 晶體結構顯示 Re-Re 間的鍵長是 2.24 Å，有何不尋常之處？

2.15 有一金屬化合物 $Os_3(CO)_{12}$ 在 120°C 下和 NO 反應，結果產生 $Os_3(CO)_9(NO)_2$ 為主產物。^{13}C NMR 光譜顯示有 4 組吸收峰比例為 4:2:2:1。IR 吸收頻率 ν_{CO} 和 ν_{NO} 個別為 2000 和 1750 cm^{-1}。(a) 試繪出此金屬化合物結構。(b) 說明此金屬化合物是否有架橋 CO(s)。(c) 若不管光譜數據只看其分子式 $Os_3(CO)_9(NO)_2$，有多少可能的結構異構物？其中 Os 金屬是否符合十八電子規則 (18-Electron Rule) ？

2.16 金屬化合物 $Cp_3Nb_3(CO)_7$ 晶體結構顯示有 1 個 μ_3-CO 並非對稱地鍵結到 3 個金屬上。有很長的 C-O 鍵 1.30(1) Å；有很低的 IR 吸收頻率 ν_{CO} = 1330 cm^{-1}。根據這些數據合理化這化合物結構。並舉出下列金屬化合物個別金屬的總價電子數目。包括分別從金屬及配位基提供來的價電子個數。

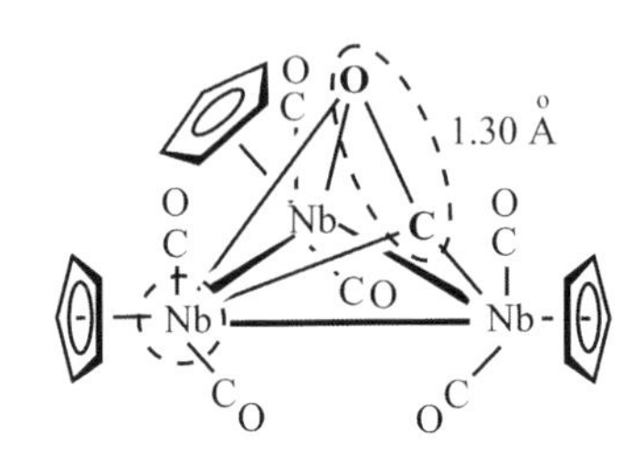

2.17 理論上，金屬化合物 $Fe(CO)_3(PR_3)_2$ 以 TBP 構型存在可能有三種構型。如果只根據以下 CO 的 IR 吸收頻率 $\nu_{(CO)}$ 在 2000 cm^{-1} 附近出現的樣式，那一種構型是合理的？

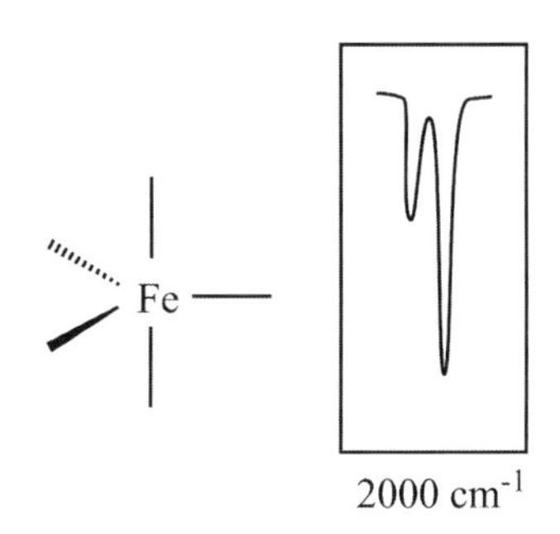

2.18 以雙原子分子氮氣 (N_2) 及氧氣 (O_2) 分子的分子軌域能量圖為基礎繪出 CO 分子及 NO 分子的分子軌域能量圖。並說明 NO 分子的鍵結無法以價鍵軌域理論 (VBT) 解釋，卻能以分子軌域理論 (MOT) 解釋。

2.19 價鍵軌域理論 (VBT) 無法解釋過渡金屬化合物的顏色現象，分子軌域理論 (MOT) 卻能解釋。說明之。

2.20 價軌層電子對斥力理論 (Valence-Shell Electron-Pair Repulsion theory, VSEPR) 為何不適用於預測以過渡金屬元素為中心原子所構成的化合物結構？

2.21 試著說明在學理上只有簡併狀態 (Degenerate) 的函數才可以做「軌域混成」。因此碳原子的 2s 及 2p 軌域混成原本是不允許的。後來為何又有 2s 及 2p 軌域混成如 sp、sp^2 及 sp^3 混成軌域出現？

2.22 (a) 定義 σ-、π- 及 δ- 鍵結。(b) 說明有機化合物的 C-C 之間不會形成 δ- 鍵結。

2.23 說明同時具有高 HOMO 和低 LUMO 的分子化學活性比較大。

2.24 將 BH_3 和 BF_3 混合，根據亂度或統計上的考慮，理論上應該往生成 BH_2F 和 BF_2H 方向移動。然而，主要還是以 BH_3 和 BF_3 存在，試以共生現象 (Symbiotic Effect) 說明之。

2.25 所謂的抓氫鍵 (Agostic Bonding) 發生時，通常金屬中心是缺電子還是多電子的狀況？為何在一般情形下很難發生？說明之。

2.26 將主族元素（如 C）嵌入正八面體叢金屬化合物中如 $Ru_6(CO)_{17}(\mu_6\text{-}C)$ 的鍵結模式無法以價鍵軌域理論解釋，因為中間的 C 似乎已經違反八隅體規則。應該如何來看待這類型的鍵結？

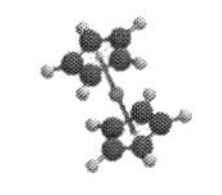

2.27 第二列及第三列過渡金屬具有 d^8 組態者，傾向形成具有四配位基的平面四方形的幾何構型，且為具 16 個價電子的化合物。而第一列過渡金屬則可能為正四面體或平面四方形的幾何構型。說明之。

2.28 下圖為鐵辛 (Cp_2Fe) 採取間隔式 (staggered) 組態的近似分子軌域能階圖。(a) 哪一個軌域是 HOMO？哪一個軌域是 LUMO？(b) 鎳辛 (Cp_2Ni) 是順磁性 (Paramagnetic) 還是逆磁性 (Diamagnetic)？填入電子到圖中說明之。(c) 鎳辛容易被還原或是被氧化？(d) 鎳辛可當還原劑或氧化劑？(e) 同理說明鈷辛 (Cp_2Co) 是順磁性 (Paramagnetic) 還是逆磁性 (Diamagnetic)？可當還原劑或氧化劑？(f) 鈷辛離子 (Cp_2Co^+) 和鐵辛 (Cp_2Fe) 是等電子，試問何者的第一游離能 (Ionization Energy) 比較大？何者的電子親合力 (Electron Affinity) 比較大？

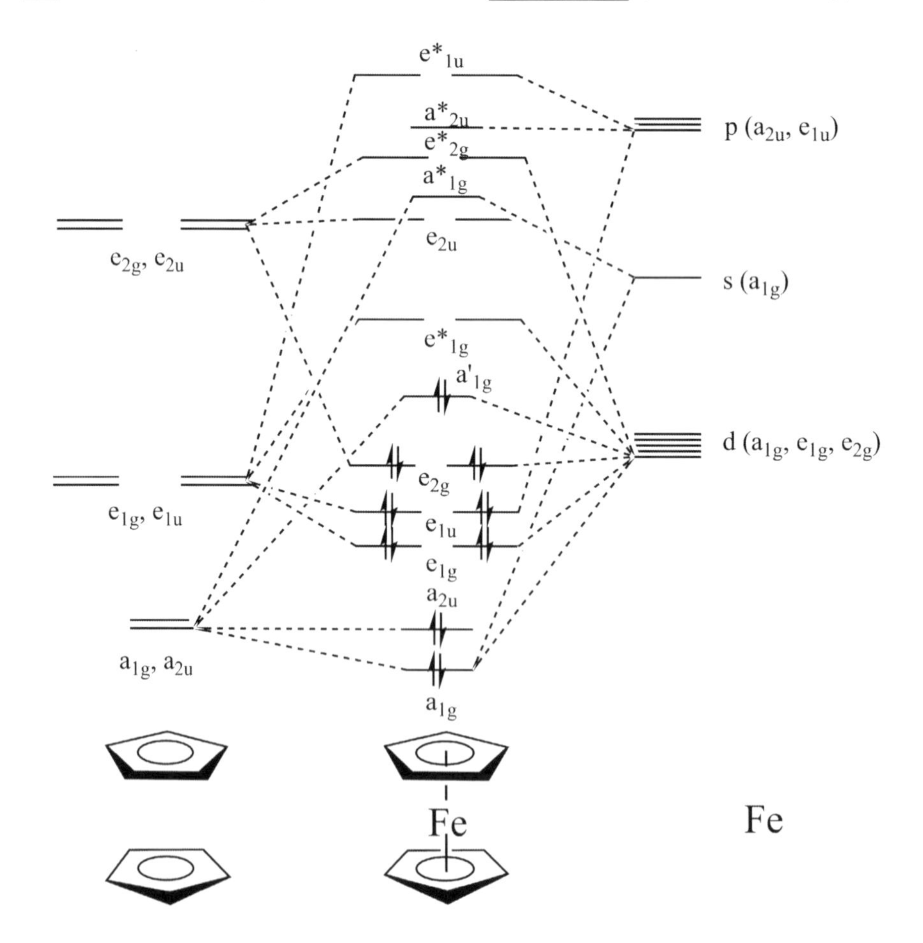

章節註釋

1. 一些相關參考書籍：(a) James E. Huheey, Ellen A. Keiter, Richard L. Keiter, *Inorganic Chemistry: Principles of Structure and Reactivity*, 4th Ed., Harper Collins, **1997**. (b) L. S. Hegedus, *Transition Metals in the Synthesis of Complex Organic Molecules*, University Science Books: Mill Valley, **1999**. (c) J. P. Collman, L. S. Hegedus, J. R. Norton, R. G. Finke, *Principles and Applications of Organotransition Metal Chemistry*, University Science Books: Mill Valley, **1987**. (d) E. C. Constable, *Metals and Ligand Reactivity: An Introduction to the Organic Chemistry of Metal Complexes*, John Wiley & Sons: New York, **1996**.
2. 定比定律 (Law of Definite Proportion) 和倍比定律 (Law of Multiple Proportions) 是化學計量的基本原理。普魯斯特於 1799 年提出定比定律。認為一種化合物無論取得來源如何，其內部組成的元素彼此質量間都有一定的比例。道爾敦於 1803 年提出倍比定律。認為若兩元素如 H 和 O 可以生成兩種或兩種以上的化合物時如 H_2O 和 H_2O_2，在這些化合物中，如果其中一元素（如 H）的質量固定，則另一元素（如 O）的質量成簡單整數比。
3. J. R. Partington, *A Short History of Chemistry*, 3rd Ed., Dover Publications, Inc., **2011**.
4. 道耳敦原子理論五陳述，幾乎將原子描述成如鋼珠般的微小粒子。
   (a) 物質由不可分割的原子組成。
   (b) 相同元素含相同原子，它們的性質（包括質量）都完全一樣。
   (c) 不相同元素含不相同原子，有不同質量。
   (d) 原子不能被破壞，化學反應發生後，它們的性質都完全沒變。
   (e) 化合物由原子組成，不同原子之間有最小整數比。
5. 1895 年，湯姆生 (J. J. Thomson) 發現電子，到 1897 年他的發現才漸漸為人重視。湯姆生於 1906 年被授予諾貝爾物理獎。
6. 八隅體規則 (Octet Rule) 由路易士 (G. N. Lewis) 於 1916 年發表。內容大概是指當一原子與其他原子結合時，該原子的價殼層傾向擁有 8 個價電子數達到與鈍氣組態相同時最為穩定。
7. 早期路易士 (G. N. Lewis) 曾於哈佛大學、MIT 等名校任教。後來於 1912 年遷往加州，任柏克萊分校化學系主任多年。路易士終其一生沒有獲得諾貝爾獎，不少人因而為他感到惋惜。但在他帶領下的柏克萊化學系逐漸成為化學研究的重鎮並出了多位諾貝爾獎得主，貢獻卓著。

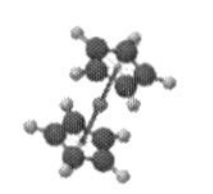

8. 一般而言，硼化物 (Boranes) 都不遵守八隅體規則 (Octet Rule)，這和它的電負度 (Electronegativity) 比較小有關。
9. 第三週期元素原子比較大，可使用來參與混成的軌域選擇性增加。有人認為 PCl_5 用到 d 軌域來參與混成，讓它超越八隅體規則 (Octet Rule) 的限制；有人認為只要能適用的軌域即可，甚至 σ* 軌域都無妨。現在越來越多人接受後者的看法，因為有計算顯示 PCl_5 上的 σ* 軌域比磷上的 d 軌域能量低，更適合用來參與鍵結。
10. NO 具有奇數價電子，不遵守八隅體規則 (Octet Rule)，無法以路易士結構理論 (Lewis Structure) 中的電子要配對的要求來解釋。然而，NO 的鍵結卻能以分子軌域理論 (Molecular Orbital Theory, MOT) 來解釋。在這點上可以看出分子軌域理論比起路易士結構理論的優勢來。
11. 1960 年代沙利竇邁 (Thalidomide) 藥物上市，在某些國家被拿來當安胎藥來使用。後來發現服用沙利竇邁的婦女生下手或腳畸形胎兒的機率很高而遭到禁用。詳細內容請參考第 9 章。
12. 分子軌域理論 (Molecular Orbital Theory, MOT) 打破個別原子和原子之間形成鍵的限制，而以分子內的原子核整體來組成主架構，構成分子軌域後，再填入電子。每一個電子有機會在一個較大的空間中運動，電子雲分佈較大的空間沒有被鎖定在特定區域，稱之為非定域化 (Delocalization)。
13. 量子力學 (Quantum Mechanics) 的研究從 19 世紀末開始在歐洲萌芽，到了 20 世紀初慢慢成熟。1925 年薛丁格 (Schrödinger) 提出波動方程式（後來稱為薛丁格方程式 (Schrödinger Equation)）並解出氫原子軌域，量子力學理論算是被構建完成。在同一時期，德國科學家海森堡 (Werner Heisenberg) 提出等值的矩陣量子力學。為了區分起見，薛丁格的量子力學處理方式稱為波動量子力學。化學家稍後將量子力學引進來處理化學分子的問題。
14. 軌域 (Orbital) 和軌道 (Orbit) 不同。前者描述一個區域；後者是指特定路線，如行星繞太陽。
15. Ira N. Levine, *Quantum Chemistry*, Prentice Hall, 6th Ed., **2008**.
16. 波恩 (M. Bohn) 提出「波函數的機率表述」，解釋波函數的平方 ψ^2（或 ψ x ψ*）為電子出現機率。波耳 (N. Bohr) 和海森堡 (W. Heisenberg) 於 1927 年在丹麥哥本哈根共同提出延伸詮釋，稱為哥本哈根釋義 (Copenhagen Interpretation)，成為日後廣被接受的解釋波函數意涵的說法。
17. LCAO-MO: Linear Combination of Atomic Orbital as Molecular Orbital（將原子軌域做線性組合模擬成分子軌域）。

18. 事實上，反鍵結 (σ_{1s}^*) 離開能量中線 (Barycenter) 比鍵結 (σ_{1s}) 遠。意味著填入 4 個電子比原先未填入的狀況更不利。因此，2 個氦原子不能形成氦分子。近來，有更高階的量子力學計算指出氦原子可以形成氦分子，但是穩定度很低。
19. 路易士結構理論 (Lewis Structure) 模型沒有考慮反鍵結 (σ_{1s}^*) 軌域。因此，有關分子的磁性 (Magnetism) 及光譜 (Spectrum) 現象都無法預測。
20. 鍵次（或稱鍵級，Bond Order）的定義是：填入鍵結軌域電子數目減去填入反鍵結軌域電子數目再除以 2。
21. 一個好的化學鍵結理論不但能解釋現有的分子現象，而且最好能預測目前尚未存在分子系統的行為。
22. Symmetry-Adapted Linear Combinations (SALC)：是一個將對稱等值 (Equivalent) 的原子軌域做線性組合模擬成分子軌域的方法。
23. 甲烷 CH_4 用價鍵軌域理論 (Valence Bond Theory) 的混成 (Hybridization) 方式來描述，會導出 4 個等值的 sp^3 混成軌域。從群論 (Group Theory) 的觀點，正四面體對稱的甲烷，最多只可有三個簡併狀態 (Degenerate) 的分子軌域。而真正實驗結果和群論推導相符合。由此可以看出價鍵軌域理論顯然不是很精準的理論。
24. 美國兩位學者柯恩 (Walter Kohn) 教授及波普 (John Pople)，因為在量子化學計算領域的重大貢獻，於 1998 年獲頒諾貝爾獎。柯恩主要的成就是發展密度泛函理論 (Density Functional Theory, DFT)；而波普的主要工作則是發展量子化學的起始法 (*Ab Initio*) 計算方法。因為近代電腦的運算能力大增，使得化學家能夠對複雜分子的性質作更深入的探討，以彌補實驗化學的不足。
25. 價鍵軌域理論 (Valence Bond Theory, VBT) 處理分子鍵結方式和分子軌域理論 (Molecular Orbital Theory, MOT) 不同。價鍵軌域理論以個別原子和原子之間的鍵為基礎，每個鍵填入 2 個電子，再將個別的鍵組合成分子鍵結。電子被鎖定在特定區域，稱之為定域化 (Localization)。
26. 價鍵軌域理論 (Valence Bond Theory, VBT) 的主要推動者之一是兩屆諾貝爾獎得主包林（Linus Pauling, 1901-1994，1954 年化學獎及 1962 年和平獎）。他的經典著作《化學鍵的本質》(*The Nature of the Chemical Bond*) 經多次再版。包林曾言：「我為那些完全不懂化學的人感到可惜。他們錯過一個得到快樂的重要來源。」(I feel sorry for people who don’t understand anything about chemistry. They are missing an important source of happiness.)
27. 這裡提到的「化學家的直覺」就是化學家習慣用線條來表達原子間的連結即化學鍵，這種表達方式簡單明瞭，在此化學鍵上的電子被定域化。

28. 通常有機分子的 HOMO 和 LUMO 之間的能量差比較大，在紫外光範圍，因此有機分子通常不具有「顏色」。HOMO 和 LUMO 之間的能量差大，也使電子幾乎全填在 HOMO 以下且配對，不易填入 LUMO，因此通常不具有「磁性」。
29. 價軌層電子對斥力理論 (Valence-Shell Electron-Pair Repulsion theory, VSEPR) 的代表性人物是 R. J. Gillespie 及 R. S. Nyholm。有時稱為 Gillespie–Nyholm 理論。此理論主要是以斥力 (Repulsion) 為基礎。容易理解和使用，但有許多限制必須注意。
30. 結晶場穩定能量 (Crystal Field Stabilization Energy, CFSE) 是指中心金屬離子週遭的配位基造成的配位場，引起 d 軌域分裂造成錯合物總體能量的下降值。起初，由貝特 (Bethe) 和范飛克 (van Vleck) 以純離子鍵 (Ionic Bonding) 為出發點發展出的結晶場論 (Crystal Field Theory)，後來加入了共價鍵 (Covalent Bonding) 的因素而發展成為配位場論 (Ligand Field Theory)。
31. C. A. Tolman, *The 16 and 18 electron rule in organometallic chemistry and homogeneous catalysis. Chem. Soc. Rev.*, **1972**, *1*, 337.
32. 以 6 個配位基的 σ- 軌域做成 6 個配位基群組軌域 (Ligand Group Orbital, LGO) 分成三組：a_{1g}、t_{1u}、e_g。若加入配位基的 12 個 π- 軌域可做成 12 個 LGO 分成四組（t_{2g}、t_{1u}、t_{2u} 和 t_{1g}）。其中一組 t_{2g} 可和金屬原來還沒使用到的非（不）鍵結軌域 (Nonbonding Orbital, t_{2g}) 鍵結。
33. 光譜現象可視為能量項 (Energy Term) 之間的躍遷，這躍遷受選擇律 (Selection Rules) 限制。常見的有 Laporte 選擇律 (Laporte Selection Rule) 及自旋選擇律 (Spin Selection Rule)。光譜躍遷強弱和能量項 (Energy Term) 之間的躍遷的波函數積分大小有關，積分為零時稱為躍遷禁止 (Transition Forbidden)，積分大於零時稱為躍遷允許 (Transition Allowed)。
34. 鐵辛 (Ferrocene) 分子取間隔式組態 (staggered) 所得出的分子對稱為 D_{5d}。若為掩蔽式組態 (eclipsed) 則分子對稱為 D_{5h}。兩者對稱不一樣。
35. 早期金屬 (Early Transition Metal) 是指 d 電子很少的過渡金屬；晚期金屬 (Late Transition Metal) 是指 d 電子比較多的過渡金屬。前者，需要較多配位基來達到十八電子規則。然而，可能因為配位基數目過多，造成太擁擠而無法達到。
36. Jahn-Teller Distortion 是指具有簡併狀態軌域的非線性分子，傾向降低分子對稱，即降低簡併狀態，以獲得多出來穩定能量。Jahn-Teller Distortion 除了能量因素有利之外，亂度因素也有利。

37. 1964 年威金森 (G. Wilkinson) 發現 $RhCl(PPh_3)_3$ 能有效率地催化烯烴的氫化反應，因而得名。威金森催化劑能使非共軛雙鍵或三鍵的不飽和烴在室溫和常壓的氫氣下被氫化。
38. 請參考第 4 章有關配位基的錐角 (Cone Angle) 部分。
39. 有關氫醯化反應 (Hydroformylation, Oxo-, Roelen Reaction) 或包生—韓德反應 (Pauson-Khand Reaction, PKR) 詳細內容請參考第 3 章。
40. 叢金屬化合物 (Metal Clusters) 又翻譯成「金屬群簇」。非金屬叢化合物 (Non-Metal Clusters) 可翻譯成「非金屬群簇」。D. M. P. Mingos, D. J. Wales, *Introduction to Cluster Chemistry*, Prentice Hall, **1990**.
41. “Three-centers/Two-electrons Bond” 翻譯成三中心 / 二電子鍵或簡化為 “3c/2e Bond”。
42. G. J. Kubas, R. R. Ryan, B. I. Swanson, P. J. Vergamini, H. J. Wasserman, *Characterization of the first examples of isolable molecular hydrogen complexes, $M(CO)_3(PR_3)_2(H_2)$ (M = molybdenum or tungsten; R = Cy or isopropyl). Evidence for a side-on bonded dihydrogen ligand, J. Am. Chem. Soc.,* **1984**, *106(2)*, 451-452.
43. (a) R. G. Pearson, *J. Am. Chem. Soc.*, **1963**, *85*, 3533. (b) R. G. Pearson Ed., *Hard and Soft Acids and Bases*, Dowden, Hutchinson and Ross, Stroudsburg, **1973**. (c) R. G. Pearson, *Chemical Hardness* in K. Sen Ed., *Struct. Bond.*, **1993**, *80*, 1.
44. 休伊 (James E. Huheey, 1935-) 曾說：「在各式各樣不同的酸鹼定義中，不是那一個對或錯的問題，而是那一個酸鹼定義在那種狀況下最為方便的問題。」(The differences between the various acid-base concepts are not concerned with which is right, but which is most convenient to use in a particular situation.) 學子們在面對眾多化學鍵結理論的看法也該如此。

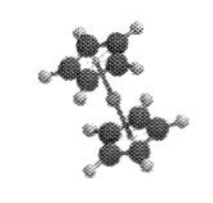

第 3 章　配位基的角色

3-1　配位基的角色

有機金屬化合物的結構及其應用性之所以形形色色、多采多姿的原因皆拜其變化多端、種類繁多的配位基 (Ligand) 之賜。在有機金屬化學中，配位基扮演著極其重要的角色。配位基可影響化合物的電子及立體障礙效應 (Electronic & Steric Effect)、溶解度、中心金屬的氧化還原電位及對邊效應 (*Trans* effect) 等等。適當地選擇配位基有時候可改變整個化合物的特性，並可能在催化反應中造成產物的選擇性 (Selectivity) 及影響產物的構型 (Conformation)。[1]

在有機金屬化學中，因金屬多為低氧化態，以皮爾森 (Pearson) 的硬軟酸鹼 (Hard and Soft Acids and Bases, HSAB) 的理論來看皆為軟酸 (Soft Acid)。因此，配位基大多數為軟鹼 (Soft Base) 才能形成穩定化合物。有些軟鹼配位基的特色是其和金屬鍵結時，除了可形成 σ- 鍵結 (σ-Bonding) 外，還會再加上形成 π- 逆鍵結 (π-Backbonding)，使「金屬—配位基」的鍵結增強。這種鍵結特色將在下面提及。

3-2　常見配位基提供的電子數

茲將一些常見的配位基及其提供於鍵結的電子數列表如下（表 3-1）。有些配位基在鍵結時為了計算電子數方便可視為中性（共價）或帶電荷（離子）。然而，應注意配位基在鍵結後真正的電子流向已非定域化 (Delocalized)，無法明確區分電子的確切位置。

常見配位基除了一般的線形配位基如 CO 或 PR_3 外，還有些是環狀配位基。環狀配位基以五角環的環戊二烯基 (η^5- C_5H_5) 最為常見，六角環的苯環 (η^6-C_6H_6) 次之。若以七角環 (η^7- C_7H_7) 或八角環 (η^8- C_8H_8) 為配位基時，需要在中心金屬體積很大（如鈾原子 U）的情形下才能穩定存在。

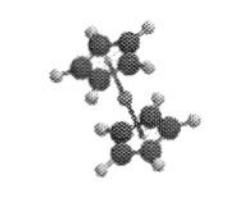

表 3-1 一些常見的配位基及其提供於鍵結的電子數

配位基	提供的電子數（中性）	提供的電子數（離子）	配位基	提供的電子數（中性）	提供的電子數（離子）
X（鹵素）	1	2(-1)	H	1	2(-1)
R（烷基）	1	2(-1)	Ph	1	2(-1)
NO（彎曲）	1		η^1-allyl	1	
NO^+	2		CN^-	2	
CO	2		NR_3	2	
CS	2		PR_3	2	
Alkene	2		alkyne	2 (4)	
Carbene (CR_2)	2		Carbene (CR)	2 (4)	
η^3-cyclopropenyl	3	2(+1)	X（架橋）	3	4(-1)
η^3-allyl	3	2(+1)	NO（線性）	3	2(+1)
η^4-1,3-butadiene	4		$H_2C=C(CH_2)CH_2$	4	
η^4-cyclobutadinyl	4		η^5-cyclopentadinyl	5	6(-1)
η^6-benzene	6		R—B(pyrazolyl)$_3$ ⊖	6	
η^7-C_7R_7	7	6(+1)	η^8-C_8R_8	8	10(-2) 6(+2)

3-2-1 μ-、η- 的定義 [2]

一氧化碳 (CO) 當配位基和金屬鍵結形成之化合物稱為金屬羰基化合物（$M(CO)_n$，M：金屬）。一氧化碳 (CO) 配位基可以和一個金屬或多個金屬鍵結。通常和二個以上金屬鍵結時以 μ_n-CO 來表示，n 為鍵結金屬的個數。如下圖例（圖 3-1）。當 CO 和愈多金屬鍵結時，經由 π- 逆鍵結 (π-Backbonding) 而接受更多從金屬來的電子密度進入 CO 的反鍵結軌域 (Anti-bonding Orbital) 而使其頻率 (ν_{CO}) 下降。化學家通常以增加金屬鍵結數目的方法來降低 CO 的鍵次 (Bond Order) 以達到讓 CO 更容易斷鍵的目的。[3]

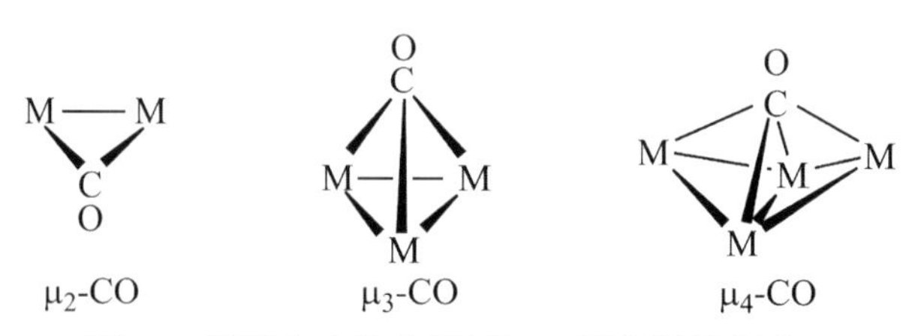

圖 3-1 羰基和多核金屬採取不同的鍵結模式。

和金屬鍵結的 H 也有類似的情形，鍵結後的 H 可以 μ_n-H 來表示（圖 3-2）。在 ^{1}H NMR 可看到 μ_n-H 出現在高磁場 (upfield) 的位置，有時可高達 -40 ppm 左右。很少數情形下，H 可嵌入由金屬形成的叢化物內部，此時的 H 稱為 Hydrido。

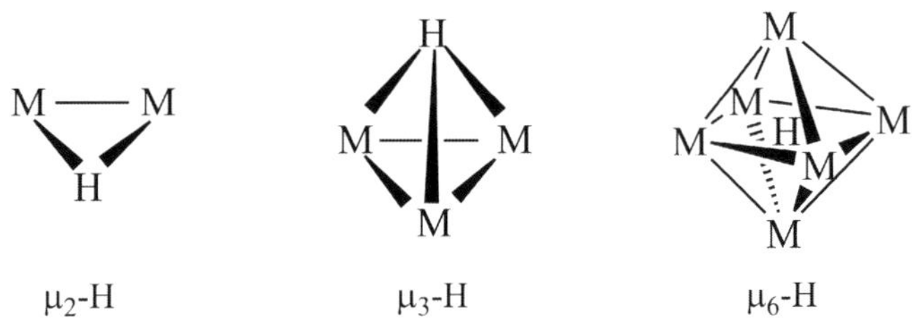

圖 3-2 氫和多核金屬採取不同的鍵結模式。

3-3 金屬羰基化合物

若根據前述美國化學會 (American Chemical Society, ACS) 對有機金屬化合物較為狹義的定義，金屬羰基化合物理當不應該屬於有機金屬化合物的範疇，因其配位基——一氧化碳 (CO) 一向被視為是無機物。[4] 然而，因為這類型化合物常為合成有機金屬化合物的起始物，且在有機金屬化學的發展歷程中扮演相當重要的角色，因而被列入歸屬於有機金屬化合物的範疇。

一般而言，含單核 (Mono-nuclear) 過渡金屬之金屬羰基化合物大多數均遵循 EAN 律 (Effective Atomic Number)。在含有過渡金屬的化合物中，EAN 規則可視為等同十八電子律 (18-Electron Rule)；即化合物中所有配位基所提供參與鍵結的電子數加上中間金屬的價電子數等於 18 個，達到鈍氣組態時最為穩定。含雙或參金屬核之金屬羰基化合物也大多數均遵循 EAN 規則。含參金屬核以上且有直接的金屬間鍵結的金屬羰基化合物稱為叢金屬化合物 (Metal Cluster Compounds)，金屬數目越多越無法以 EAN 規則來規範。

3-3-1 蒙德法純化鎳

金屬羰基化合物的合成途徑，可經由磨細的金屬粉粒（如 Fe、Co 和 Ni 等）與一氧化碳作用而成，如：

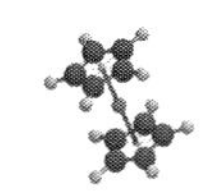

$$Ni + 4\ CO \longrightarrow Ni(CO)_4$$

$$Fe + 5\ CO \xrightarrow{200^oC, 高壓} Fe(CO)_5$$

$$2\ Co + 8\ CO \xrightarrow{150^oC, 高壓} Co_2(CO)_8$$

第一列過渡元素，除了鎳 (Ni) 金屬外，其餘的均需在高溫高壓下反應，才能形成金屬羰基化合物。鎳與一氧化碳作用形成的 $Ni(CO)_4$ 是劇毒化合物，須小心處理。鎳金屬易在常溫常壓下和一氧化碳反應的特性，使鎳金屬容易被一氧化碳鍵結，而從混有其他金屬的礦物中被單離出來，形成的 $Ni(CO)_4$ 有揮發性，在加熱的管路中 Ni-CO 斷鍵產生純鎳，再生的一氧化碳再循環重複使用，此法的運用稱為蒙德法 (Mond Process)（圖 3-3）。鎳和 CO 的結合在室溫下即可進行，因此，運送 CO 的鋼瓶不能含有鎳合金，以免發生危險。

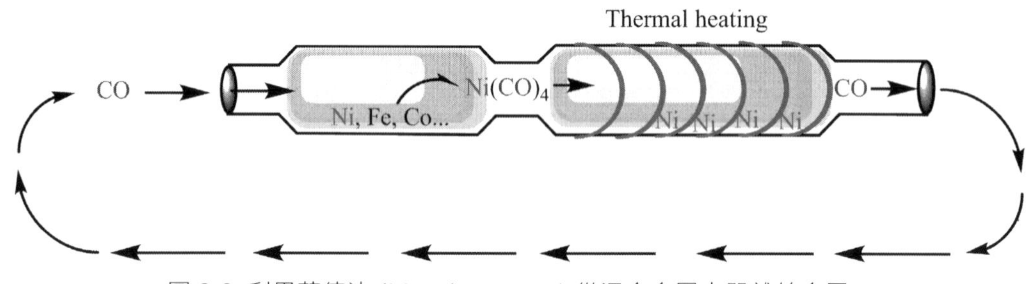

圖 3-3 利用蒙德法 (Mond Process) 從混合金屬中單離鎳金屬。

金屬羰基化合物也可經由適當的金屬鹽類或金屬氧化物與還原劑或一氧化碳等還原而得，如：

$$CrCl_3 + RMgX + CO \longrightarrow Cr(CO)_6$$

$$VCl_3 + Na + CO \longrightarrow V(CO)_6$$

$$Re_2O_7 + Co \longrightarrow Re_2(CO)_{10}$$

一氧化碳在這裡不只是當配位基也扮演還原劑的角色。例如，一氧化碳可以和 Re_2O_7 上的氧結合形成二氧化碳，不但當還原劑，也當 Re 的配位基，形成 $Re_2(CO)_{10}$。

通常多核的金屬羰基化合物可由單核金屬羰基化物加熱或照光而得。在加熱或照光時，有部分一氧化碳脫離而導致多核的金屬羰基化合物不飽和，因而有些不飽和金屬基團會藉著形成金屬—金屬鍵來達到飽和。如：

$$Fe(CO)_5 \xrightarrow{hv,\ HOAc} Fe_2(CO)_9$$

$$Fe_2(CO)_9 \xrightarrow{95^{o}C,\ Toluene} Fe_3(CO)_{12}$$

3-3-2 互相加強的鍵結模式

在早期金屬羰基化物上的 M-CO 鍵結本被視為弱鍵，因為 CO 為弱路易士鹼 (Lewis Base)，且低氧化態的金屬為弱路易士酸 (Lewis Acid)。然而，實際上 M-CO 的鍵結卻比原先預期的要來得強，這主要是歸因於其獨特的鍵結模式。金屬羰基化合物中 CO 和金屬的鍵結模式和烯類或炔類和金屬的鍵結模式相類似皆為互相加強鍵結 (Synergistic Bonding)，即是有 σ- 鍵結及 π- 逆鍵結同時發生。因為有此機制使此類鍵結增強，其中「Synergistic」就是互相加強的意思。

從分子軌域理論 (Molecular Orbital Theory) 來看，CO 的 HOMO 軌域波函數主要是集中在碳上。這軌域供給一對電子給中間金屬原子的 LUMO 空軌域（一般為 d 軌域）形成 σ 型式的鍵結，同時金屬 d 軌域上具有一對電子的 HOMO 非結鍵 (Non-bonding) 也可反供給電子到 CO 上的 LUMO 即空的 π- 反鍵結 (π-Antibonding) 軌域，而形成 π 鍵形式的結合，其情形如下圖所示（圖 3-4）。因為有逆鍵結 (Backbonding) 的鍵結途徑使得 M-CO 的鍵結增強，另一方面也可紓解中間金屬因配位基所提供的累積過多的電子密度，而使整個系統更趨穩定。

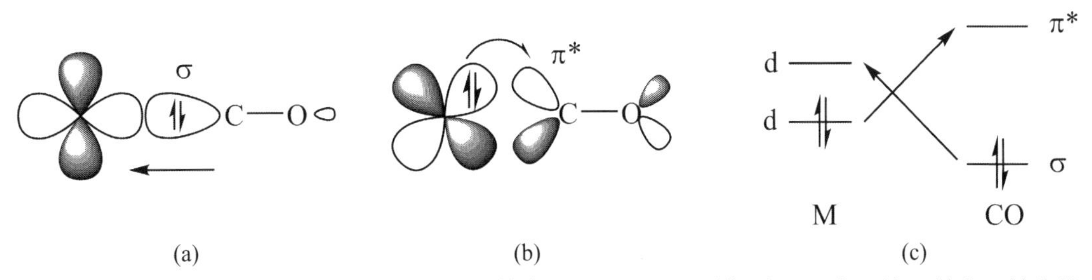

圖 3-4 金屬羰基化物中的 M-C 鍵結情形；其中 (a) 和 (b) 分別為以 MO 表示的 σ 鍵和 π 鍵的結合，(c) 為鍵結分子軌域能量簡圖。

上述的結合方式將增強 M-C 鍵，且同時減弱 C-O 鍵，亦即降低 C-O 間的鍵次 (Bond Order)。因 CO 上鍵結電子密度減少，反鍵結電子增多，而造成 CO 鍵減弱。鍵次與 C-O 間的伸縮頻率 (Stretching Frequency, ν_{CO}) 有關，其關係式為：

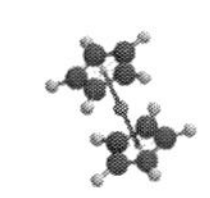

$$\nu = \frac{1}{2\pi}\sqrt{\frac{k}{\mu}}$$ k：力常數 (Force Constant)　　μ：折合質量 (Reduced Mass)

其中 k 與鍵次間有著正比的關係，因此當 C-O 間的鍵次降低，ν_{CO} 值也將隨著減小。這種變化，可由 IR 光譜中吸收峰往低頻率方向移動看出來，亦可由 X- 光晶體結構測定 CO 鍵增長，來說明 CO 鍵次減弱的現象。影響此種鍵次主要的因素則決定於金屬本身的電荷和其氧化態。另外，其他如配位基的種類、個數及其排列方式都會影響 CO 的鍵次。其情形如表 3-2 所示。

表 3-2 一些等電子和等結構的金屬羰基化合物其電荷對 ν_{CO} (cm^{-1}) 的影響

1	$Ni(CO)_4$	$Co(CO)_4^-$	$Fe(CO)_4^{2-}$
	2057	1886	1786
2	$Fe(CO)_5$	$Mn(CO)_5^-$	
	2034	1895	
	2014	1863	
3	$Mn(CO)_6^+$	$Cr(CO)_6$	$V(CO)_6^-$
	2090	1981	1859

表 3-2 中所列均為等電子 (Iso-electronic) 和等結構 (Iso-structural) 的金屬羰基化物。由表中可看出，當負電荷愈多或金屬氧化態愈低時，ν_{CO} 值即愈小。而大約每增加一單位負電荷，即約減低 100 cm^{-1} 的 ν_{CO}。此乃因增加負電荷，即增加金屬上的電子密度，進而增加金屬與碳上的 π- 逆鍵結結合程度，電子密度藉此更多地流入 CO 的反鍵結軌域，以致於減低 C-O 間的鍵次的緣故。C-O 間的鍵次降低，可以從原先的參鍵降到雙鍵，甚至到單鍵的程度。

3-3-3 金屬羰基叢金屬化合物

金屬羰基化合物，除了結合成單元體外，也有結合成雙元體、三元體、四元體甚至更複雜的多元體的所謂叢金屬化合物 (Cluster Compounds)。除了單元體外，其它的結合都包含有金屬—金屬鍵的形成。其中有不含架橋羰基 (Bridging Carbonyl) 結合的，如 $Mn_2(CO)_{10}$、$Ru_3(CO)_{12}$、$Os_3(CO)_{12}$、$Ir_4(CO)_{12}$ 等，也有含架橋羰基結合的，如 $Fe_2(CO)_9$、$Fe_3(CO)_{12}$、$Co_4(CO)_{12}$、$Rh_6(CO)_{16}$ 等。其結構經由 X- 光晶體繞射、IR 或 Mössbauer 等方法的鑑定。部分化合物的結構如圖 3-5 所示，其中包含有成三角排列的 Os 金屬原子，成四面體的 Ir 金屬原子，和成類似正八面體的 Rh 金屬羰基化合物等等的各種不同構型。

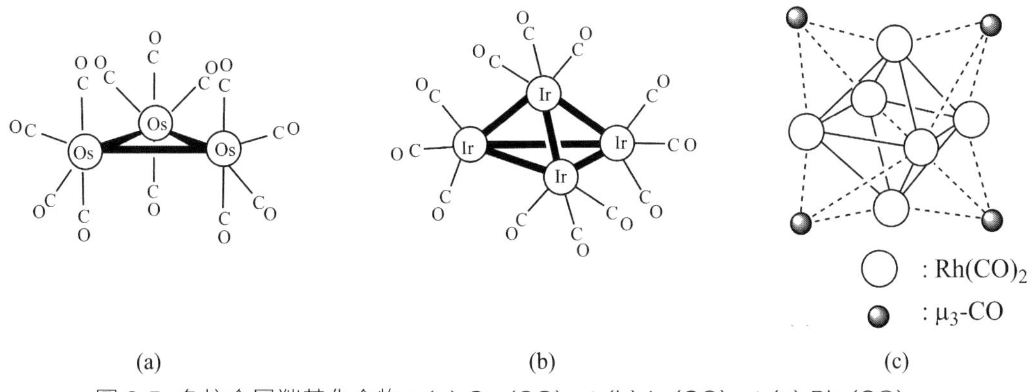

圖 3-5 多核金屬羰基化合物：(a) $Os_3(CO)_{12}$；(b) $Ir_4(CO)_{12}$；(c) $Rh_6(CO)_{16}$。

一般而言，同族中較輕的過渡金屬叢化物易生成含有架橋羰基的結構。其原因可能是藉著架橋來疏散中心金屬的過多電子密度（圖 3-6a）。因同族中較輕的過渡金屬體積較小不能承受太多由配位基提供的電子密度，而必須藉由其他途徑疏散。如金屬羰基化物上的羰基被磷基取代，則金屬累積太多電子密度，而採取形成較多架橋羰基的構型，來疏散中心金屬的過多電子密度。因同族中較重的過渡金屬體積大，可以承受由配位基提供的電子密度，不須藉由其他途徑疏散電子密度，羰基以端點 (Terminal) 形式存在即可（圖 3-6b）。

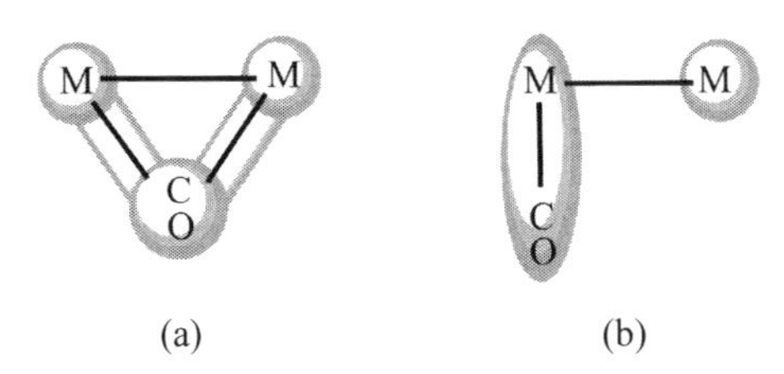

圖 3-6 多金屬化合物：(a) 含架橋羰基；(b) 含端點羰基。

雖然，由 X- 光單晶繞射法取得的叢金屬化合物 $Co_4(CO)_{12}$ 晶體結構上，同時看得到具有端點及架橋的羰基；然而，一般相信在液態下這些羰基是可互相流動的，如 $Co_4(CO)_{12}$ 的例子（圖 3-7）。其實同族的 $Rh_4(CO)_{12}$ 在高溫下羰基流動的情形更為明顯，可由 ^{13}C NMR 來觀察 $Rh_4(CO)_{12}$ 上羰基被 Rh(I = 1/2) 耦合的情形來了解其羰基流動現象。

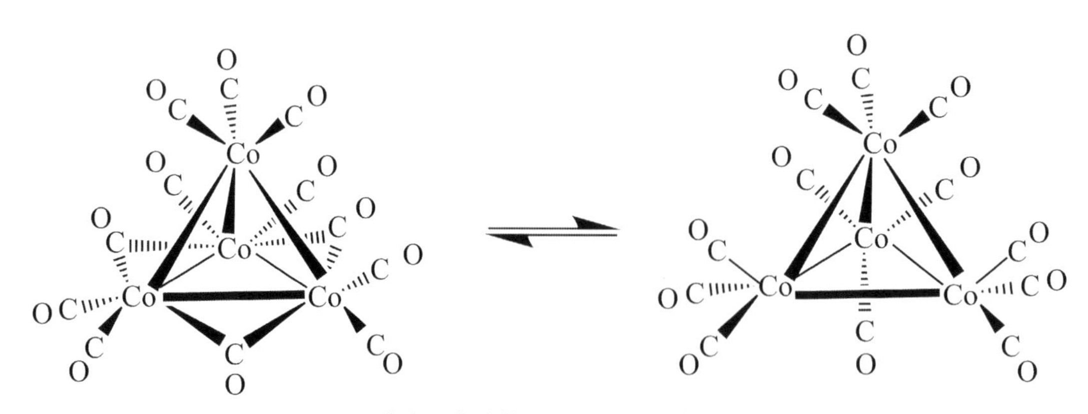

圖 3-7 叢金屬化合物 $Co_4(CO)_{12}$ 的構型變化。

常見的 CO 架橋為雙 (μ_2-CO) 及參 (μ_3-CO) 金屬架橋，也有少見的四金屬架橋 (μ_4-CO)，當端點用的 CO 鍵結到金屬上，也可利用其上的 C ≡ O 的 π 軌域提供電子對給另一個金屬（圖 3-8b）。CO 架橋到愈多金屬，則其 ν_{CO} 值愈小，表示 π- 逆鍵結程度愈大，CO 鍵次愈弱，鍵次愈弱越容易斷鍵。化學家相信在費雪—特羅普希反應 (Fischer-Tropsch, FT) 中 CO 被裂解的機制，應該和 CO 被架橋到含多金屬的催化劑上再被裂解有關。[5] 尚未鍵結到任何金屬之一氧化碳的振動頻率出現在 2143 cm^{-1}，且為強吸收。接上金屬之後，一氧化碳的振動頻率會隨著金屬數目的逐漸增加而趨於下降。粗略而言，接上一個金屬後的一氧化碳 (μ_1-CO) 的振動頻率在 2120 ~ 1850 cm^{-1} 範圍；而 μ_2-CO 在 1850 ~ 1750 cm^{-1} 範圍；μ_3-CO 在 1750 ~ 1620 cm^{-1} 範圍。以 μ_3 方式鍵結的 CO 振動頻率已經接近雙鍵的範圍。若以 μ_4 方式鍵結的 CO 振動頻率更低，有可能接近單鍵，更容易斷鍵。由此可看出化學家利用多金屬化合物來催化一氧化碳的斷鍵，使得費雪—特羅普希反應更容易進行，其中道理不難理解。

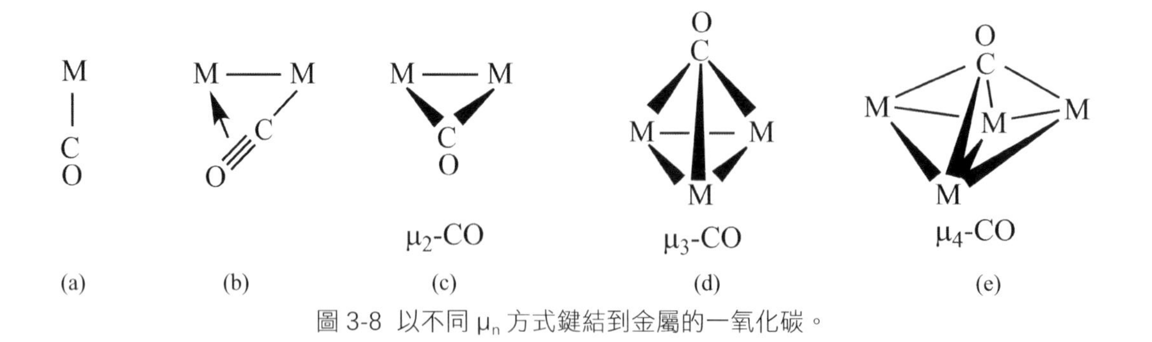

圖 3-8 以不同 μ_n 方式鍵結到金屬的一氧化碳。

3-4 金屬磷基化合物

三烷基磷 (PR_3) 是常見且重要的配位基。它是帶二個電子的配位基，因此常以此取代 CO 的角色。磷上接不同烷基當取代基會造成三烷基磷在空間所佔的大小不同而影響其配位能力，也會因其形成的立體障礙進而影響其他配位基的穩定度。根據 Tolman 最初對三烷基磷錐角的定義，是指當三烷基磷接到 Ni 金屬上且距離為 2.28 Å 時，將三烷基磷以 360 旋轉所涵蓋的範圍，而構成的一角錐稱為錐角 (Cone Angle(Θ))（圖 3-9）。[6]

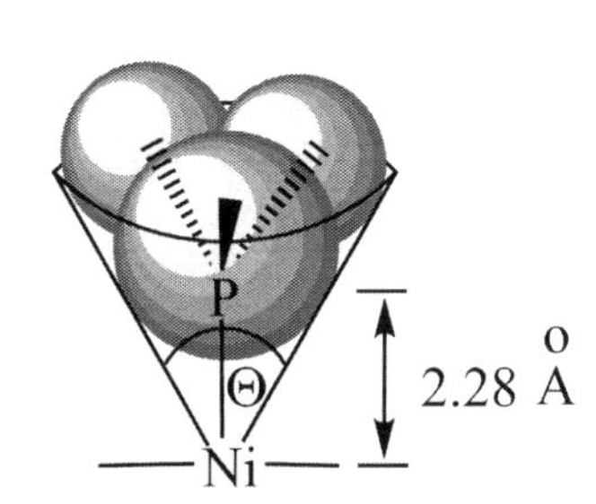

圖 3-9 三烷基磷錐角的定義。

由表 3-3 可看出，當 R 基愈大，則錐角愈大。有些磷配位基的錐角甚至大於 180°。如果磷基上 R 取代基不同時，如何定義錐角？因為磷基和金屬的鍵結視為單鍵，理論上磷基可以自由旋轉，此時錐角值就以最大 R 取代基旋轉所形成的錐角來看待。

表 3-3 一些常見含磷配位基的錐角值

Ligand	Θ(°)	Ligand	Θ(°)	Ligand	Θ(°)
PH_3	87	diphos	125	$P(NMe_2)_3$	157
PF_3	104	$P(OPh)_3$	128	$P(i\text{-}Pr)_3$	160
$P(OMe)_3$	107	PEt_3	132	$P(t\text{-}butyl)_3$	182
PMe_3	118	PPh_3	145	$P(C_6F_5)_3$	184

一般而言，錐角愈大則三烷基磷的鹼性愈低。原因是中心原子由原來的 sp^3 混成轉變為趨向 sp^2 混成（圖 3-10）。鹼性愈低則配位能力愈差。另一方面，錐角愈大則愈容易和周遭的其他配位基產生立體推擠使配位鍵變弱，配位基容易被推擠而掉下來。因此，化學家常藉由調整烷基的大小來調節三烷基磷的鍵結能力。

三取代磷基 (PR_3) 除了上述錐角造成的立體障礙 (Steric Effect) 因素外，取代基的推或拉電子能力稱為電子效應 (Electronic Effect) 大小，也會影響三取代磷基和金屬的鍵結能力。

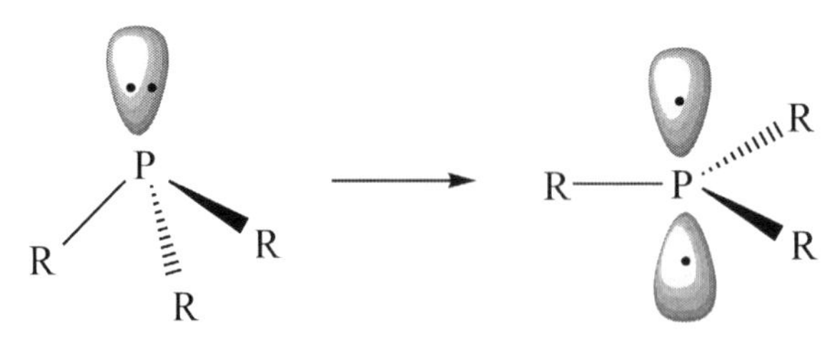

圖 3-10 三烷基磷的鹼性受錐角影響情形。

三烷基磷在鍵結時提供一對電子給金屬，同時也接受金屬逆鍵結所提供的電子。因此，三烷基磷和金屬的鍵結也是互相加強鍵結的一種。早期有人認為逆鍵結是以磷基上的空 3d 軌域來接受金屬所提供的電子。但現在更多人認為是以磷基上的 σ* 軌域來參與。和 CO 比較，三烷基磷有較強的 σ 鍵結，但較差的 π 逆鍵結。總體而言，三烷基磷 (PR_3) 提供電子給金屬的能力比一氧化碳 (CO) 強。

三烷基磷在催化反應中扮演相當重要的角色。例如在烯類化合物的加氫化反應中，常常被使用的威金森催化劑 (Wilkinson's Catalyst, $RhCl(PPh_3)_3$)，即是具有三烷基磷的配位基。反應進行中，當三烷基磷從配位方式掉下來時，因其溶於溶劑中故仍留在液相。因此，當金屬中心需要配位基提供電子時，三烷基磷仍有機會鍵結回去，使催化反應得以繼續進行。相對地，若配位基是 CO，則於反應進行中因斷鍵脫離金屬而逸出液面到氣相，幾乎無法再鍵結回去，反應可能因而停頓。因此，三烷基磷常被用於有機金屬催化劑中當配位基。另外，三烷基磷在當配位基時，佔有一定的空間，會影響參與反應的分子加入的方位，進而影響產物的立體位向選擇性 (Selectivity)。

除了三取代磷基以單牙方式鍵結金屬外，也有其他多種的多牙基。最常見的雙牙磷基是 1,2-Bis(diphenylphosphino)ethane (**dppe**)（圖 3-11）。雙牙基能使被鍵結後的金屬錯合物比單牙基鍵結時更穩定，這樣的效應稱為多牙基效應 (Chelate Effect)。多牙基效應主要來自亂度因素 (Entropy Effect) 而非能量因素 (Enthalpy Effect)。另外，統計上的因素 (Statistic Effect) 也不能忽視，即多牙基上的牙基同時離開與金屬的鍵結的機會遠小於單牙基離開和金屬的鍵結的機會。多牙基上即使有一個牙基暫時離開

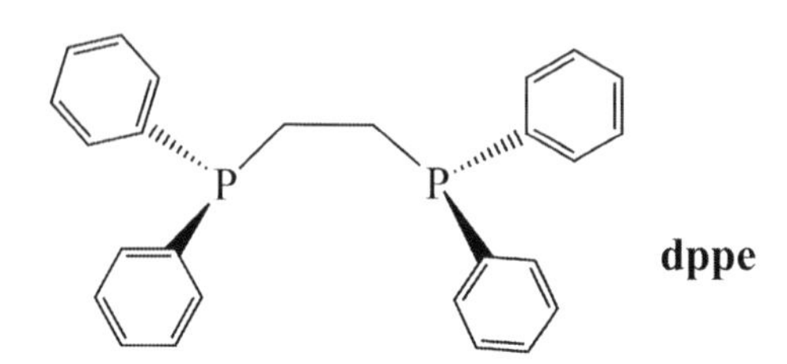

圖 3-11 具最常見的雙牙磷基 dppe。

和金屬的鍵結，其主體仍鍵結在金屬上；因此，離開的牙基再鍵結回來的機會很大。相對地，單牙基和金屬斷鍵就離開金屬了。

在不對稱合成中，磷基被修改成具有光學活性 (Optical Active) 的雙牙基。[7] 經過具有光學活性配位基修飾後的威金森催化劑，會直接影響催化氫化反應 (Hydrogenation)，使生成物具有掌性。有名的例子如 Levodopa 的合成（圖 3-12）。在此氫化反應過程中，利用到的氫化反應催化劑為 $[Rh(COD)_2]^+$ 和具有光學活性的雙牙基 **DIPAMP** 結合的銠金屬錯合物（圖 3-13）。[8]

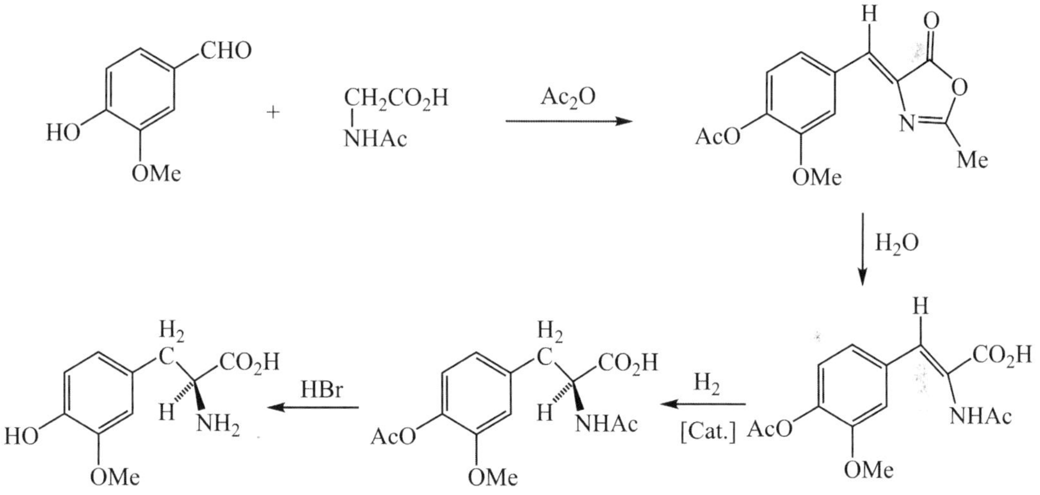

圖 3-12 Levodopa 的合成過程藉助具有光學活性配位基結合的金屬錯合物進行氫化反應。

DIPAMP 為一個具有光學活性的雙牙基。每個磷上接有三個不同取代基，因此具有掌性。二個磷位置上的掌性相反，個別為 R- 及 S- 構型。

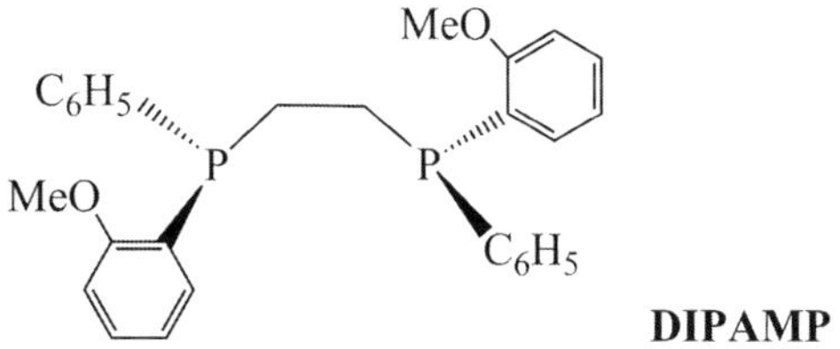

DIPAMP

圖 3-13 具有光學活性的雙牙基 DIPAMP。

另一有趣的含磷雙牙配位基為 $(\eta^5\text{-}C_5H_4PPh_2)_2Fe$，俗稱 **dppf**，為鐵辛 (Ferrocene) 的含雙牙磷基的衍生物。這配位基可接在單或雙金屬化合物上。因兩環戊二烯基可繞

著中間金屬轉動，使得雙磷之間的距離可調整。這樣的特性使此含磷雙牙配位基，可端視單或雙金屬化合物的大小或雙金屬鍵距，而自己調整到適合的鍵結的形狀，再和單或雙金屬鍵結，形成穩定的化合物（圖 3-14）。以 **dppf** 和單或雙金屬鍵結形成的錯合物應用於催化反應中的例子很常見。[9]

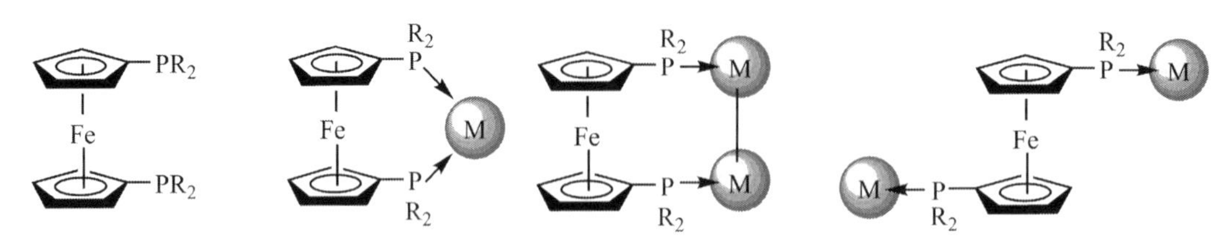

圖 3-14　含磷雙牙配位基 **dppf** 和單或雙金屬鍵結模式。

3-5　杜瓦—查德—鄧肯生模型

1827 年蔡司 (Zeise) 從 K_2PtCl_4 和酒精的反應水溶液中分離出一黃色結晶鹽。這鹽類後來被證實是 $K[PtCl_3(\eta^2\text{-}C_2H_4)]$。這是有文獻記載的最早的含過渡金屬有機金屬化合物。雖然，在這之前於 1760 年法國 Cadet 曾報導過 $[(CH_3)_2As]_2O$ 的有機金屬（主族）化合物。在那個時代，科學家很難接受乙烯會和金屬鍵結的講法，因為一般運送乙烯的鋼瓶也是金屬做的，並沒有發現乙烯因鍵結到金屬上而體積減少的現象。後來發現此種反應除了 Pt^{2+} 外，其它很多金屬鹵化物，如 d^{10} 的 Cu^+、Ag^+、Hg^{2+} 和 d^8 的 Rh^+、Pd^{2+} 等均可和乙烯反應，型成類似的錯合物。其後，蔡司鹽 (Zeise's Salt) 錯合物的結構被解出，如圖 1-1 所示，其中 C-C 間的鍵長為 1.35Å，稍為比一般雙鍵長，乙烯基且與 Pt 和其它配位基所形成的平面形成垂直。不過，一般相信在溶液狀態下乙烯基是可以繞著 Pt 金屬自由旋轉的。

為了更深入了解乙烯基和金屬間的鍵結，化學家引用分子軌域理論來加以說明。亦即由乙烯 HOMO 的 π 軌域提供電子到金屬的混成軌域（如 Pt^{2+} 的 dsp^2 和 Ag^+ 的 s 或 sp 等）上結合成 σ 鍵，再由金屬反提供電子到乙烯的 π* 反鍵結軌域上而形成 π 鍵，如下圖所示。這種鍵結方式一般稱為杜瓦—查德—鄧肯生 (Dewar-Chatt-Duncanson, DCD) 模式（圖 3-15）。[10] 鍵結後的烯類 C-C 鍵次減弱，鍵長增加。C-C 之鍵長增加也意味著 C-C 鍵被活化，更容易反應，如在氫化反應中對被活化的烯類加氫反應形成烷基。

鍵結後烯類上的取代基往離開中心金屬方向偏離（圖 3-16a）。此種結合模式與先前所述的羰基金屬錯合物相類似，皆具有互相加強鍵結的特性。具有互相加強鍵結特性的烯類在此扮演軟配位基 (Soft Ligand) 的角色，和軟金屬 (Soft Metal) 形成

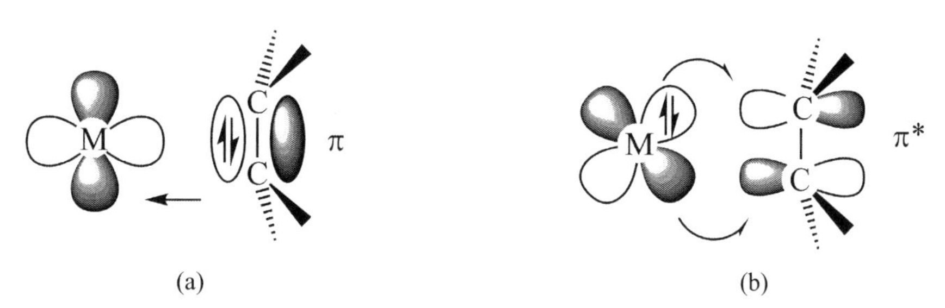

圖 3-15 以 DCD 模式描述乙烯和金屬離子鍵結的分子軌域圖。(a) σ- 鍵結；(b) π- 逆鍵結。

強的鍵結。使得烯類和金屬的鍵結強度高於原先一般的預期。當取代基為強拉電子基（如 CN^-）時會使逆鍵結變更強，M-C 間之鍵結變成有如 σ 鍵（圖 3-16b）。如以共振的觀點視之，當取代基為強拉電子基時，後者的貢獻度增加（圖 3-16b）。注意 C-M-C 之間不是如傳統上的繪法形成尖銳的夾角（圖 3-16b），而是形成類似香蕉鍵 (Banana Bond)，因而內部張力不會太大（圖 3-16c）。在這裡 M-C 之間繪有直線，應該視為 M 和 C 之間有作用力，而非軌域鍵結方向。

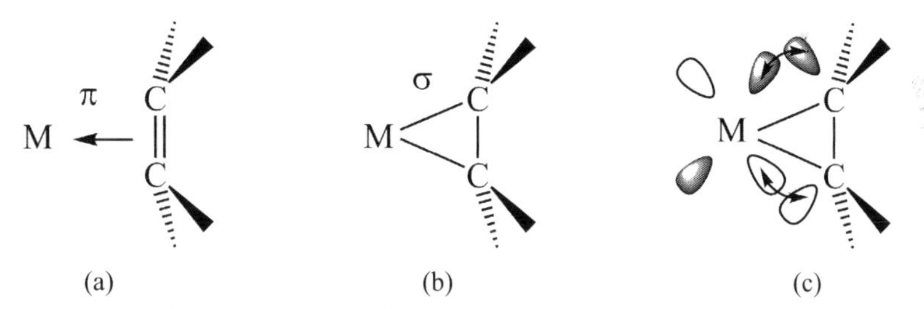

圖 3-16 (a) 烯類和過渡金屬離子鍵結；(b) 取代基位向改變；及 (c) 鍵結軌域形狀。

至於有關此種鍵結模式中，逆鍵結中電子反供給程度的大小，則通常隨乙烯上的取代基和金屬及其上配位基的性質而定。如在銠金屬錯合物 $[Rh(acac)(\eta^2\text{-}C_2H_4)(\eta^2\text{-}C_2F_4)]$ 上，其四氟乙烯與金屬間所結合成的鍵（鍵長 Rh-C = 2.01Å）即比乙烯所結合者（鍵長 Rh-C = 2.19 Å）來得短而且強，此即顯示了 C_2F_4 比 C_2H_4 具有更強的 π 電子接受能力。主要原因是四氟乙烯上的氟取代基是強拉電子基，使四氟乙烯上的 π* 軌域能階下降，接受金屬電子逆供給能力增強，因而加強了中心金屬和四氟乙烯的鍵結強度。低氧化態的金屬電子密度較多會增強逆鍵結，使總體鍵變強；反之，則金屬和配位基之間的鍵變弱。炔類 (alkynes) 和金屬鍵結的描述也可用杜瓦—查德—鄧肯生模式，結論和烯類 (alkenes) 的情形類似。這模式甚至可推廣到含共軛多鍵的配位基和過渡金屬的鍵結。

《充電站》

3.1 三烷基磷的 PK_a 值及錐角值

化學家合成各色各樣配位基，藉著配位基型塑金屬催化劑的特性，使其符合種類繁多的催化反應要求，它的重要性無庸置疑。而磷基更是其中最常見且重要的配位基之一。已知三烷基磷 (PR_3) 數目上百種，且被定出晶體結構的含有機磷基之金屬錯合物數目有數千個。

三烷基磷基的 PK_a 值直接影響磷基的鹼性 (Basicity) 及電子效應；磷基的錐角值則直接影響磷基的立體障礙效應。三烷基磷基錐角的定義請參考本章第 4 節。表 3-4 列出幾個常用三烷基磷基的 PK_a 值及錐角值。

表 3-4 三烷基磷基的 PK_a 值及錐角值

	PK_a	Cone Angle (º)
PPh_3	2.7	145
$P(^nBu)_3$	8.4	-
$P(^tBu)_3$	11.4	182
$P(Cy)_3$	9.7	170
$P(2,4,6\text{-}(OMe)_3(C_6H_3))_3$	11.0	184

通常以金屬錯合物進行的催化反應的循環機制包括：氧化加成 (Oxidative Addition)、置換反應 (Transmetallation) 及還原脫去 (Reductive Elimination) 等步驟。三烷基磷 (PR_3) 鍵結到金屬上提供充足的電子密度，有利於氧化加成步驟，如果烷基提供充足的立體障礙，則有利於還原脫去步驟。正如 Crabtree 所說：「磷基非常有用，因可調整電子效應及立體障礙效應。」[11]

《練習題》

3.1 化學家試圖利用 CO 和過渡金屬鍵結來降低 CO 的鍵次 (Bond Order)，希望達到 CO 斷鍵的目的。其最後用意為何？

3.2 試說明 CO 的 IR 吸收頻率隨著鍵結到過渡金屬的數目增加而鍵次 (Bond Order) 持續降低的原因。

3.3 (a) 試利用杜瓦—查德—鄧肯生模型 (Dewar-Chatt-Duncanson Model) 來說明炔類鍵結到過渡金屬上的情形。(b) 說明為什麼炔類三鍵的特質在鍵結後減小。(c) 說明為什麼炔類上的取代基在鍵結後向離開金屬方向彎曲。(d) 金屬和三鍵的個別碳鍵結電子雲分佈情形如何描述比較恰當？

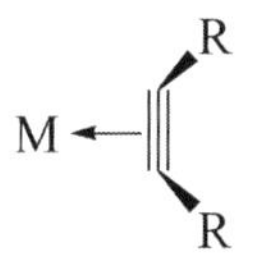

M ← ‖ (R, R)

3.4 (a) 試繪出 CO 分子軌域圖。(b) 利用 CO 的 HOMO 及 LUMO 軌域和過渡金屬鍵結的情形來說明互相加強鍵結 (Synergistic Bonding) 的概念。(c) 說明當 CO 和 BF_3 鍵結形成 $F_3B{\bullet}CO$ 時，CO 震動頻率反而高於原先未鍵結前的 2143 cm^{-1}。(d) 說明當 CO 和過渡金屬鍵結形成金屬羰基錯合物 ($M(CO)_n$) 時，CO 震動頻率低於 2143 cm^{-1} 的原因。

3.5 金屬錯合物 $Mo(CO)_6$ 其上的 3 個 CO 被取代形成 *fac*-$L_3Mo(CO)_3$，其 IR 吸收頻率及吸收峰個數如下表。(a) 說明為何 *fac*-$L_3Mo(CO)_3$ 其上有 3 個 CO 配位基，卻只觀察到 2 根 CO 吸收峰。(b) 化學家如何得到加權平均 (Weighted Average) 的吸收峰值？(c) 說明為何同為磷基吸收頻率 No. 4 最高而 No. 3 低。(d) 說明為何吸收頻率 No. 4 比 No. 1 高。(e) 說明含 N 的配位基比含 P 的配位基，其 IR 頻率較低。

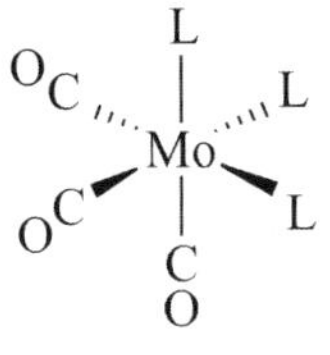

(Mo with L, L, L, OC, OC, CO)

金屬錯合物 $Mo(CO)_6$ 其上的 3 個 CO 被取代形成 *fac*-$L_3Mo(CO)_3$，其 IR 吸收頻率及吸收峰個數如下。其中 L 為不同配位基。

No.	L	$\nu_{CO}(cm^{-1})$	Weighted Average $\nu_{CO}(cm^{-1})$
1	Py	1888, 1746	1793
2	PPh_3	1934, 1835	1868
3	PMe_3	1945, 1854	1884
4	PF_3	2090, 2055	2067

3.6 金屬錯合物 *fac*-$L_3Mo(CO)_3$，其 IR 吸收頻率及吸收峰個數如下表所列。從 (a) σ-引導效應 (σ-Inductive) 的論點。(b) π- 共振效應 (π-Resonance) 的論點。說明造成 IR 吸收頻率往下越低的原因。先討論從 No. 1 到 No. 4 的變化，再討論從 No. 1 ~ 4 和 No. 5 ~ 6 的差異。

金屬錯合物 *fac*-$L_3Mo(CO)_3$，其 IR 吸收頻率及吸收峰個數如下。L 為不同配位基。

No.	L	$\nu_{CO}(cm^{-1})$	Weighted Average (l:2)$\nu_{CO}(cm^{-1})$
1	PF_3	2090, 2055	2067
2	$PC1_3$	2040, 1991	2007
3	$P(OPh)_3$	1994, 1922	1946
4	PPh_3	1934, 1835	1868
5	Diene	1898, 1758	1805
6	Py	1888, 1746	1793

3.7 一個正八面體金屬錯合物其上的一個配位基若能使在其 *trans* 位置的另一配位基容易解離，則此原先配位基稱為 Labilizing Ligand。請問 Labilizing Ligand 造成在 *trans* 位置的另一配位基比較容易解離的原因為何？[註：Labilizing Ligand 的效果是使其對面配位基容易從金屬解離出去，可從基態和激發態分別討論。]

3.8 定義甚麼是三烷基磷的錐角 (Cone Angle)。說明具有大的錐角的三烷基磷不但影響它的立體障礙 (Steric Effect) 而且也影響它的電子效應 (Electronic Effect)。

3.9 正八面體金屬錯合物 ($M(CO)_6$, M = Cr, Mo, W) 其上的一個 CO 被另一配位基取代，若新取代基含硫（或含磷）會比含氧（或含氮）使新正八面體金屬錯合物 ($M(CO)_{6-n}L_n$) 更穩定。說明原因為何。

3.10 下面數據表列出金屬錯合物 $(\eta^5\text{-}C_5H_5)Re(CO)_3$ 及 $(\eta^5\text{-}C_5H_5)Re(CO)_2(CSe)$ 的 IR 吸收頻率。根據這些數據來推論 CO 或 CSe 配位基何者是比較好的 π- 接受者。[提示：前者的 3 個 CO 配位基為 C_{3v} 對稱，IR 的吸收峰值取加權 (Weighted Average) 值。後者的 2 個 CO 吸收峰值取平均值。]

$(\eta^5\text{-}C_5H_5)Re(CO)_3$ 2024, 1937 cm^{-1}

$(\eta^5\text{-}C_5H_5)Re(CO)_2(CSe)$ 2005, 1946 cm^{-1}

3.11 下面反應，除非 L 為取代基錐角 (Cone Angle) 很大的配位基，否則二取代 $M(CO)_4L_2$ 容易形成 *cis* 構型；三取代 $M(CO)_3L_3$ 容易形成 *facial* 構型。說明原因為何。

$$M(CO)_6 + nL \xrightarrow[M = Cr, Mo, W]{h\nu \text{ or } \Delta} M(CO)_{6-n}L_n + nCO$$

3.12 金屬錯合物 $(\eta^5\text{-}C_5H_5)Cr(CO)_2(NS)$ 的 C-O 鍵的 IR 吸收頻率分別在 1962 和 2033 cm^{-1}。金屬錯合物 $(\eta^5\text{-}C_5H_5)Cr(CO)_2(NO)$ 的 C-O 鍵的 IR 吸收頻率分別在 1955 和 2028 cm^{-1}。根據這些數據來推論 NS 或 NO 何者是比較好的 π- 接受者。

3.13 下表列出金屬錯合物的 IR 吸收頻率數據。說明越往下吸收頻率越高的原因。[提示：中心金屬的價數由 +1、+2 到 +3。]

$[Cr(CN)_5(NO)]^{4-}$, $\nu_{(NO)} = 1515$ cm^{-1}

$[Mn(CN)_5(NO)]^{3-}$, $\nu_{(NO)} = 1725$ cm^{-1}

$[Fe(CN)_5(NO)]^{2-}$, $\nu_{(NO)} = 1939$ cm^{-1}

3.14 金屬錯合物 $[RuCl(NO)_2(PPh_3)_2]^+$ 的 N-O 鍵的 IR 吸收頻率 $\nu_{(NO)}$ 分別在 1687 和 1845 cm^{-1}。兩者差約 160 cm^{-1}。$(\eta^5\text{-}C_5H_5)Re(CO)_2(CSe)$ 的 C-O 鍵的 IR 吸收頻率分別在 2005 和 1946 cm^{-1}，兩者差約 60 cm^{-1}。說明為何後者（即含有 2 個 CO 配位基者）的 IR 吸收頻率相差比前者（即含 2 個 NO 配位基者）較小。

3.15 以下是 CO 鍵結到雙金屬化合物的兩種不同形式，其中之一為對稱 CO 架橋基，C-O 鍵的 IR 吸收頻率在 1860-1700cm^{-1} 之間；另一為線形 CO 配位基，C-O 的 IR 吸收頻率在 1640-1500 cm^{-1} 之間。說明為何後者的 IR 吸收頻率比較低的原因。

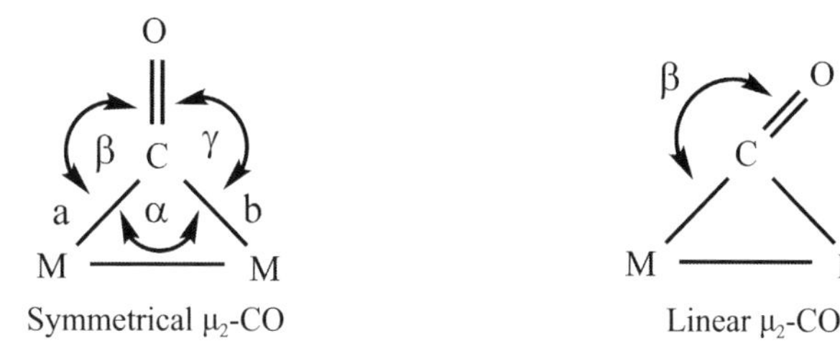

Symmetrical μ_2-CO　　Linear μ_2-CO

3.16 $Fe(CO)_5$ 和硫 (S_8) 反應後生成以下含鐵及硫化合物。盡量在滿足十八電子律的要求下，計算硫在下述化合物中所提供的電子數。[提示：硫有 6 個價電子。通常提供 2 個價電子，最多 4 個。]

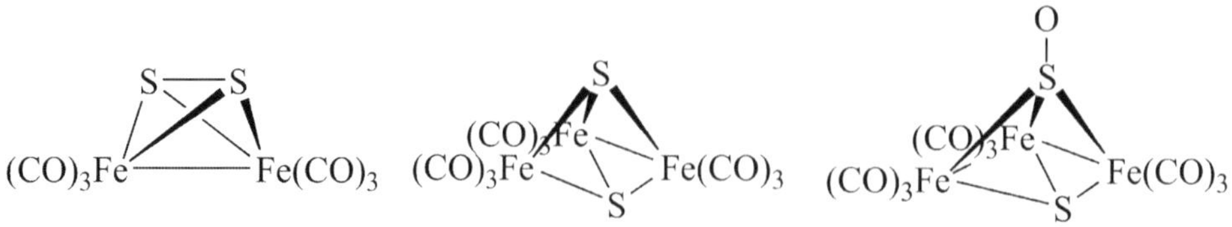

3.17 合理化以下化合物的鍵結。計算配位基 μ_2-CO 在下述化合物中提供的電子數。兩金屬中心是否符合十八電子律 (18-Electron Rule)？[提示：金屬之間是否形成鍵。]

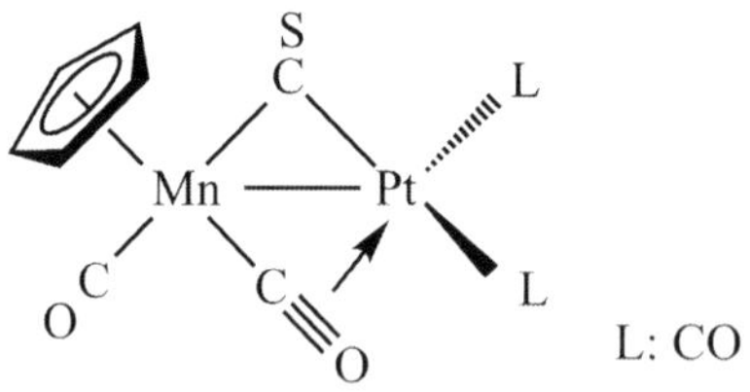

L: CO

3.18 金屬錯合物 *fac*-$Mo(CO)_3(PEt_3)_3$ 的最高 C-O 的 IR 吸收頻率在 1937 cm^{-1}。*fac*-$Mo(CO)_3(PF_3)_3$ 的最高 C-O 的 IR 吸收頻率在 2090 cm^{-1}。根據這些數據來推論 PEt_3 或 PF_3 何者是比較好的 σ- 提供者 /π- 接受者。根據這些數據來推論何者有比較短的 Mo-CO 鍵。

3.19 說明杜瓦 (Dewar) 的早期研究質子 (H^+) 和乙烯作用，並質子在 2 個碳之間運動情形的研究工作，和後期的杜瓦—查德—鄧肯生模型 (Dewar-Chatt-Duncanson Model) 的差別之所在。[提示：質子 (H^+) 和過渡金屬 (M^{n+}) 都是 Lewis 酸。然而，後者 (M^{n+}) 具有逆鍵結 (Backbonding) 的可能性，前者質子 (H^+) 沒有。]

3.20 比較二級氧化磷基 (Secondary Phosphine Ligand, $R_2HP(=O)$, SPO) 和一般磷基 (PR_3) 當成過渡金屬配位基的優缺點？

3.21 NO 可以當提供 3 個電子或 1 個電子的配位基。這特性可被用在催化反應中，說明之。

3.22 雙牙配位基 (Bi-dentate Ligand) 比起單牙配位基 (Mono-dentate Ligand) 和過渡金屬鍵結當催化劑，有何優缺點？

3.23 試定性地繪出 CO 分別以 (a) μ_2-CO 形式鍵結 2 個或以 (b) μ_3-CO 形式鍵結 3 個金屬的軌域形狀。 [提示：將 CO 的 HOMO 和 LUMO 軌域簡化當成 s 及 p 來混成。]

3.24 試著比較 NO^+、CO 和 CN^- 等 3 個配位基的 σ- 提供電子和 π- 接受電子的能力。綜合而言，何者是最強的配位基？

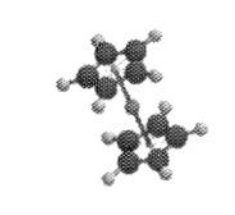

章節註釋

1. R. H. Crabtree 教授著有《過渡金屬的有機金屬化學》(*The Organometallic Chemistry of the Transition Metals*, John Wiley & Sons, Inc., 4th Ed., **2005**.) 一書。書中提到：「磷基非常有用，因可調整電子效應及立體障礙效應。」(Phosphines are so useful because they are electronically and sterically tunable.)
2. 除了常見的 μ-、η- 的定義外，另有 κ- 的定義。當同一配位基上有可能以不同原子來鍵結金屬時，例如配位基 PPh_2Py 有 P 或 N 都有可能來鍵結金屬時，為了區分起見，當配位基以 P 原子來鍵結金屬時，以 κ-P 來表達；當配位基以 N 原子來鍵結金屬時，以 κ-N 來表達。
3. 增加金屬與 CO 鍵結的個數，以減低 C-O 間的鍵次 (Bond Order)，甚至到單鍵的程度。如此可使 C-O 斷鍵更為容易，在工業製程上節省成本。
4. 一氧化碳 (CO) 及氰酸根 (CN^-) 均被視為無機物。有人認為金屬羰基化合物（$M_x(CO)_y$，M：金屬）應該稱為無機金屬化合物 (Inorganometallic Compounds) 較為恰當。
5. 費雪—特羅普希反應 (Fischer-Tropsch, FT) 由德國人發明。為從煤 (Coal) 合成汽油的方法。詳細內容請參考第 9 章。
6. C. A. Tolman, *Steric Effects of Phosphorus Ligands in Organometallic Chemistry and Homogeneous Catalysis*. *Chem. Rev.*, **1977**, *77*, 313-348.
7. 磷基被修飾成具有光學活性 (Optical Active) 的雙牙基。有些雙牙磷基造成具有光學活性的地方不在磷基本身，而是利用雙牙基的骨架具有 C_2 軸的特性來達成。
8. B. D. Vineyard, W. S. Knowles, M. J. Sabacky, G. L. Bachman, D. J. Weinkauff, *Asymmetric hydrogenation. Rhodium chiral bisphosphine catalyst*, *J. Am. Chem. Soc.*, **1977**, *99*, 5946-5952.
9. C. Nataro, S. M. Fosbenner, *Synthesis and Characterization of Transition-Metal Complexes Containing 1,1'-Bis(diphenylphosphino)ferrocene*, *J. Chem. Ed.*, **2009**, *86*, 1412-1415.
10. 有關杜瓦—查德—鄧肯生 (Dewar-Chatt-Duncanson, DCD) 模式參考以下早期論文：(a) M. Dewar, *Bull. Soc. Chim. Fr.*, **1951**, *18*, C79. (b) J. Chatt, L. A. Duncanson, *Olefin co-ordination compounds. Part III. Infra-red spectra and structure: attempted preparation of acetylene complexes J. Chem. Soc.*, **1953**, 2939. (c) J. Chatt, L. A.

Duncanson, L. M. Venanzi, *Directing effects in inorganic substitution reactions. Part I. A hypothesis to explain the trans-effect. J. Chem. Soc.*, **1955**, 4456-4460.
11. 參考本書章節註釋 1。

第 4 章　配位基的種類

配位基的種類形形色色，各有其特色及長處。其中，一氧化碳 (CO) 大概是最簡單及重要的配位基。以一氧化碳為配位基和過渡金屬鍵結形成的金屬羰基化合物（$M_x(CO)_y$，M：金屬）是很重要的化合物。而有關金屬羰基化合物的研究不只在學術研究上很重要，在工業上更是與民生息息相關的能源（即汽油）有著特別密切關聯。科學家試圖提高將煤轉化為汽油及其他副產物製程（即費雪—特羅普希反應 [Fischer-Tropsch, FT]）的效率，以應付日益枯竭的地球石油儲存。

4-1　一碳化學

自 1970 年代的以阿戰爭引發能源危機之後，工業國家開始意識到掌握原油的重要性。因為沒有穩定油源其國家的基本運作必然發生混亂，經濟必然會大受影響。然而原油的儲量畢竟有限。且 21 世紀以來，人類對石油的需求有增無減，使得原油的價格節節升高，嚴重影響世界經濟發展。

科學家預估原油枯竭後最有可能的能源替代品是煤。煤的蘊藏量相當可觀，足以供全球數百年使用的需求。然而，使用煤會產生嚴重的污染問題加上運輸不便，因此化學家將固體的煤進行一連串反應，將它轉換成液態的汽油及其他副產品，使用時汙染較小且容易運送。早期，這一工作由德國人費雪 (Fischer) 及特羅普希 (Tropsch) 開始。他們將煤經由高溫水蒸汽反應生成一氧化碳及氫氣（俗稱水煤氣），再經由催化劑的催化作用將水煤氣轉化為汽油及其他副產品。因此這一個反應即以費雪 (Fischer) 及特羅普希 (Tropsch) 命名。稱為費雪—特羅普希反應 (Fischer-Tropsch Reaction)。

$$C（煤）+ H_2O \rightarrow CO + H_2（水煤氣）\rightarrow\rightarrow\rightarrow 碳氫化合物$$

這種以煤為起始物將其轉化為含一個碳的大宗原物料如 CO 或 CH_4，再轉化為汽油及其他副產品供工業上當原料的方法，被通稱為一碳化學 (C1 Chemistry)。明顯地，如何經濟有效地將 CO 及 H_2 鍵打斷再重新組合，是將煤轉化為汽油的關鍵步驟。這其間催化劑必然扮演關鍵性的角色。

4-2 NO^+ 和 CN^- 配位基

NO^+ 和 CN^- 與 CO 均為可提供二電子的配位基。這三配位基均為線形分子，所佔空間錐角 (Cone Angle) 較小，和其他配位基如磷基 (PR_3) 比起來較不會造成立體上的障礙 (Steric Hindrance)。

NO^+ 和 CO 與 CN^- 這三配位基雖均為線形；然而，因其分子所帶電荷不同的緣故，其提供 σ- 電子及接受 π- 電子的能力各有差異。而其中以 CO 和金屬之間的總鍵結能力最好（表 4-1）。

表 4-1　NO^+ 和 CO 與 CN^- 三配位基提供 σ- 電子及接受 π- 電子能力比較

	提供 σ- 電子能力	接受 π- 電子能力
NO^+	最差	最好
CO	介於中間	介於中間
CN^-	最好	最差

CN^- 與 CO 具有非常相似的鍵結能力，能和血液內血紅素中間的鐵離子 (Fe^{2+}) 形成很強的鍵結，使血紅素失去和 O_2 鍵結能力，而使得以血紅素運作的生物體缺氧中毒。據估算 CO（或 CN^-）和血液內血紅素中間的鐵離子鍵結的能力是和 O_2 鍵結能力的百倍以上。因為氰化物 (CN^-) 的劇毒性，在做完實驗之後容器內殘留的 CN^- 必須以強鹼處理。含自由基的 NO 的鍵結模式和 NO^+ 不同，較為特殊。NO 可以線形 (Linear) 方式鍵結為提供三電子的配位基；也可以彎曲形 (Bend) 方式鍵結為提供一電子的配位基（圖 4-1）。這種特性可被利用在催化反應上。藉著配位基 NO 結構上的轉變而不需要經由斷鍵的方式，即可使有機金屬化合物的金屬中心形成電子數飽和或不飽和狀態，當在電子數不飽和狀態時即可允許其他配位基進入。這種具有提供不同電子數目的彈性特性可被利用在催化反應上。

⊖ $3e^-$ ⊕
L_nM ⇌ N═O
$18e^-$
線型
(a)

$1e^-$
L_nM — N═O
$16e^-$
彎曲
(b)

圖 4-1　NO 可以 (a) 線形方式鍵結，也可以 (b) 彎曲形式鍵結。

下圖為 $[Ru(PPh_3)_2(NO)_2Cl]^+$ 晶體結構之一例，為了符合十八電子律，圖形中顯示在同一分子結構中同時出現 NO 以線形及彎曲形方式鍵結（圖 4-2）。在室溫的溶液中，這兩個構形的 NO 應可迅速轉換。

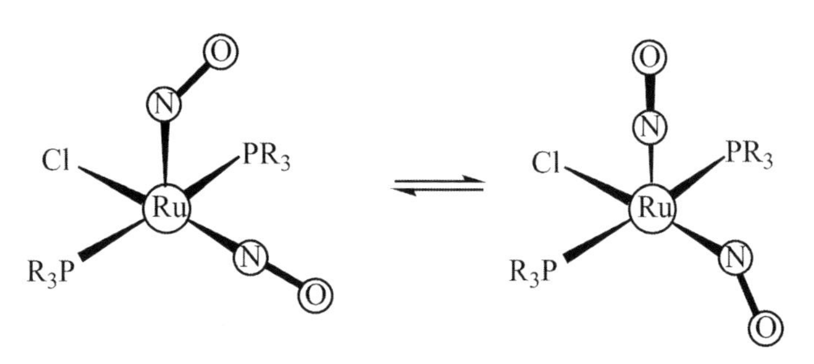

圖 4-2 $[Ru(PPh_3)_2(NO)_2Cl]^+$ 分子在室溫的溶液中 NO 構形迅速轉換。

一氧化氮為空氣中的有害物質，會破壞臭氧及造成酸雨。汽、機車排放的廢氣中含有 NO，需以觸媒轉換器將其轉換為無害的 N_2 和 O_2。[1] NO 也是已知最小的神經性傳導分子。[2]

4-3 其他常見配位基

常見環戊二烯基離子（$C_5H_5^-$，Cp 環）和金屬鍵結的方式有以下幾種（圖 4-3）。環戊二烯基離子可用 5 個碳以 π 方式和 1 個金屬鍵結。這種鍵結方式通常以 η^5-C_5H_5 來表示，此為最常見的環戊二烯基離子鍵結模式。它也可用 3 個碳或 1 個碳和金屬鍵結，分別以 η^3- 及 η^1- 來表示。η^5-C_5H_5 若視為帶負一價，則具有 6 個 π 電子，符合芳香族性 (Aromaticity) 規則，此時配位基提供 6 個 π 電子參與和金屬鍵結，且此 5 個碳原子共平面。以 η^3-C_5H_5 方式和金屬鍵結較少見，因為破壞芳香族性，在能量上較不利，若採取這種鍵結模式大多數是為了使金屬錯合物滿足十八電子律。另外，採取 η^1- 這種鍵結模式，也可能是為了使金屬錯合物滿足十八電子律。此時，環戊二烯基離子以 σ 方式和金屬鍵結。η^1- 這種鍵結模式有時在高溫下分子會發生流變現象 (Fluxional)。[3] 總之，環戊二烯基離子以 C_5H_5 方式鍵結最為常見，能量上最有利。

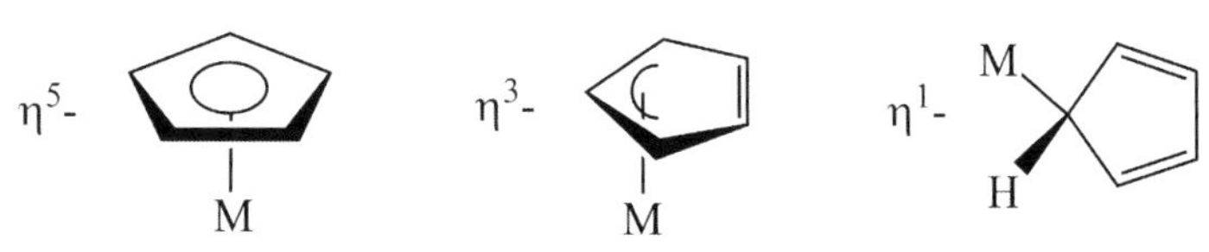

圖 4-3 η^5-C_5H_5 分別以 η^5-、η^3- 及 η^1- 方式和金屬鍵結。

另一常見的鍵結為 $(\eta^6\text{-}C_6H_6)Cr(CO)_3$。苯環以 η^6- 的方式和 Cr 鍵結。此時視 $\eta^6\text{-}C_6H_6$ 為中性，具有可提供鍵結的 6 個 π 電子，符合芳香族性規則（圖 4-4a）。在 $(\eta^5\text{-}C_5H_5)Co(\eta^4\text{-}C_4R_4)$ 分子內兩個環分別以 η^5- 及 η^4- 的方式和中心金屬 Co 鍵結。這兩個環都繞著金屬中心轉動，個別的環其上的碳環境相同，其中 Cp 環在 ^{1}H NMR 中只呈現一個吸收峰（圖 4-4b）。這種鍵結模式在傳統有機化合物中不會發生。

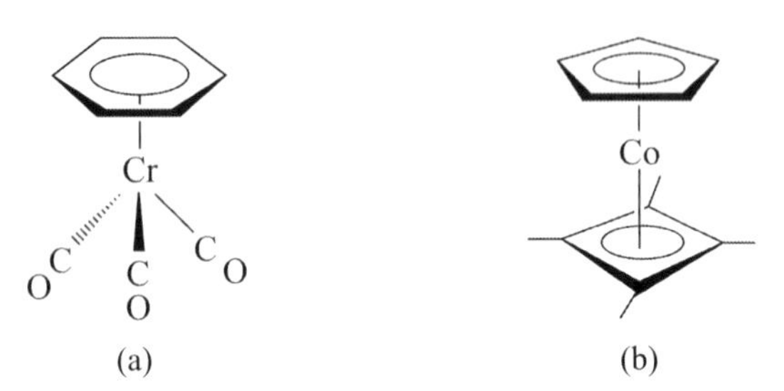

圖 4-4 配位基為六角環、五角環及四角環的含金屬化合物。

二苯基乙炔 (PhC ≡ CPh) 當配位基，且以 π 方式鍵結到雙鈷金屬化合物時，此時當配位基的二苯基乙炔則以 μ_2,η^2-PhC ≡ CPh 來表示。這種鍵結模式有時稱為架橋 (Bridging) 式鍵結。其主架構為由二鈷二碳 (Co_2C_2) 形成的一個扭曲的四面體結構 (Distorted Tetrahedron)。下圖為從不同角度去看此化合物的結構（圖 4-5）。乙炔鍵結到雙鈷金屬後，原來的乙炔上三鍵被拉長，也是因為 π- 逆鍵結 (π-Backbonding) 的緣故。[4] 另一種看法是把乙炔當作兩個互相垂直的乙烯配位基，個別鍵結到一個鈷金屬基團上。

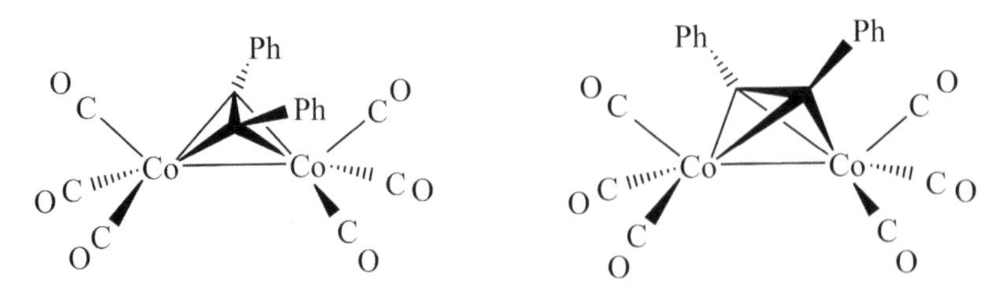

圖 4-5 從不同角度來看配位基為乙炔的雙鈷金屬化合物結構。

有機金屬化合物的鍵結模式因金屬上有多種型態的軌域（包括 d 或 f 軌域）的參與，而可能有非常多樣式的變化，它們的結構往往出人意表。因此，利用 X- 光單晶繞射法 (X-Ray Diffraction Method) 來鑑定分子的結構對有機金屬化學的研究就顯得格外重要。同時，用來解釋這些化合物鍵結的理論也必須與時俱進，隨時需要做適當的修正。

4-3-1 二烯錯合物

1,3- 丁二烯 (1,3-Butadiene) 可以順式 (*Cis* Form) 或反式 (*Trans* Form) 存在，反式比順式能量低比較穩定。順式 1,3- 丁二烯及其衍生物，為一般能與金屬結合成錯合物的多雙鍵烯類化合物中最主要的族群。順式 1,3- 丁二烯在基態時 4 個碳共平面，且是以雙—單—雙鍵的形式存在，一般稱為共軛雙鍵。從分子軌域理論的方法來組合順式 1,3- 丁二烯上的 4 個碳上之 p 軌域可得以下 4 個 π 型式的分子軌域：Ψ_1、Ψ_2、Ψ_3 和 Ψ_4（圖 4-6）。[5] Ψ_1 由 4 個同相位的 p 軌域組合而成，能量最低且沒有節面。Ψ_2、Ψ_3 和 Ψ_4 則依次有 1、2、3 個節面。因 1,3- 丁二烯有四個 π 電子填入 Ψ_1 及 Ψ_2 軌域，其 HOMO 是 Ψ_2；LUMO 則是 Ψ_3。

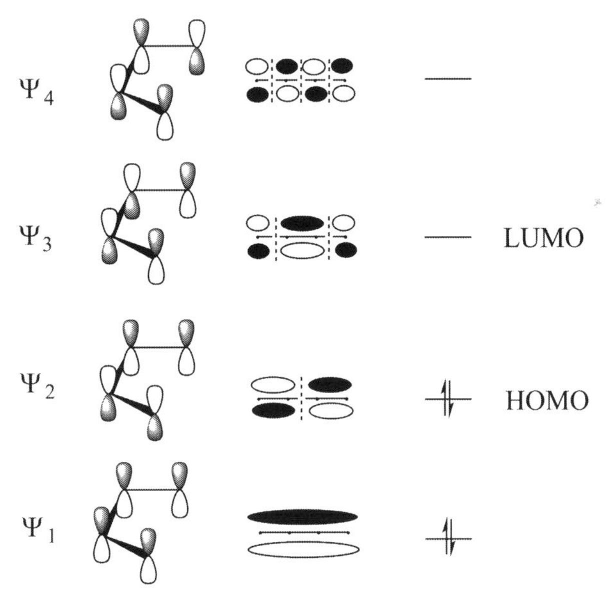

圖 4-6 順式 1,3- 丁二烯 (1,3-Butadiene) 4 個 π 型式的分子軌域。

當順式 1,3- 丁二烯與金屬結合時，Ψ_2 提供電子給金屬的適當空軌域，而金屬內填有電子的適當軌域則將電子逆方向提供給 Ψ_3（圖 4-7）。這是互相加強鍵結 (Synergistic Bonding) 的另一個例子。和金屬鍵結後丁二烯的鍵長產生變化，即短鍵變長而長鍵變短。其實，在圖 4-7 中配位基與金屬鍵結僅繪出其 HOMO 與 LUMO 的鍵結情形，而忽略了其他可能性。理論上只要對稱重疊不為零的軌域都可以參與彼此間（配位基和金屬間）的鍵結。只是有些軌域間能量差距可能太大，效果不佳，而予以忽略。

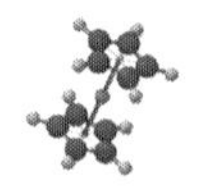

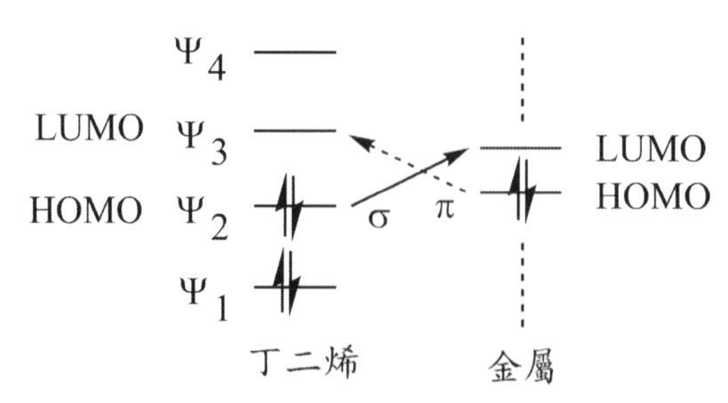

圖 4-7 順式 1,3- 丁二烯與金屬鍵結時的軌域能量簡圖。

經由配位基 1,3- 二丁烯基與金屬的 HOMO 與 LUMO 之間的鍵結，其最後結果可視為由介於圖 4-8 所示的二種不同鍵結型態，以某種比例混成而得。分子的 X- 光單晶結構測定可以提供最直接的鍵長數據供化學家判斷。另外量子力學理論計算也可以提供有價值的參考數據。以下是二種極端的鍵結型態：如經由圖 4-8a 的方式結合 (π^2-mode)，則將造成短—長—短型的鍵長，若經由圖 4-8b 的方式結合 (σ^2-π-mode)，則將成為長—短—長的型態。化合物中到底以何種形式所佔的比例較為重要，端視中心金屬的狀況及 1,3- 丁二烯上取代基的推—或拉—電子能力而定。通常若金屬為低氧化態會有較多電子密度，且取代基是強拉電子基時，則 (b) 所佔的比例會增加。這情形和上述烯類和金屬離子鍵結狀況類似。

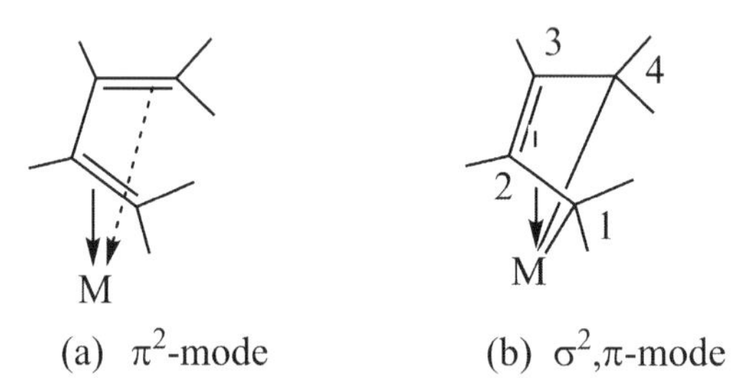

圖 4-8 1,3- 二丁烯基與金屬原子間的二種可能結合，其中 (a) 為以二組雙鍵與金屬結合；(b) 為 C-1 和 C-4 與金屬以 σ 鍵結合，而 C-2 和 C-3 間則以雙鍵與金屬形成 π- 鍵結。

在有些特別情況下，當中心金屬比較缺電子（如未滿足十八電子）時，上述圖 4-8b 鍵結方式可額外提供配位基的一對 π 電子給中心金屬，形成被稱為 σ^2-π 的鍵結形式（圖 4-9）。這種情況發生在早期過渡金屬如 Ti 等所形成的化合物上。

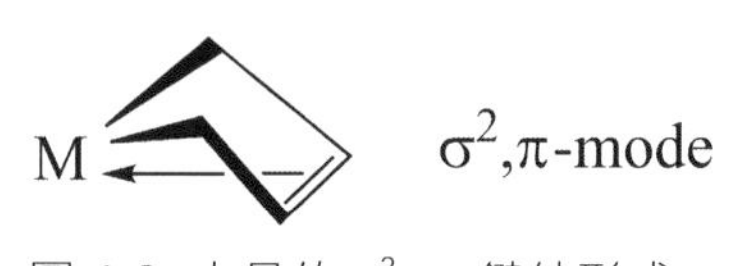

圖 4-9 少見的 σ^2, π- 鍵結形式。

當 1,3,5,7- 環辛四烯 (1,3,5,7-Cyclooctatetraene, COT) 以 1,3- 方式鍵結到 $Ru(CO)_3$ 基團上時，此種鍵結模式被發現有流變現象 (Fluxional)，金屬基團 $Ru(CO)_3$ 被視為繞著 COT 環的雙烯鍵快速移動，造成的結果是 COT 上的 8 個氫展現等值 (Equivalent) 環境，在常溫的 ^{1}H NMR 光譜圖上只出現 1 組吸收峰（圖 4-10）。[6]

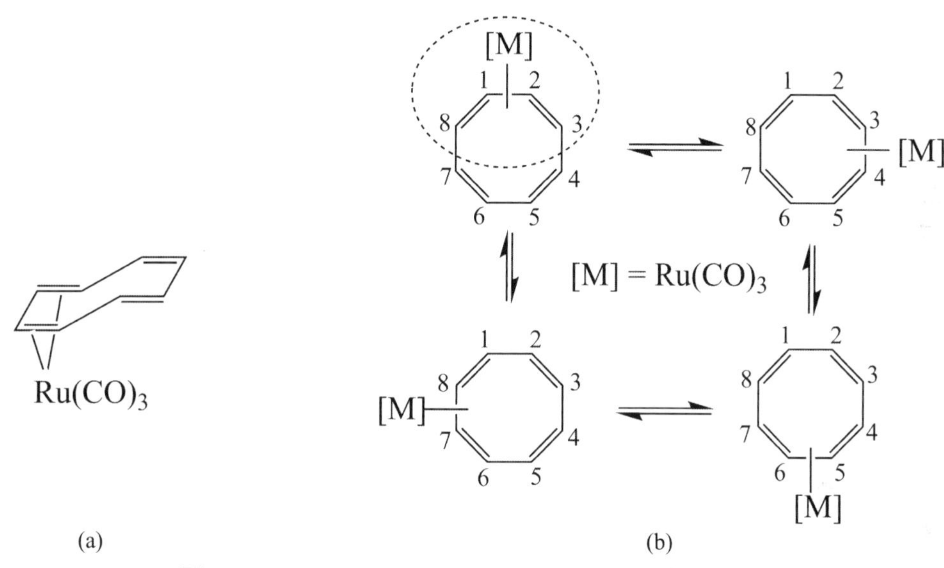

圖 4-10 (a) (COT)$Ru(CO)_3$ 分子；(b) 展現流變現象。

在少數報導的例子裏發現，1,3,5,7- 環辛四烯 (COT) 也可用兩組烯鍵個別和 $Fe(CO)_3$ 金屬基團鍵結（圖 4-11）。此時因為擁擠的緣故，展現流變現象不如上例。結果是 COT 上的 8 個氫不是全部等值環境。若要在 ^{1}H NMR 出現 1 根吸收峰，則必須提高溫度，讓流變現象更明顯。此時可視為兩個 $Fe(CO)_3$ 金屬基團繞著 COT 的八角環做快速運動。

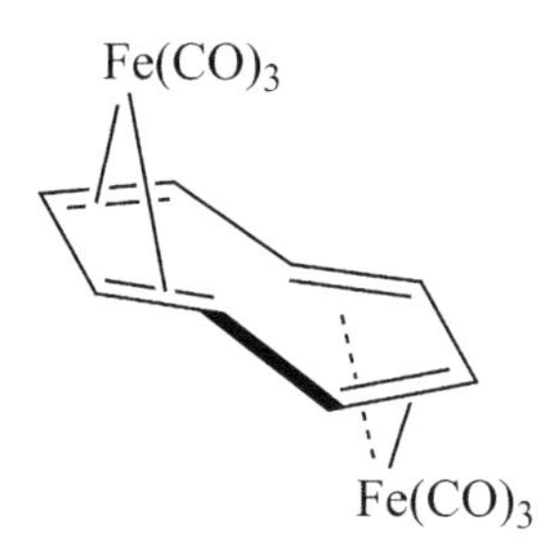

圖 4-11 1,3,5,7- 環辛四烯和兩組 $Fe(CO)_3$ 金屬基團鍵結形式。

4-3-2 丙烯基錯合物

前面提及中性的 NO 可當單個電子或 3 個電子提供者，端視其鍵結情況而定。另一個常見的具有此特色的配位基是丙烯基 (allyl)，可當 1 個電子或 3 個電子的提供者。丙烯基可結合成 η^1- 丙烯基錯合物，也可結合成 η^3- 丙烯基的錯合物，如圖 4-12 所示。丙烯基以 η^3- 形式和金屬鍵結可視為帶 +1 價，具有 2 個 π- 電子，符合芳香族性。

當丙烯基以 η^3-C_3H_5 方式和金屬鍵結時，理論上，應該有三組氫的環境以 2:2:1 比例出現在 ^{1}H NMR 光譜圖上（圖 4-12）。但在高溫時變成兩組且積分比例為 4:1。究其原由，發現其間發生由 π- 經 σ- 丙烯基型態的變動，使 *syn*- 和 *anti*- 質子的位置互轉換情形，使得 *syn*- 和 *anti*- 質子無法區分，即是 4 個氫等值。中間的氫處於獨立的環境，沒有和其他位置的氫做環境交換。詳細情形討論請參閱第 7 章。

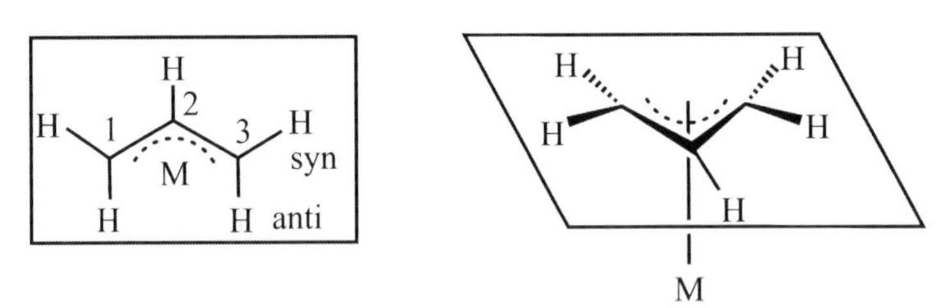

圖 4-12　丙烯基以 η^3-C_3H_5 方式和金屬鍵結造成三組不同環境的氫。

另一個常見的開環烯基是二烯基離子 (Dienyl)，它在鍵結金屬的能力及形態上和環戊二烯基離子 (Cyclopentadienyl) 極為相似，它可以 η^5- 的形式和金屬鍵結。因此，二烯基離子可視為開環的環戊二烯基離子。舉其中一個例子如圖 4-13 所示。通常開環配位基較閉環配位基在與金屬的鍵結上差，能量上比較不穩定，且在開環處易受其它反應物的攻擊。

$$BrMn(CO)_5 \xrightarrow{+\ Me_3SnCH_2CH=CHCH=CH_2} (\eta^5\text{-dienyl})Mn(CO)_3 + Me_3SnBr + 2\ CO$$

圖 4-13　二烯基離子以 η^5- 的形式和金屬鍵結。

4-3-3 環戊二烯基錯合物

早期，化學家即知環戊二烯基離子 ($C_5H_5^-$) 可與金屬或類金屬 (Metalloid) 等原子結合成化合物。[7] 但直到 1951 年，第一個環戊二烯基離子與過渡金屬的錯合物合成後，才引起人們廣泛的注意。這一個化合物具有不尋常的熱穩定性（高達 500ºC 以上）和奇特的三明治 (Sandwich) 式的結構，其分子表達為 $(\eta^5\text{-}C_5H_5)_2Fe$，現今一般稱之為鐵辛或二戊鐵 (Ferrocene)。

環戊二烯 (C_5H_6) 是一種弱酸 $(PK_a \approx 20)$，可與鹼作用拔掉 1 個氫生成對稱性的環戊二烯陰離子 $(C_5H_5^-)$，進而與一些金屬鹵化物生成金屬辛 (Metallocenes)，如其中鐵辛的製備方法可為：

$$2C_5H_6 + FeCl_2 + 2(C_2H_5)_2NH \rightarrow (\eta^5\text{-}C_5H_5)_2Fe + 2(C_2H_5)_2NH_2Cl$$

由藥品供應商取得的環戊二烯是以雙聚物 (Dimer, $C_{10}H_{12}$) 方式存在，可以和鈉 (Na) 先反應生成單體 ($C_5H_5^-$, Cp)，再和 $FeCl_2$ 反應生成鐵辛 (Cp_2Fe)。反應期間產生的酸 (HCl) 可和鹼 ($(C_2H_5)_2NH$) 結合成鹽類 ($(C_2H_5)_2NH_2Cl$)。環戊二烯陰離子與第一列過渡金屬所生成的各種金屬辛均具有類似的結構和熔點，如表 4-2 所示。

表 4-2 第一列過渡金屬所生成的各種金屬辛的物理性質

化合物	Cp_2V	Cp_2Cr	Cp_2Mn	Cp_2Fe	Cp_2Co	C_22Ni
顏色	紫色	深紅色	琥珀色	橘紅色	紫色	綠色
熔點	167-168º	172-173º	172-173º	173º	173-174º	173-174º

其中除了鐵辛符合 EAN 規則可於空氣中保持穩定外，其它可能受空氣的氧化和破壞或被其他化合物反應還原轉變成其他更穩定結構，其穩定度關係如下：Ni > Co > V >> Cr。前面提及，鈷辛也可以當成能提供 1 個電子的還原劑。鎳辛可以當成能提供 2 個電子的還原劑。

4-3-4 環戊二烯基錯合物的結構

一般金屬辛皆以三明治結構存在，然而上下 2 個環戊二烯基的對稱性並不全然相同。固態的鐵辛以間隔式 (staggered, D_{5d})，而較重的釕辛 (Ruthenocene) 和鋨辛 (Osmocene) 等則均以掩蔽式 (eclipsed, D_{5h}) 的結構存在於固態。如圖 4-14 所示。此種結構曾以碳—碳和氫—氫間的排斥力加以解釋，被當成其中較小的鐵辛分子之所以結合成間隔式型態的理由。然而，在氣態中化學家發現鐵辛的上下 2 個環戊二烯基環可以自由轉動，其環間轉動的能量障礙很小，約只有 0.9 ± 0.3 kcal/mol。在液態中亦是如此，因在液相的 ^{1}H NMR 中環戊二烯基環只呈現 1 個吸收峰。一般相信，金屬辛在固態時所採取的組態，乃緣於晶體內部分子間相互堆擠力 (Packing Force) 的影響。

由此可知由 X- 光晶體結構測定法所得到的固態結構，往往因受堆擠力的影響並不能精確地代表分子在液態或氣態中的形狀。

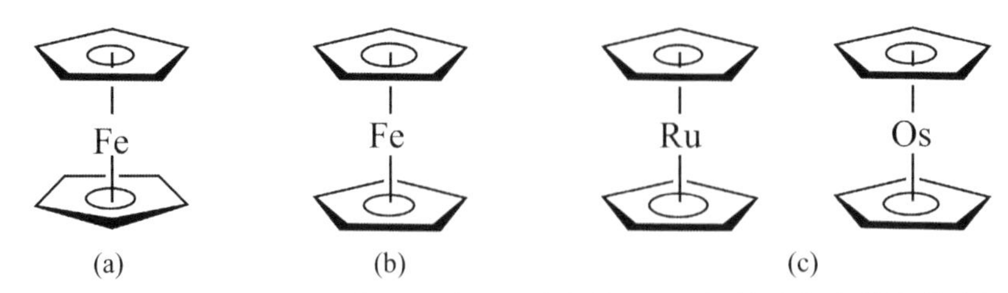

圖 4-14　一些金屬辛的結構：(a) 固態鐵辛的間隔式組態；(b) 氣態時鐵辛的掩蔽式組態；(c) 釕辛和鋨辛固態時的掩蔽式組態。

排除取代基之間的立體障礙因素，金屬辛分子以掩蔽式的結構存在有其能量上較低的優勢。那是上下 2 個環上的軌域與中心金屬上的適當的軌域，可藉經由空間的作用 (Through Space Interaction) 來使電子雲更流通，使系統在能量上相對穩定（圖 4-15）。

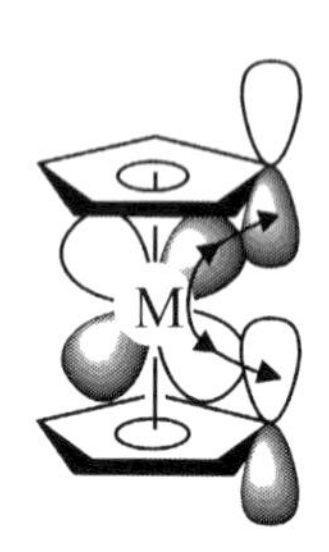

圖 4-15　金屬辛分子以掩蔽式的結構可藉由經由空間的作用來得到能量上的優勢。

從分子軌域理論視之，$C_5H_5^-$ 環可視為藉由 5 個碳的 p 軌域線性組合後，形成有 5 個 π 分子軌域的規則五角環，如下圖所示。能量最低的為一強鍵結的分子軌域 (a_1)，再來是一對弱鍵結的等能階或稱為簡併狀態 (Degenerate) 的分子軌域 (e_1)，最上面是一對反鍵結的簡併狀態分子軌域 (e_2*)（圖 4-16）。

圖 4-17 表示 $C_5H_5^-$ 環上 π 軌域與 Fe 結合成鐵辛採取掩蔽式組態的分子軌域能階圖。[8] 若採取間隔式則所得出的分子軌域能量圖會稍有不同（圖 4-17）。由圖可看出電子從最底下的 a_1' 開始填到鍵結軌域共需十八電子最穩定。所有電子均配對，因此鐵辛為穩定且為反磁性的分子。從圖中看出，以此類型規則的多角環所形成的三明治結構化合物的分子軌域能階，最多只能有雙簡併狀態 (Doubly Degenerate)。利用這軌

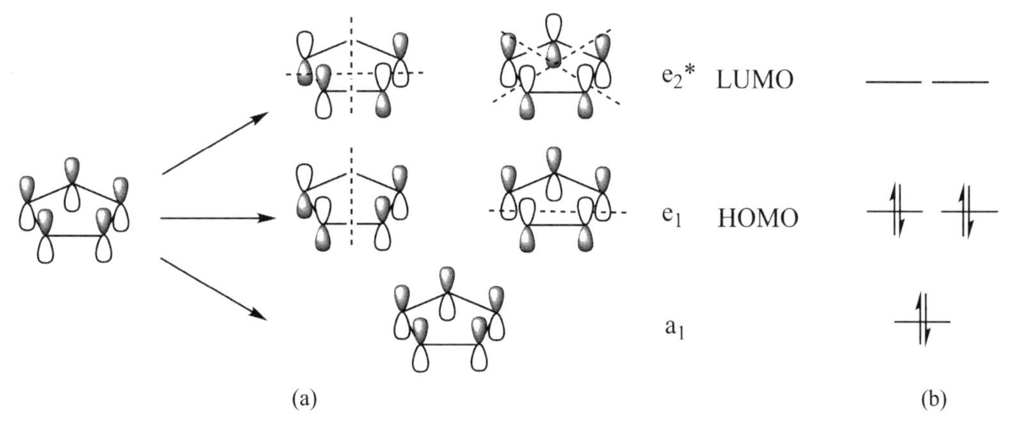

圖 4-16 由 C_5H_5- 環上 5 個碳的 p 軌域線性組合後形成的 (a) 5 個 π 分子軌域；及 (b) 能階圖。

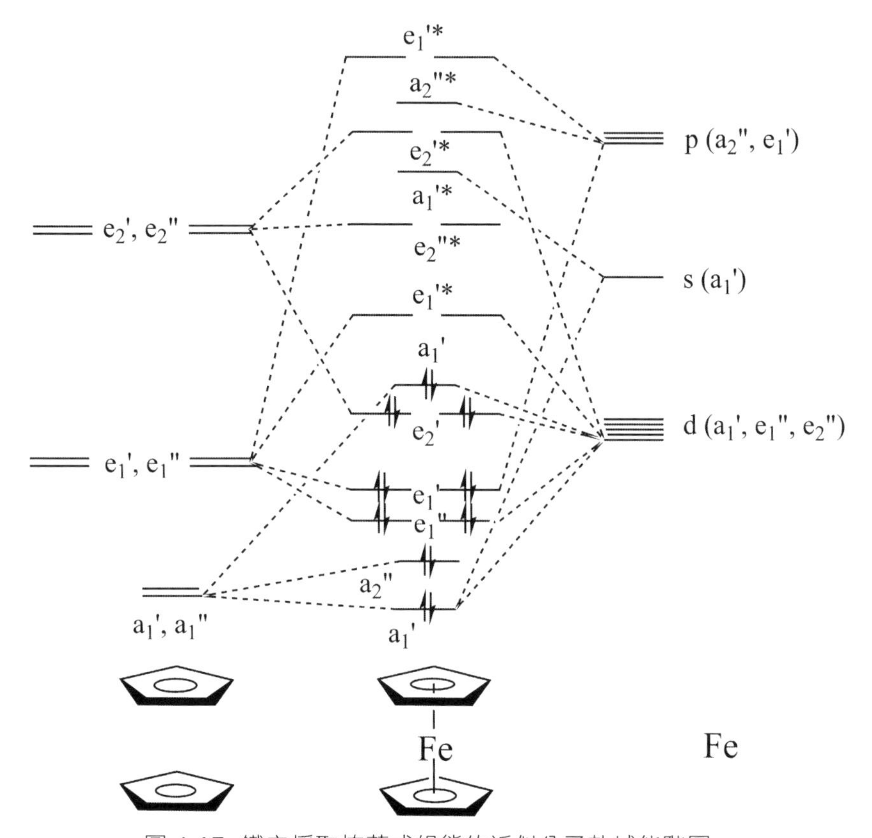

圖 4-17 鐵辛採取掩蔽式組態的近似分子軌域能階圖。

域能階圖一樣可以得到鎳辛 (Nicklocene, $(\eta^5\text{-}C_5H_5)_2Ni$) 的第 19 及 20 個電子填在雙簡併狀態上不同的 e_1'* 軌域，結果形成具有 2 個未成對電子的狀態，因此具有順磁性。

若把鐵辛中 C_5H_5 環和中心鐵原子均視為中性，則鐵辛的電子數可由其中的每個

C_5H_5 環所提供的 5 個 π 電子，加上 Fe 原子所提供的 8 個價電子相加，總共有 18 個電子分別填充於鍵結 (Bonding) 和非鍵結 (Nonbonding) 的分子軌域中。另一種看法是視 Cp_2Fe 由 2 個 Cp^- 和 Fe^{2+} 組合而成。亦即由 Cp^- 提供 6 個價電子、Fe^{2+} 提供 6 個價電子形成十八電子的穩定狀態。而一般化學家偏好後者的看法，即是 Cp 環為帶 -1 價，有 6 個 π 電子，符合芳香族性。這只是形式上為方便計算而已，電荷分佈的真實情形應介於這兩種極端情形之間。

於典型的金屬辛化合物 (Cp_2M) 中，理論上所有的 C-C 鍵長均應相等，上下二環也均相互平行。但有些環戊二烯基鍵結的金屬化合物如 Cp_2ReH 和 Cp_2TiCl_2 等，因為有其他配位基的存在，其環與環之間並不平行，甚至有些化合物如 Cp_4U 等，可與多個環戊二烯基結合成錯合物。更有環戊二烯基化物鍵結的主族金屬化合物 Cp_2Be，其中 2 個環戊二烯基是各偏向一邊的，如圖 4-18 所示。這些環戊二烯基在室溫狀態下環繞著金屬急速旋轉，因此在液態 ^1H NMR 中只出現 1 個吸收峰。

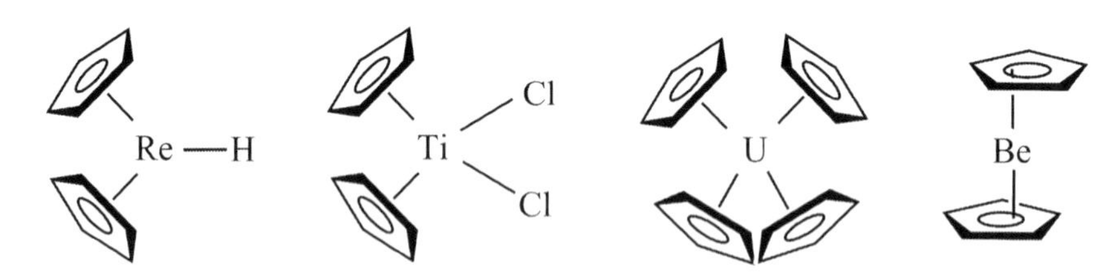

圖 4-18 一些和金屬鍵結環間相互傾斜或偏離的環戊二烯基錯合物。

另外，也有一些金屬化合物內同時含有環戊二烯基環、羰基和亞硝醯基等等不同型態配位基。也有一些更複雜的錯合物。有的錯合物其中金屬—金屬間可以是多重鍵。另外，如 $(CpNi)_3(\mu_3\text{-}CO)_2$ 中心金屬並不符合十八電子律，甚至有未成對電子。這些錯合物的結構如下圖 4-19 所示。

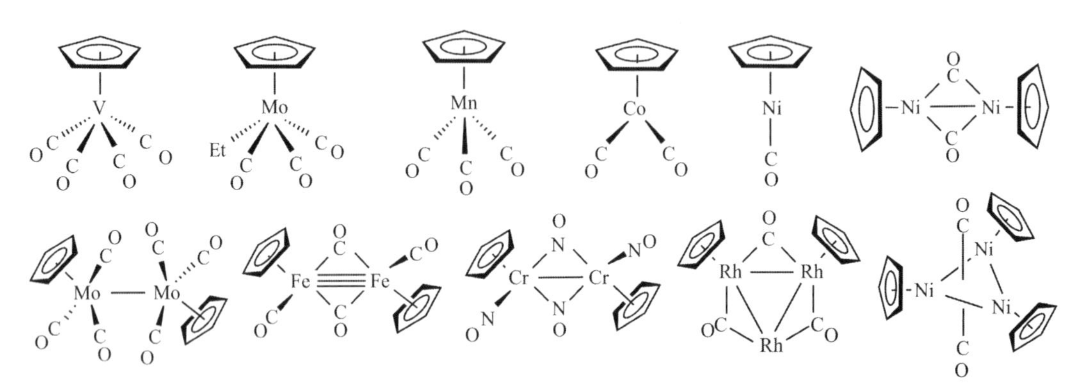

圖 4-19 一些含有 CO 或 NO 且結合環戊二烯基環的金屬化合物的例子。

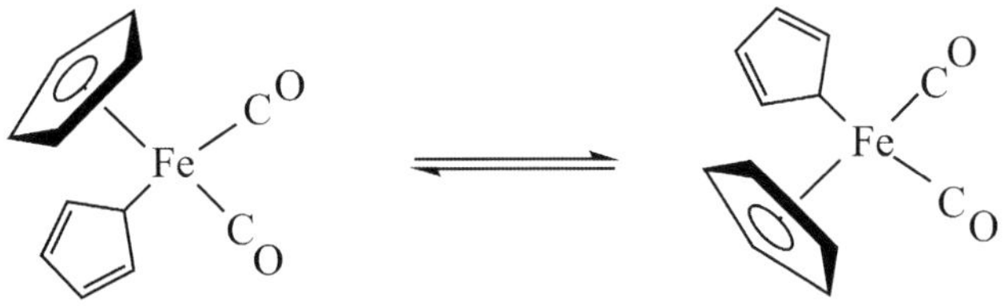

圖 4-20 含鐵金屬錯合物 $(\eta^1\text{-}C_5H_5)(\eta^5\text{-}C_5H_5)Fe(CO)_2$ 在高溫下展現流變現象。

有時候為了滿足 EAN 規則的要求，環戊二烯基也可以 π 鍵和 σ 鍵的形態同時存在於一分子內，如圖 4-20 所示含鐵金屬錯合物 $(\eta^1\text{-}C_5H_5)(\eta^5\text{-}C_5H_5)Fe(CO)_2$。在高溫下此種鍵結模式被發現有流變現象，其中 $(\eta^1\text{-}C_5H_5)$ 和 $(\eta^5\text{-}C_5H_5)$ 環在高溫下有 η^1- 和 η^5- 互相交換現象無法區分。在高溫下，^{1}H NMR 只有一根吸收峰。

4-3-5 茚基效應

環戊二烯基 (Cp) 除了常見的 η^5- 形式鍵結提供 5 個電子外，有時也可成為提供 3 個電子的配位基，而以 η^3- 形式參與鍵結。其中，Indenyl 環（茚基環）可視為由環戊二烯基的五角環在旁邊加上 1 個六角環而成。這種環的鍵結能力和環戊二烯基環類似。在取代反應時，可從 η^5- 轉變成 η^3- 使金屬中心不飽和，允許取代基進入，因 η^5- 轉變成 η^3- 損耗的能量可以從由獲得苯環共振能得到彌補，而不需提供太大能量，因此具有 Indenyl 環的化合物在取代反應中比一般的 Cp 環可快上 10^6 倍速率。這種效果稱為茚基效應 (Indenyl Effect)（圖 4-21）。此特性可被利用於催化反應中。如果配位基是簡單環戊二烯基，並不會有此效應，因為環戊二烯基從 η^5- 轉變成 η^3- 破壞芳香類族 (Aromaticity) 特性，所需的能量太高，無法得到補償。

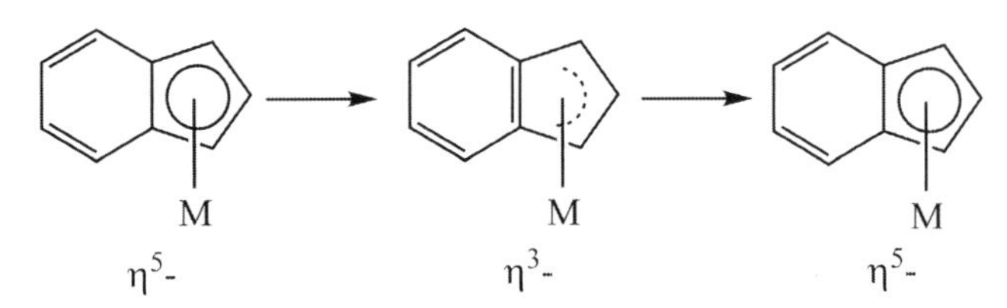

圖 4-21 茚基效應中配位數改變圖示。

若在環戊二烯基的旁邊各加上 1 個六角環則稱為芴基 (Fluorenyl)。這種環的鍵結能力和五角環類似，大部分情形芴基以 η^5- 形式參與鍵結，只有少數的例子芴基是以 η^3- 或 η^1- 形式參與鍵結。下面這鋯 (Zr) 金屬錯合物含有 2 個芴基配位基各以 η^5- 及 η^3- 形式，同時參與鍵結到鋯 (Zr) 金屬上（圖 4-22）。有趣的是，這分子以這樣的鍵結模式反而沒有符合十八電子律的要求。

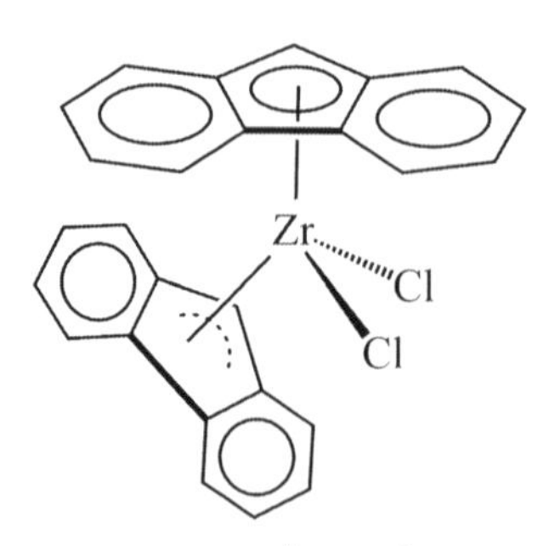

圖 4-22 鋯合物中 2 個茐基各以 η^5- 及 η^3- 配位形式和鋯金屬鍵結。

有時環戊二烯基上的氫可以甲基取代而稱為 Cp*。含 Cp* 的金屬辛對有機溶劑有較好的溶解度，且因烷基為推電子基提供電子使中間金屬氧化態降低，共價性增強，分子的穩定度較好。另外，Cp* 因涵蓋範圍較大，可較有效地保護中心金屬免受外來配位基的攻擊。特別是早期過渡金屬常以 Cp* 為配位基，具有多重功用。一些重金屬有時也以 Cp* 為配位基以避免 Cp 上的氫和重金屬的擴張軌域 (Diffused Orbital) 反應而分解掉。使用 Cp* 的缺點是比較昂貴，操作上也比較麻煩，而且會使原本在 ^{1}H NMR 容易辨認的 Cp 吸收峰位移到易受干擾的烷基區域。如果為了減少 Cp* 太多甲基造成的障礙，可以在 Cp 上只取代 1 個甲基 (η^5-C_5H_4Me)，稱為 Cp'。

除了鐵辛外，其它含更後期的金屬辛為了滿足 EAN 規則的需求均容易氧化，如鈷辛 (Cobaltocene, Cp_2Co) 很容易失去電子而成為鈷辛離子 (Cobaltocinium ion, Cp_2Co^+)。鈷辛因很容易失去電子可當還原劑使用，或是利用未成對的一個電子如自由基一樣，能和鹵化的碳氫化合物形成環戊二烯環型態的 σ 鍵結合，如圖 4-23 所示。這些產物都遵守十八電子律。

銠辛 (Rhodocene, Cp_2Rh) 比鈷辛更易於反應，只能在無溶劑下被還原和分離出來。否則，很容易生成環戊二烯錯合物。雖然銠辛可由特殊的技術加以分離，但卻相當的不穩定，其特性有如自由基一樣，可於室溫下自然地結合成二元體，如圖 4-24 所示。此處產物也遵守十八電子律。

鎳辛 (Nickelocene) 則比鐵辛多了 2 個電子，很容易失去 2 個電子以符合 EAN 規則，因而可當還原劑使用，可提供 2 個電子。鎳辛也可經由類似上述的反應使其一個環戊二烯基環當成 3 個電子的供給者（將環戊二烯基視為中性）。此種結合方式即有如前述的丙烯基 (allyl) 錯合物。鎳辛也可和含丙烯基的格林納試劑 (Grignard Reagent, RMgX) 反應生成含丙烯基的錯合物（圖 4-25）。此二產物均遵守十八電子律，為穩定化合物。

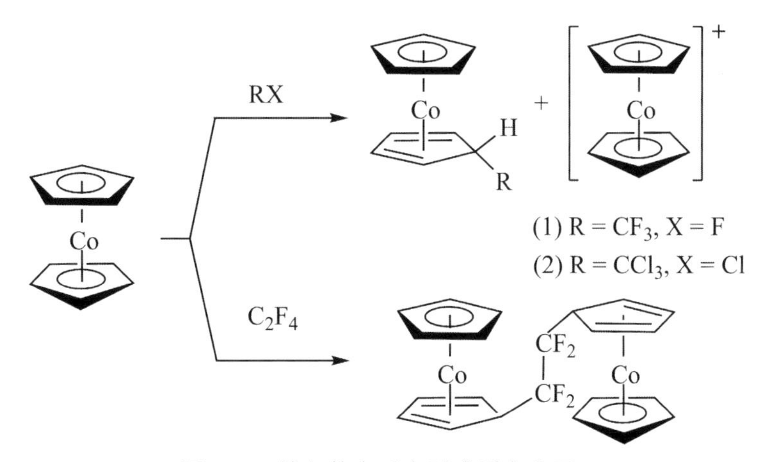

圖 4-23 鈷辛藉由反應形成穩定分子。

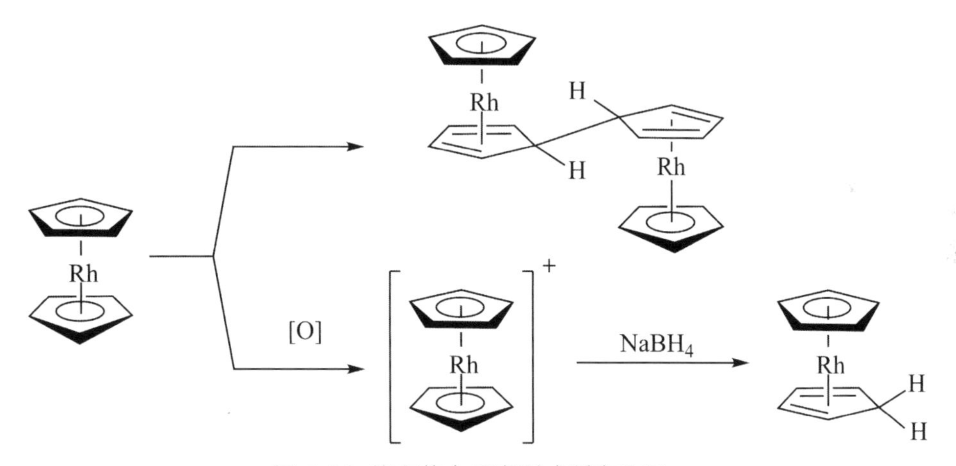

圖 4-24 銠辛藉由反應形成穩定分子。

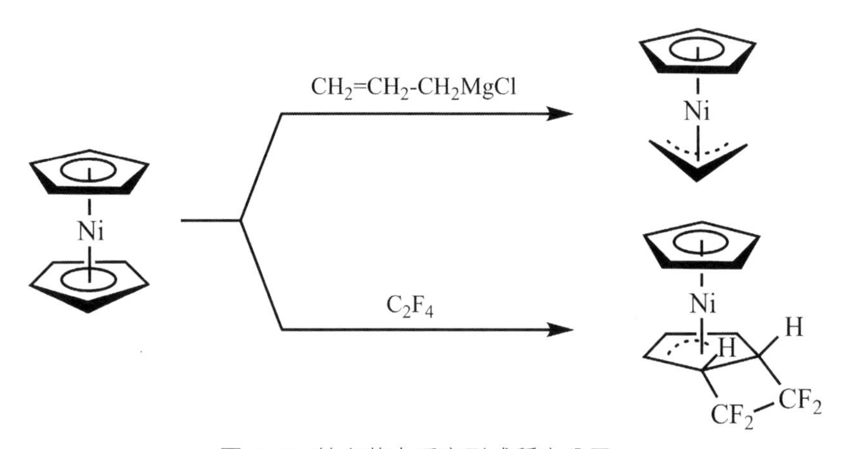

圖 4-25 鎳辛藉由反應形成穩定分子。

4-4 其它的芳香烴錯合物

以上所討論的環戊二烯基 (η^5-C_5H_5, Cp) 為一種屬於可與金屬配位的環碳基（Carbon Cyclic Ring 或 Carbocyclic Ring）。而其它如 $C_3Ph_3^+$、$C_4H_4^{2-}$、C_6H_6、$C_7H_7^+$ 和 $C_8H_8^{2+/2-}$ 等芳香烴化合物，也都是可利用類似此種環碳體系與金屬結合。這些環碳化合物，根據需要有時採取中性或離子態，均可達到具有芳香族性的要求，其 π 電子數符合 Hückel 的 4n + 2 規則，分別為 2、6 和 10 等（圖 4-26）。[9]

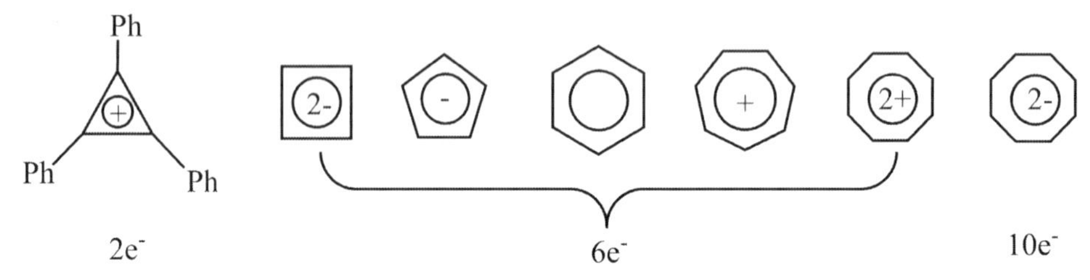

圖 4-26 環上 π 電子數符 Hückel 規則的多角環配位基。

環碳化合物及其鍵結金屬的大小相對關係，會影響其上之取代基往內或往外偏離金屬中心。如果環太大則取代基往內偏向金屬中心；反之，環太小則取代基往外偏離金屬中心（圖 4-27）。這現象可由 X- 光繞射法所獲得的晶體結構數據得到驗證。主要原因是兩基團（環碳和金屬）間要形成最佳軌域重疊所造成的。

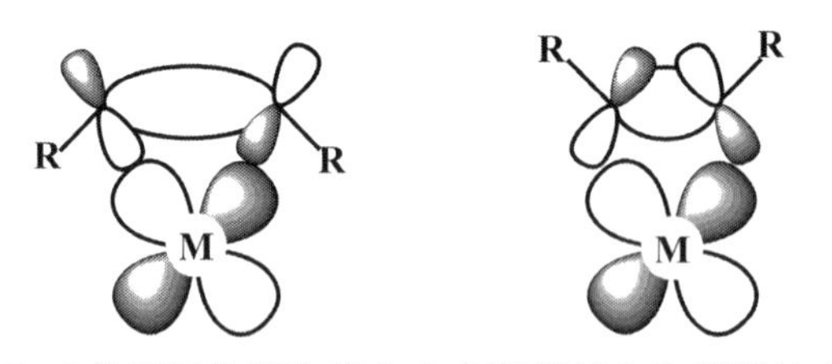

圖 4-27 多角環配位基的環大小會影響其上取代基的方位。

4-5 苯構體錯合物

自法拉第於 1825 年發現苯 (Benzene) 以來，苯一直被認為是穩定的分子，不容易反應。後來，化學家發現苯也可以和金屬形成錯合物。環碳化合物 (Carbocyclic Ring) 中苯的衍生物和金屬結合所形成的錯合物至為重要，這類金屬錯合物，如 (η^6-$C_6H_6)_2Cr$ 早在 1919 年即被合成出來，但其組成及結構直到 1954 年才被驗明確定。最初 (η^6-$C_6H_6)_2Cr$ 的合成是經由 $CrCl_3$ 與格林納試劑 (PhMgBr) 反應而得。

$$PhMgBr + CrCl_3 \xrightarrow{Et_2O} \xrightarrow{H_2O} Ph_2Cr^+ + \text{其他產物}$$

$$Ph_2Cr^+ \xrightarrow{Na_2S_2O_4} Ph_2Cr$$

此種反應被認為是首先生成 η^1- 錯合物，然後再重排成 η^6-（或 π-）錯合物。此外，這產物也可經由 $CrCl_3$ 及過量苯反應，以外加鋁粉作為還原劑，和外加 $AlCl_3$ 作為鹵素的接受劑下而得。

$$3CrCl_3 + \text{excess } C_6H_6 + AlCl_3 + 2Al \longrightarrow$$

$$3[(\eta^6\text{-}C_6H_6)_2Cr][AlCl_4] \xrightarrow[H_2O]{Na_2S_2O_4} (\eta^6\text{-}C_6H_6)_2Cr$$

至今已知許多金屬如 V、Cr、Mo、W、Mn、Tc、Re、Fe、Ru、Os、Co、Rh 和 Ir 等等，也均可生成類似此種二苯構體錯合物。

二苯鉻 (Dibenzenechromium, $(\eta^6\text{-}C_6H_6)_2Cr$) 含有上下 2 個平行的平面型六角苯環，與鐵辛同屬等電子的化合物，但卻比鐵辛易於被空氣氧化。顯見在此三明治結構中鉻比鐵具有更多電子密度，因為在形式上鉻為零價而鐵為 +2 價。由 X- 光和電子繞射光譜顯示，二苯鉻的苯環上碳—碳間的鍵長幾乎相等。二苯鉻如同一般含 2 個 Cp 環 ($\eta^5\text{-}C_5H_5$) 的錯合物一樣，更容易反應形成只剩 1 個苯環的錯合物。甚至 2 個苯環也可被更具活性的配位基完全取代成新的錯合物。

$$Cr(CO)_6 + (\eta^6\text{-}C_6H_6)_2Cr \rightarrow 2\ (\eta^6\text{-}C_6H_6)Cr(CO)_3$$

$$Cr(\eta^6\text{-}C_6H_6)_2 + 6PF_3 \rightarrow Cr(PF_3)_6 + 2\ C_6H_6$$

另一個提供 6 個電子的配位基是 Tris(pyrazoyl)borate。它是 1 個帶負電的三牙配位基，在一般的情形下和金屬鍵結合比苯環更強（圖 4-28）。

$$2\ K^+[RB(pz)_3]^- + MCl_2 \rightarrow [RB(pz)_3]_2M + 2\ KCl$$

$$2\ K^+[RB(pz)_3]^- + Mo(CO)_6 \rightarrow [RB(pz)_3Mo(CO)_3]^- + 3\ CO$$

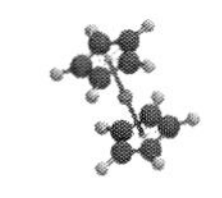

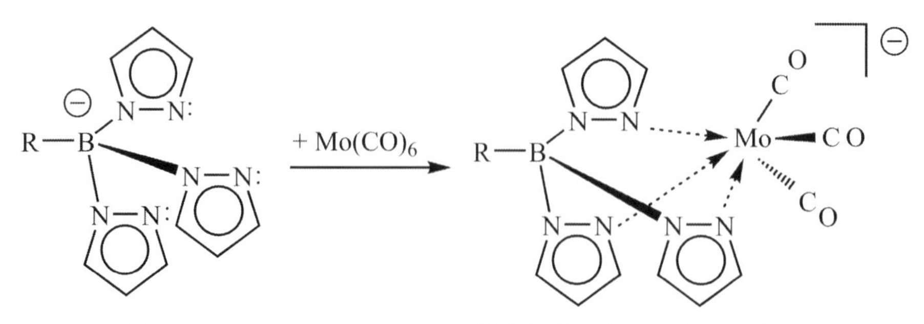

圖 4-28 Tris(pyrazoyl)borate 當成提供 6 個電子的配位基。

4-6 其他的環碳衍生錯合物

3 個碳形成的三角環是張力很大的碳環，在純有機物中很不穩定，很容易因其他反應而開環。然而，這個不穩定的三碳環可藉助於金屬的鍵結將它穩定下來。以下為最簡單含 3 個碳的環碳錯合物 $(\eta^3\text{-}C_3Ph_3)(\eta^5\text{-}C_5H_5)Ni$ 與 $(\eta^3\text{-}C_3Ph_3)Co(CO)_3$ 被合成的例子。

$$4\,[Ph_3C_3] + 3\,Co_2(CO)_8 \xrightarrow{CH_2Cl_2} 4\,(\eta^3\text{-}Ph_3C_3)\,Co(CO)_3 + 2\,Co(BF_4)_2 + 12\,CO$$

$$C_3Ph_3X + Ni(CO)_4 \longrightarrow (\eta^3\text{-}C_3Ph_3)\,Ni(Co)_2X \xrightarrow{py} (\eta^3\text{-}C_3Ph_3)Nipy_2.py$$

$$(\eta^3\text{-}C_3Ph_3)Nipy_2.py \xrightarrow{CpTi} (\eta^3\text{-}C_3Ph_3)\ \ (\eta^5\text{-}C_5H_5)\,Ni$$

經由 X- 光晶體結構鑑定證明三角碳環 (C_3Ph_3) 與 M 是屬於 η^3- 的結合，且三碳環上的苯基往離開金屬的方向偏離，這結構現象和三碳環上的 p 軌域所形成之 π 軌域要和金屬的對應軌域形成最好重疊有關。

另外，有關環丁二烯 (C_4H_4) 結構的爭議由來已久。一般相信純有機物的環丁二烯是以二長二短鍵的方式存在，比以四鍵等長方式來得穩定。因環丁二烯有 4 個 π 電子，不符合芳香族性，若以四鍵等長方式存在是不穩定的有機分子，有 2 個未成對電子，即含 2 個自由基，在一般情況下不會存在。所以通常環丁二烯為摺式的四角環而非平面構型。但環丁二烯卻可與適當的金屬形成錯合物以平面四角環配位基的形式存在，如圖 4-29 所示。由晶體結構得知，此時四鍵幾乎等長。

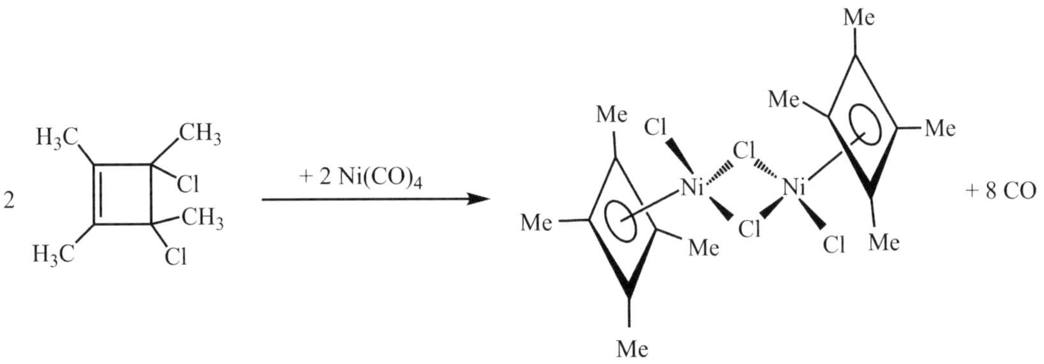

圖 4-29 環丁二烯 (C_4H_4) 當成提供 4 個電子的配位基。

環丁二烯也可結合羰基 (CO) 當成配位基，共同鍵結在金屬上形成穩定錯合物，如圖 4-30 所示。這種構型有時候稱為三腳琴凳 (Three-legged Piano Stool)。三組 CO 為凳腳，四角環為凳墊。當然也有四腳琴凳 (Four-legged Piano Stool) 化合物的例子。

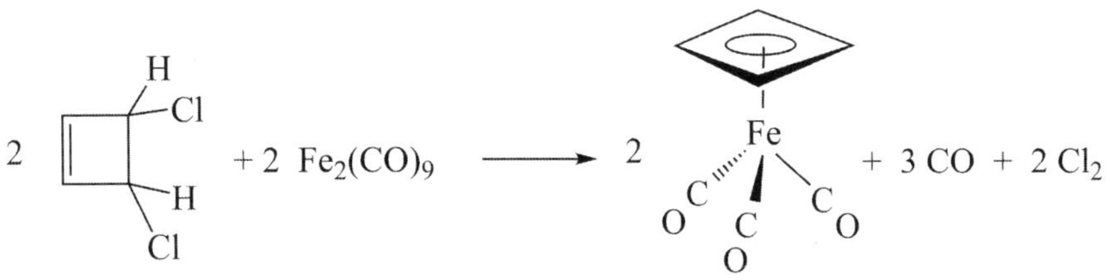

圖 4-30 環丁二烯結合羰基形成三腳琴凳構型的含鐵錯合物。

此種環丁二烯四角環 (η^4-C_4R_4) 在金屬錯合物中形式上可視為帶 -2 價擁有 6 個 π 電子，因而具有芳香族性，如同鐵辛一樣，此類型化合物可進行 Friedel-Crafts 醯基化反應、Mannich 縮合反應和金屬化等反應（圖 4-31）。

環丁二烯也可視為暫時以配位基的形式暫存於錯合物中，需要時再轉移到別的金屬上。錯合物 [(η^4-C_4Ph_4)$PdBr_2$]$_2$ 為最常見的含有環丁二烯配位基的來源，[10] 在和其他金屬化合物反應時可將環丁二烯基轉移（圖 4-32）。缺點是錯合物 [(η^4-C_4Ph_4)$PdBr_2$]$_2$ 因為含有鈀金屬，所以價格相對昂貴，並不適合一般反應使用。

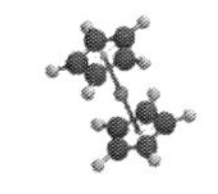

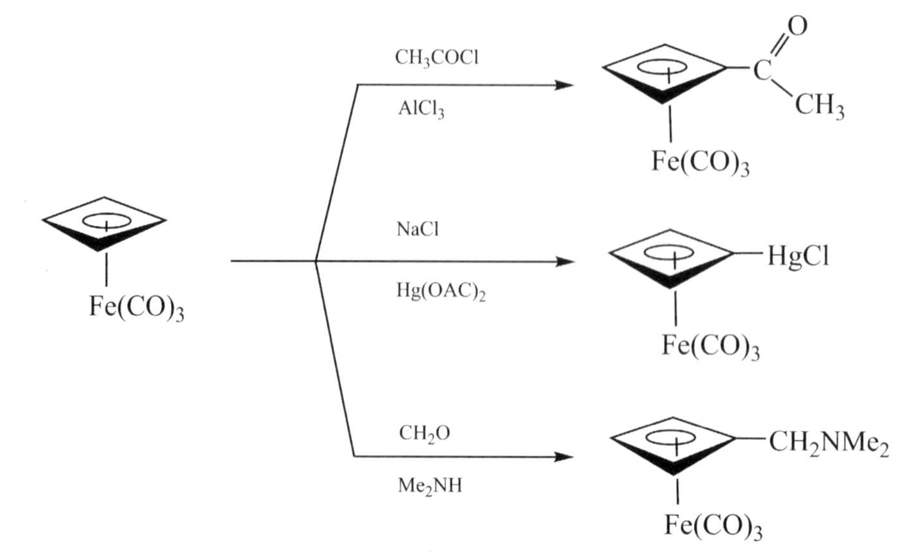

圖 4-31 錯合物 $(\eta^4\text{-}C_4Ph_4)Fe(CO)_3$ 上環丁二烯配位基的取代反應。

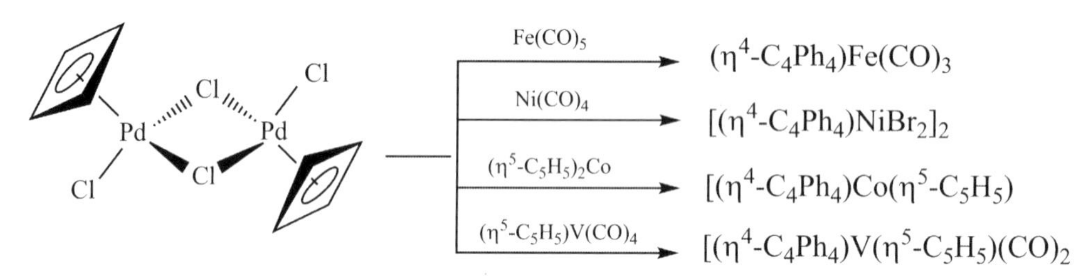

圖 4-32 錯合物 $[(\eta^4\text{-}C_4Ph_4)PdBr_2]_2$ 當環丁二烯配位基的來源。

另一個可提供 4 個 π 電子的配位基為 Trimethylene methane (C_4H_6)。這是一個相當獨特的配位基。[11] 下述例子中，配位基上的 4 個碳原子共平面，其上 6 個氫原子的化學環境相同，中心碳原子不接任何氫原子（圖 4-33）。這個配位基可視為中性三牙配位基，可提供 4 個 π 電子。

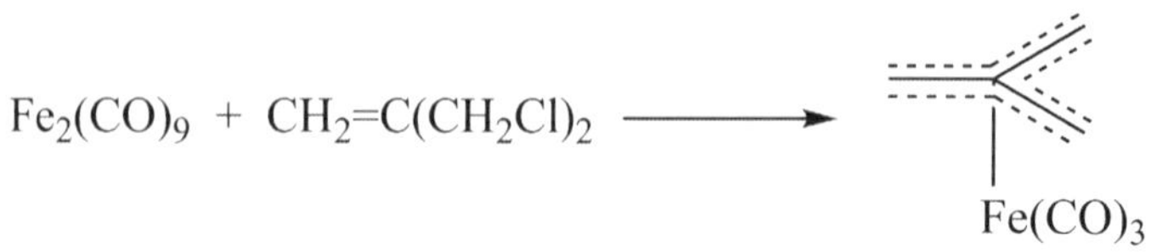

$$Fe_2(CO)_9 + CH_2{=}C(CH_2Cl)_2 \longrightarrow$$

$Fe(CO)_3$

圖 4-33 Trimethylene methane (C_4H_6) 當成提供 4 個電子的配位基。

含 8 個碳的環辛四烯 (Cyclooctatetraene, COT) 分子並不符合 4n+2 電子的要求，但此種非平面型的分子可經由反應生成 -2 價而含有 10 個 π 電子並具有芳香族性的環辛四烯基陰離子 (Cyclooctatetraenide Anion, COT^{2-})，如：

$$C_8H_8 + 2\,K \rightarrow C_8H_8^{2-} + 2\,K^+$$

此陰離子可與正四價的大體積錒系離子，如 U^{4+}、Np^{4+} 和 Pu^{4+} 等作用生成中性的錯合物，如：

$$2C_8H_8^{2-} + U^{4+} \rightarrow (\eta^8\text{-}C_8H_8)_2U$$

這產物如同鐵辛一樣，是一種屬於三明治的結構，一般稱之為鈾辛 (Uranocene)。其它如與 Np^{4+} 和 Pu^{4+} 等的作用成 $(\eta^8\text{-}C_8H_8)_2Np$ 和 $(\eta^8\text{-}C_8H_8)_2Pu$ 等則分別稱為錼辛 (Neptunocene) 和鈽辛 (Plutonocene)（圖 4-34）。明顯地，大環配位基只能鍵結大體積的中心金屬。以上正四價的錒系離子都是以 5f 軌域參與鍵結的，另外鑭系元素則可以 4f 軌域參與結合，如 $[(\eta^8\text{-}C_8H_8)_2Ln]^-$。

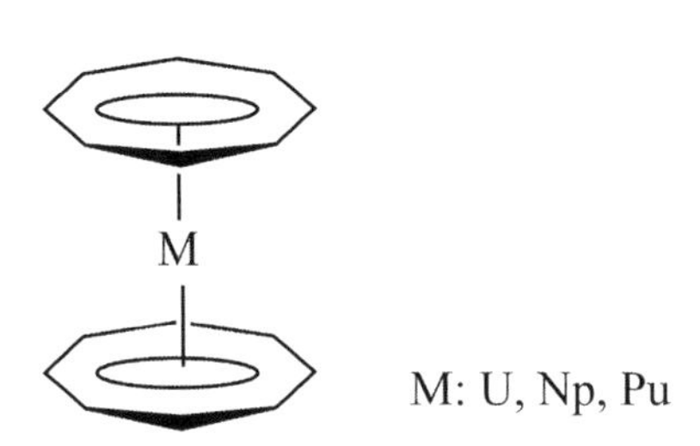

圖 4-34 少見的八角環配位基所形成的三明治錯合物。

而 COT 能與含 3d 軌域的過渡金屬結合的則有 $(\eta^4\text{-}C_8H_8)_3Ti_2$ 錯合物（圖 4-35）。這裡的 COT 是以 η^4- 而非 η^8- 方式來和 Ti 鍵結。雖然中間的 COT 的 4 個雙鍵都使用於鍵結，嚴格來講，並不屬於大環配位基的範疇，仍應視為以類似二烯的鍵結方式接到金屬上。

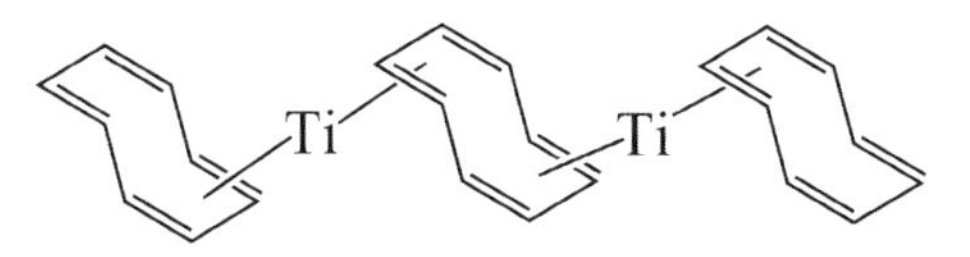

圖 4-35 $(\eta^4\text{-}C_8H_8)_3Ti_2$ 錯合物。

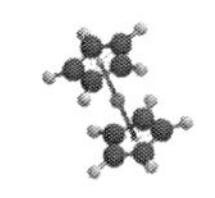

4-7 雜環錯合物

有些雜環化合物 (Heterocyclic) 雖然具有芳香族的性質，但難與金屬形成如三明治型的錯合物，其可能的原因是雜環（如 Pyridine）上具有孤對電子 (Lone-paired Electrons) 使其比 π 電子更具鹼性，更易以孤對電子和金屬先形成鍵結的關係。然而，在某些反應條件下這種雜環化合物仍有可能形成 π 形式的鍵結。這類型的錯合物有如噻吩 (Thiophene)、吡咯 (Pyrrole) 等等分別結合形成的 $(\eta^5\text{-}C_4H_4S)Cr(CO)_3$ 和 $(\eta^5\text{-}C_4H_4NH)Cr(CO)_3$，以及如 Azaferrocene 即 $(\eta^5$-Cyclopentadienyl$)(\eta^5$-pyrrolyl$)$iron 等等的錯合物。其中 Azaferrocene 之合成方法為：

$$(\eta^5\text{-}C_5H_5)\,Fe(CO)_2I + C_4H_4NK \xrightarrow{C_6H_6} (\eta^5\text{-}C_5H_5)\,Fe(\eta^5\text{-}C_4H_4N)$$

$$FeCl_2 + (\eta^5\text{-}C_5H_5)\,Na + C_4H_4NK \xrightarrow{THF} (\eta^5\text{-}C_5H_5)\,Fe(\eta^5\text{-}C_4H_4N)$$

Borazine $(B_3N_3R_6)$ 是一個有趣的六角雜環。它在外觀上類似苯環也具有類似苯環的鍵結能力，能以 η^6- 形式和金屬鍵結如下圖之化合物 $(\eta^6\text{-}B_3N_3H_6)Cr(CO)_3$（圖 4-36）。顯而易見的，因 B 和 N 的原子大小不一，且電負度不同，造成環的共振性較差。因此，Borazine 的芳香族性比苯環差。化合物 $(\eta^6\text{-}B_3N_3H_6)Cr(CO)_3$ 上 Borazine 環不易進行如同 $(\eta^6\text{-}C_6H_6)Cr(CO)_3$ 的取代反應。

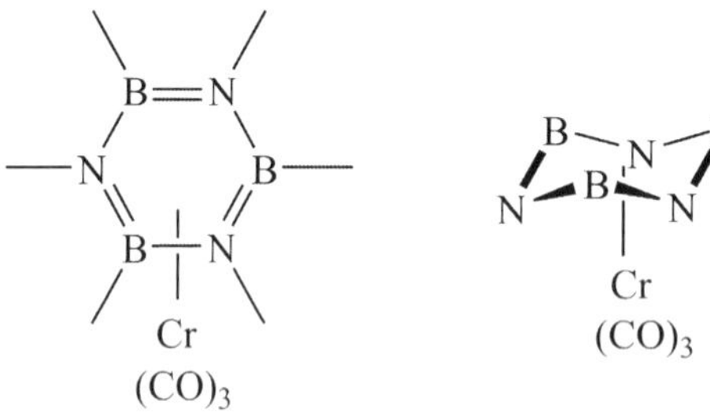

(a) (b)

圖 4-36 (a) 圖 $(\eta^6\text{-}B_3N_3H_6)Cr(CO)_3$ 分子圖示。(b) 圖誇大表示 Borazine 環上比苯環較差的共振性。

4-8 炔屬烴錯合物

乙炔具有互相垂直的二對 π 電子（x 及 y 軸線方向）（圖 4-37）。雖然和單金屬結合成錯合物時視為提供 2 個 π 電子，但仍比乙烯鍵結強。因為第二對 π 軌域電子也會參與鍵結，雖然鍵結效果比第一對 π 軌域差些。炔基上的第一對 π 軌域和金屬鍵結

形成 σ- 鍵，而第二對 π 軌域和金屬鍵結形成 π- 鍵。注意，在金屬與炔基的 π- 逆鍵結時可形成 δ- 鍵。

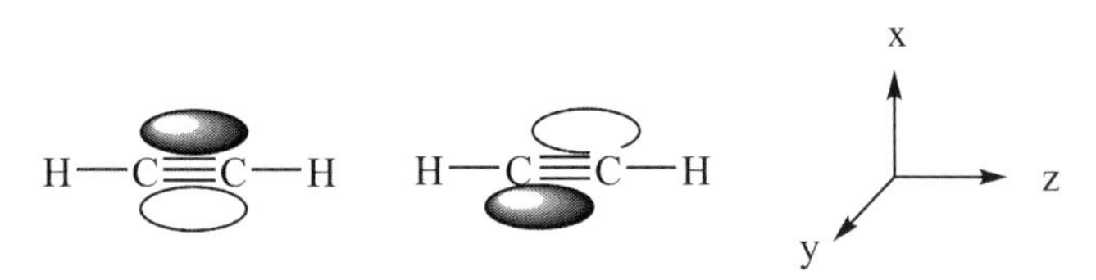

圖 4-37 乙炔上二對互相垂直的 π 軌域。

乙炔也可同時提供 4 個電子給雙核金屬錯合物，如下圖 4-38 所示。炔基以架橋方式鍵結雙鈷金屬上。

$$Co_2(CO)_8 + RC \equiv CR \rightarrow (\mu_2\text{-}\eta^2\text{-}RC \equiv CR)Co_2(CO)_6 + 2\ CO$$

這種鍵結仍然可利用杜瓦—查德—鄧肯生 (Dewar-Chatt-Duncanson) 模式加以解釋。由於此種反應釋出二莫耳的 CO，因此可以將炔屬烴 (Alkyne) 視為可提供給 4 個電子的配位基。類似此種類型的炔屬烴錯合物，如鈷錯合物和鎳錯合物，經 X- 光繞射鑑定其結構發現其金屬—金屬軸與炔屬烴 C-C 軸之間的夾角度約為 90°，碳上的取代基偏離金屬中心，如同先前理論預測（圖 4-38）。

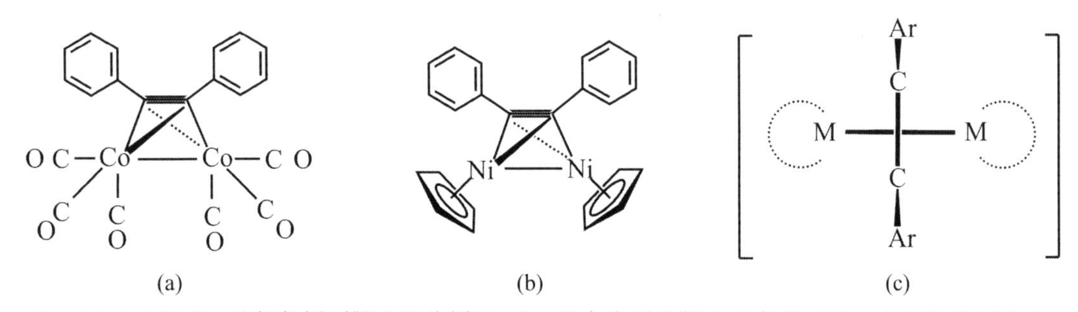

圖 4-38 (a) 和 (b) 炔類架橋到雙金屬的例子。(c) 從上鳥瞰炔類 C-C 軸與金屬—金屬軸幾乎垂直。

有一個類似蔡司鹽的 $PtCl_2(p\text{-}CH_3C_6H_4NH_2)(\eta^2\text{-}{}^tBuC \equiv C^tBu)$ 化合物，其結構如圖 4-39 顯示，具有炔類和金屬以 π 形式的鍵結。從晶體結構中看出原本三鍵的長度增加，且取代基往離開金屬中心方向彎曲，符合前面提及的杜瓦—查德—鄧肯生模式現象。[12]

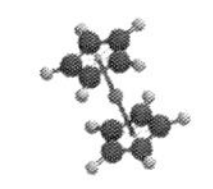

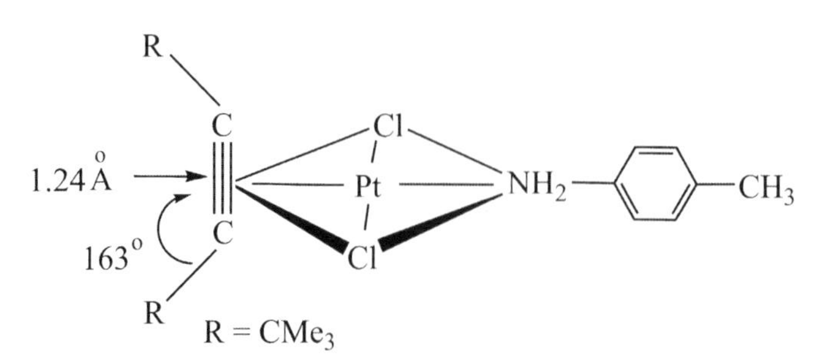

圖 4-39 在白金錯合物結構中炔基上的取代基往離開金屬中心方向彎曲。

有些炔類與多金屬基團鍵結，形成更複雜的錯合物，如圖 4-40 所示。首先，這 2 種錯合物可視為炔基架橋到 4 個金屬上。除了乙炔上每個碳原子均可個別和金屬形成一個 σ 型式 C-Co 鍵之外，剩餘的 2 個 π 軌域可與其餘的 2 個 Co 原子形成架橋式的結合。此時乙炔上的碳—碳鍵拉得更長。對此鍵結的另一種看法是以叢化物 (Cluster) 來看待它。將它視為一個扭曲的正八面體結構，而以韋德規則 (Wade's Rule) 來計算其電子數時，將視之為 *closo*（籠狀）結構。

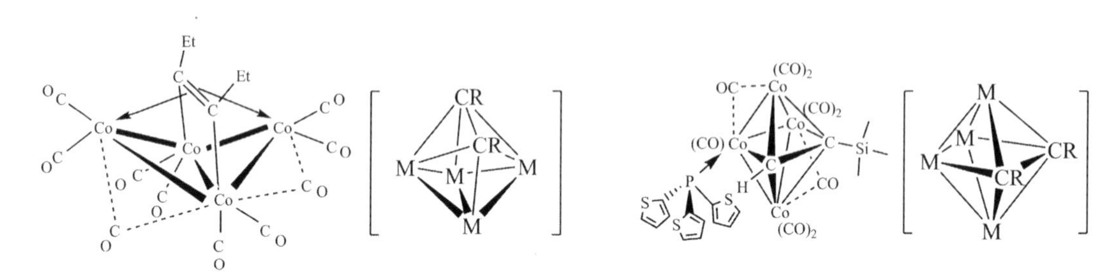

圖 4-40 含炔類的金屬叢化物的例子。

以下例子顯示，在和炔屬烴反應中，金屬羰基化合物的功用。一方面催化炔屬烴反應，生成環形的酮類 (Ketones) 或對苯二酮類 (Quinones)；另一方面，金屬羰基化合物本身也會解離出一些 CO，解離出的 CO 可提供參與鍵結（圖 4-41）。CO 也可以利用外加方式引入，即在高壓 CO 存在下進行反應。

在某些情況下，2 個炔屬烴化合物可和金屬原子氧化耦合 (Oxidative Coupling) 結合在環上，形成金屬環化物 (Metallacycles) 的錯合物（圖 4-42）。這類型分子在高溫時可能進行流變現象，使得原本不同環境的兩金屬基團變得無法區分。

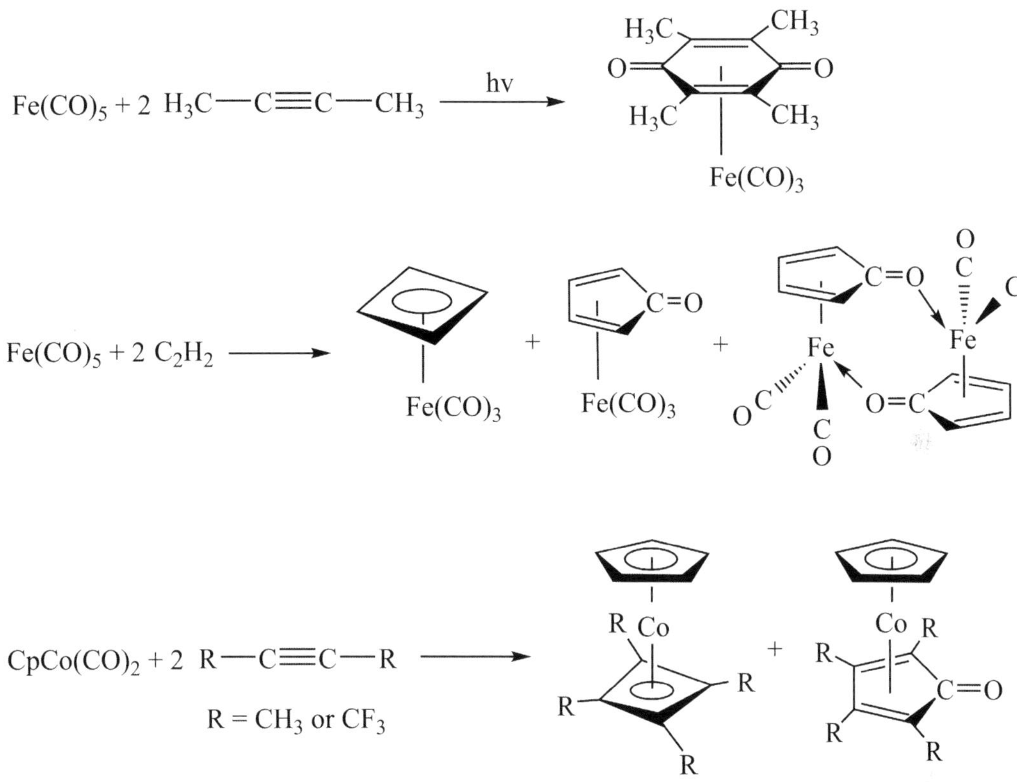

$Fe(CO)_5 + 2\ H_3C{-}C{\equiv}C{-}CH_3 \xrightarrow{h\nu}$

H_3C CH_3 O O H_3C CH_3 $Fe(CO)_3$

$Fe(CO)_5 + 2\ C_2H_2 \longrightarrow$

$Fe(CO)_3$ + C=O $Fe(CO)_3$ + C=O O C C O Fe Fe O C C O O=C

$CpCo(CO)_2 + 2\ R{-}C{\equiv}C{-}R \longrightarrow$

$R = CH_3$ or CF_3

R Co R R R + Co R R R C=O R R

圖 4-41 利用金屬羰基化合物進行催化反應將炔烴及羰基結合的例子。

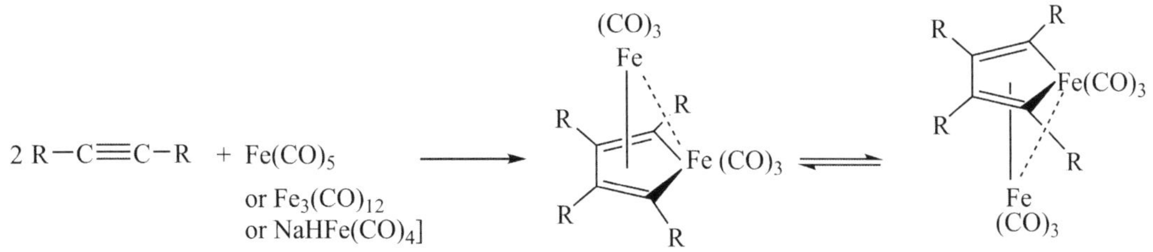

$2\ R{-}C{\equiv}C{-}R\ +\ Fe(CO)_5$

or $Fe_3(CO)_{12}$

or $NaHFe(CO)_4$]

$(CO)_3$ Fe R R Fe $(CO)_3$ R R $\rightleftharpoons$ R R $Fe(CO)_3$ R R Fe $(CO)_3$

圖 4-42 含雙鐵的金屬化合物 $[(CO)_3Fe]_2(C_4R_4)$ 在高溫下的流變現象。

以下為另外一個會進行流變現象的有名例子（圖 4-43）。含雙鈷的金屬環化物 $[(\eta^5\text{-}C_5H_5)Co]_2(C_4R_4)$ 在高溫時藉由流變現象行為，二個金屬基團 (CpCo) 快速互換位置，以至於兩基團無法區分。因此，在高溫下 ^{1}H NMR 只看到一組 Cp 吸收峰。而在常溫下，因流變行為較慢，可觀察到二組 Cp 吸收峰。此種現象通常藉著變溫 NMR 技術 (Variable Temperature NMR) 來觀察 Cp 吸收峰隨著溫度改變的變化來取得資訊，包括結構轉換活化能。[13]

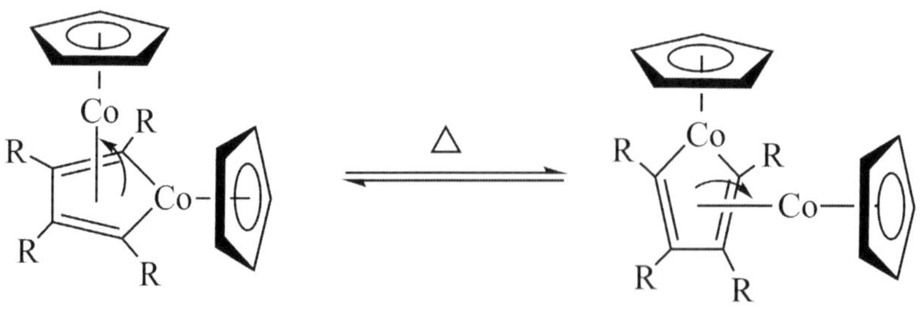

△

圖 4-43 含雙鈷的金屬化合物 $[(\eta^5\text{-}C_5H_5)Co]_2(C_4R_4)$ 在高溫下的流變現象。

炔類化合物也可和 $Co_2(CO)_8$ 反應，產生許多結構有趣的有機金屬化合物（圖 4-44）。將這些有機金屬化合物氧化後去掉金屬基團，甚至可以得到一些獨特的有機物如螺旋形 (spiro) 類的產物。$Co_2(CO)_8$ 在這裡是扮演催化劑的角色，但因為可提供 CO 在產物中，所以有時甚至也扮演反應物的角色。在此，有些結構特殊的有機物可能比較難以傳統有機合成方法達成，用這個方法卻可以順利地得到目標產物。注意以此法得到苯環產物時，其上面取代基的方位通常採取 1,2,4- 而非 1,3,5- 位置，這和反應進行的機制有關。

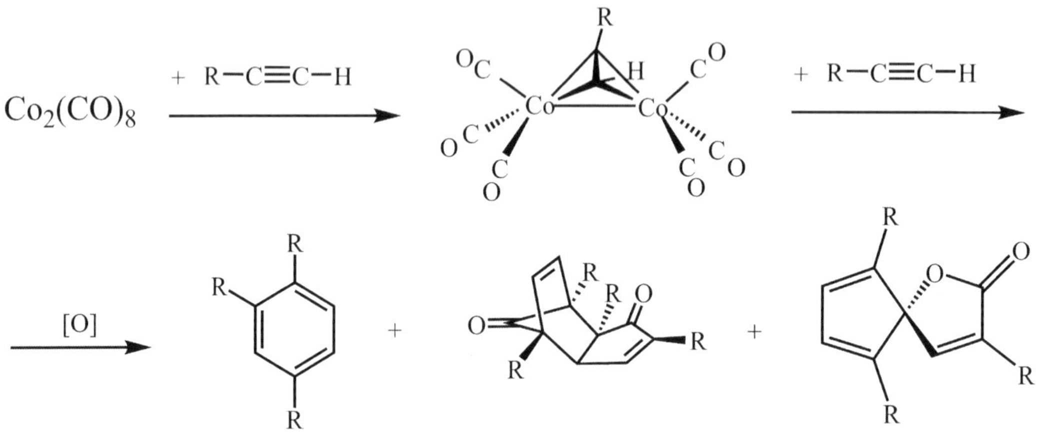

$Co_2(CO)_8$ + R−C≡C−H → + R−C≡C−H → [O] →

圖 4-44 含雙鈷的金屬化合物 $[(\eta^2,\mu_2\text{-RCCR})Co_2(CO)_6$ 進行催化有機反應。

《充電站》

4.1 碳醯和碳炔化合物

有機化合物的碳—碳間的鍵次基本上是從單鍵到三鍵。過渡金屬與碳的結合除了常見的單鍵外也有多重鍵。到目前為止已有許多安定的「金屬—碳」間雙鍵或三鍵的化合物被合成出來，前者稱為金屬碳醯化合物 (Metal Carbene)，後者稱為金屬碳炔化合物 (Metal Carbyne)。這兩種鍵結方式可視為工業上重要的烯烴或炔烴的複分解反應 (Metathesis) 或費雪—特羅普希反應合成的中間體模型。對碳醯 (Carbene) 及碳炔 (Carbyne) 的詳細研究對了解上述類型催化反應的機制上很有幫助。

一般而言，碳醯依其不同的結構形態及化學特性，且為了紀念其當初的研究者的貢獻，而分為費雪碳醯 (Fischer Carbene) 與施諾克碳醯 (Schrock Carbene) 錯體兩類。第一個金屬碳醯化合物是於 1964 年由費雪合成及鑑定。一般的合成方法如圖 4-45 所示。其中間金屬可為鉻 (Cr) 或鎢 (W)。這化合物具有金屬和碳的雙鍵。

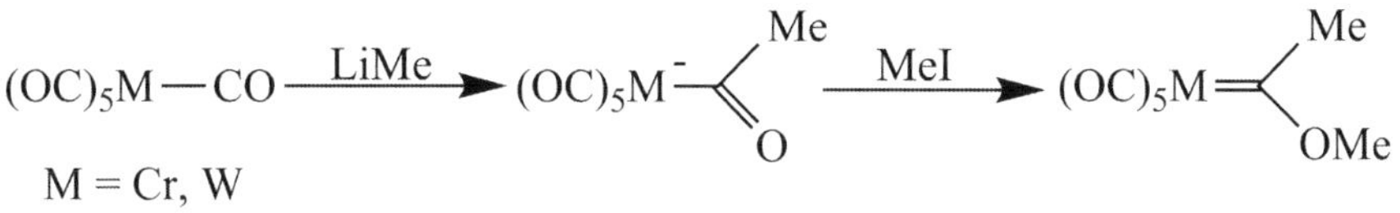

$$(OC)_5M-CO \xrightarrow{LiMe} (OC)_5M^{-}-C(=O)Me \xrightarrow{MeI} (OC)_5M=C(Me)(OMe)$$

M = Cr, W

圖 4-45 費雪碳醯的合成。

一般而言，費雪碳醯中心金屬必需為低氧化態，其配位基一般均為如 CO，PR_3 等具有未共用電子對 (Lone-paired Electrons) 供給型的配位子，且費雪碳醯碳上常含有氧、氮等高電負度雜原子的取代基。若將此碳醯以路易士酸如 BX_3 拉掉其上之甲氧基，則生成具有金屬和碳參鍵的碳炔 (Carbyne)（圖 4-46）。

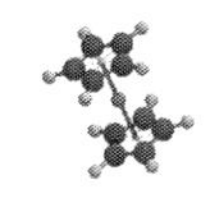

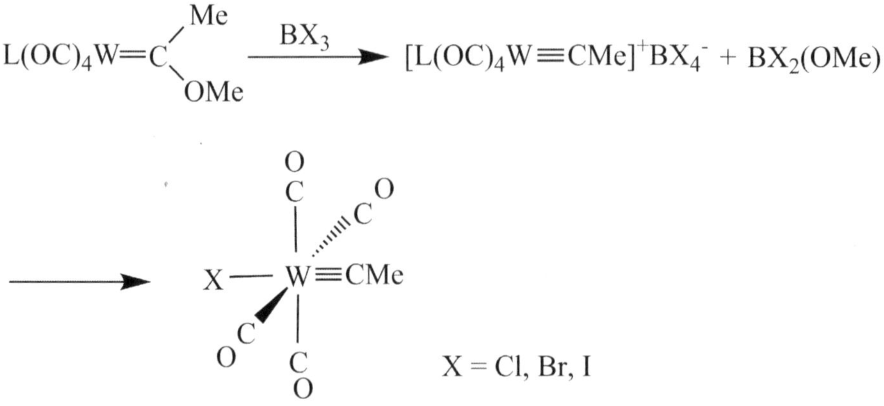

$$L(OC)_4W{=}C\begin{matrix}\diagup Me\\ \diagdown OMe\end{matrix} \xrightarrow{BX_3} [L(OC)_4W{\equiv}CMe]^+BX_4^- + BX_2(OMe)$$

$$\longrightarrow X{-}W(CO)_4{\equiv}CMe \qquad X = Cl, Br, I$$

圖 4-46 費雪碳炔的合成。

另一形態的金屬碳醯則於 70 年代末期由施諾克 (Schrock) 的研究室發展出來。在施諾克碳醯中心，金屬必需為高氧化態，其鍵結中有供給奇數電子的配位基，且分子常為不滿足十八電子律的不飽和電子狀態，碳醯碳上有氫、烷基、苯等置換基。舉其中一例如圖 4-47 所示。

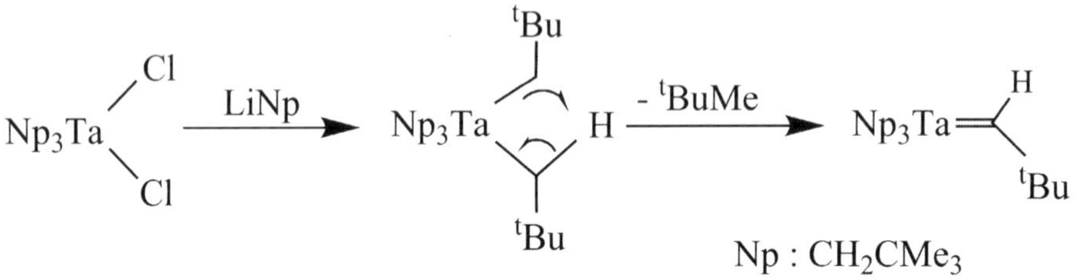

$$Np_3TaCl_2 \xrightarrow{LiNp} Np_3Ta(CH_2{}^tBu)(CH_2{}^tBu)\ (H) \xrightarrow{-\,{}^tBuMe} Np_3Ta{=}C\begin{matrix}\diagup H\\ \diagdown {}^tBu\end{matrix}$$

$$Np : CH_2CMe_3$$

圖 4-47 施諾克碳醯的合成。

費雪碳醯與施諾克碳醯這兩類型金屬化合物，雖然在外觀上皆為 M = C 雙鍵，其實，其 M 和 C 間的鍵結方式相當不同。在前者碳醯扮演二電子的提供者的角色，提供電子給金屬；同時，它也接受從金屬提供來的電子。而後者碳醯則可視為 4 個電子的提供者。這種差異和碳醯的碳上取代基的形式及金屬本身的特性有關。費雪碳醯上的碳原子因電子密度較低，易受親核基的攻擊；反之，施諾克碳醯上的碳原子則易受親電子基的攻擊（圖 4-48）。

以費雪碳醯上有一 OR 取代基為例，這取代基為 σ 形式拉電子基，但同時也因為氧上有孤對電子對而為 π 形式推電子基。這造成費雪碳醯鍵結的特殊情況（圖 4-49）。

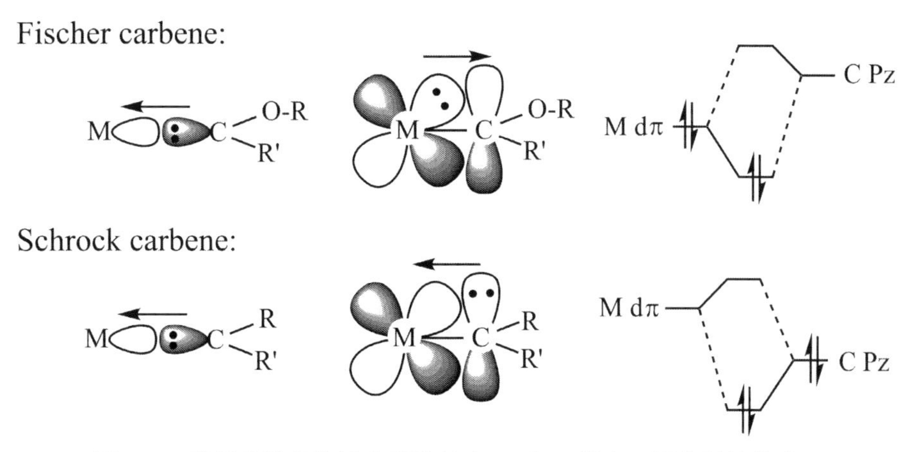

圖 4-48 費雪碳醯與施諾克碳醯其中 M 和 C 間有不同的鍵結模式。

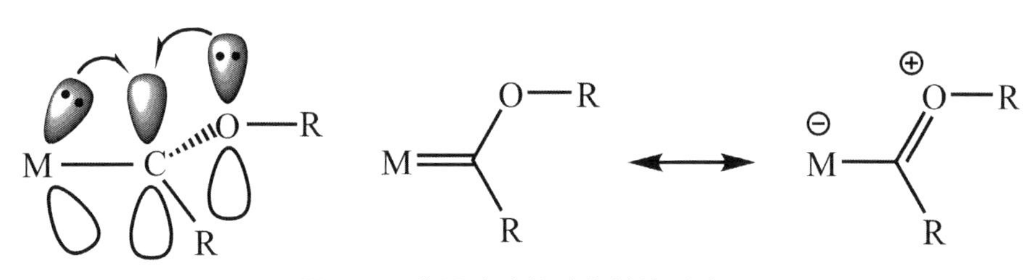

圖 4-49 費雪碳醯特殊的鍵結型式。

費雪碳醯的雙鍵可旋轉且其能量障礙幾乎等於零，這可從上圖的共振式而得到印證。施諾克碳醯因無上述的共振式，M-C 之間的旋轉能量障礙相當大，無法自由旋轉。這和中心金屬軌域混成及和碳的鍵結型態有關。

4.2 氮異環碳醯配位基

在早期，碳醯的存在與否的問題曾困擾化學家一段時間。碳原子的電子組態是 $[He]2s^2 2p^2$。如果沒有其他因素參與，理論上碳原子只能與 2 個氫原子鍵結，形成 CH_2，即為碳醯。當然，在 VBT 理論中允許 2s 軌域能量提升，和 2p 軌域混成，最後可形成 4 個鍵。碳醯上的 2 個電子可能成對 (Paired) 形成單態 (Singlet) 狀態或不成對 (Unpaired) 形成參態 (Triplet) 狀態。後來合成化學家利用 $CR_2N_2 \rightarrow CR_2 + N_2$ 反應來產生碳醯用於合成中。

碳醯 (Carbene, R_2C:) 的活性太強，如果沒有其他物種可馬上反應，會自身結合形成烯類 $R_2C = CR_2$。因而，化學家想要單離出碳醯的想法一直無法實現。直到 1991 年，Arduengo 成功地分離並以 X- 光單晶繞射法鑑定現在稱為氮異環碳醯 (N-Heterocyclic Carbene, NHC) 的化合物，才真正有穩定的碳醯可供研究（圖 4-50）。[14]

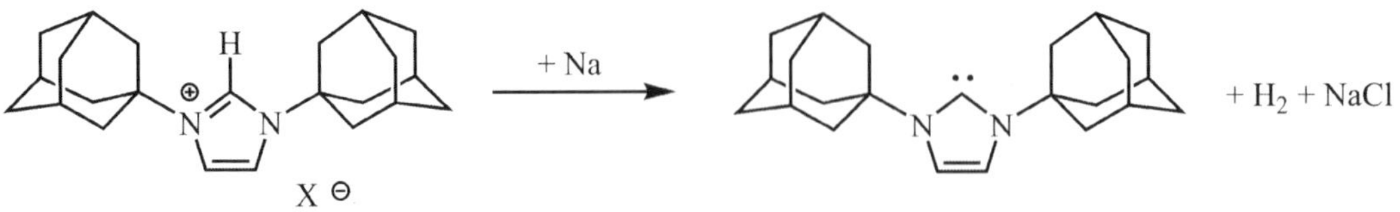

圖 4-50　氮異環碳醯的合成。

氮異環碳醯不僅證明其可以穩定的形式存在，不會形成二聚物 (Dimer)，更可以採取配位形式，提供一對電子和過渡金屬鍵結，當配位基來使用，使配位基的形式又多了一種選擇。碳醯的製造方法可以直接將咪唑鹽類進行脫質子反應，再直接和金屬反應，形成碳烯金屬錯化合物（圖 4-51）。

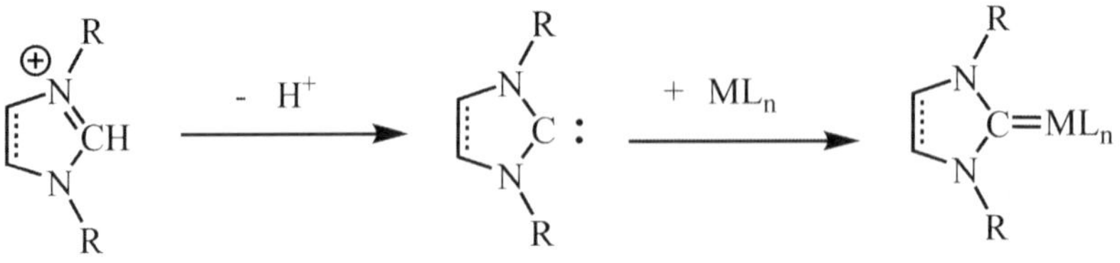

圖 4-51　氮異環碳醯配位的金屬錯化合物。

另一個被證明很有效的方法，是利用咪唑鹽類和 Ag_2O 反應生成銀金屬氮異環碳烯金屬化合物，再把它當作碳醯 (NHC) 的轉移劑，把碳醯配位到其他金屬上（圖 4-52）。[15] NHC 當配位基和以磷基為主體的配位基有些異同之處。兩者都是提供 2 個電子的配位基。但前者是平面型配位基；而後者是錐型配位基。NHC 和金屬鍵結很強，也不怕氧化，且在提供立體障礙 (Steric Hindrance) 上更有效。NHC 毒性比磷基小，是相當有潛力的配位基型態。[16]

2005 年諾貝爾獎得主，美國化學家格拉布教授 (Robert H. Grubbs) 開發的含釕金屬 (Ru) 碳醯催化劑，其中從第二代到第三代，釕金屬上也有接上氮異環碳醯配位基（圖 4-53）。[17]

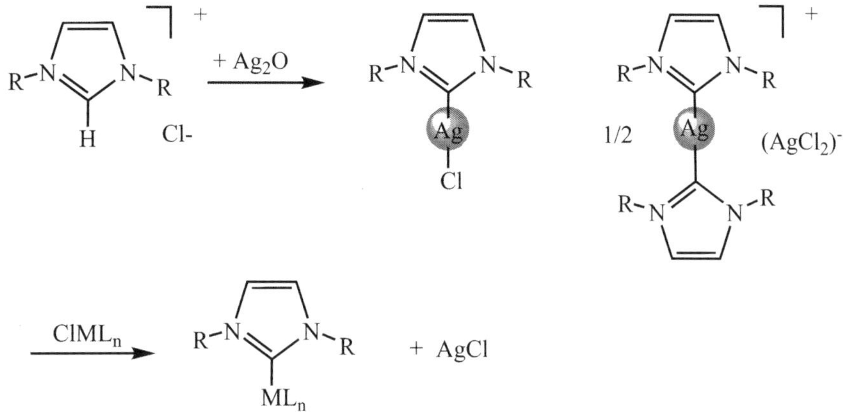

圖 4-52 氮異環碳醯配位基由銀金屬上轉移到其他金屬。

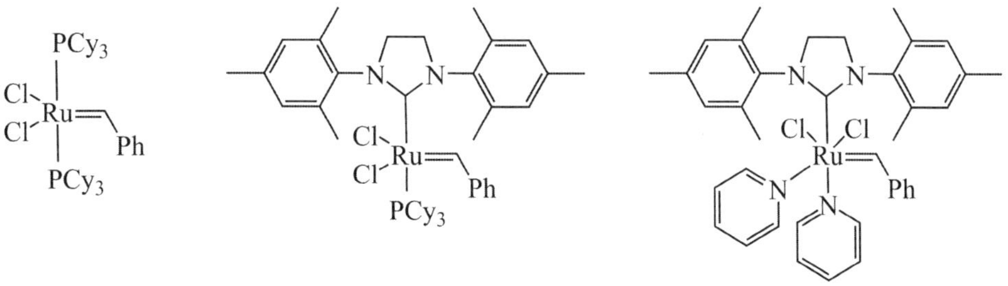

圖 4-53 不同世代的格拉布催化劑 (Grubbs' Catalysts)。

4.3 從群論看鐵辛採取掩蔽式或間隔式的徵表差異

從群論 (Group Theory) 來看分子對稱，由等值的軌域做線性組合 (Symmetry Adapted Liner Combination, SALC) 所得到的分子軌域是「定性」而非「定量」的。也就是說，從群論得來的 SALC 分子軌域只能告訴我們這些軌域可能分成幾組，並沒有辦法告訴我們這些軌域的能量高低關係。軌域的能量高低可由做實驗方式得到，或由比較高階的電算量子化學取得。從群論的徵表 (Character Table) 看鐵辛採取掩蔽式或間隔式是有些許不同。在 D_{5d} 對稱徵表中代表的 Term 有出現 g 或 u 的符號；而在 D_{5h} 對稱徵表中則無。因在 D_{5d} 對稱有中心原子反轉 (Inversion) 對稱操作 (i)；而後者則無。兩種對稱的級數 (Order) 及類別 (Class) 數目都一樣。

徵表的最後一行有 x、y、z 的二次項，可套用在 d 軌域上。在 D_{5h} 對稱徵表中可看出 d_{x2-y2} 和 d_{xy} 的軌域是二重簡併狀態，d_{yz} 和 d_{xz} 的軌域也是簡併狀態，只有 d_{z2} 是獨立一個。$x^2 + y^2$ 那一項可視為 s 軌域（表 4-3）。在 D_{5d} 對稱中也是類似分佈情形（表 4-4）。徵表的倒數第二行有 x、y、z 的一次項，可套用在 p 軌域上。在 D_{5h} 對稱徵

表中可看 p_x 和 p_y 的軌域是二重簡併狀態，p_z 是單獨一個（表 4-3）。在 D_{5d} 對稱中也是類似分佈情形（表 4-4）。

表 4-3 D_{5h} 對稱徵表

D_{5h}	E	$2C_5$	$2C_5^2$	$5C_2$	σ_h	$2S_5$	$2S_5^3$	$5\sigma_v$		
A_1'	1	1	1	1	1	1	1	1		x^2+y^2, z^2
A_2'	1	1	1	-1	1	1	1	-1	R_z	
E_1'	2	2Cos72°	2Cos144°	0	2	2Cos72°	2Cos144°	0	(x, y)	
E_2'	2	2Cos144°	2Cos72°	0	2	2Cos144°	2Cos72°	0		x^2-y^2, xy
A_1''	1	1	1	1	-1	-1	-1	-1		
A_2''	1	1	1	-1	-1	-1	-1	1	z	
E_1''	2	2Cos72°	2Cos144°	0	-2	-2Cos72°	-2Cos144°	0	(R_x, R_y)	(yz, xz)
E_2''	2	2Cos144°	2Cos72°	0	-2	-2Cos144°	-2Cos72°	0		

表 4-4 D_{5d} 對稱徵表

D_{5d}	E	$2C_5$	$2C_5^2$	$5C_2$	i	$2S_{10}^3$	$2S_{10}$	$5\sigma_d$		
A_{1g}	1	1	1	1	1	1	1	1		x^2+y^2, z^2
A_{2g}	1	1	1	-1	1	1	1	-1	R_z	
E_{1g}	2	2Cos72°	2Cos144°	0	2	2Cos72°	2Cos144°	0	(R_x, R_y)	(yz, xz)
E_{2g}	2	2Cos144°	2Cos72°	0	2	2Cos144°	2Cos72°	0		x^2-y^2, xy
A_{1u}	1	1	1	1	-1	-1	-1	-1		
A_{2u}	1	1	1	-1	-1	-1	-1	1	z	
E_{1u}	2	2Cos72°	2Cos144°	0	-2	-2Cos72°	-2Cos144°	0	(x, y)	
E_{2u}	2	2Cos144°	2Cos72°	0	-2	-2Cos144°	-2Cos72°	0		

《練習題》

4.1 環戊二烯基 (C_5H_5) 絕大多數情形以 η^5- 形式參與鍵結，少數情形也可成為提供 3 或 1 個電子的配位基而以 η^3- 或 η^1- 形式參與鍵結。為何如此？

4.2 以雙三角錐形結構 (TBP) 存在的分子 $(CpNi)_3(\mu_3\text{-}CO)_2$，算看看 Ni 金屬中心符不符合十八電子律？如何解釋其結構？該分子有沒有磁性？

4.3 鐵辛 (Ferrocene) 的含磷衍生物雙牙配位基 $(\eta^5\text{-}C_5H_4PPh_2)_2Fe$ (**dppf**) 比起 1,2-Bis(diphenylphosphino)ethane (**dppe**) 當雙牙配位基和過渡金屬鍵結當催化劑，有何優缺點？

4.4 說明甚麼是茚基效應 (Indenyl Effect) 現象及其成因為何。

4.5 雖然 Cp_2Co 在室溫下穩定，同族 Cp_2Rh 在室溫下則不穩定，會結合成雙聚物 $C_{20}H_{20}Rh_2$，且可能有 3 種不同構型。(a) 試指出這 3 種構型錯合物上個別金屬是否遵守十八電子律？舉出金屬錯合物個別金屬的總價電子數目。包括分別從金屬及配位基來的個數。(b) 並根據下列的 ^{1}H NMR 數據來決定何者為最可能結構。

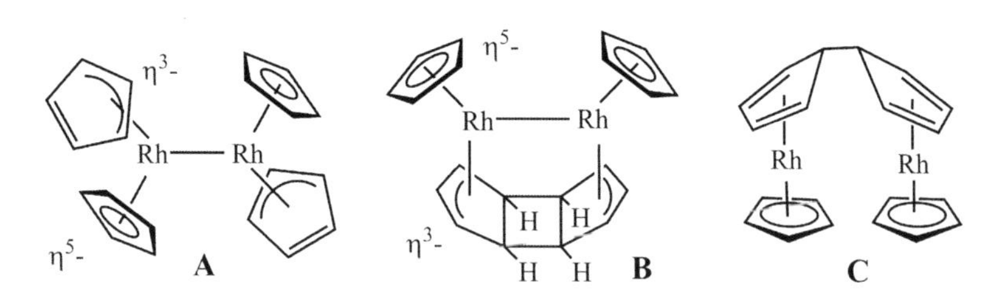

雙聚物 $C_{20}H_{20}Rh_2$ 的 ^{1}H NMR 數據

5.2 ppm	5.0 ppm	3.3 ppm	2.2 ppm
(s, 10 H)	(m, 4 H)	(m, 4 H)	(m, 2 H)

4.6 (a) 說明費雪碳醯 (Fischer Carbene) 及施諾克碳醯 (Schrock Carbene) 在鍵結上最大的不同之處。(b) 請提供費雪碳醯 (Fischer Carbene) 及施諾克碳醯 (Schrock Carbene) 的例子。

4.7 (a) 說明獨立的碳醯 (Carbene, CR_2) 及碳炔 (Carbyne, CR) 是不穩定的，可是接上適當的金屬後就穩定下來，原因為何？(b) 請提供金屬碳醯 (Metal Carbene, $M = CR_2$) 及金屬碳炔 (Metal Carbyne, $M \equiv CR$) 的例子。

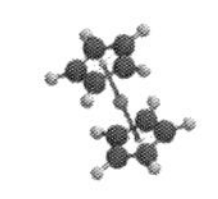

4.8　試著從 1,3-Butadiene 的 4 個 p- 軌域做線性組合，繪出組合後的 4 個型態 π- 分子軌域，並說明 1,3-Butadiene 的鍵長為短－長－短。說明當 1,3-Butadiene 鍵結到過渡金屬上可能的鍵長變化。[提示：互相加強鍵結 (Synergistic Bonding)。]

4.9　說明左圖由有機酸 ((*E*)-Penta-2,4-dienoic Acid) 配位的金屬錯合物的 Pk$_a$ 值比原來純有基機酸要高。預測右圖有基機酸 (Benzoic Acid) 配位金屬錯合物的 Pk$_a$ 比原來純有基機酸要高或低。

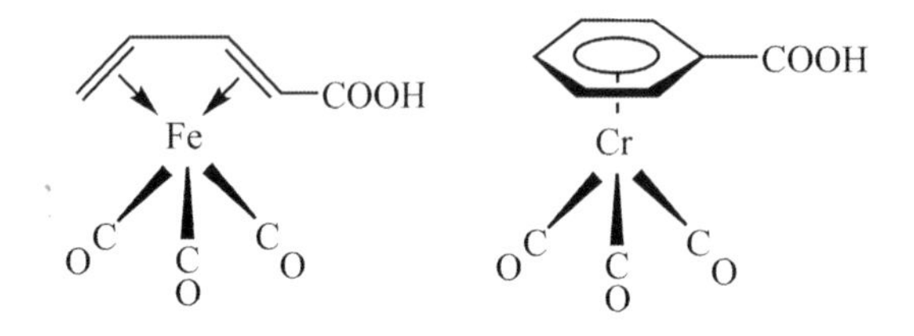

4.10　炔類 RC ≡ CR 和 $Co_2(CO)_8$ 反應生成 (η^2-μ_2-RC ≡ CR)$Co_2(CO)_6$ 如下圖所示。利用杜瓦—查德—鄧肯生模式 (Dewar-Chatt-Duncanson Model) 說明炔類鍵結到雙鈷金屬後，炔類上的取代基向離開金屬方向彎曲。說明為什麼炔類三鍵的特質在鍵結後減小，且鍵長被拉長。同時說明炔類鍵結到金屬上比烯類鍵結到金屬上強度更強。並說明為何類似四面體主結構的產物可以穩定存在。

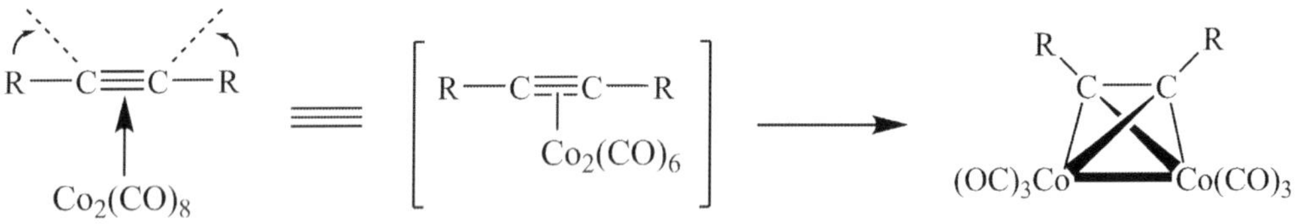

R—C≡C—R
$Co_2(CO)_8$
≡
[R—C≡C—R
$Co_2(CO)_6$]
⟶
R　R
C—C
$(OC)_3Co$　$Co(CO)_3$

4.11　丙酮 (Me_2C = O) 可用 η^2 方式（經由 C = O 雙鍵）或 η^1 方式（經由 O）和金屬鍵結。哪類型金屬傾向和丙酮以 η^2 方式？哪類型金屬傾向以 η^1 方式？鍵結後如何計算提供電子數？丙酮和哪類型金屬鍵結後比較容易受到親核性攻擊？[提示：應用皮爾森 (Pearson) 的硬軟酸鹼理論 (Hard and Soft Acids and Bases, HSAB)。]

C=O
M
C=O
M

4.12 有機金屬化合物 (η^5-C_5H_5)Mn(CO)$_3$ 的構形為三腳琴凳 (Three-legged Piano Stool)。請提供更多三腳琴凳化合物的例子。請提供四腳琴凳 (Four-legged Piano Stool) 化合物的例子。[提示：假設化合物遵守十八電子律。]

4.13 鎳辛 (Nickelocene) 則比鐵辛 (Ferrocene) 多了 2 個電子，可和含丙烯基的格林納試劑 (Grignard Reagent, (C_3H_5)MgX) 試劑反應生成含丙烯基的錯合物而遵守 EAN 律。試繪出其結構。

4.14 一個有趣的配位基是 *nido*-$[B_9C_2H_{11}]^{2-}$。它在一端的開口處為五角環，具有類似 Cp 的鍵結能力，可以形成類似鐵辛的化合物 $[(\eta^5\text{-}B_9C_2H_{11})_2Fe]^{2-}$。說明這個配位基 *nido*-$[B_9C_2H_{11}]^{2-}$ 和 Cp 不同之處。

4.15 比較氮異環碳醯 (N-heterocyclic Carbene，NHC) 配位基和一般磷基 (PR_3) 當成過渡金屬配位基的優缺點？並比較兩種配位基錐角 (Cone Angle) 的概念。

4.16 (a) 說明半穩定配位基 (Hemilabile Ligand) 的概念及應用。(b) 包可華配位基 (Buchwald's Ligands) 被視為有效率的磷基，有效地應用半穩定配位基 (Hemilabile Ligand) 的概念。說明 -OMe 扮演的角色。

PR_2 OMe

MeO

4.17 氮異環碳醯 (N-Heterocyclic Carbene, NHC) 和過渡金屬鍵結的情形，比較像是費雪碳醯 (Fischer Carbene) 或施諾克碳醯 (Schrock Carbene)？

4.18 說明使用單金屬化合物當作催化劑在產物的立體選擇性上，通常比使用更複雜的叢金屬化合物 (Cluster Compounds) 當催化劑要來得好的原因。

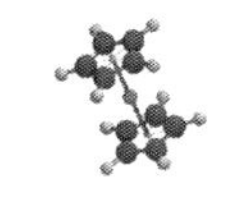

章節註釋

1. 汽、機車觸媒轉換器為蜂巢式載體，主要吸附銠 (Rh) 或銥 (Ir) 等貴重金屬，具有催化 NO 成為 N_2 和 O_2 的能力，也可將 CO 轉換成 CO_2。
2. L. J. Ignarro, *Nitric Oxide. A Novel Signal Transduction Mechanism for Transcellular Communication, Hypertension*, **2001**, *16*, 477-483.
3. 有關流變現象 (Fluxional) 的詳細內容請參考第 7 章。
4. 三鍵被拉長可從化合物的晶體結構得到印證。
5. 由 n 個原子軌域 (Atomic Orbital) 可以組合成 n 個分子軌域 (Molecular Orbital)：n A.O. → n M.O.。
6. 流變現象 (Fluxional) 請參考第 7 章詳細說明。
7. 環戊二烯 (C_5H_6) 通常以雙聚體 (Dimer, $C_{10}H_{12}$) 方式存在，在加熱下才能裂解成單體 (Monomer) 即環戊二烯 (C_5H_6)；去質子化 (Deprotonation) 後可以形成 $C_5H_5^-$。環戊二烯 (C_5H_6) 與 Na 反應形成 NaCp，為提供 Cp 的主要來源。
8. LCAO-MO: Linear Combination of Atomic Orbitals-Molecular Orbitals; LGO: Ligand Group Orbitals.
9. 符合 Hückel 的 4n + 2 個 π 電子數規則具有芳香族性 (Aromaticity)，可由群論 (Group Theory) 或分子軌域理論 (Molecular Orbital Theory, MOT) 來解釋。
10. (a) A. T. Blomquist, P. M. Maitlis, *J. Am. Chem. Soc.*, **1962**, *84*, 2329-2334. (b) P. M. Maitlis, M. L. Games, *Can. J. Chem.*, **1964**, *42*, 183-185. (c) J. Dupont, C. S. Consorti, J. Spencer, *Chem. Rev.*, **2005**, *105*, 2527-2571. (d) M. Prashad, X. Y. Mak, Y. Liu, O. Repic, *J. Org. Chem.*, **2003**, *68*, 1163-1164. (e) K. Yuan, T. K. Zhang, X. L. Hou, *J. Org. Chem.*, **2005**, *70*, 6085-6088.
11. J. S. Ward, R. Pettit, *Trimethylenemethane complexes of iron, molybdenum, and chromium. J. Chem. Soc. D*, **1970**, 1419-1420.
12. G. R. Davies, W. Hewertson, R. H. B. Mais, P. G. Owston, C. G. Patel, *J. Chem. Soc. A*, **1970**, 1873-1877.
13. 變溫 NMR 技術 (Variable Temperature NMR technique, VT NMR) 在有機金屬化學上應用，請參考相關 NMR 書籍或 Paul S. Pregosin, *NMR in Organometallic Chemistry*, Wiley-VCH, **2012**.
14. A. J. Arduengo III, *J. Am. Chem. Soc.*, **1991**, *113*, 361.

15. H. M. J. Wang, I. J. B. Lin, *Organometallics*, **1998**, *17*, 972.
16. N. Marion, S. P. Nolan, *Well-Defined N-Heterocyclic Carbenes-Palladium(II) Precatalysts for Cross-Coupling Reactions, Acc. Chem. Res.*, **2008**, *41*, 1440-1449.
17. 羅伯特・格拉布教授 (R. Grubbs)，美國化學家，2005 年諾貝爾獎得主。得獎理由是 :「發展了有機合成中的複分解法。」(... for the development of the metathesis method in organic synthesis.)

第 5 章　無機化學反應機理

5-1　無機反應機理

研究一化學反應從反應物到產物的詳細過程，稱為研究此一化學反應的反應機制或反應機理 (Mechanism)。[1] 除非很簡單的系統，否則反應中應該會有中間產物 (Intermediate) 生成。有機反應的中心在「碳」原子上，碳原子具有 2s 及 2p 軌域，混成上變化有限；而無機反應的中心在「金屬」原子上，金屬原子除了具有 s 及 p 軌域外也可能具有 d 或 f 軌域，變化較為繁複。而且後者的每個金屬原子都不一樣，其氧化態也不一樣，鍵結的配位基的種類及個數也可能不一樣，種種因素使得化學家對後者的反應機制研究上面臨困難重重的挑戰。一般而言，對無機反應機理 (Mechanism of Inorganic Reaction) 的研究不如對有機反應機理研究那麼有系統化。這是因為研究對象複雜程度不同而造成的區別。

研究一化學反應的反應機理必須觀察從反應物到產物的詳細過程；因此，研究反應機理和過程有關，反應物、中間產物和產物的濃度變化是時間的函數，是屬於化學動力學 (Chemical Kinetics) 研究的範圍。如果能鑑定出中間產物的種類對反應機理的了解可以更清楚。

對反應機制的深入了解能幫助化學家控制反應流程，使產率提高，減少廢棄物。在環保意識抬頭的今天，其意義尤為深遠。近來大家努力推廣的永續化學 (Sustainable Chemistry) 或綠色化學 (Green Chemistry) 從化學的觀點而言就是在尋找最佳化 (Optimized Condition) 的化學反應條件，盡量減少不必要的副反應。

5-2　無機反應方式

常見的無機化合物（包括配位化合物及有機金屬化合物等等）的基本反應方式大致上分為氧化加成 (Oxidative Addition)、還原脫離 (Reductive Elimination)、插入 (Insertion)、脫離 (Elimination)、抽取 (Abstraction)、轉移 (Migration)、親電子攻擊反應 (Electrophilic Attack)、親核性攻擊反應 (Nucleophilic Attack)、環化反應

(Cyclization)、異構化 (Isomerization)、耦合 (Coupling) 及交換 (Metathesis) 等等步驟。[2]

5-3 配位基的取代反應

配位化合物 (Coordination Compounds) 或有機金屬化合物 (Organometallic Compounds) 其配位基 (Ligands) 於鍵結時，大多數為具有提供兩電子能力者。常見的反應為配位基的取代反應 (Ligand Substitution Reaction)。如金屬羰基化合物 $M(CO)_n$ 的羰基 (CO) 配位基被三烷基磷 (PR_3) 取代的反應。當一個錯合物遵守十八電子律，在取代反應過程中，很難再加進任何配位基，因而通常會先掉一個配位基，形成一個具十六電子數的不飽和中間產物，通常這步驟為速率決定步驟 (Rate-determining Step, r.d.s.)，之後再加進欲取代的配位基。這種反應機理稱為解離反應機制 (**D**issociative Mechanism)。解離反應的速率表示式（Rate Law 或 Rate Expression）只和反應物 ($[ML_n]$) 濃度有關，其過渡狀態的亂度 (ΔS^*) 及體積 (ΔV^*) 變化大於零。反之，若錯合物電子數少於十八，例如為十六電子數的不飽和分子，再加上若空間足夠允許外來配位基加入時，則這時候就有機會直接加進外來取代基，這種反應機理稱為結合反應機制 (**A**ssociative Mechanism)。結合反應機制的速率表示式和反應物 ($[ML_n]$) 濃度及取代基 ($[Y]$) 兩項有關，其過渡狀態的亂度 (ΔS^*) 及體積 (ΔV^*) 變化小於零。

1. 解離反應機制：

$$ML_n \xrightarrow[-L]{\text{r.d.s.}} ML_{n-1} \xrightarrow{+Y} ML_{n-1}Y$$

速率表示式：Rate = $k[ML_n]$

2. 結合反應機制：

$$ML_n + Y \xrightarrow{\text{r.d.s.}} ML_nY \xrightarrow[-L]{} ML_{n-1}Y$$

速率表示式：Rate = $k[ML_n][Y]$

真實的例子中，完全的解離反應或完全的結合反應都很少見。大多數的取代反應形態都介於兩者之間，稱為交換反應機制 (**I**nterchange Mechanism)。交換反應中比較傾向結合反應形態的稱為 **Ia**；比較傾向解離反應的稱為 **Id**。[3]

若被取代之配位基為水分子且走解離反應，則其過渡狀態的體積變化 (ΔV*) 接近 +18 ml^3/mol，為水分子的莫耳體積。反之，若走結合反應且取代基為水分子，則過渡狀態的體積變化 (ΔV*) 接近 -18 ml^3/mol。交換反應的過渡狀態的體積變化 (ΔV*) 介於兩者之間。可藉由測量過渡狀態的體積變化 (ΔV*) 來判定其取代反應型態。一般而言，量測 ΔV* 的變化比 ΔS* 的變化對反應機制的推斷更可靠。

值得注意的是，如果在結合反應 (**A**ssociative Reaction) 中溶劑有參與反應，其速率表示式本來應該為：Rate = k[ML_n][S]。但因 [S] 為溶劑在反應中濃度變化很小，可視為常數而併入 k 值。因此，其最後速率表示式變更為：Rate = k[ML_n]。如此一來，若只從速率表示式來判定其反應機制，可能會被誤以為此取代反應走解離反應 (**D**issociative Reaction) 路徑。至於檢驗溶劑是否參與反應的最簡單方法為更換不同極性之溶劑，通常更換不同溶劑後速率有明顯變化者表示溶劑有參與反應。另外，有些溶劑具有弱的配位能力 (Donating Capacity) 會干擾化學家對反應機制的研究。[4]

另外，在檢驗有機金屬化合物的反應機理時，要注意一些具有特別配位能力的配位基。這些配位基可能只藉著結構上的小變化就可達到電子數不飽和的目的，而不需要斷鍵，這種情形下的取代反應可能有很快的速度。例如 Indenyl 環（茚基）可視為由環戊二烯基的五角環再衍生出一個六角環而成，這 Indenyl 環的鍵結能力和環戊二烯基環 (Cp) 類似。在取代反應時，Indenyl 環可從 η^5- 模式轉變成 η^3- 模式，使金屬中心變不飽和，因 η^5- 轉變成 η^3- 損失的穩定能量可以從獲得的苯環共振得到彌補，而不需提供太大能量讓結構變化。這是一個走類似結合反應機制的途徑。因此，具有 Indenyl 環的化合物在取代反應中可能會比一般的 Cp 環快上 10^6 倍 ($k_2/k_1 \sim 10^6$)。這種稱為茚基效應 (Indenyl Effect) 的特性可被利用於特定的催化反應中（圖 5-1）。

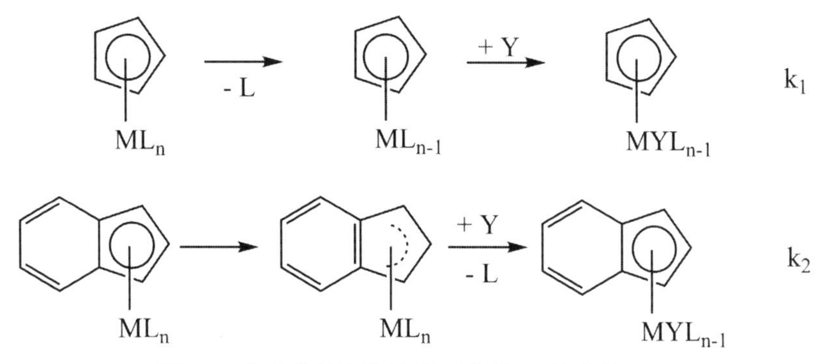

圖 5-1 有茚基效應的取代反應其 k_2 遠大於 k_1。

含自由基的 NO 的鍵結模式和 NO^+ 離子不同，較為特殊。NO 可以線形方式鍵結為提供 3 個電子的配位基，也可以彎曲形方式鍵結為提供 1 個電子的配位基。藉著結構上的轉變而不需經斷鍵的方式，亦即不需要太大能量，即可使有機金屬化合物的金屬中心形成電子數飽和或不飽和狀態，當在電子數不飽和狀態時，金屬中心即允許其他配位基進入，這種特性可被利用在催化反應上。在下圖反應中，NO 配位基的確發生改變提供電子數能力的作用（圖 5-2）。

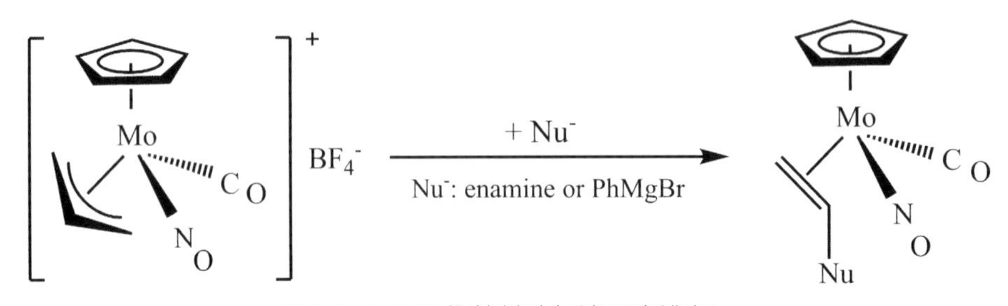

圖 5-2 NO 配位基幫助加速反應進行。

以上兩個例子中，由於原先的含金屬化合物為電子數飽和，其取代反應容易被誤認為是解離反應。事實上，它可能走結合反應的機制。

5-4 對邊及鄰邊效應 [5]

在一個強配位基 (L) 的相對位置的配位基 (L') 容易被取代，稱為對邊效應 (*Trans* Effect)，主要是因為這兩個配位基競爭中間金屬的 p 或 d 軌域（圖 5-3）。這種效應通常發生在平面四邊形 (Square Planar) 的結構分子之間，當一配位基和金屬的軌域鍵結比較強時，另一 *trans* 位置的配位基和金屬的軌域鍵結會相對較弱，在非共平面或是 90º 夾角的情形下，對邊效應很小。而強配位基對在其相鄰位置 (*cis*) 的配位基的影響很小，因為沒有互相競爭中間金屬的 p 或 d 軌域，這種類型的鄰邊效應 (*Cis* Effect) 可以忽略。[6]

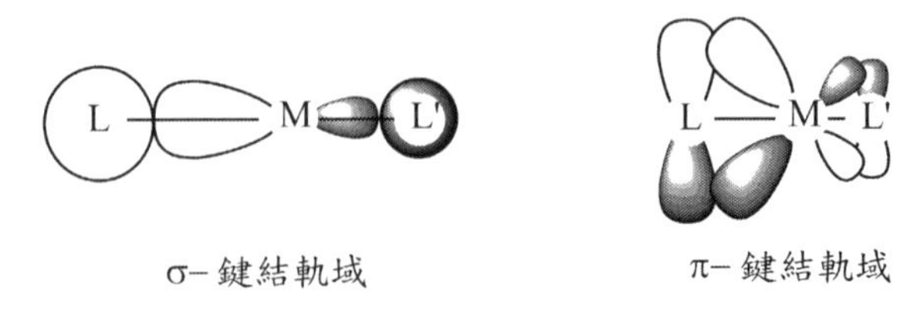

圖 5-3 對邊效應中間金屬的 p 或 d 軌域被兩對邊配位基競爭。

一些常見配位基的對邊效應大小如下表示。可看出有 π- 逆鍵結能力的配位基其對邊效應比較大。比較奇特的是 H^- 有很強的對邊效應。

$$CO, CN^-, C_2H_4 > PR_3, H^- > Me > Ph, NO_2^-, I^- > Br^-, Cl^- > py, NH_3, OH^-, H_2O$$

對邊效應若要嚴格加以區分，可分為熱力學 (Thermodynamics) 和動力學 (Kinetics) 的對邊效應。熱力學對邊效應是指分子的基態 (Ground State) 相對不穩定性造成活化能 (Activation Energy) 減低，取代速率變快。動力學的對邊效應是指在形成中間產物的時候活化複體 (Activated Complex) 或中間產物 (Intermediate) 相對穩定，造成活化能下降，取代速率變快（圖 5-4）。以平面四邊形分子的配位基取代反應為例。造成活化能 (Activation Energy, ΔE*) 下降的原因，通常是強配位基 (L) 的 π 鍵結疏散了活化複體或中間產物形成過程中所累積的過多電子密度，使過渡狀態較為穩定之故。

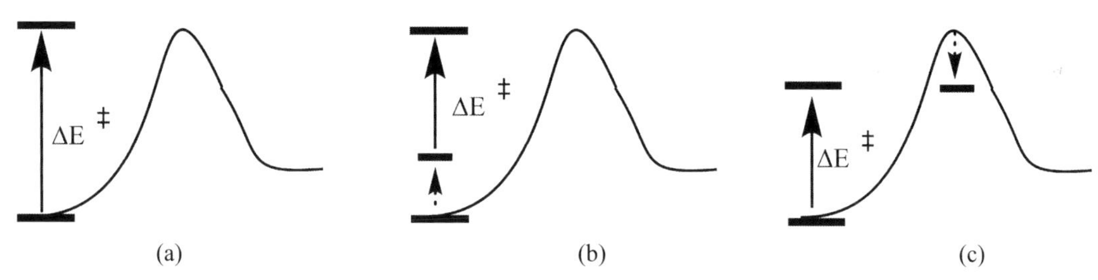

圖 5-4 (a) 為參考圖形。(b) 代表熱力學對邊效應，是指分子基態的相對不穩定性造成活化能減低，取代速率變快。(c) 代表動力學的對邊效應，是指在反應中形成的中間產物被穩定下來，造成活化能下降，取代速率變快。

另外，化學家發現在正八面體錯合物的取代反應中，如果將要被取代的配位基 (X) 的相鄰位置之配位基 (Z) 上具有孤對電子時，取代反應速率會加快很多。而且接上的取代基 (Y) 的位置大多數為原來被取代的配位基的位置（圖 5-5）。這種效應也

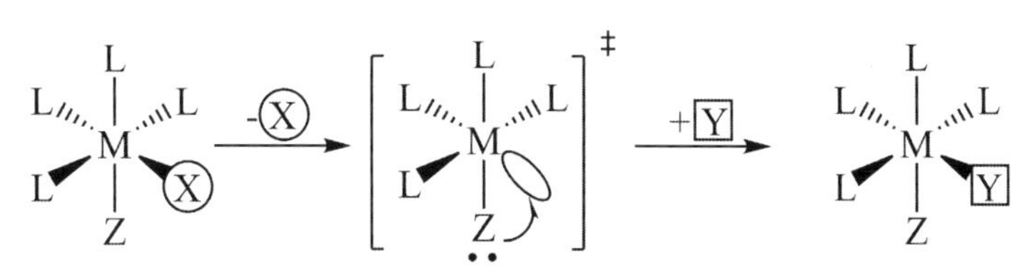

圖 5-5 另一種鄰邊效應。

稱為鄰邊效應，但是和上述的鄰邊效應有所差別。主要原因是含有額外孤對電子的取代基提供電子密度給剛離去配位基的空軌域位置，因而穩定了過渡狀態，且造成最後取代基位置是原來配位基離去的位置。若無此效應，則五配位的中間體會形成穩定的雙三角錐構型，最後再接上去的取代基位置不一定是原來配位基離去時空出來的位置。

5-5　氧化加成與還原脫離反應

當一個金屬錯合物遵守十八電子律規則，我們稱它是電子數飽和。這時候很難再加進任何配位基。若錯合物電子數少於十八，例如只有十六電子數時，為電子數不飽和，倘若再加上空間足夠配位基加入時，在兩個條件配合之下，則這時候就有機會再加進外來配位基。以下面反應為例：一個具有 16 個電子數的錯合物若加上一配位基和金屬形成 σ 鍵使產物的中心金屬氧化數增加，且配位數也增加，則稱此步驟為氧化加成 (Oxidative Addition)。反之，若逆方向反應發生使中心金屬氧化數減少，且配位數也減少，則稱此為還原脫離反應 (Reductive Elimination)（圖 5-6）。當然，氧化 (Oxidation)、加成 (Addition)、還原 (Reduction)、脫離 (Elimination) 等等每個步驟都可能個別發生。

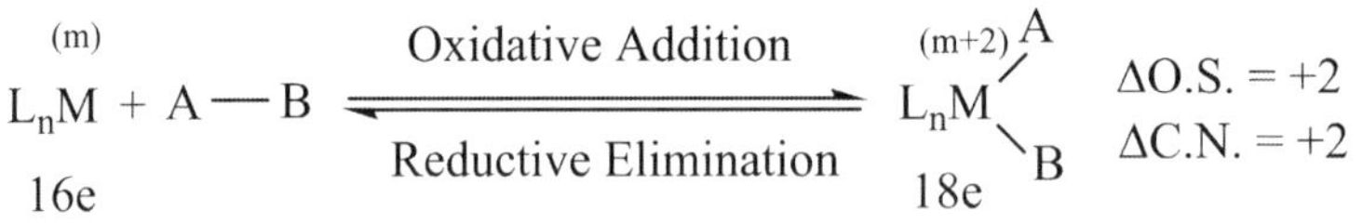

$$\underset{16e}{\overset{(m)}{L_nM}} + A\!-\!B \underset{\text{Reductive Elimination}}{\overset{\text{Oxidative Addition}}{\rightleftharpoons}} \underset{18e}{\overset{(m+2)}{L_nM}}\begin{matrix} A \\ B \end{matrix} \qquad \begin{matrix} \Delta O.S. = +2 \\ \Delta C.N. = +2 \end{matrix}$$

圖 5-6　向右為氧化加成反應；向左為還原脫離反應。

一般氧化加成的方式可分為側邊 (side on) 及對頭 (linear) 加成兩種。以前者方式加成會使加成後的 A、B 兩部分出現在相鄰 (*cis*-) 的位置，通常為一步反應；後者方式加成的 A、B 兩部分可能出現在相鄰 (*cis*-) 或相對 (*trans*-) 的位置，通常為多步反應。而還原脫去步驟幾乎都發生在相鄰位置兩基團的結合。必須一提的是還原脫去的兩基團不一定是原先氧化加成加入時的相同兩基團。而且不同的兩個基團結合離去時，產生新的產物，反應才有意義。

常見的氧化加成的分子為 H_2、X_2、RX 或 RH，而 ArH 的氧化加成則因 C-H 鍵能（為 sp^2 混成）較強，需要在比較激烈的反應條件下才會發生。不過在某些特殊情況下如鄰位金屬環化反應 (Orthometallation)，有可能在室溫下即可進行氧化加成步驟。[7]

在催化反應中氧化加成與還原脫去的步驟經常接替發生，使催化反應持續不斷地進行。如以威金森催化劑 (Wilkinson's Catalyst, $RhCl(PPh_3)_3$) 來進行的有機烯類氫化成烷類的氫化反應 (Hydrogenation) 中，可看出氧化加成與還原脫去的步驟一再重複地出現。

將氫分子加成到金屬上的情形和許多催化反應有關，這個觀察現象一直吸引著化學家的興趣。一般相信剛開始 H_2 是以側邊 (side on) π- 鍵結的方式和金屬形成弱鍵結，然後 H-H 斷鍵，接著 M-H 鍵再形成。在 M-H 的鍵結方式中，H 以 Hydride 形式存在的現象，化學家早已經知道。有趣的是，化學家發現在一些化合物上 H_2 是以分子形態配位到金屬上，H-H 之間尚未斷鍵。這可視為 H_2 分子氧化加成到金屬之前的前驅物狀態。第一個被報導的例子是於 1984 年為庫巴斯 (Kubas) 所發現的（圖 5-7）。[8] 這個鍵結現象可以 ^{1}H NMR 來追蹤觀察，使用中子晶體繞射法 (Neutron Diffraction Method) 亦可提供詳細資訊。

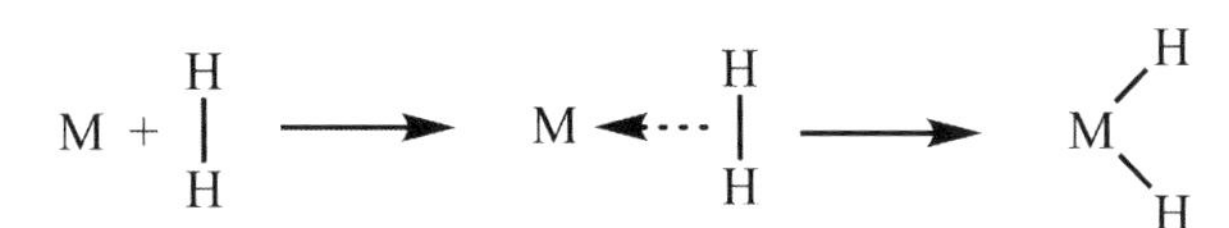

圖 5-7 氫分子加成到金屬上的變化情形。

氫分子加成到金屬的鍵結模式，可利用前面提及的互相加強鍵結 (Synergistic Bonding) 的形式來描述。下圖顯示 H_2 上的鍵結軌域 (σ_g) 提供電子給金屬適當的空軌域，金屬則藉 π- 逆鍵結提供電子給 H_2 上的反鍵結軌域 (σ_u*)（圖 5-8）。若 π- 逆鍵結的強度增加，則 H-H 鍵可能斷裂形成氧化加成的結果。H-H 之間是否斷鍵，可從測量分子的氫核磁共振光譜圖看出。若 H_2 未斷鍵，則 ^{1}H NMR 光譜上顯示氫原子的化學位移為正值；若 H_2 斷鍵且形成 M-H 鍵，則 ^{1}H NMR 光譜上化學位移為明顯的負值。

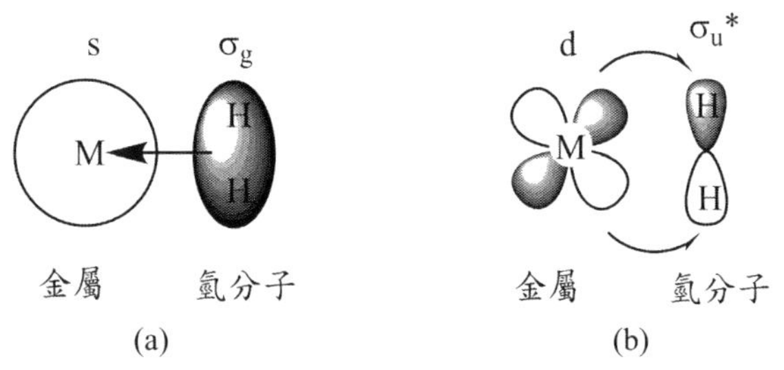

圖 5-8 氫分子加成到金屬的 (a) σ- 鍵結模式；(b) π- 逆鍵結模式。

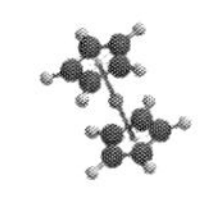

前面所提及的是分子間的氧化加成反應，一個有趣的分子內的自身氧化加成反應發生在 $Ir(PPh_3)_3Cl$ 上。仔細研究這反應機制有助於了解氫分子氧化加成到金屬的現象。在加熱 $Ir(PPh_3)_3Cl$ 後，磷配位基上的苯環和 Ir 產生氧化加成反應，且發生在鄰位 (ortho-) 的碳位置上，這種方式稱為鄰位金屬環化反應 (Orthometallation)，是金屬環化反應 (Cyclometallation) 的一種（圖 5-9）。$IrCl(PPh_3)_3$ 類似威金森催化劑，也是四配位的平面四邊形結構。其自身氧化加成後配位數增為六，可見發生自身氧化加成反應的分子通常需要具備空間不飽和的條件。鄰位金屬環化反應也可能發生在雙金屬化合物上，不過，其中一個金屬上的三苯基磷的苯基會氧化加成到另一個金屬上。發生鄰位金屬環化反應的例子通常是重金屬如 Rh、Ir、Pd、Pt 等等，且為 d^8 平面四邊形的分子結構。

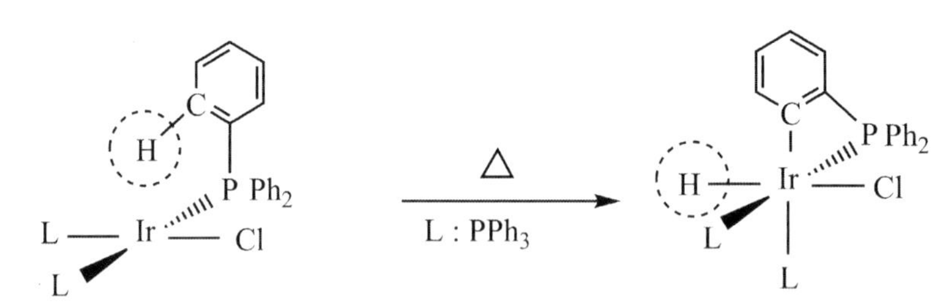

圖 5-9 磷配位基上的苯環和 Ir 產生自身氧化加成反應。

5-6 插入、轉移、脫離與抽取反應

5-6-1 一氧化碳插入或烷基轉移機制

在烯類化合物的氫醯化反應 (Hydroformylation) 中牽涉到 CO 加成到烷基的中間過程。這反應的機制到底是 CO 插入加成到烷基上或是烷基轉移到鄰近 CO 之上，一直很有爭議，因為產物都相同，很難辨認（圖 5-10）。大部分的情形下，一氧化碳直

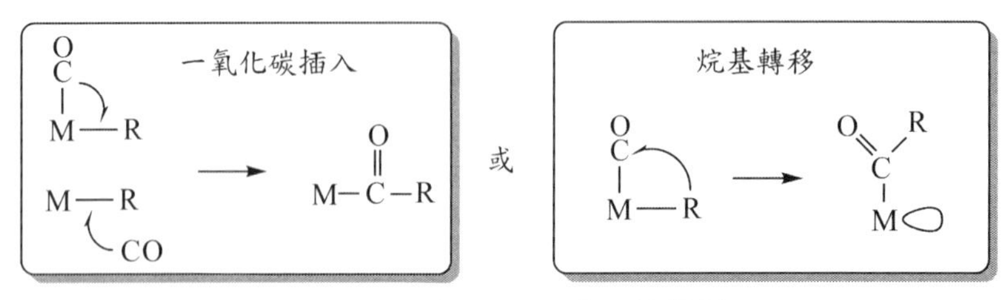

圖 5-10 CO 插入 M-R 的可能機制。

接插入 M-R 間似乎是最常見的步驟；然而在某些系統中，烷基轉移也時有所聞。

被研究最詳細的是 $Mn(CO)_5CH_3$ 分子在高壓 CO 的存在下的反應機制。$Mn(CO)_5CH_3$ 分子在高壓 CO 的存在下產生 $Mn(CO)_4C(=O)CH_3$，一般認為有兩種可能途徑。其一為路徑 (a)，其中外加 CO 直接插入 Mn 和 CH_3 之間的鍵，稱為 CO 插入反應機制 (Insertion)。其二為路徑 (b)，為 CH_3 先轉移到鄰位 CO 之上，留出的空間再由外加的 CO 補入，稱為烷基轉移機制 (Migration)（圖 5-11）。

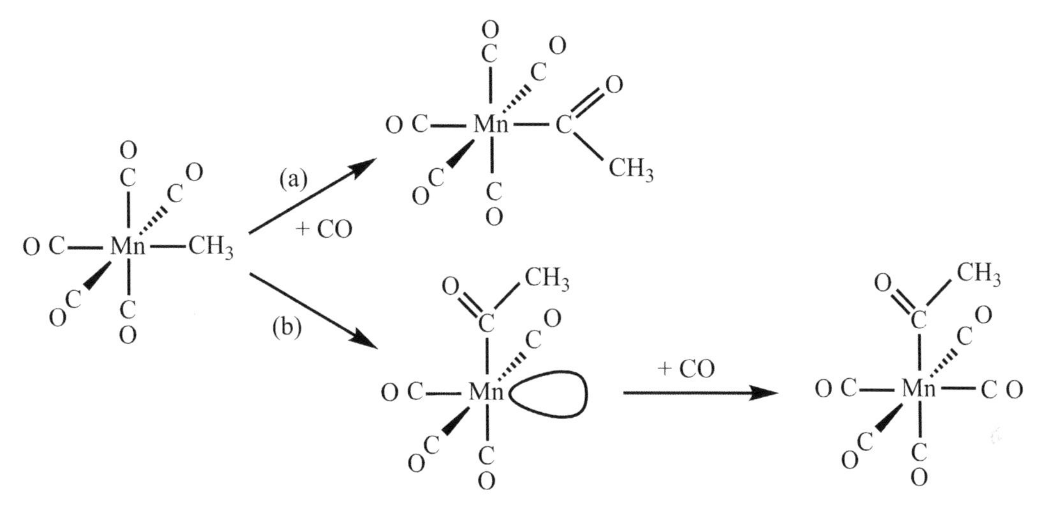

圖 5-11 $Mn(CO)_5CH_3$ 分子在高壓 CO 下可能進行的反應機制。

為了釐清哪一個機制比較可行，化學家做了如下的同位素標記 (Isotope Labeling) 實驗。反應物為含有一 ^{13}CO 的 $Mn(^{13}CO)(CO)_4CH_3$，此 ^{13}CO 在 $-CH_3$ 基的 *cis* 位置。化學家預期若為直接 CO 插入反應，則產物只有一種；若反應走另外的轉移機制則會有三種產物，且有一定的比例。實驗結果顯示產物有三種且以約 1:2:1 的比例生成，證實了路徑 (b) 是比較可能發生的（圖 5-12）。

從能量的觀點來看，在烷基轉移機制中，先打斷金屬—烷基的鍵，接著再形成碳—碳鍵和金屬—羰基鍵的過程在能量上是有利的，是放熱反應。且甲烷基 (R) 和羰基 (CO) 的碳上軌域大小接近，在過渡態時軌域重疊比較容易，使轉移較容易發生。若甲烷基以氫取代，則比較不容易發生轉移，也就是說烷基轉移機制是較為可行的。氫基的轉移則非常少見，這是由於氫為 1s 軌域和碳的 2s 軌域在能量上有差距，不利氫基的轉移。苯基轉移也是不常見的，這是由於苯基和金屬鍵結一般均較烷基為強，需要較嚴苛條件下轉移才會進行。

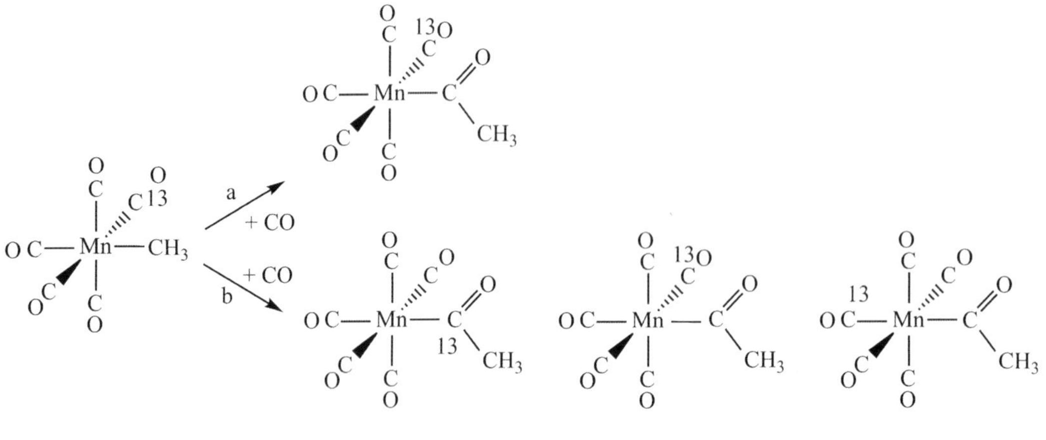

圖 5-12 路徑 (a) 只有一種產物；路徑 (b) 產物以 1:2:1 的比例生成。

$$Mn(CO)_5CH_3 + CO \rightarrow Mn(CO)_5(C(=O)CH_3) \qquad \Delta H = -54 \pm 8\ kJ\ mol^{-1}$$

另外，連續的一氧化碳插入 (Double CO Insertion) 反應，在熱力學上是能量不穩定的，因而很少發生（圖 5-13）。套用上述的轉移機制，此機制需要先將 $C(=O)CH_3$ 基團轉移到鄰位 CO 之上，顯然比較困難。

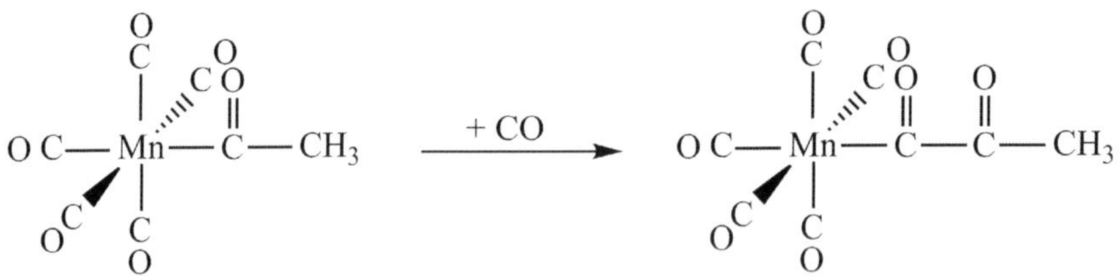

圖 5-13 連續的一氧化碳插入反應很少發生。

有時候一些反應的機制比較難以捉摸，即使以同位素標記實驗，仍難確認其真實機制為何。例如，在下面反應中雖經同位素標記法研究，仍難判定到底是一氧化碳插入或烷基轉移機制何者較為可行（圖 5-14）。

有些小分子如二氧化碳 (CO_2) 或二氧化硫 (CS_2) 在大氣環境中會造成酸雨、空氣污染、溫室效應等禍害。如果能藉著插入反應機制將這些有害小分子併入有機或無機分子內使成無害大分子，則對生態環境會有正面的貢獻。

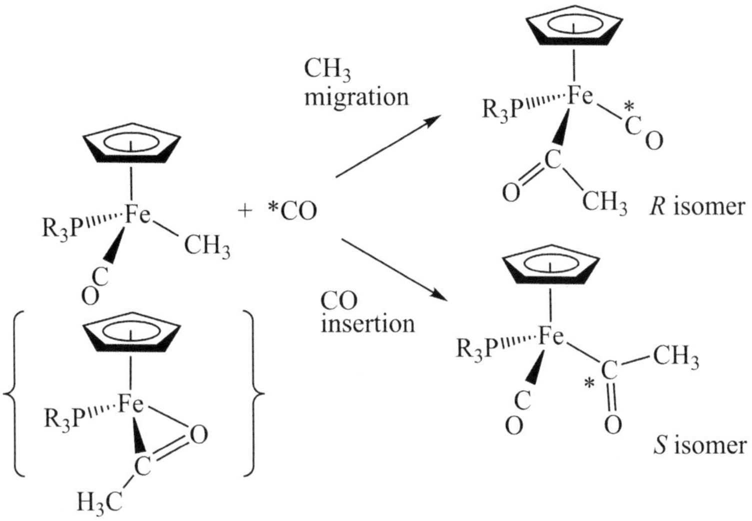

CH_3 migration

R_3P Fe *C O

C O CH_3 *R* isomer

R_3P Fe CH_3 + *CO

C O

R_3P Fe O C H_3C

CO insertion

R_3P Fe C CH_3 *

C O O

S isomer

圖 5-14 以碳 -13 同位素標記實驗研究反應走一氧化碳插入或烷基轉移機制。

將二氧化碳減量或轉移成其他較無害的物種是目前熱門的研究題目。這工程之所以困難執行，可以先從分子的化學活性的角度來探討。二氧化碳為幾乎沒有極性的分子，很難和金屬催化劑產生適當的配位鍵結，更遑論接下來的反應。另外，二氧化碳的碳—氧之間為強的雙鍵，不易被打斷，使反應不易進行。因此，二氧化碳的活化及後續反應，從化學活性來看是件不容易的工程。

5-7 親核性取代反應

有機反應中的親核性取代反應 (Nucleophilic Substitution Reaction) 為親核子 (Nucleophile) 去攻打碳陽離子 (Carbocation) 形成中間產物後，離去基 (Leaving Group) 再離開。因此，親核性取代反應具有方位翻轉 (Configuration Inversion) 的效應（圖 5-15）。

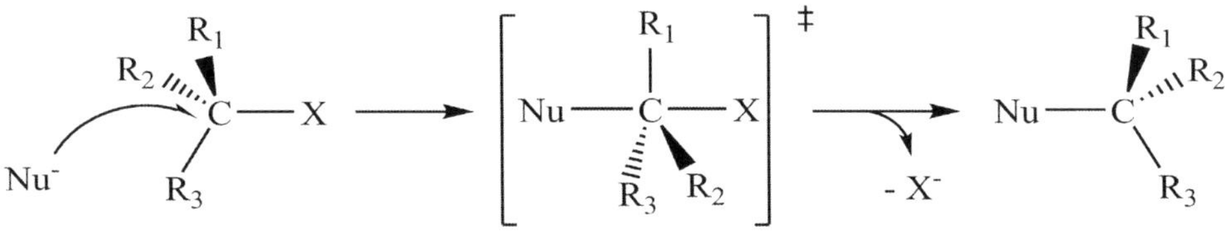

R_1 R_2 C X Nu^- R_3

[Nu C X R_1 R_3 R_2] ‡

$- X^-$

Nu C R_1 R_2 R_3

圖 5-15 親核性取代反應。

一般而言，當 X 為強拉電子基時可使碳陽離子特性增加，增強反應性。從分子軌域理論的觀點來看，當 X 為強拉電子基時，CH_3X 分子的 LUMO 越接近能量中線 (Barycenter)，越容易被親核基攻打，使反應更快進行。親核子的孤對電子密度越強，其 HOMO 越接近能量中線，越容易和 CH_3X 分子的 LUMO 產生作用，反應性越好（圖 5-16）。另外，具有極性的溶劑 (Polar Solvent) 可穩定中間產物，也可能增加反應的速率。

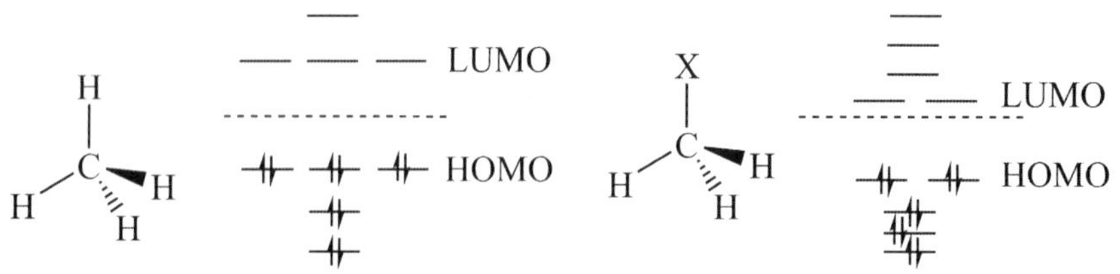

圖 5-16 當 CH_3X 分子上的 X 為強拉電子基時，中心碳原子容易被親核基攻打。

芳香族的親核性取代反應一般而言不太容易進行，其理由如下：一，芳香族具有豐富的 π 電子，較容易接受親電子基 (Electrophile) 而非親核基的攻擊。二，芳香族如苯環具有芳香族性 (Aromaticity) 較為穩定，不容易反應。要形成中間產物必須破壞芳香族性，損失很大的穩定度。三，親核基攻打方向為苯環之上或下方位置而非鹵素所連結碳的正後方。同理，除非在鹵化苯環的 *ortho-* 或 *para-* 位置放置強拉電子基（如 NO_2），否則不容易進行取代反應（圖 5-17）。

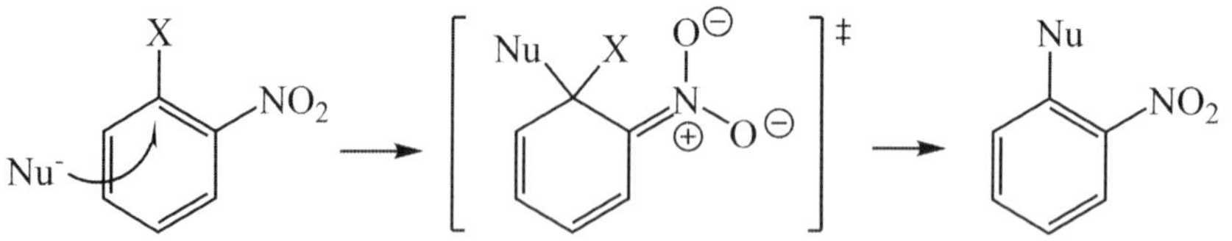

圖 5-17 芳香族的親核性取代反應。

費雪 (E. O. Fischer) 於 1957 年首次合成了 (η^6-arene)$Cr(CO)_3$，因而開啟了一系列有關 (η^6-arene)$M(CO)_3$ (M = Cr, Mo, W) 化合物的研究。這類化合物主要是利用苯環上之 π 電子與過渡金屬上之適當軌域（特別是 d 軌域）鍵結而形成穩定的結構，其鍵結方式和鐵辛 (Ferrocene) 類似。當初費雪合成這類化合物所的採用的方法較不方便且產率低，經過後來多年的改進，產生了許多種更為有效的新合成方法。目前最簡單的方法是用 $Cr(CO)_6$ 和 arene 在 Bu_2O/THF(10:1) 下加熱，以高溫迴流合成出來。[9]

但在實際操作實驗時，因為 $Cr(CO)_6$ 在高溫下有揮發性，容易附著在迴流管壁上，反應進行一段時間後要以溶劑將其沖回反應瓶中，否則產率會下降。

$$Cr(CO)_6 + \text{arene} \xrightarrow[\Delta]{Bu_2O/THF} (\eta^6\text{-arene})Cr(CO)_3 + 3\,CO$$

當此金屬羰基基團 ($Cr(CO)_3$) 接到 arene 上時，arene 的化學活性明顯地有以下幾點改變：一，受到 $Cr(CO)_3$ 基團是一個強拉電子基的影響，會使得苯環上的 π 電子密度減少，使得苯環上的氫及 Benzylic 位置的氫其酸性增加，因此容許去質子化反應發生。二，強拉電子基的 $Cr(CO)_3$ 基團的存在可以穩定 Benzylic 位置的碳陰離子 (Carbanion)，使得親核性攻擊在環上變得容易。三，鍵結金屬基團 $Cr(CO)_3$ 的 arene 環的一面產生立體障礙，使反應幾乎發生在另一面，而使反應具有立體位向選擇性（圖 5-18）。以上這些特性都可以在修改苯環的合成反應上加以利用。[10]

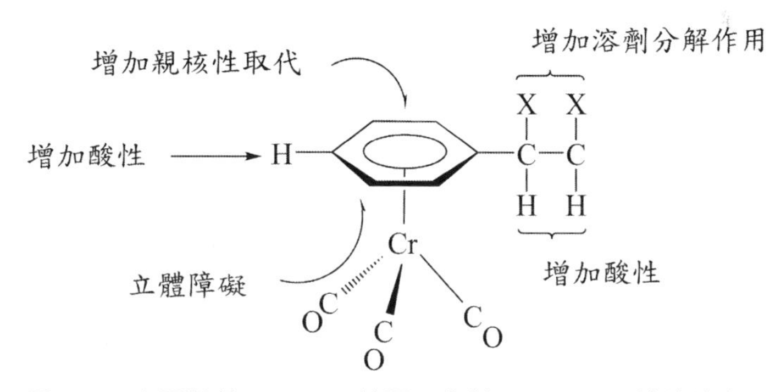

圖 5-18 金屬羰基 $Cr(CO)_3$ 基團配位對 arene 環活性的效應。

由於 $Cr(CO)_3$ 基團的存在，活化了配位的 arene 環，因而使得 $(\eta^6\text{-arene})Cr(CO)_3$ 能進行多種反應，簡述如下。

5-7-1 鋰化反應

$Cr(CO)_3$ 基團的作用增加 arene 配位基上質子的酸性，使得這類化合物易進行金屬化反應。例如，以 ^nBuLi 與 $(\eta^6\text{-arene})Cr(CO)_3$ 化合物反應形成 lithio$(\eta^6\text{-arene})Cr(CO)_3$。此化合物可再與一系列的親電子基反應。如圖 5-19 所示。

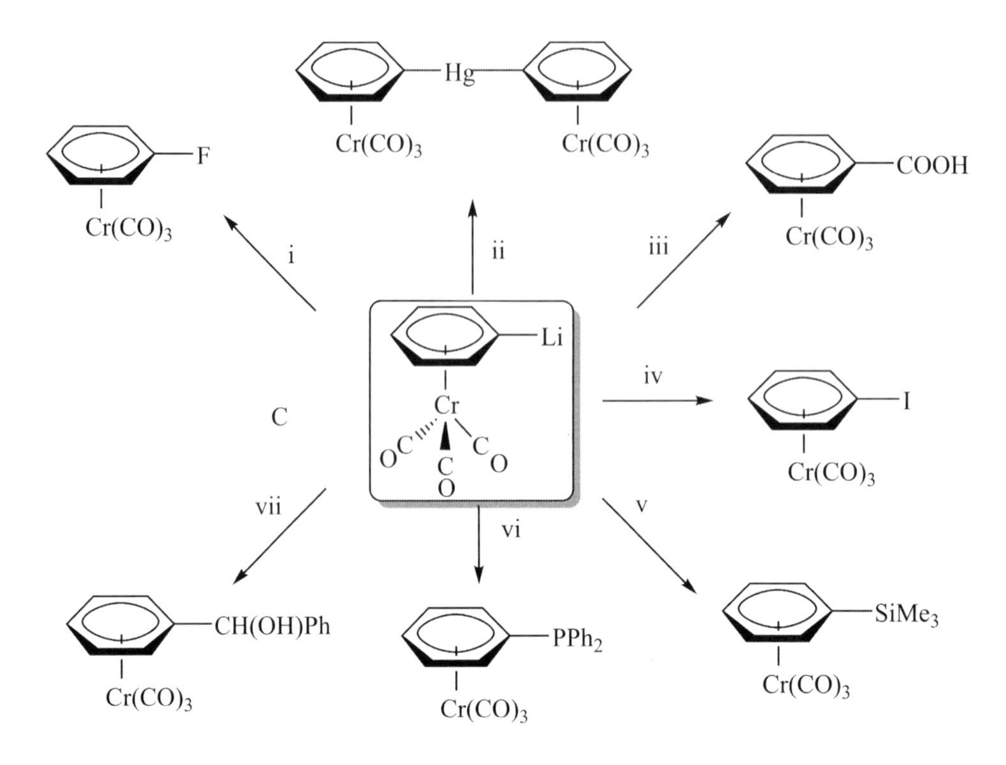

i. Bu^nLi, THF, TMEDA, -78°C; ii. Bu^nLi, Et_2O, -20°C; iii. CO_2; iv. I_2;
v. Me_3SiCl; vi. PPh_2Cl; vii.PhCHO

圖 5-19 金屬化反應後的 lithio(η^6-arene)$Cr(CO)_3$ 和親電子基的一些反應型態。

5-7-2 親核性加成反應

1958 年化學家發現 (η^6-C_6H_5Cl)$Cr(CO)_3$ 與 MeO^- 在 65°C 反應時，會得到相對應的苯甲醚 (Anisole) 化合物（圖 5-20）。由於單獨的有機氯苯 (Chlorobenzene) 與 MeO^- 離子並不會進行這樣的取代反應，所以，金屬基團 $Cr(CO)_3$ 加到有機苯環上確實改變苯環的反應性。

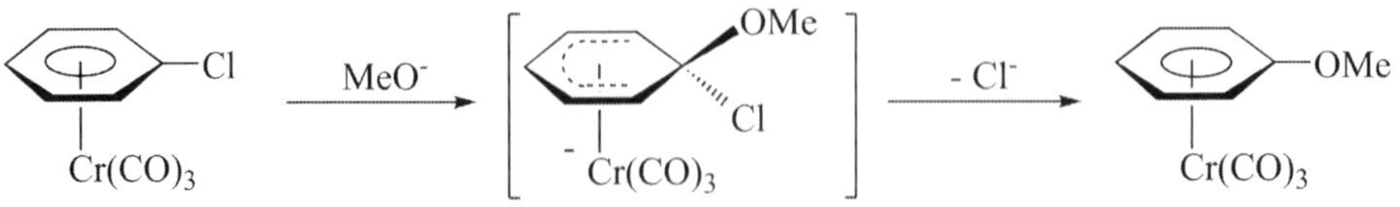

(C_6H_5Cl)$Cr(CO)_3$ $\xrightarrow{MeO^-}$ [(C_6H_5(OMe)Cl)$^-$ $Cr(CO)_3$] $\xrightarrow{-Cl^-}$ (C_6H_5OMe)$Cr(CO)_3$

圖 5-20 金屬基團 $Cr(CO)_3$ 加到苯環上使它更容易進行親核性取代反應。

含鹵化苯基之 (η^6-halidoarene)$M(CO)_3$ 其親核性加成反應 (Nucleophilic Substitution) 大略上可分為 3 種類型，如圖 5-21 所示：一，直接的取代反應。二，中間產物如與

親電子基 (E^+) 反應會得到雙取代的 1,3-Cyclohexadiene 衍生物。三，氧化後得到直接的取代反應的有機物。有些實驗觀察到中間產物的取代基位置會有轉移的現象。因此，如果起始物 arene 環上有多個取代基時，最後產物的 arene 環上取代基之間的相對位置可能有變化。

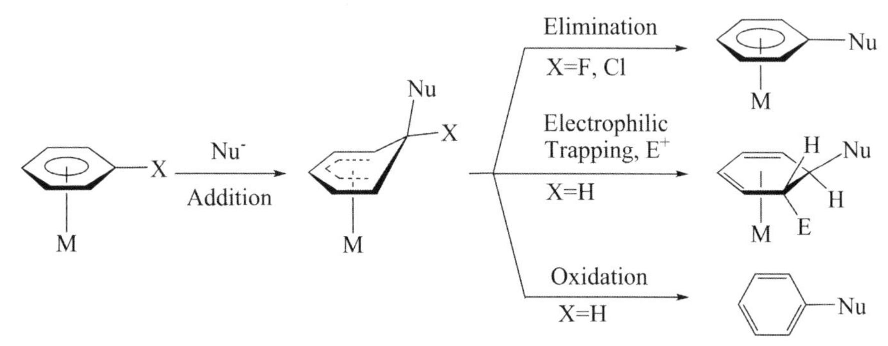

圖 5-21 含鹵化苯基之 (η^6-halidoarene)$M(CO)_3$ 可能進行的三種反應類型。

經由親核性加成反應得到的產物或者經由金屬化反應之後所合成的產物，在溶液中且在照光氧化後 $Cr(CO)_3$ 基團會從 arene 上掉下來，分離純化後可以得到單純的有機產物。因此，這類的反應型態能彌補有機合成方法上的不足，不需要事先在苯環上先加上如 NO_2 等強拉電子基，反應後的有機苯環衍生物也不會殘留強拉電子基在苯環上。因為 $Cr(CO)_3$ 的存在，使 arene 配位基的一面產生立體障礙而使反應幾乎發生在另一面的特性可加以利用。

有趣的是，這類型具有環狀配位基的化合物如 (η^6-C_6H_4XY)$Cr(CO)_3$ 或 (η^5-C_5H_3XY)$Mn(CO)_3$，當環上有兩個不同取代基存在時，會產生鏡像異構物 (Enantiomer)，而個別鏡像異構物均具有光學活性。這樣產生的錯合物的掌性 (Chirality)，稱為平面掌性異構化 (Planar Chirality)。理論上，具有平面掌性異構化的錯合物可用於不對稱合成當催化劑（圖 5-22），可見掌性的產生不一定要碳在 sp^3 的混成狀態下。[11]

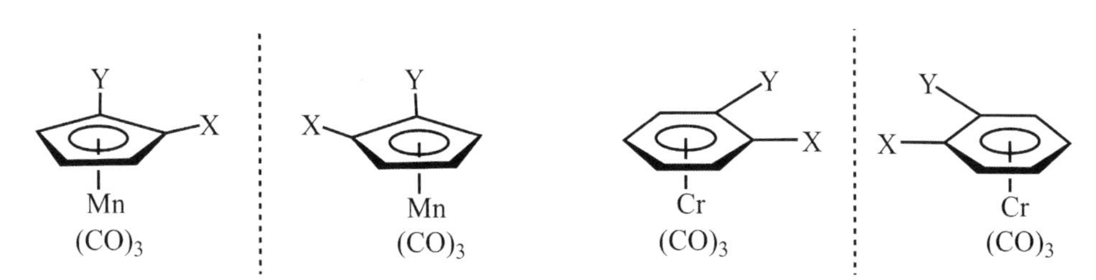

圖 5-22 當環上有兩個不同取代基存在時，會產生鏡像異構物。

5-7-3 親電子性反應

一般的概念裡，過渡金屬是路易士酸 (Lewis Acid)，外來反應物應該和過渡金屬化合物進行親核性反應。然而，當過渡金屬化合物中心金屬為低氧化態時，其電子密度足以讓外來反應物和過渡金屬化合物進行親電子性反應 (Electrophilic Addition)。此時，好像金屬展現了路易士鹼 (Lewis Base) 性的一面。

$$L_nM + MeI \xrightarrow{\text{electrophilic addition}} [L_nMMe]^+I^- \xrightarrow{-L} [L_{(n-1)}MMeI]$$

其實這並不令人意外，若從金屬的軌域來看，填電子的軌域有可能和外來的化合物的空軌域形成良好的重疊，造成類似提供二電子配位的配位共價鍵 (Dative Bond) 的形式。雖然從總體而言金屬是路易士酸，但在某些軌域來看，有些軌域填有電子，可能展現路易士鹼性。這是過渡金屬化合物比有機化合物在反應時較多變化和難以預測的特性。

5-8 金屬環化物的反應

金屬環化物 (Metallacycles) 是通指某一類含金屬化合物，其中的金屬被嵌在有機環或雜環上。和金屬相鄰的碳或雜原子（如 N 或 O）是以 σ- 鍵方式和金屬結合。金屬環化物經常在合成其他化合物的反應中被當作前驅物。

金屬環化物的合成及結構鑑定，在研究炔類或烯類被催化成有機環或雜環衍生物的反應機制的了解上很重要。試舉一含鈷金屬之催化劑 $(\eta^5\text{-}C_5H_5)CoL_2$（L: CO 或 PPh_3）為例，其催化炔類成苯環衍生物的可能途徑如下（圖 5-23）。在催化反應過程中會產生含鈷金屬的五角環化合物 $(\eta^5\text{-}C_5H_5)(PPh_3)CoC_4R_4$，也可能產生含鈷金屬的七角環中間體。若這反應使用 RC ≡ CH 為起始物，注意產物苯環衍生物上取代基 R 的相對位置。因為反應過程立體因素的影響，產物為 1,2,4- 三取代基苯，而不是熱力學穩定的 1,3,5- 三取代基苯。可以說反應結果是動力學產物而非熱力學產物。決定產物構型的關鍵性原因發生在兩個炔類要形成金屬環化物的氧化耦合 (Oxidative Coupling) 步驟，此時兩個炔類接近時取立體障礙最小的方位。

若這反應使用 PhC ≡ CPh 為起始物，則形成之含鈷金屬的五角環化合物 $(\eta^5\text{-}C_5H_5)(PPh_3)CoC_4Ph_4$ 就稱為金屬環化物，為一穩定化合物，可被單獨合成、分離及純化。這含鈷金屬五角環化合物可在加熱的情形下生成三明治化合物 $(\eta^5\text{-}C_5H_5)Co(\eta^4\text{-}C_4Ph_4)$，後者的五角環與四角環是平行的，也可以自由旋轉（圖 5-24）。

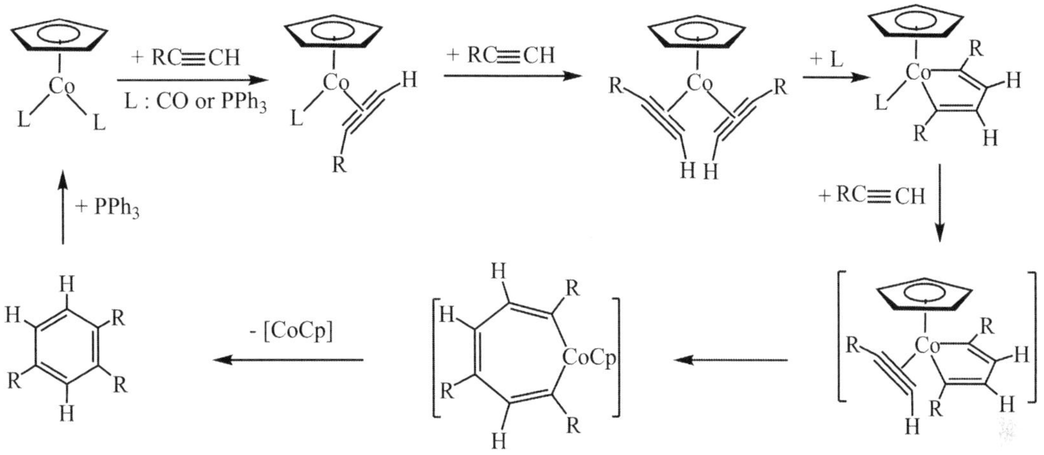

圖 5-23 含鈷金屬化合物 $(\eta^5\text{-}C_5H_5)CoL_2$（L: CO 或 PPh_3）催化炔類成苯環衍生物的可能途徑。

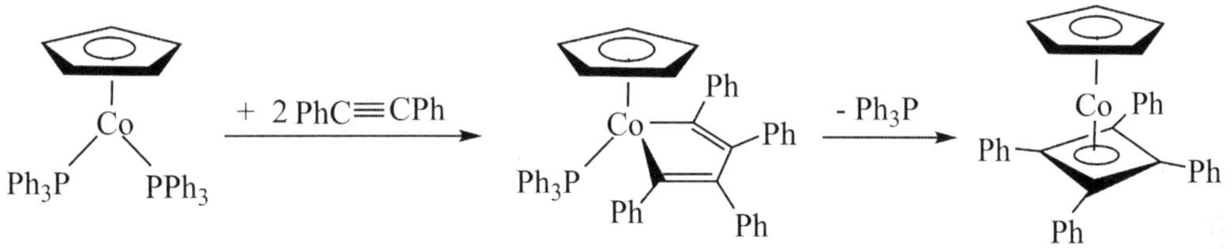

圖 5-24 含鈷金屬化合物 $(\eta^5\text{-}C_5H_5)Co(PPh_3)_2$ 催化炔類首先成金屬環化物 $(\eta^5\text{-}C_5H_5)(PPh_3)Co(C_4Ph_4)$ 然後轉變成三明治化合物 $(\eta^5\text{-}C_5H_5)Co(\eta^4\text{-}C_4Ph_4)$。

此含鈷金屬的五角環化合物 $(\eta^5\text{-}C_5H_5)(PPh_3)CoC_4Ph_4$ 可再進行為數眾多的反應型態，生成各式各樣的產物，如圖 5-25 所示。其中以生成含異核的雜環化合物最為受化學家注目，這又是一個用途很廣泛的有機金屬化合物在催化反應上運用的例子。[12] 一般而言，以直接有機反應方式來合成雜環化合物並不是一件容易的事，如果能找到適當的有機金屬化合物當催化劑，則可以非常簡化及有效率地得到產物。圖中許多有機金屬化合物的晶體結構都被解析過，證實反應的確可以進行，且產物符合預期。

另一個例子是以含鈦金屬的化合物進行催化反應。這類型催化反應是以 $Cp_2{}^*TiCl_2$ 為起始物和烯類先生成含鈦金屬的五角環化物，再與為數眾多的個別反應物反應，生成各式各樣的產物（圖 5-26）。這些金屬環化物可以碘或格林納試劑將有機物部分從金屬上取代下來，得到有機開環產物。[13] 注意這裡的催化劑是 $Cp_2{}^*TiCl_2$，Cp 環上的氫被甲基取代，除了增加催化劑在有機溶劑中的溶解度外，可以在反應過程中增加立障，造成立體選擇性。

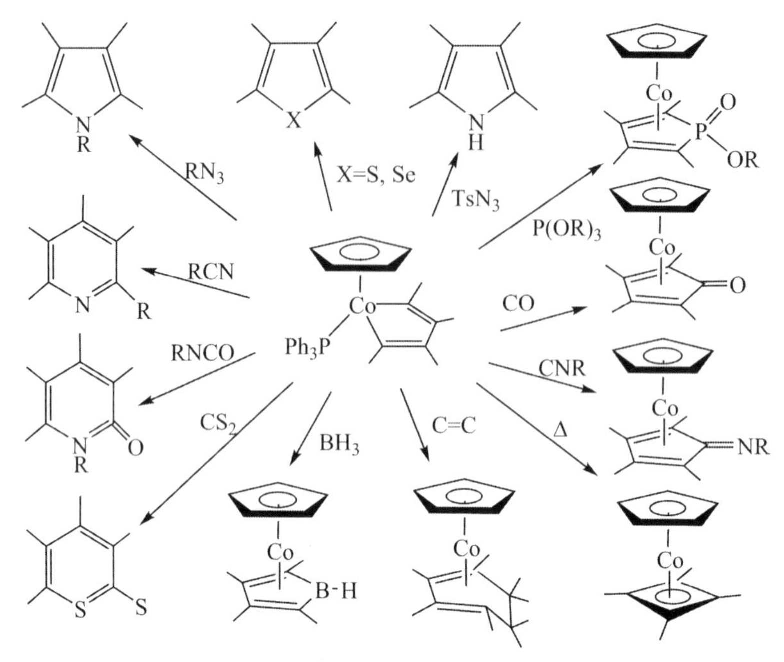

圖 5-25 含鈷的金屬環化物 $(\eta^5\text{-}C_5H_5)(PPh_3)CoC_4Ph_4$ 可進行的各種反應。

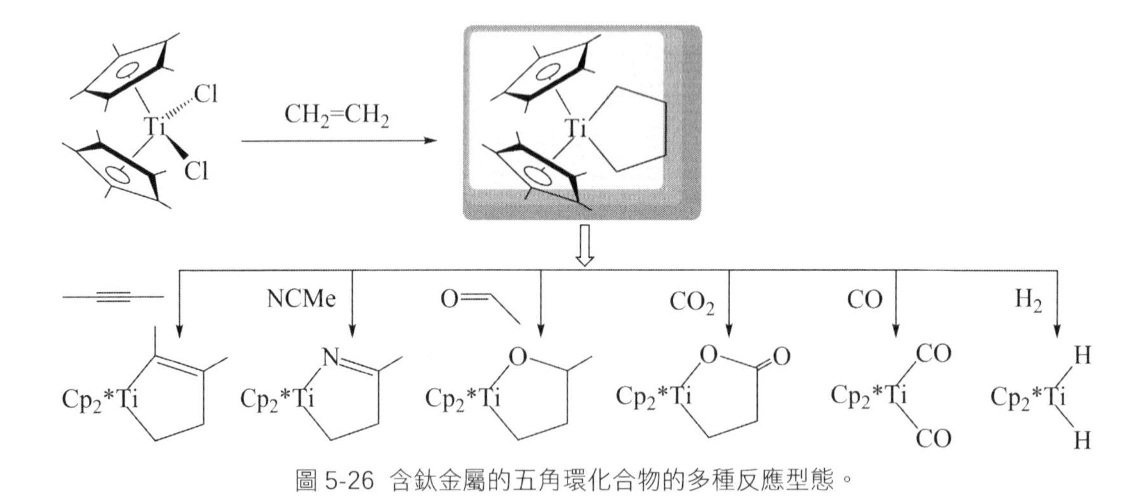

圖 5-26 含鈦金屬的五角環化合物的多種反應型態。

日本的高橋 (Tamotsu Takahashi) 教授利用含鋯金屬的鹵化物和正丁基鋰反應生成金屬五角環化物（圖 5-27）。[14] 注意這裡的催化劑是 Cp_2ZrCl_2，金屬是和 Ti 同族的 Zr，Cp 是簡單的 C_5H_5 環。

和上述反應類似，這含鋯金屬的五角環化物可以碘或格林納試劑將有機物部分取代下來，得到有機開環產物，或可繼續和特定的試劑反應生成有機雜環產物（圖 5-28）。

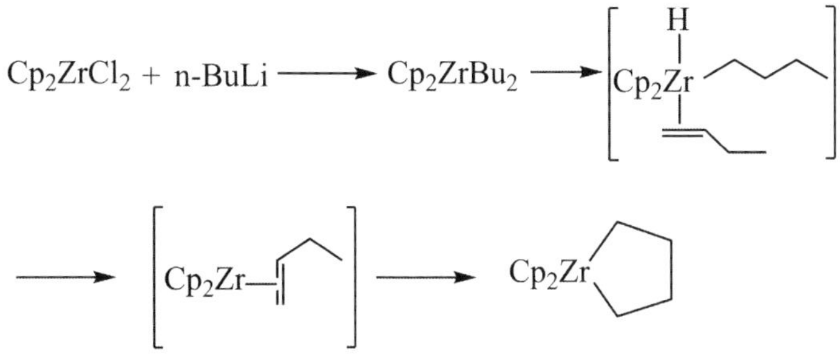

Cp_2ZrCl_2 + n-BuLi ⟶ Cp_2ZrBu_2 ⟶ [Cp_2Zr(H)(Bu)(butene)] ⟶ [Cp_2Zr—(butene)] ⟶ Cp_2Zr(cyclopentane)

圖 5-27 Takahashi 利用 Cp_2ZrCl_2 和正丁基鋰反應生成金屬五角環化物。

Cp_2ZrBu_2 + (CH₂=CHR') ⟶ Cp_2Zr(R')(R') ; HCl ; I_2, CO ; I_2

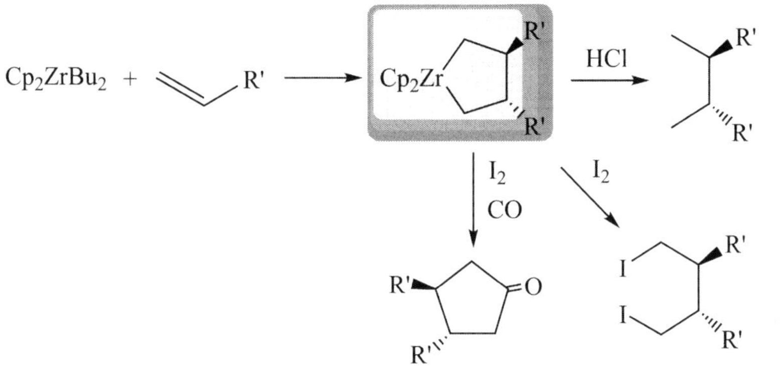

圖 5-28 Cp_2ZrBu_2 和烯類反應生成金屬五角環化物。可將有機物部分取下來，得到有機開環或合環產物。

上述反應可運用到炔類，生成的含金屬五角環二烯化合物，也可再和各式各樣的試劑反應，生成有機雜環產物，如圖 5-29 所示。這反應的形態類似上述含鈷金屬的五角環化物 $(\eta^5\text{-}C_5H_5)(PPh_3)CoC_4Ph_4$ 的催化反應（圖 5-25）。

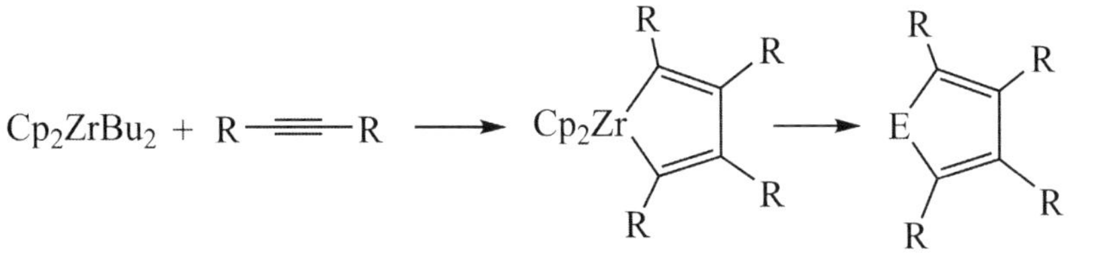

Cp_2ZrBu_2 + R—≡—R ⟶ Cp_2Zr(CR=CR)$_2$ ⟶ E(CR=CR)$_2$

E = SO, S, PhP, Me_2Sn, Se, $GeCl_2$, PhAs, PhSb

圖 5-29 Cp_2ZrBu_2 和炔類反應生成金屬五角環化物。可將有機物部分取下來，得到有機雜環產物。

上述反應類型也可運用到分子內含兩個不飽和鍵的鏈狀有機物上。如圖 5-30 所示，將分子內兩個不飽和鍵結合成環化物。這類型反應有很廣泛的應用性。

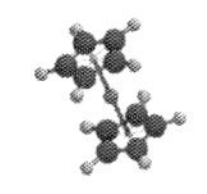

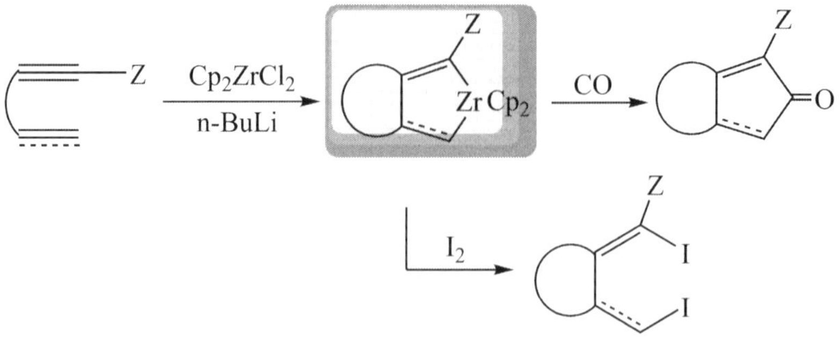

圖 5-30　Cp_2ZrCl_2 催化分子內含多炔基（或烯基）有機物成金屬五角環化物。可將有機物部分取下來，得到有機開環或合環產物。

金屬環化物除了上述較常見且較穩定的五角環外，也可能為三、四、六、七環。在工業上重要的烯烴複分解反應 (Olefin Metathesis) 則是以金屬碳醯錯體 (Metal Carbene) 為催化劑，其反應的中間物即為含金屬的四環化合物。[15]

5-9　烯屬烴的異構化

烯屬烴異構化 (Olefin Isomerization) 步驟在工業上是重要的反應。這反應可將價格低的烯屬烴利用金屬催化劑，經催化反應將它轉換成價格高的烯屬烴。

最簡單的異構化為藉著結合金屬氫化物 (L_nMH) 和烯屬烴進行 [1,2] 加成反應 ([1,2]-Addition Reaction) 和消去反應 (Elimination Reaction) 而成。此種反應首先經由烯屬烴的雙鍵和氫化物間的配位結合，再進行插入反應 (Insertion Reaction)，最後經消去反應而得重排的烯屬烴產物（圖 5-31）。消去反應的機制類似 β- 氫脫去反應。理論上，經催化後最終可以得到比較穩定的烯屬烴。其異構化機制通式如圖 5-31。

如含銠金屬的氫化物（$HRhL_4$，L：磷基）即經由此種反應機制，而將 1- 丁烯異構化成含順及反 2- 丁烯混合產物，其反應式為：

$$CH_2{=}CHCH_2CH_3 \xrightarrow{HRhL_4} \underset{\displaystyle |\atop RhL_4}{CH_2}{-}CHCH_2CH_3 \longrightarrow \underset{\text{（順式+反式）}}{CH_3CH{=}CHCH_3}$$

另一有趣的烯屬烴的異構化，是在金屬氫化物 $Cp_2Zr(Cl)(H)$ 的催化下，將雙鍵在不同位置的烯屬烴使之往最端點的位置移動，而最後生成 1- 烯屬烴。主要的原因是在於 Zr 化合物上的 2 個 Cp 環造成大的立體障礙，使烯屬烴的雙鍵往最端點的位

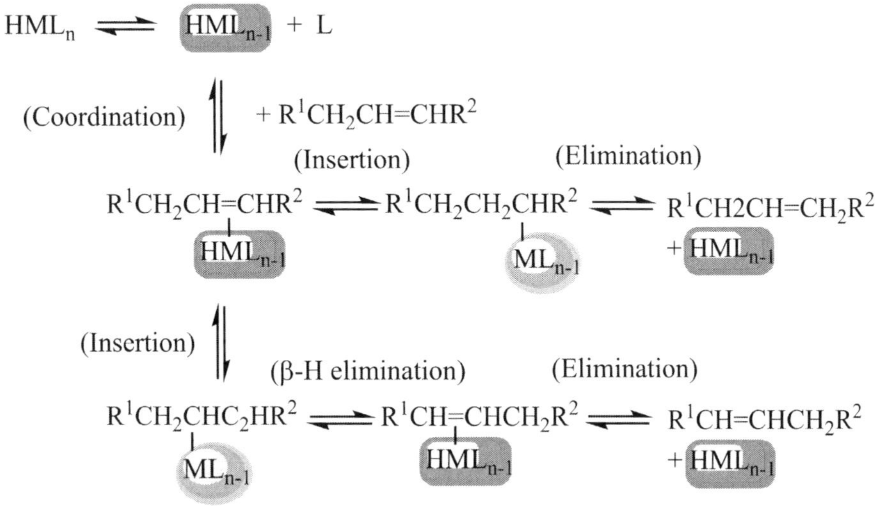

$HML_n \rightleftharpoons HML_{n-1} + L$

(Coordination) $\rightleftharpoons$ $+ R^1CH_2CH{=}CHR^2$

(Insertion) (Elimination)

$R^1CH_2CH{=}CHR^2 (HML_{n-1}) \rightleftharpoons R^1CH_2CH_2CHR^2 (ML_{n-1}) \rightleftharpoons R^1CH2CH{=}CH_2R^2 + HML_{n-1}$

(Insertion) $\rightleftharpoons$

(β-H elimination) (Elimination)

$R^1CH_2CHC_2HR^2 (ML_{n-1}) \rightleftharpoons R^1CH{=}CHCH_2R^2 (HML_{n-1}) \rightleftharpoons R^1CH{=}CHCH_2R^2 + HML_{n-1}$

圖 5-31 烯屬烴以金屬氫化物 (HML_n) 為催化劑的異構化機制。

置移動，以避開較大的立體障礙，如圖 5-32 所示。烯屬烴的異構化機制同上所述。這些雙鍵官能基在最端點位置的烯屬烴，可繼續被修飾成具有磺鹽基或磷鹽基的清潔劑，工業上產量非常大。

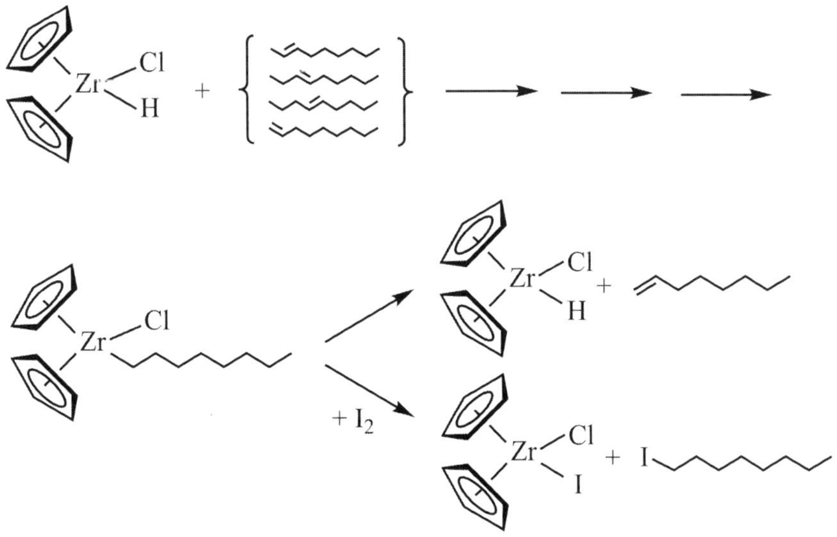

Zr Cl H + { } → → →

Zr Cl → Zr Cl H +

$+ I_2$ → Zr Cl I + I

圖 5-32 Cp_2ZrClH 催化烯屬烴異構化成端點烷基。繼續反應產生端點烯烴或碘化烷類。

當催化劑不含 [M]-H 而是單純的 [M] 時，異構化反應的機制會有所不同。例如，丙烯烴的異構化可由丙烯基位置上的氫經 [1,3] 轉移而得，和上述以 β- 氫脫去反應的

機制不同。其中間產物為 π- 丙烯基金屬氫化物，丙烯基可能以 η^3- 方式和金屬鍵結，如圖 5-33 所示。首先，在碳 -3 位置的 H 轉移到 [M] 上，形成 allyl 型態中間產物，[M] 上的 H 可轉移到碳 -1 的位置，完成異構化反應。

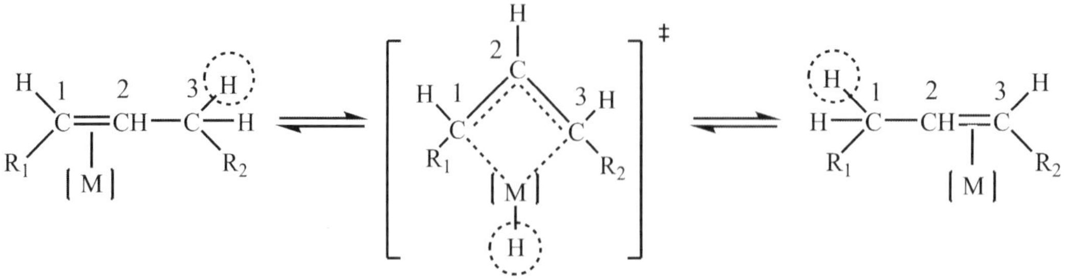

圖 5-33 烯屬烴以 [M] 當催化劑的異構化機制。

一個被研究比較詳細的烯屬烴異構化的例子是 3-ethyl-pent-1-ene 被 $Fe_3(CO)_{12}$ 催化的反應。首先，$Fe_3(CO)_{12}$ 在加熱後先解離出 $Fe(CO)_4$ 基團，再和烯屬烴的雙鍵形成 π- 鍵結。一般相信，烯屬烴的異構化是利用形成 π- 丙烯基金屬氫化物的中間物（以 η^3- 方式），再經由丙烯基位置上的氫經 [1,3] 轉移而得，如圖 5-34 所示。反應後的結果是雙鍵換了位置。化學家利用在原來反應物 3-ethyl-pent-1-ene 上的某個氫原子做成同位素（如 ^{1}H 換成 ^{2}D）的標記，從產物的氫原子同位素 (^{2}D) 的位置變化來推斷反應機制。如上所述，經由一連串的金屬催化步驟使烯屬烴 3-ethyl-pent-1-ene 上的雙鍵轉移，而最後使烯屬烴被異構化。

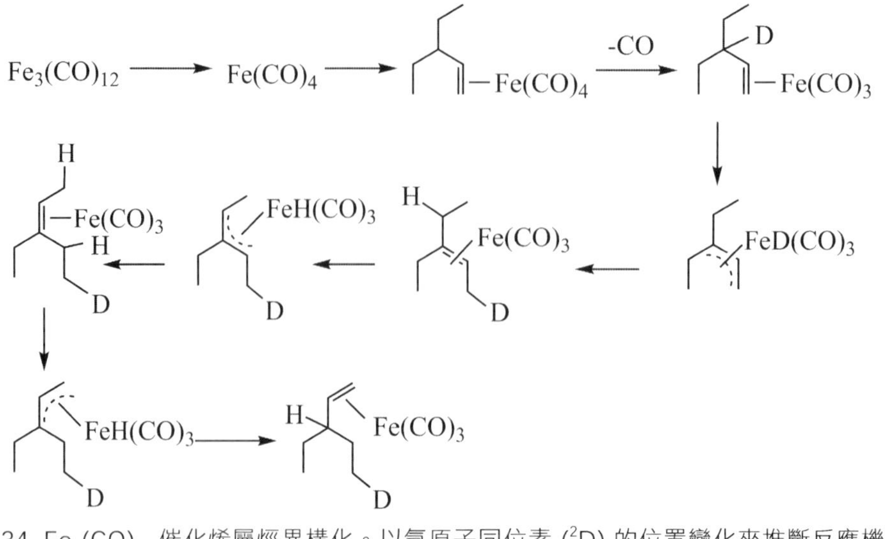

圖 5-34 $Fe_3(CO)_{12}$ 催化烯屬烴異構化。以氫原子同位素 (^{2}D) 的位置變化來推斷反應機制。

5-10 氫化物的轉移反應

很多過渡金屬氫化物常藉著加成 (Addition) 和消去 (Elimination) 反應從某一金屬烷化物中轉移金屬氫化物到另外的烯屬烴上，而形成另一個金屬烷化物，如圖 5-35 所示。注意消去反應發生在 β- 碳的氫上。後來的加成反應是走 anti-Markovnikov 機制。

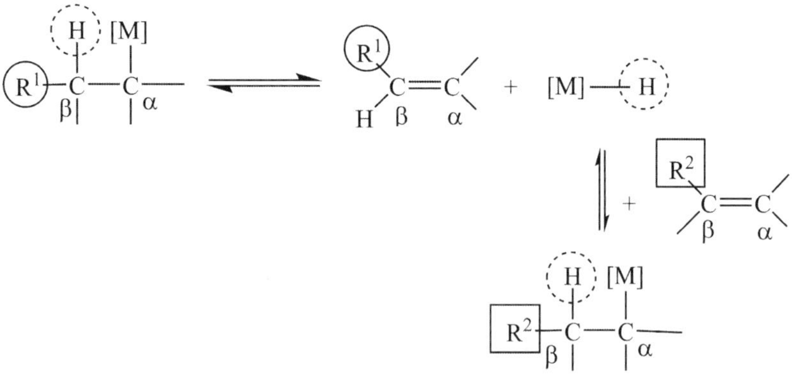

圖 5-35 過渡金屬氫化物和烯屬烴的加成和消去反應。

這種轉移方式有趣的是可將烯屬烴製成想要的格林納 (Grignard) 試劑。例如，只需要將烯屬烴與一格林納試劑（如丙基鎂鹵化物）置於 $TiCl_4$ 或 $NiCl_2$ 的催化下，經過轉移，即可得新的格林納試劑，其反應如下圖 5-36。其中所得的丙烯，可藉其揮發性將之與格林納試劑產物分離。

$$(CH_3CH_2CH_2)MgX + RCH{=}CH_2 \xrightarrow[X = Br\ or\ Cl]{TiX_4} (RCH_2CH_2)MgX + CH_3CH{=}CH_2$$

$$(CH_3CH_2CH_2)MgBr + C_6H_5H{=}CH_2 \xrightarrow{NiCl_2} (C_6H_5CH_2)MgBr + CH_3CH{=}CH_2$$

圖 5-36 Ti 或 Ni 化合物催化烯屬烴與格林納試劑交換其上的取代基。

5-11 金屬催化烯類交換反應

在工業上，烯類交換反應 (Olefins Metathesis) 是一個非常重要的反應。不同長度的烯類可藉由金屬的催化交換雙鍵位置，並改變碳鏈的長度（圖 5-37）。改變碳鏈的長度及雙鍵位置後的烯類，可能變成很有價值的化合物。

$$\left[\begin{array}{c} \mathbf{R}^1\mathrm{CH{=}CH}\mathbf{R}^2 \\ + \\ \mathbf{R}^3\mathrm{CH{=}CH}\mathbf{R}^4 \end{array}\right] \xrightarrow{[M]} \begin{array}{c} \mathbf{R}^1\mathrm{CH{=}CH}\mathbf{R}^3 + \mathbf{R}^2\mathrm{CH{=}CH}\mathbf{R}^4 \\ \mathbf{R}^1\mathrm{CH{=}CH}\mathbf{R}^4 + \mathbf{R}^2\mathrm{CH{=}CH}\mathbf{R}^3 \end{array}$$

圖 5-37 金屬化合物催化不同烯屬烴交換取代基位置。

上述烯類交換反應為 Shell 公司利用來製造從 C_{11}-C_{14} 的烯屬烴的方法，稱為 Shell 烯類鍵增長反應 (Shell Higher Olefins Process, SHOP)。它是把約含 20 碳左右的烯屬烴和乙烯經由催化劑的催化烯類交換反應步驟來製造從 C_{11}-C_{14} 的烯屬烴。而含 C_{11}-C_{14} 的烯屬烴在清潔劑的製造上是重要的大宗基礎材料。理論上這種方法也可應用於炔屬烴的交換反應，製造更有價值的炔屬烴化合物。

5-12 去羰基反應

在包生—韓德反應 (Pauson-Khand Reaction) 或氫醯化反應 (Hydroformylation Reaction) 反應中，CO 被當成一個基團嵌入被催化的反應物中，使產物多一個醛基或酮基。反之，一化合物的醛基或酮基也可藉著威金森催化劑作用而被脫去，過程如下圖所示（圖 5-38）。

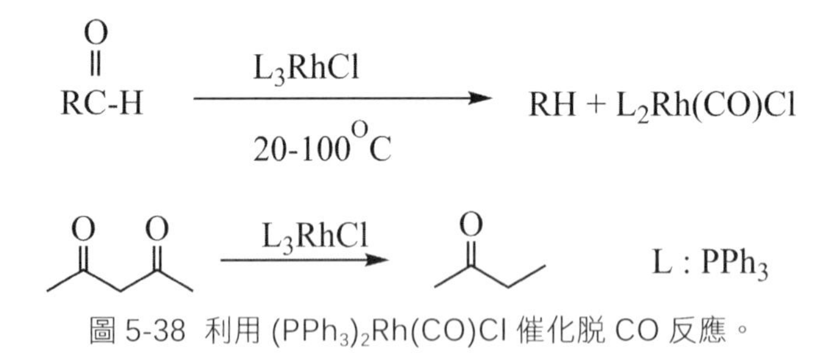

圖 5-38 利用 $(PPh_3)_2Rh(CO)Cl$ 催化脫 CO 反應。

《充電站》

5.1 氧化加成概念在有機化學及有機金屬化學的差異

在有機化學中，氧化或還原反應可從原子及電子的角度去看。從原子觀點去看，氧化反應為得到氧原子或失去氫原子；從電子觀點去看，氧化反應為失去電子。相對地，還原反應從原子觀點去看，為得到氫原子或失去氧原子；或是得到電子。在有機金屬化學中，氧化概念是指中心金屬的氧化態增加。譬如，將 H_2 加到有機金屬化合物上會造成中心金屬的氧化態增加，而且又加入了氫為氧化加成步驟，和在有機化學的氧化概念有所差別。主要是因為 H 的電負度小於 C 而大於金屬的緣故。

5.2 對邊效應的延伸效應

對邊效應 (*Trans* Eeffect) 發生在過渡金屬兩個互為對邊的配位基競爭和金屬軌域鍵結產生的作用關係。假設過渡金屬錯合物（簡化為 L-M-Y）的兩個配位基（L 和 Y）互為對邊，當 Y 和 M 鍵結較強，則 L 和 M 鍵結就會變弱，L 和 M 之間容易斷鍵。Y 可視為一個 Labilizing Ligand。若配位基或過渡金屬原子核自旋不為零 (Nuclear Spin $\neq 0$)，則過渡金屬與配位基之間的鍵結強弱，可從 NMR 光譜圖中吸收峰的耦合常數大小看出端倪。

5.3 格拉布催化劑和複分解反應

2005 年的諾貝爾化學獎得主格拉布 (Robert H. Grubbs) 先後發表三代後來被稱為格拉布催化劑 (Grubbs' Catalyst) 的過渡金屬碳醯 (Transition Metal Carbene) 錯合物。第一代催化劑發表於 1995 年；第二代催化劑發表於 1999 年；第三代催化劑發表於 2002 年，為第二代的小改版，把第二代的 PCy_3 配位基以 Py 取代，發現效率更好。格拉布催化劑被應用於有名的複分解反應 (Metathesis)。

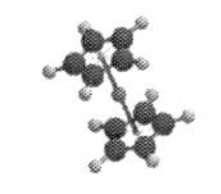

《練習題》

5.1 提出一反應機制來說明從 $CpCo(PPh_3)_2$ 和 HC ≡ CPh 反應形成五角環的金屬環化物 (Metallacycle) 的過程中，取代基 (-Ph) 採取的相對位置的原因。為何兩個大取代基 (-Ph) 是在接近立體障礙效應 (Steric Effect) 比較大的 CpCo 基團的位置？而不是遠離它？

5.2 (a) 利用 $CpCo(PPh_3)_2$ 可催化 $HC \equiv CCH_3$ 生成苯環衍生物。試著提出合理的反應機制。(b) 說明為何 1,2,4-Trimethylbenzene 是主產物，而非熱力學比較穩定的 1,3,5-Trimethylbenzene ？ (c) 同時說明為何在催化劑存在下，通常是動力學產物佔優勢？

5.3 以 $CpCo(PPh_3)_2$ 為催化劑，將烯類 HC ≡ CMe 催化成苯環衍生物。請將下面催化反應機制的空格填滿中間產物或產物。

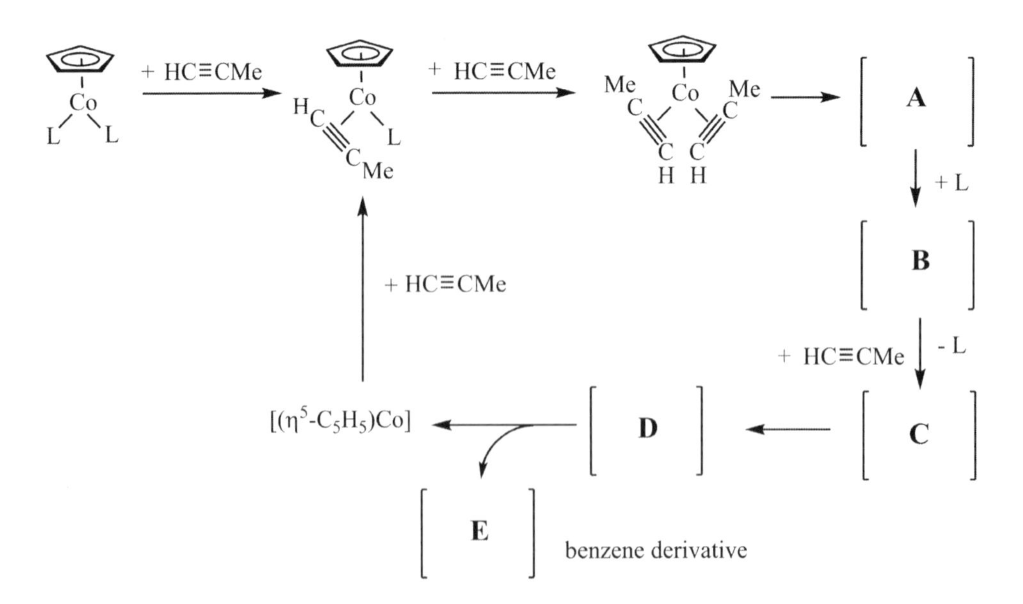

5.4 試著提出從 $CpFe(CO)(PPh_3)(n\text{-}C_4H_9)$ 生成 $CpFe(CO)(PPh_3)H$ 和 Butene 的反應機制。產物可能是 1-Butene，或是 *cis*- 和 *trans*-2-Butene。請說明之。

$CpFe(CO)(PPh_3)(n\text{-}C_4H_9) \rightarrow CpFe(CO)(PPh_3)H + Butene$

5.5 說明下面反應的速率常數 (k) 和配位基的錐角 (Cone Angle) 之間的關係。配位基錐角 (Cone Angle) 越大，CO 解離的速率常數就越大。

$CoCl_2L_2(CO) \Leftrightarrow CO + CoCl_2L_2$

L	Cone Angle	k x 10^4(M)
PEt_3	132°	8.1
PEt_2Ph	136°	500.0
$PEtPh_2$	140°	1470.0
PPh_3	145°	速率太快無法量測

5.6 說明 $Fe(CO)_5$ 的配位基 CO 被另一種配位基 PMe_3 取代的反應，每當增加一個 PMe_3 取代基，則下一次取代的困難度就愈大。

5.7 說明遵守十八電子律的分子 $CpRe(NO)(PMe_3)(CH_3)$ 的配位基 PMe_3 被外來另一個 PMe_3 取代的反應，實驗觀察到 $\Delta S^{\neq}$是負值。指出這種反應機理是結合反應機制 (**A**ssociative Mechanism) 或是解離反應機制 (**D**issociative Mechanism)？儘量指出可能的反應機制來符合實驗觀察現象。 [提示：NO 可能當 3 或 1 個電子的提供者。]

5.8 (a) 提出反應機制來解釋 Propene 在含過渡金屬催化劑 [Cat.] 的催化下產生雙鍵位置交換的結果。 [提示：1,3 Hydrogen Shift]

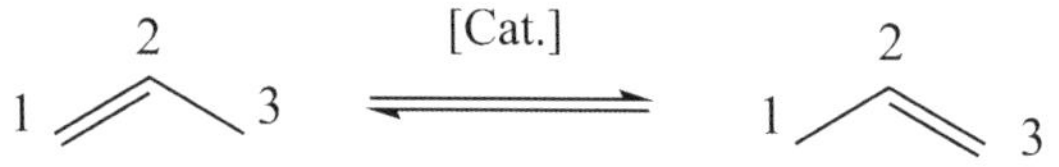

(b) 提出反應機制來解釋在利用 $Fe_3(CO)_{12}$ 當催化劑下，原本同位素 D 的位置從反應物開始產生位置交換的行為，最後結果是同位素 D 分佈在端點位置的碳機率是各為三分之一。 [提示：$Fe_3(CO)_{12}$ 分子解離出 $Fe(CO)_4$ 基團是活性物種。]

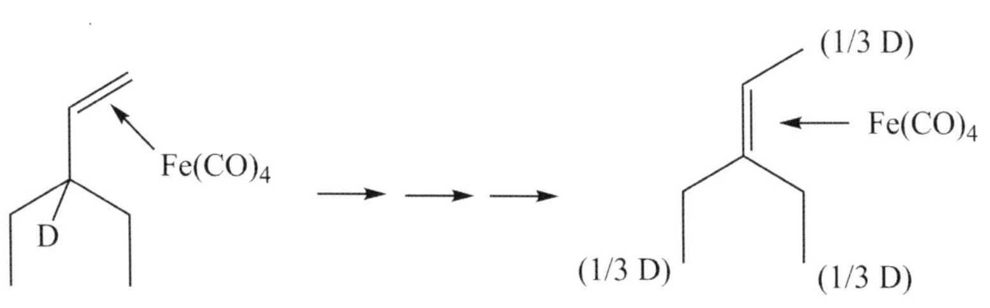

5.9 化合物 $(\eta^3\text{-}C_3H_5)Mn(CO)_4$ 和 PPh_3 進行配位基取代反應 (Ligand Substitution Reaction)。此反應有可能進行結合反應機制 (**A**ssociative Mechanism) 或解離反應機制 (**D**issociative Mechanism)。

(a) 試繪出這兩種反應可能的機制。

(b) 化合物 $(\eta^3\text{-}C_3H_5)Mn(CO)_4$ 和 PPh_3 的取代反應在 45ºC 時 $k_1 = 2.8 \times 10^{-4}\ s^{-1}$。如果是 $(\eta^1\text{-}C_3H_5)Mn(CO)_5$，在 80ºC 時去掉 CO 的 $k_1 = 1.64 \times 10^{-4}\ s^{-1}$。後者即使在高溫下反應仍比前者來得慢。根據這兩個實驗結果數據，上述那一種機制比較符合實驗結果？ [提示：$\eta^3\text{-}C_3H_5$ 轉換成 $\eta^1\text{-}C_3H_5$，形式上提供電子數減少 2。]

5.10 兩個有機金屬化合物 $(\eta^5\text{-indenyl})Rh(CO)_2$ 及 $(\eta^5\text{-}C_5H_5)Rh(CO)_2$ 和三烷基磷 PR_3 進行配位基的取代反應。前者的取代反應速率比後者快約 10^8 倍之多。另外，由一個相關實驗觀察到，$(\eta^3\text{-}C_3H_5)Mn(CO)_4$ 的取代反應在 45ºC 是一級反應，且 $k_1 = 2.8 \times 10^{-4}\ s^{-1}$。另一個實驗觀察現象是，$(\eta^1\text{-}C_3H_5)Mn(CO)_5$ 的其中之一 CO 離去反應在 80ºC 時速率是 $1.64 \times 10^{-4}\ s^{-1}$。後者即使在高溫下反應仍比前者來得慢。根據這些實驗數據，推論兩者的取代反應機制，並說明速率差別的原因？並推測兩者取代反應的 ΔV^* 和 ΔS^*，何者為大？

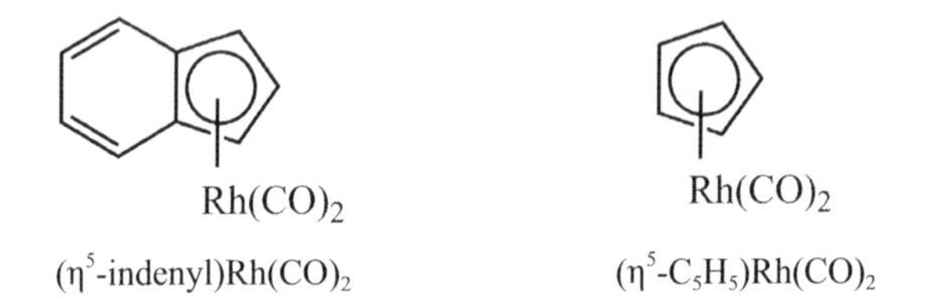

5.11 有兩個很類似的有機金屬化合物 $(\eta^5\text{-indenyl})Mn(CO)_3$ 及 $(\eta^5\text{-}C_5H_5)Mn(CO)_3$ 和三烷基磷 PR_3 進行配位基的取代反應。兩者的取代反應速率差為令人咋舌的百萬倍之多 $(k_1/k_2 \sim 10^6)$。兩個有機金屬化合物之間的差別只有在其一為 Indenyl 環（茚基），另外一個為 Cp 環。根據此實驗數據，提出兩者的取代反應機制，並說明取代反應速率差別如此大的原因？ [提示：茚基效應 (Indenyl Effect)。]

(a) $(\eta^5\text{-indenyl})Mn(CO)_3 + PR_3 \rightarrow (\eta^5\text{-indenyl})Mn(CO)_2(PR_3) + CO$ $\quad k_1$

(b) $(\eta^5\text{-}C_5H_5)Mn(CO)_3 + PR_3 \rightarrow (\eta^5\text{-}C_5H_5)Mn(CO)_2(PR_3) + CO$ $\quad k_2$

5.12 以下實驗觀察結果看來似乎為直接的插入反應 (Insertion Reaction)，事實上仍有爭議。

$$Mn(CO)_5CH_3 \xrightarrow{+CO} Mn(CO)_5C(=O)CH_3$$

理論上有兩種可能機制可以達到相同實驗結果：其中之一是直接插入反應 (Direct Insertion)；另外一個就是轉移後再插入反應 (Migratory Insertion)。

Direct Insertion:

$$M(C)-A + B \longrightarrow M(C)-B-A$$

Migratory Insertion:

$$M(C)-A \longrightarrow [\,M-C-A\,] \xrightarrow{+B} M(B)-C-A$$

(a) 如何區分直接插入 (Direct Insertion) 和轉移再插入 (Migratory Insertion) 的反應機制？

(b) 有一同位素實驗，在原先化合物的某個位置上的 CO 上標記成同位素 ^{13}CO。和外加 CO 的反應實驗結果發現，有 3 種不同產物，且有一定的比例 2:1:1。根據此實驗數據，上述兩種機制中，何者比較符合實驗結果？

$$cis\text{-}Mn(^{13}CO)(CO)_4CH_3 \xrightarrow{+CO}$$ 產物：Mn 上 $C(=O)CH_3$，^{13}CO 位於 cis 位置 (50%) ＋ ^{13}CO 位於 trans 位置 (25%) ＋ $^{13}C(=O)CH_3$ (25%)

(c) 從 (b) 的結論再推演下去，在同位素實驗中，若外加 CO 標記成同位素 ^{13}CO，其結果將如何？

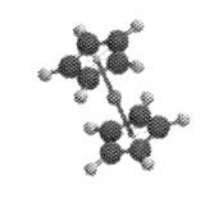

5.13 異核環化物 C_4R_4S 可由 RC ≡ CR 及硫 (S) 經含鈷金屬催化而得，可使用何種含鈷金屬化合物當催化劑？請提出催化反應機制。[提示：金屬環化物 (Metallacycle)。]

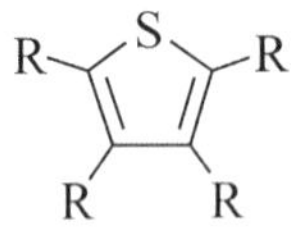

5.14 Shell 公司利用烯烴複分解反應 (Olefin Metathesis) 的反應步驟來製造從 C_{11}-C_{14} 的烯屬烴，稱之為 Shell 烯類鏈增長反應 (Shell Higher Olefins Process, SHOP)。說明之。

5.15 說明烯屬烴的異構化 (Olefin Isomerization) 在工業上的重要性。

5.16 常見的無機反應方式大致上分為氧化加成 (Oxidative Addition)、還原脫離 (Reductive Elimination)、插入 (Insertion)、脫離 (Elimination)、抽取 (Abstraction)、轉移 (Migration)、親電子攻擊反應 (Electrophilic Attack)、親核性攻擊反應 (Nucleophilic Attack) 、環化反應 (Cyclization)、異構化 (Isomerization)、耦合 (Coupling) 及交換 (Metathesis) 等等。舉例說明之。

5.17 配位基的取代反應 (Ligand Substitution Reaction) 反應機制可能為解離反應機制 (**D**issociative Mechanism) 或是結合反應機制 (**A**ssociative Mechanism) 或是介於兩者之間。那種數據（ΔV^* 或 ΔS^*）最能區別不同反應機制？僅利用速率表示式（Rate Law 或 Rate Expression）來區分反應機制有何盲點？

5.18 對邊效應 (*Trans* Effect) 比較容易在平面四邊形 (Square Planar) 的金屬錯合物分子發生。說明之。

5.19 庫巴斯 (Kubas) 發現氫分子 (H_2) 以 π- 鍵結方式加成到金屬上。這種方式鍵結和 M-H 的鍵結方式中 H 以 Hydride 形式存在，在 ^{1}H NMR 中如何加以區別？

5.20 將 $Ir(PPh_3)_3Cl$ 加熱，磷配位基上的苯環和 Ir 產生自身氧化加成反應。這種方式稱為鄰位金屬環化反應 (Orthometallation)，是金屬環化反應 (Cyclometallation) 的一種。說明這種機制在重金屬且為四配位的平面四邊形結構才容易發生的原因。

5.21 當金屬羰基基團 ($Cr(CO)_3$) 接到 arene 環上形成 (η^6-arene)$Cr(CO)_3$ 時，arene 環的化學活性明顯地有變化。說明有哪些變化發生？為何發生？

5.22 具有環狀配位基的化合物，當環上有兩個不同取代基存在時，如 (η^5-C_5H_3XY)Fe(η^5-C_5H_5) 或 (η^6-C_6H_4XY)$Cr(CO)_3$，此時化合物會產生鏡像異構物，且具有光學活性，這種方式稱為平面掌性異構化 (Planar Chirality)。說明原因，並藉此說明掌性 (Chirality) 的產生不一定要碳在 sp^3 的混成狀態下。請舉出其他例子。

5.23 高橋 (Tamotsu Takahashi) 利用含鋯金屬的鹵化物 Cp_2ZrCl_2 和正丁基鋰反應生成金屬五角環化物。請將下面反應機制的空格填滿中間產物。

$$Cp_2ZrCl_2 \xrightarrow{+\ n\text{-}BuLi} Cp_2ZrBu_2 \longrightarrow [\ \mathbf{A}\ ] \longrightarrow [\ \mathbf{B}\ ] \longrightarrow Cp_2Zr\text{(五角環)}$$

章節註釋

1. “Reaction Mechanism” 一詞有些教科書翻譯成「反應機構」、「反應機理」或「反應機制」。
2. John F. Hartwig, *Organotransition Metal Chemistry: From Bonding to Catalysis*, University Science Books, **2012**.
3. (a) Jim D. Atwood, *Inorganic and Organometallic Reaction Mechanisms*, 2nd ed., Wiley-VCH, **1997**. (b) Fred Basolo, Ralph G. Pearson, *Mechanisms of Inorganic Reactions: A Study of Metal Complexes in Solution*, 2nd ed., J. Wiley & Sons, **1967**.
4. 有些溶劑如 THF 上有孤對電子，具有弱的配位能力 (Donating Capacity)，能暫時穩定不飽和的中間產物。W. B. Jensen, *The Lewis Acid-Base Concepts: an Overview*, New York, Wiley, **1980**.
5. 一般的對邊效應 (*Trans* Effect) 概念，主要是由相對 (*trans*) 位置的兩個配位基競爭中心金屬的可用於鍵結的軌域造成的。可用的軌域是中間金屬的 p 或 d 軌域。形成鍵結是藉著軌域重疊。一配位基和金屬的軌域鍵結比較強（軌域重疊多），另一邊就會相對變弱（軌域重疊少）。
6. 鄰邊效應 (*Cis* Effect) 在不同情形下會有不同意涵。
7. 比較有名的鄰位金屬環化反應 (Orthometallation) 現象發生在化合物 $Ir(PPh_3)_3Cl$ 上，磷配位基上的苯環上有 Ortho- 氫，C-H 鍵直接氧化加成到 Ir 金屬上。鄰位金屬環化反應現象可視為更為廣泛的反應機制金屬環化反應 (Cyclometallation) 中的一個特例。
8. G. J. Kubas, R. R. Ryan, B. I. Swanson, P. J. Vergamini, H. J. Wasserman, *Characterization of the first examples of isolable molecular hydrogen complexes, $M(CO)_3(PR_3)_2(H_2)$ (M = molybdenum or tungsten; R = Cy or isopropyl). Evidence for a side-on bonded dihydrogen ligand. J. Am. Chem. Soc.*, **1984**, *106*, 451-452.
9. (a) L. S. Hegedus, *Transition Metals in the Synthesis of Complex Organic Molecules*, University Science Books: Mill Valley, **1999**. (b) J. P. Collman, L. S. Hegedus, J. R. Norton, R. G. Finke, *Principles and Applications of Organotransition Metal Chemistry*, University Science Books: Mill Valley, **1987**.
10. 當 $Cr(CO)_3$ 基團接到苯環上時，其拉電子能力和苯環上接取代基 NO_2 相當。但並不是所有 $M(CO)_n$ 基團都是拉電子基，有些基團如 $Fe(CO)_3$ 接到四面環或 1,3- 丁二烯基時被視為推電子基。從軌域瓣類比 (Isolobal Analogy) 觀點來看（第 6 章），當 $Cr(CO)_3$ 基團為具 12 個電子的基團 (Cr: 6, 3 CO: 6)，但其中 12 個填入較低軌域，可用於參與鍵結的電子數為 0。因此，$Cr(CO)_3$ 基團和苯環鍵結時當成接受電子的基團，視為拉電子基。$Fe(CO)_3$ 基團中具有 14 個電子 (Fe: 8, 3 CO: 6)，其中有 12 個填入較低軌域，有 2 個電子在上層軌域可參與鍵結。因此，當 $Fe(CO)_3$ 基團和 1,3- 雙丁烯或環丁烷鍵結時，當成提供電子的基團，視為推電子基。

11. 一個著名的例子是將多個苯環連結成左右螺旋方式。此兩分子個別是鏡像異構物 (Enantiomer)，均具有光學活性，但是所有組成的碳原子都是 sp^2 混成。
12. 一些有活性的分子，藉著插入金屬環化物，再藉著氧化將有機物從金屬環化物上取下來，生成各式各樣的有機產物，包括雜環化合物。此法的缺點是並非每種反應都能使用催化量的金屬環化物，有時候必須使用到計量金屬環化物，事實上並不經濟。
13. 碘或格林納試劑的功能是氧化金屬環化物上的金屬和有機物的鍵，使有機物的鏈從金屬環化物上離開。
14. (a) Z. Duan,W.-H. Sun,Y. Liu, T. Takahashi, *Formation of Cyclopentadienes Derivatives by Reaction of Zirconacyclopentadienes with 1,1-Dihalo Compounds, Tetrahedron Lett.*, **2000**, *41*, 7471-7474. (b) Y. Ura, R. Hara, T. Takahashi, *Completion of a Catalytic Cycle of Zirconium-Catalyzed Alkylation of Silanes by Addition of Organic Halides*, *Chem. Commun.*, **2000**, 875-876. (c) T. Takahashi, Y. Liu, C. Xi, S. Huo, *Grignard Reagent Mediated Reaction of Cp2Zr(II)-ethylene Complex with Imines, Chem. Commun.*, **2001**, 31-32. (d) T. Takahashi, Y. Li, T. Ito, F. Xu, K. Nakajima, Y. Liu, *Reactions of Zirconacyclopentadienes with C=O, C=N, and N=N Moieties with Electron-withdrawing Groups: Formation of Six-membered Heterocycles*, *J. Am. Chem. Soc.*, **2002**, *124*, 1144-1145.
15. 參考第 9 章。

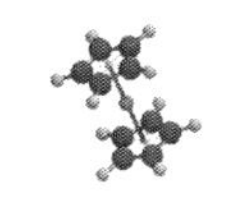

第 6 章　硼化學與軌域瓣類比

6-1　行為獨特的硼化物

硼化學是一門很獨特的學問。[1] 從化學性質來看，硼是相當獨特的一個元素。它是準金屬，在自然界的儲量很少。硼元素雖然在週期表中和碳元素相鄰，硼化物卻與碳化物（有機化合物）有著截然不同的外觀結構及化學反應性。多數的硼化物都具有很特別的化學性質，一般小分子硼化物具有高親氧性，與氧結合時會大量放熱及放出氫氣，通常會引發強烈爆炸現象。因此，研究硼化物必須特別小心其高爆性，為了處理硼化物的高親氧性，化學家設計了玻璃真空系統，使硼化物可在真空或鈍氣（如氮氣或氦氣）下操作，此技術為往後有機金屬化學（厭氧性化合物的化學）研究上提供不可或缺的利器。在硼化學研究的初期，為了解析新合成的硼化物的特殊結構及鍵結方式，化學家也著手修改先前比較受限的鍵結理論（如價鍵軌域理論），使之成為使用度更為廣泛的鍵結理論（如分子軌域理論）。後者的鍵結理論也可應用於處理日後出現的金屬叢化物的特殊結構上。綜合以上，近代硼化學的發展較有機化學遲緩的原因可能有：一，硼的自然界儲量稀少（約 9 ppm），價格較昂貴；二，硼的高親氧性需要特殊處理，技術層面要求高；三，這類化合物通常具有「非傳統」的結構模式，早期化學家難以了解箇中原由。

除了上述研究面臨的困難度外，硼化物在鑑定上也比較不容易。近代化學研究中鑑定化合物最常用的儀器如 NMR 在硼化學研究使用上也有其困難。例如，硼元素有兩種同位素 ^{10}B 及 ^{11}B，自然界儲量分別為 19.6 及 80.4%，這兩個同位素核自旋均大於二分之一，分別為 3 及二分之三，都具有四極矩 (Quadruple Moment)，這特性會造成硼化物 NMR 吸收峰變寬。此外 ^{10}B 及 ^{11}B 吸收峰位置也可能重疊，使相鄰的 NMR 吸收峰辨識不易。另外一種鑑定化合物常用的儀器方法是 X- 光單晶繞射法，這個方法需要品質不錯的單晶，才能解出理想的分子 3D 結構（即原子在空間的相對位置）。然而，因為硼化物的高親氧性，可能在養晶過程中因硼化物暴露到氧氣而氧化分解，導致無法得到好的晶體；或是在 X- 光單晶繞射儀上長時間收集數據的期間，因晶體暴露到氧氣而逐漸瓦解，導致無法收集到可使用的有效數據。

有機硼化學裡最著名的反應可能是硼氫化反應 (Hydroboration)，是以硼烷（B_2H_6 或 BH_3•L）和烯類或炔類化合物反應，進行所謂的 anti-Makovnikov 機制，有別於傳統的 Markovnikov 機制（圖 6-1）。[2]

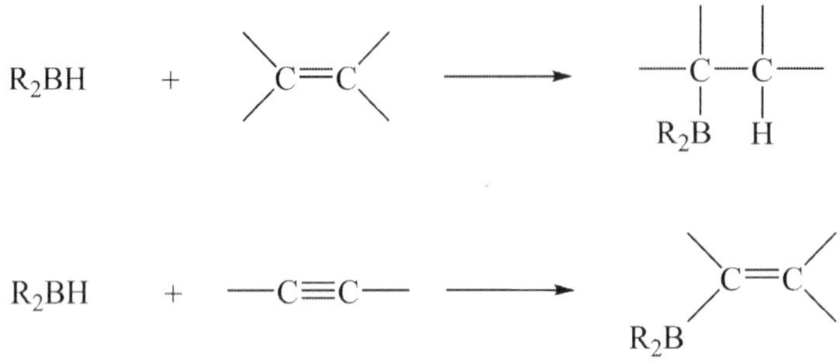

R_2BH + C=C ⟶ R_2B H

R_2BH + —C≡C— ⟶ C=C R_2B H

圖 6-1 硼氫化反應進行 anti-Makovnikov 機制。

一般在硼氫化反應裡使用的是單硼烷的錯體，即是 BH_3 被具有配位能力的路易士鹼配位的錯體 (BH_3•L, L = THF, NR_3, R_2S, etc.)，而非使用乙硼烷 B_2H_6 本身，因後者具有遇氧即強烈爆炸的特性，除非必要很少使用（圖 6-2）。

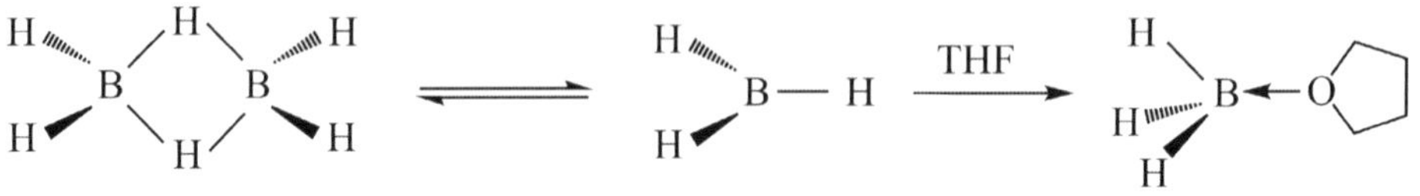

THF

圖 6-2 從乙硼烷 (B_2H_6) 到單硼烷的錯體 (BH_3•THF)。

單硼烷可以 9-BBN 的形式穩定存在，9-BBN 可以從 BH_3•THF 和 1,5- 環辛二烯反應來得到（圖 6-3）。9-BBN 也可以在硼氫化反應當成硼烷的來源（圖 6-4）。

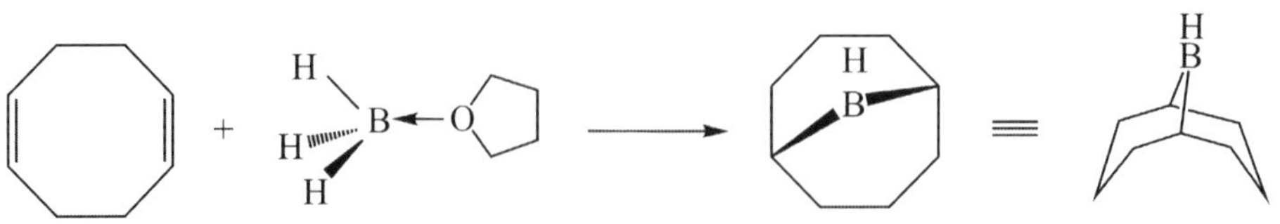

圖 6-3 從單硼烷的錯體 (BH_3•THF) 合成 9-BBN。

小分子量的硼烷（即硼氫化合物）遇氧即可能強烈爆炸的特性，使早期開發硼化學的化學家在合成技術上困擾了很長一段時間。德國人 A. Stock 於 1901 年左右發明了玻璃真空系統，用來處理對空氣極度敏感的化合物的合成工作。雖然經過多年來

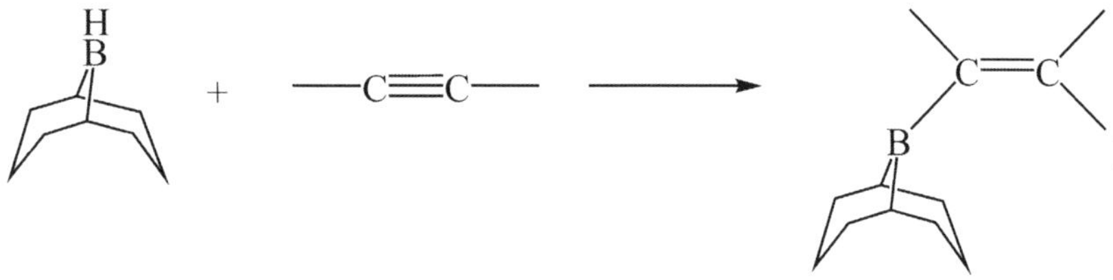

圖 6-4 以 9-BBN 在硼氫化反應當成硼烷的來源。

在技術上的改良，硼氫化合物的合成仍是一項具有高度危險性的工作。硼化學的諸多研究中，無機硼化學著重於硼合物的合成、結構分析及對其鍵結的理解。一般硼化物的結構相當獨特，對於熟悉有機化合物分子結構的化學家來說，這些硼化物是一群不遵守規則的怪異分子。如下圖，兩個硼氫化合物 B_2H_6 及 B_5H_9 均無法以傳統處理有機化合物的方法來看待之（圖 6-5）。為了更了解它們的特殊鍵結方式，化學家從分子軌域理論著手，經過多年努力，終於導出一些比較實用的規則來描述硼化物的結構。

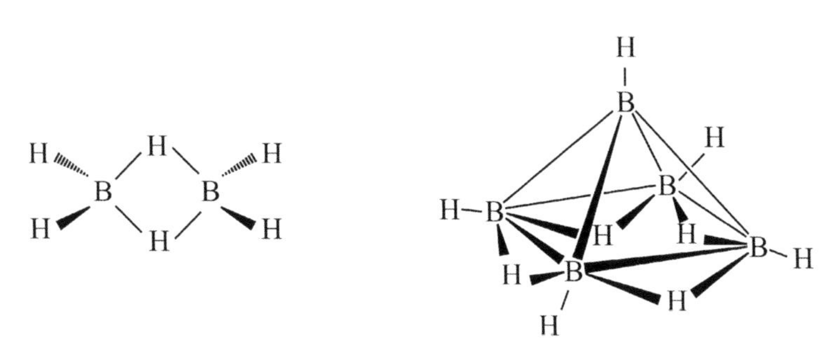

圖 6-5 兩硼氫化合物 B_2H_6 和 B_5H_9。

6-2 硼氫化合物結構新規則的建立

如上所述，一般硼氫化合物 (Boranes, Boron Hydrides) 的結構乍看之下很怪異，似乎違反路易士的鍵結理論，化學家經過長時間的努力才漸漸揭開它神秘的面紗。有人稱硼氫化合物原來是一個打破常規者，最後竟然變成為新規則的創立者。[3]

硼化學曾經是一門不受化學家注意的冷門學問。然而，這曾被視為是一群集合怪異行為分子的硼化學，在 20 世紀 50 年代卻經歷了令人刮目相看的快速進展，其中有很大因素是美國政府為研究高能燃料計畫所提供大量資金帶來的動力。此計畫目的是為當時的美蘇太空競賽 (Space Racing) 中美國的太空火箭提供高效能的推動力。硼化物質輕且高反應放熱量曾引起科學家的高度興趣，使它成為可能的選項之一。[4] 硼化物燃燒快且瞬間放出大熱量，一些硼化物如 B_2H_6 和 B_5H_9 的單位重量燃燒熱是除了

氫氣以外最大的，使 B_2H_6 和 B_5H_9 一度曾被考慮用來當火箭推進燃料。後來因為種種技術因素而遭放棄。現代火箭推進燃料以液態氫及液態氧為主。

$$B_5H_9(g) + 6\ O_2(g) \rightarrow 5/2\ B_2O_3(s) + 9/2\ H_2O(l)$$
$$\Delta H = -4543\ KJ/mol = -72.1\ KJ/g$$
$$B_2H_6(g) + 3\ O_2(g) \rightarrow B_2O_3(s) + H_2O(l)$$
$$\Delta H = -2138\ KJ/mol = -77.4\ KJ/g$$

硼化學研究初期，有許多的硼化合物被陸續合成出來。令化學家感到困窘的是，他們無法以現有的鍵結理論來解釋這些化合物奇特的結構現象。這些化合物的結構和當時化學家所熟悉的有機物的結構截然不同。如果沒有經過系統化的深入研究，這些化合物給人的第一印象好像是隨機架構形成的，且硼化合物彼此之間好像沒有甚麼結構上的關聯性。

6-2-1 缺電子化合物

長久以來，化學家對於 2 個原子間形成化學鍵結時需分享 2 個（一對）電子的想法一直非常執著，且對主族元素是否遵守八隅體規則 (Octet Rule) 非常在意。這是受到路易士結構理論 (Lewis Structure) 的深刻影響的結果。而這些硼化物似乎允許使用比較少的電子數目即可來形成鍵結，和有機物很不相同。因此，曾有一段時間硼化物被稱為缺電子化合物 (Electron-deficient Compounds)，來對比電子數恰好 (Electron-precise Compounds) 的有機化合物（圖 6-6）。

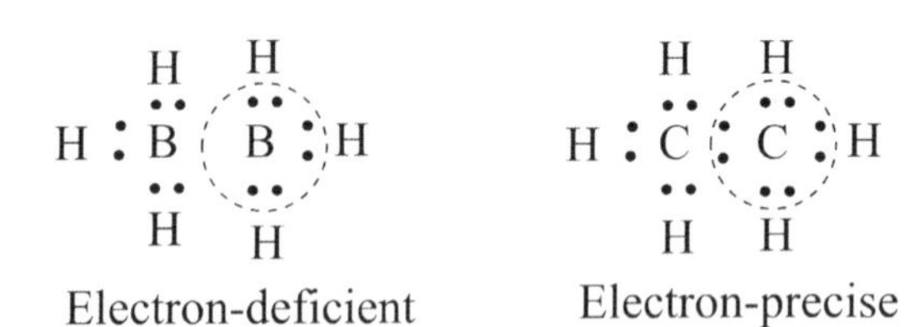

圖 6-6 缺電子化合物的硼化合物和電子數恰好的有機化合物對比。

如在乙烷 (C_2H_6) 與乙硼烷 (B_2H_6) 對比的例子中，根據八隅體規則來檢驗乙烷，它是遵守規則的；而乙硼烷顯然不遵守八隅體規則。乙硼烷內的鍵結電子顯然比較少（圖 6-6）。然而，乙硼烷是已知存在的化合物，並不是憑空想像出來的，其存在必有原因。後來發現，乙硼烷實際的結構並不像乙烷的構型（圖 6-7），乙烷的 6 個氫

原子都是端點 (Terminal) 的；乙硼烷上 4 個氫原子是在端點，另有 2 個氫原子是在架橋 (Bridging) 的位置。因乙硼烷 (B_2H_6) 的高爆炸性，真正使用於硼氫化反應的是單硼烷的錯合物 BH_3•L (L: THF, NR_3, etc.)，直到 1970 年代的 Suzuki 反應被開發出來之前，硼氫化反應大概是硼烷在有機合成上最大的貢獻。而在後來的 Suzuki 反應中，硼化合物的另一型態硼酸 ($RB(OH)_2$) 才又被大量使用於合成上。[5]

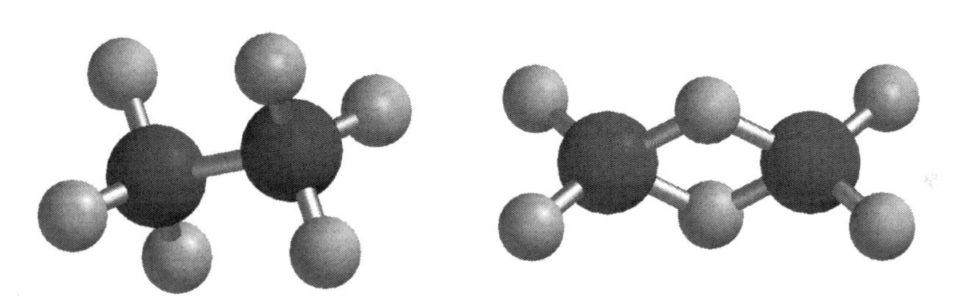

圖 6-7 乙烷 (C_2H_6) 及乙硼烷 (B_2H_6) 構型對比。

直到幾年後，比較合理的、足以描述硼化合物行為的鍵結模型出現之前，缺電子化合物一詞經常被用來描述硼化物的特殊結構狀況。有位科學家朗德爾 (R. E. Rundle) 因此就語帶諷刺地說：「沒有『缺電子化合物』這一類東西，有的只是『缺乏理論的化學家』。」[6] 他認為硼化物既然是存在的，它的獨特結構一定有其背後的理由，化學家不能推說硼化物是「缺電子」。

6-2-2 三中心 / 二電子鍵的鍵結模式

早在 20 世紀 40 年代，當希金斯 (H. C. Longuet-Higgins) 還是研究生時，即指出可以利用三中心 / 二電子鍵 (3 Centers/2 Electrons Bond, 3c/2e) 的鍵結模式來解決一些似乎不遵守八隅體規則的化合物的現象，特別是那些似乎比較缺少電子的化合物。因為從二中心 / 二電子鍵 (2 Centers/2 Electrons Bond, 2c/2e) 的價鍵理論的基本想法轉到三中心 / 二電子鍵的鍵結模式，每形成 1 個鍵結即可省下 1 個電子。[7] 這種模式被哈佛大學的利普斯康 (W. Lipscomb) 加以應用，他以拓樸學 (Topology) 原理作為基礎，使用二中心 / 二電子鍵加上三中心 / 二電子鍵的鍵結模式，來描述在硼化物裡的特殊結構。在硼化物內的這兩種鍵結模式（3c/2e 和 2c/2e）都可以得到理論支持（圖 6-8）。特別是在三中心 / 二電子鍵的鍵結模式中，2 個電子填入最低軌域，再往上的軌域能量比較高，並不適合再填入電子（圖 6-8b）。

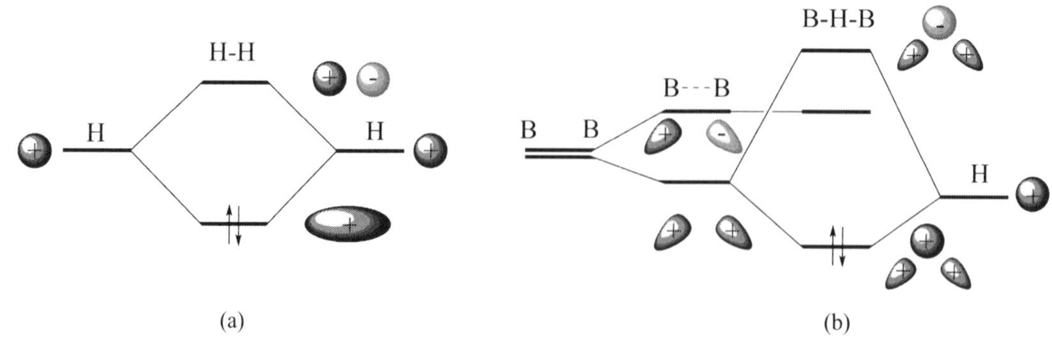

圖 6-8 (a)「二中心，二電子鍵」；(b)「三中心，二電子鍵」的鍵結模式。

6-2-3 利普斯康的「styx 理論」

為了深入了解硼化物所展現的特殊鍵結的背後原因，化學家從分子軌域理論著手，試圖導出一些實用的規則來描述硼化物的結構。首先，利普斯康 (W. Lipscomb) 基於簡單的拓樸學原理，提出這些硼化物之間的結構的確有存在系統性的關係。[8] 目前很清楚地知道，幾乎所有的硼化合物的結構都是利用三角形的面 (Deltahedra) 推疊而成，形成整套有規律的多面體 (Polyhedra) 化合物，如硼化合物 $B_6H_6^{2-}$（圖 6-9）。

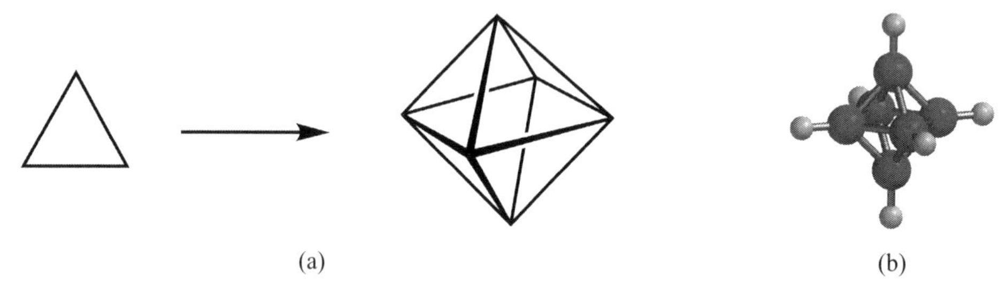

圖 6-9 (a) 硼化合物的結構大都是由三角形的面推疊形成多面體化合物；
(b) 從繪圖軟體產生的硼化合物 $B_6H_6^{2-}$ 的結構。

利普斯康將希金斯概念做延伸，提出「styx 理論」來描述硼化物的特殊鍵結情形。首先將硼化物的分子式整理為 B_pH_{p+q+c}，c 是分子的電荷。例如，B_5H_9 可整理為 $(BH)_5H_4$，p = 5，q = 4。$B_5H_8^-$ 可整理為 $(BH)_5H_3^-$，p = 5，q = 3，c = 1。在利普斯康的 styx 理論中有幾種基本形態的鍵結基團模式，分別命名為 s、t、y、x（圖 6-10）。s 和 t 為「三中心 / 二電子」的鍵結模式；y 和 x 仍為「二中心 / 二電子」的鍵結模式。然後這些鍵結模式（s、t、y、x）之間的關係必須遵守下列四項條件：

1. 三中心軌域的平衡：p + c = s + t

2. 氫數目的平衡：q + c = s + x

3. 電子數目的平衡：p + q / 2 + c = s + t + y + x

4. s , t , y , x ≥ 0

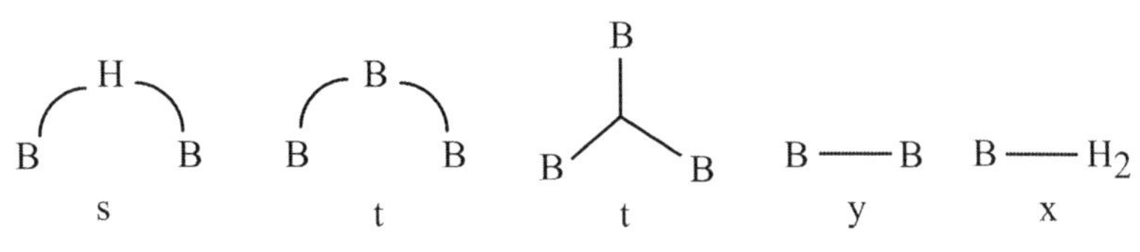

圖 6-10 利普斯康的「styx 理論」中幾種鍵結基團模式。

以 B_5H_9 為例，根據利普斯康的「styx 理論」模型它可整理為 $(BH)_5H_4$，p = 5，q = 4。styx 值可為 (4120)、(3211) 或 (2302)。

s	t	y	x
4	1	2	0
3	2	1	1
2	3	0	2

取 (4120) 為例來繪圖，下圖中任一個圖皆可代表 (4120)（圖 6-11）。為要符合 ^{11}B NMR 實驗觀察現象中 5 個 B 環境以 4:1 的比例存在的事實，styx 理論描述的 (4120) 須加上共振的概念，即對 B_5H_9 的結構描述是下列 4 個 (4120) 圖的共振結果。除了 (4120) 外，(3211) 或 (2302) 皆符合 styx 理論的要求，也都可以畫出圖來代表。但是，原則上以 s 最多的那一組 (4120) 最好，最能代表硼化物的非定域化 (Delocalization) 的特質。

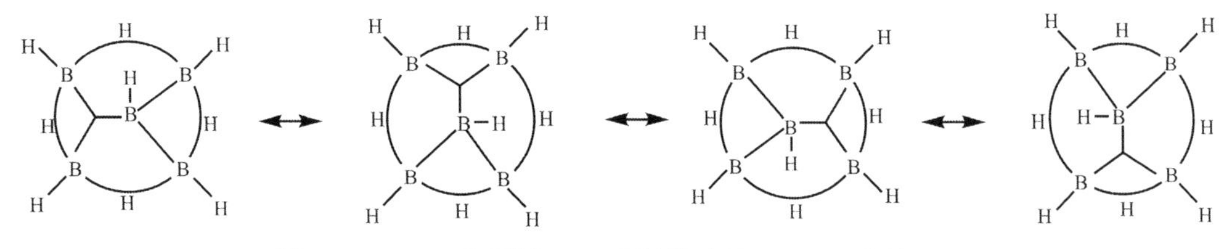
圖 6-11 B_5H_9 分子以 styx 理論描素的 (4120) 來繪圖。

顯然地，利普斯康對於硼化物的處理仍受電子定域化 (Localization) 想法的強烈影響。例如他仍採取價鍵理論中個別鍵結及 styx 共振 (Resonance) 的概念。然而，當

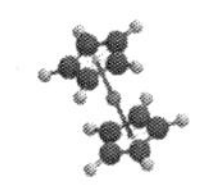

硼化物變得越來越大時，styx 模型變得越來越複雜，越來越難以解釋大型硼化物的鍵結情形，有時候甚至整個理論預測完全失準。要理解大分子硼化物的鍵結，顯然需要更適當的理論模型才行。

6-2-4 韋德規則

20 世紀 70 年代英國化學家韋德 (K. Wade) 建立了一個以韋德模型方法來計算的「電子數目」和「分子形狀」之間的相互關係的公式，稱為韋德規則 (Wade's Rule)。韋德的規則適用於一般由三角面組成的多面體種類的化合物。最初，它被用於解釋硼化物的奇特的分子架構，後來經過修改，可適用於解釋更多的奇特化合物的構型，例如金屬硼氫化合物 (Metallaborane)、金屬碳硼氫化合物 (Metallacarboranes)、金屬群簇 (Metal Cluster) 等等。[9]

對硼氫化合物 (Boranes) 來說，它的分子架構組成的基本單位被假設為 1 個 B-H 基團 (Fragment)。[10] 在 B-H 基團上 1 個硼加上 1 個氫共有 4 個價電子。其中，2 個電子在形成 B-H 鍵時已經使用了，在以韋德模式數算電子數目時可忽略這 2 個已經使用的電子。因此，1 個 B-H 基團以只剩下 2 個電子可參與鍵結來計算（圖 6-12）。除了 B-H 基團外，若有其他組成原子很明顯地也有幫助把分子架構結合在一起的功能，它的電子數目也應該被計算。例如，如果 1 個 B 原子碰巧帶 2 個 H 原子形成 BH_2，則只有 B-H 鍵結被看作 1 個基團，BH_2 上另外的 1 個 H 原子上的 1 個電子，在計算時也必須被加進來。

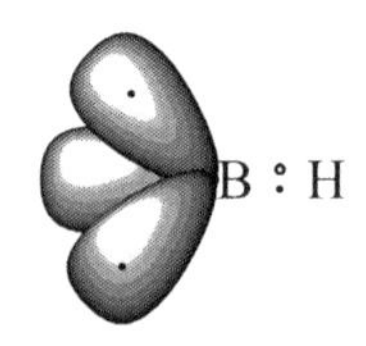

圖 6-12　B-H 基團以 3 個軌域及 2 個電子參與鍵結。

根據韋德規則，若硼氫化合物的分子式為 $[B_nH_n]^{2-}$ (n > 4)，此化合物的結構將被視為具有 *closo*（籠狀）架構，即為一完整封閉結構。分子結構的每個角落皆由 B-H 基團組成，沒有其他如 B-H-B 基團的型式。這樣的 *closo* 架構擁有 n+1 對的電子對。若硼氫化合物的分子式為 B_nH_{n+4}（如同 $B_nH_n^{4-}$），則此化合物的結構將被視為具有 *nido*（巢狀）架構，即為從完整封閉結構的 *closo* 型狀開出一個缺口。這樣的 *nido* 架構擁有 n+2 對的電子對。若硼氫化合物的分子式為 B_nH_{n+6}（如同 $B_nH_n^{6-}$），它的結構被視為具有 *arachno*（蜘蛛狀）架構，此時分子結構的缺口更大。這個 *arachno* 架構擁有 n+3 對的電子對（表 6-1）。其實這是可以理解的推論，當電子數目越多且越集中在一起時，電子雲之間排斥力越大，分子必須由封閉狀態張開，讓電子雲有足夠的空間擴張，減少分子的不穩定性。

表 6-1　硼氫化合物的電子對數目和結構分類的關係並舉例

類型	分子式	骨架電子對數目	例子
Closo	$[B_nH_n]^{2-}$	n+1	$[B_5H_5]^{2-}$ to $[B_{12}H_{12}]^{2-}$
Nido	B_nH_{n+4}	n+2	B_2H_6, B_5H_9, B_6H_{10}
Arachno	B_nH_{n+6}	n+3	B_4H_{10}, B_5H_{11}
Hypho	B_nH_{n+8}	n+4	-

關於不同架構（*closo* 架構〔籠狀〕、*nido* 架構〔巢狀〕、*arachno* 架構〔蜘蛛狀〕）之間的相互關係，有一個很有趣的連結表示如下。如果化合物的電子對數目根據韋德規則是相同的，如 *closo* 架構（籠狀）的 $[B_6H_6]^{2-}$ 陰離子，*nido* 架構（巢狀）金字塔型狀的 B_5H_9，和類似蝴蝶形一樣 *arachno* 架構（蜘蛛狀）的 $[B_4H_{10}]$，它們都具有 7 對電子對。它們之間的相互關係，可視為連續的 B-H 基團的移除，缺口的部分再補以氫原子（圖 6-13）。

$$closo\text{-}[B_6H_6]^{2-} \xrightarrow{\text{-BH, -2e, +4H}} nido\text{-}B_5H_9 \xrightarrow{\text{-BH, +2H}} arachno\text{-}B_4H_{10}$$

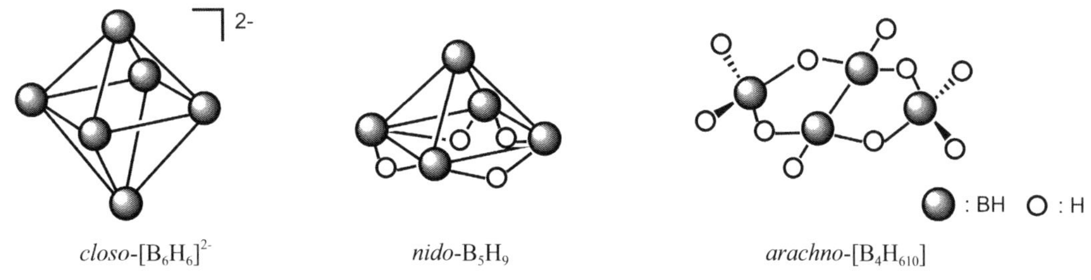

圖 6-13　由密合到開口同樣具有 7 對電子對的硼氫化合物的結構關係。

韋德規則的想法是有理論根據的，可透過分子軌域理論的計算來得到支持。譬如，以 $[B_6H_6]^{2-}$ 陰離子為例。首先，可將 B 原子視為 sp^3 混成，B 再利用 sp^3 混成其中的一軌域內的 1 個電子和 1 個 H 形成 B-H 鍵結，每一個形成 B-H 鍵結的基團再利

用 sp^3 混成剩下的 3 個軌域和 2 個電子來組合形成群簇的鍵結。另一種看法是，將 B 原子視為 sp 混成加上 2 個 p 軌域，B 利用 sp 混成其中的 1 個軌域的 1 個電子和 1 個 H 形成 B-H 鍵結，另一個剩下的 sp 混成軌域，被叫放射軌域 (Radial Orbital)。2 個 p 軌域在此處被稱為切線軌域 (Tangential Orbital)，與放射軌域垂直（圖 6-14）。兩種作法的最終結果皆相同，即每一個 B-H 基團利用 3 個軌域和其中的 2 個電子來形成硼氫化物群簇 (Cluster) 的鍵結。

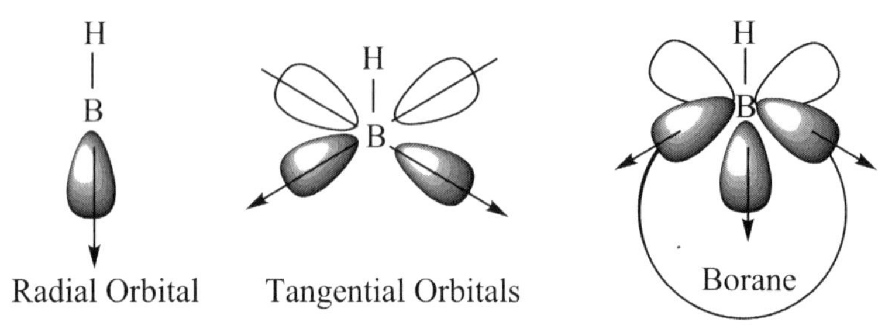

圖 6-14 BH 基團提供放射軌域 及切線軌域於鍵結的示意圖。

在 $[B_6H_6]^{2-}$ 上由 6 個 B-H 基團組成，其中包含 6 個放射軌域與 12 個切線軌域，共 18 個原子軌域，可以線性組合成 18 分子軌域。[11] 從圖 6-15 中可以看出，最低能量的是全對稱的 a_{1g} 軌域，它是由 6 個 B-H 基團以相同相位組合而成；計算結果顯示下一個能量稍高的軌域群是 t_{1u} 軌域，它們是 3 個簡併狀態的軌域，每一個軌域是由 4 個切線軌域和 2 個放射軌域組合而成；再來是能量更高的 3 個簡併狀態的 t_{2g} 軌域。如此一來，總計有 7 個能量低於未鍵結前的鍵結軌域 (Bonding Orbitals: a_{1g} + t_{1u} + t_{2g}) 出現。剩下的其餘 11 個軌域為反鍵結軌域 (Anti-bonding Orbitals)。因此，以 $[B_6H_6]^{2-}$ 為例，需要 7 對電子來穩定由 6 個 B-H 基團形成的 *closo*（籠狀）架構。依此類推，即由 n 個 B-H 基團（角）組成的硼氫化合物，需要 n+1 對電子來構成穩定的 *closo* 架構（圖 6-15）。當電子對越多 (> n + 1) 會造成硼氫化合物的籠狀架構被打開，形成 *nido* 架構（巢狀）甚至 *arachno* 架構（蜘蛛狀）結構。

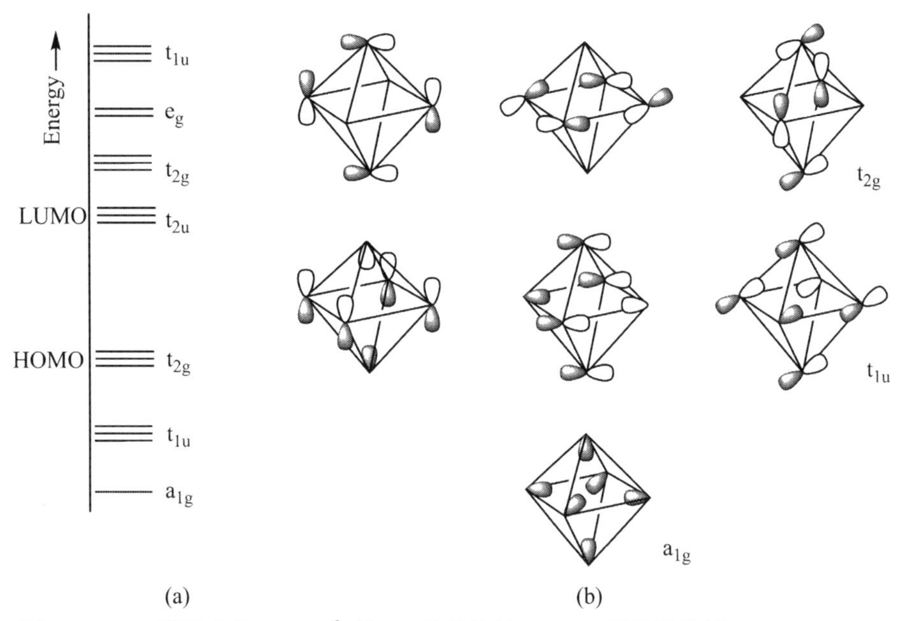

圖 6-15 (a) 硼氫化物 $[B_6H_6]^{2-}$ 的 18 分子軌域；(b) 7 個鍵結軌域 (a_{1g}, t_{1u}, t_{2g})。

6-2-5 碳硼氫化合物及金屬碳硼氫化合物

與多面體的硼氫化合物密切相關是另一個碳硼氫化合物 (Carboranes) 的大家族，這類型群簇包含以 B 和 C 原子為主架構的組合，如 *closo*-1,2-$[B_4C_2H_6]$ 和 *closo*-1,2-$[B_{10}C_2H_{12}]$ 等等（圖 6-16）。

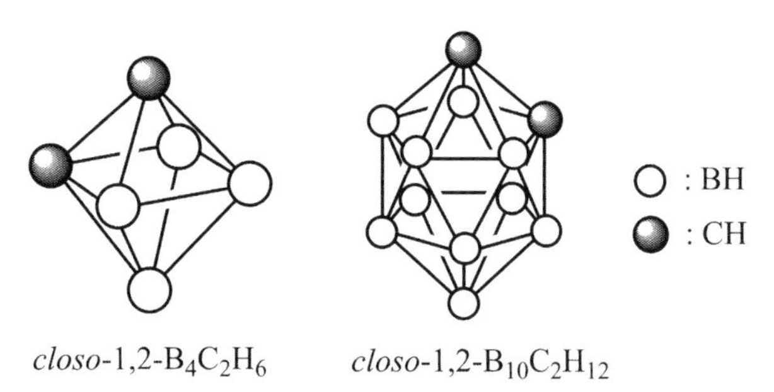

圖 6-16 以 B 和 C 原子為主架構組合的群簇例子。

注意，BH^- 與 CH 基團（或是 BH 與 CH^+ 基團）不但是等電子 (Isoelectronic)，也是軌域瓣類比 (Isolobal)。[12] 因此，在理論上 BH^- 的位置可被 CH 取代（或是 BH 被 CH^+ 基團取代），而不會影響化合物的整體構型（圖 6-17）。

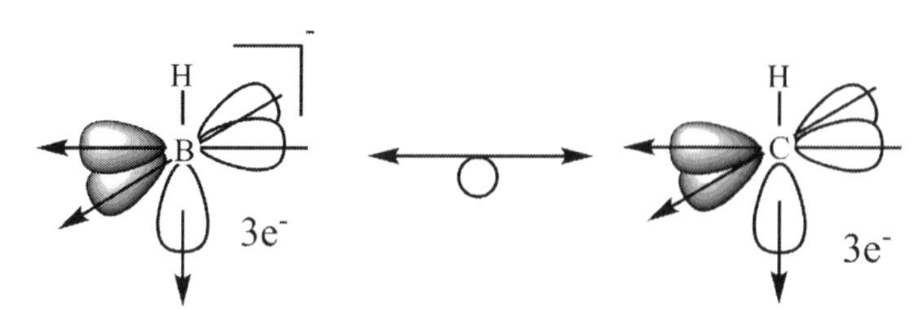

圖 6-17 BH^- 和 CH 基團為軌域瓣類比。

在分子內的電子是否傾向定域化 (Localized) 或者非定域化 (Delocalized) 與元素的電負度 (Electronegativities) 大小有關。根據包林的電負度大小指標：C：2.55，B：2.04，M：1.4 ~2.2。從上述不同元素的電負度看出，硼的電負度介於碳和金屬之間。當硼氫化合物上越來越多的硼基團被碳基團取代後，非定域化可能會隨之被破壞，韋德規則這時候可能會失效。因此，在兩同分異構物中 *closo*-1,2-$B_{10}C_2H_{12}$ 比 *closo*-1,12-$B_{10}C_2H_{12}$ 不穩定，前者的 2 個電負度大的碳擺在一起會破壞非定域化效果（圖 6-18）。

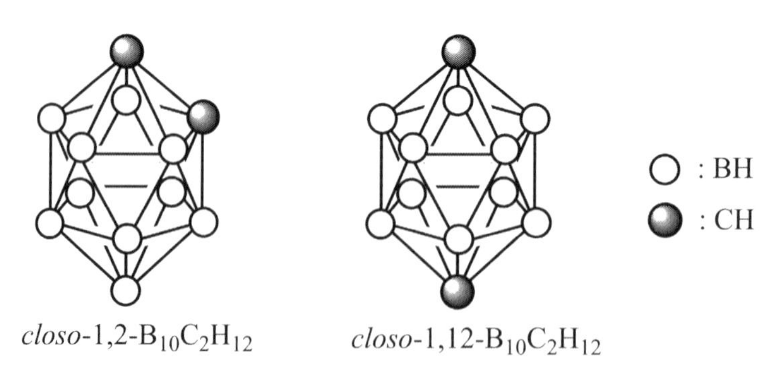

圖 6-18 以 B 和 C 原子為主架構組合的群簇 *closo*-$B_{10}C_2H_{12}$ 中兩個碳盡量遠離。

如果硼氫化合物上硼基團被金屬基團所取代，非定域化的情形可能會被保持，因為金屬的電負度比較小。不過，也要注意金屬基團的體積大小。也有可能因為金屬基團的體積太大，不能適當地嵌入硼氫化物群簇 (Cluster) 內造成整個分子不穩定。如果這樣的話，韋德規則也可能會無效。

6-2-6 韋德規則的延伸

從硼氫化合物研究得到的韋德規則有可能被延伸應用到其他金屬群簇。不過，使用延伸的規則要小心。有些群簇可能不遵守韋德規則，例如：一些金屬類以「端點」或「邊」或以「面」連接的群簇 (Fused Cage Cluster)，多面體上的面被連接群簇 (Capped Cluster)，大多數 Au 群簇，及比較大原子的 Os 群簇等等。下述表格顯示一些代表性群簇的家族，有些類型遵守而有些並沒有遵守韋德規則（表 6-2）。

表 6-2 一些具代表性的群簇 (Cluster) 家族

I.「韋德式群簇 (Wade's Clusters)」
1. 硼氫化合物 (Boranes)、碳硼氫化合物 (Carboranes)、金屬碳硼氫化合物 (Metallacarboranes)
2. 具有 η- 烯基當配位基和 18 個價殼電子的有機金屬化合物
3. 含過渡金屬的正八面體金屬羰基化合物群簇 (Octahedral Carbonyl) 和它們的衍生物
4. 反四稜柱體 (Square Antiprism) 上的面被連接的群簇 (Capped Square Antiprism)
5. 多核非過渡性金屬的群簇
II.「非韋德式群簇 (Non-Wade's Clusters)」
1. 有定域化鍵結的群簇
2. 雙三角錐體群簇
3. 大的金屬碳硼氫化合物 (Metallacarboranes)
4. 無機鹵化物群簇
5. 鉑的群簇和後過渡金屬群簇

6-3 硼化物的應用

如上所述，化學家對硼化學的研究導致鍵結理論的擴展。除此之外，硼化物也有一些實質上的應用面。例如硼化物的高中子吸收截面的特性，被運用於核能電廠中吸收過量的中子以避免連鎖反應。蘇聯的車諾比核能電廠爆炸事件處理中，硼化物曾被大量用於覆蓋暴露的電廠核心吸收中子，以防電廠再度發生連鎖反應而爆炸。一般的核能電廠中也有硼化物做成的硼棒，以吸收過量中子，防止反應過快導致電廠發生爆炸意外。硼化物的高中子吸引截面也被運用於治療癌症。一般傳統的癌症治療法有三種：開刀切除腫瘤、Co-60 放射性照射及化學藥物治療（即使用癌症治療藥劑 *cis*-$Pt(NH_3)_2Cl_2$ 或衍生化合物）。另外還有一種已被研究多年的方法，稱為硼中子捕捉治療法 (Boron Neutron Capture Therapy, BNCT)，這個方法的發展已有一段時間，但因受限於許多因素無法有效突破，故目前尚未被全面推廣。但因此法迥異於傳統的癌症治療法，若能成功則可提供癌症病人另一種治療法的選擇。基本上，這個方法是將硼

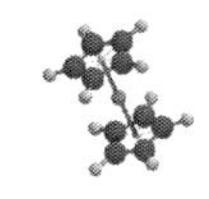

化物送至患病區域（如腦部），再以中子照射患病區域使硼化物產生裂變，以裂變碎片及能量破壞附近癌細胞以達治療效果。在日本，已有治療腳部長瘤成功的例子。此法和 Co-60 放射性照射法有類似的副作用，因為碎片攻擊對癌細胞及正常細胞間並沒有選擇性，產生副作用是可以預期的。

$$^{10}_{5}\mathrm{B} + ^{1}_{0}\mathrm{n} \longrightarrow ^{7}_{3}\mathrm{Li} + ^{4}_{2}\mathrm{He} + 2.4\ \mathrm{MeV}$$

硼在自然界儲比其他常見元素要來得少很多，成本相對較高。因此，大量使用硼化物如同一般使用碳化物（有機化合物）其實並不明智。硼化物最好的應用是針對其獨特的物性及化性以「小而美」的方式來善加利用。

6-4 軌域瓣類比定義 [13]

根據傳統，化學家將化合物刻意區分為有機化合物 (Organic Compounds) 及無機化合物 (Inorganic Compounds)。這個分類方式有其方便性，原是無可厚非之舉。然而，如果從分子軌域理論 (Molecular Orbital Theory, MOT) 的觀點來看，只要 2 個欲參與鍵結的基團的軌域重疊 (Orbital Overlap) 及能量 (Energy) 因素配合得宜，這 2 個基團就可以形成化學鍵並結合成分子，有機或無機化合物從軌域鍵結的觀點視之並無差別。

合成化學家很早以前就發現某些由主族元素 (Main Group Elements) 所形成的基團，和一些由過渡金屬元素 (Transition Metal Elements) 所形成的基團，在化學反應上有些相似。特別是由主族元素的硼化學 (Boron Chemistry) 研究中所得到的硼化物鍵結模式，和過渡金屬所組成的金屬叢化物 (Metal Clusters)，兩者有相當的類似性。[14] 理論化學家早也已預測它們之間的可互變性。直到 1970 年代，理論化學家霍夫曼 (R. Hoffmann) 綜合前人的研究結果，提出所謂的軌域瓣類比 (Isolobal Analogy) 的概念。[15] 這概念提出以後，使得以前認為彼此不太相干的過渡金屬元素和主族元素之間的化學相關性突然顯得密切起來。霍夫曼對軌域瓣類比的定義是「兩個基團內可參與鍵結的軌域數目和電子數一樣，且軌域的對稱、形狀和能量相似者，即稱兩個基團為 Isolobal；具有 Isolobal 性質的基團會有相類似的鍵結能力。」此處強調的是相類似 (Similar) 而非完全相同 (Identical) 的鍵結能力。以由主族元素所形成的基團 BH 和由過渡金屬元素所形成的基團 $Fe(CO)_3$ 為例，從簡單的軌域混成 (Hybridization) 概念著手，可發現它們的前緣軌域 (Frontier Orbitals) 各有 3 個可以用於鍵結的軌域及 2 個可用的價電子，其形狀也類似，符合霍夫曼對軌域瓣類比的定義，因此稱這 2 個基團為 Isolobal，即具有相類似的鍵結能力。以下利用簡化的分子軌域鍵結模型加以說明。

6-5 軌域瓣類比應用實例

以下左圖是中心金屬以 d^2sp^3 軌域混成的正八面體分子 (ML_6) 的鍵結模型；[16] 而右圖是將正八面體在 *fac-* 位置的 3 個配位基移開的想像金屬基團 (Metal Fragment) 的鍵結模型（圖 6-19）。[17]

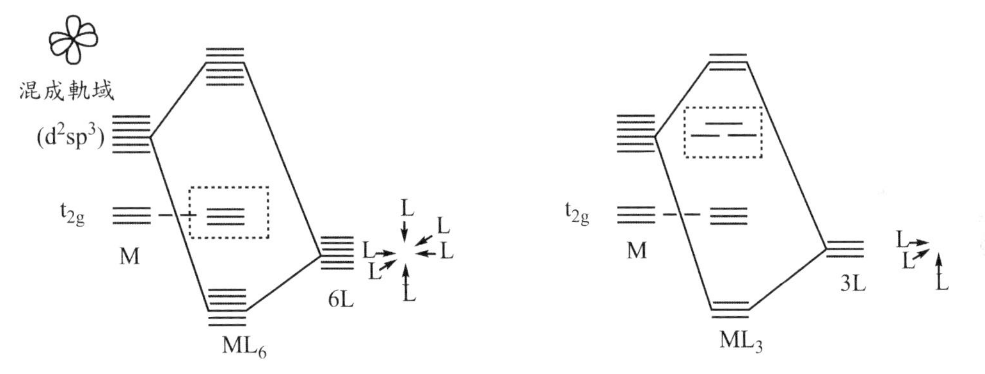

圖 6-19 (a) 正八面體分子 ML_6 的鍵結模型。(b) 金屬基團 ML_3 的鍵結模型。

如果，由過渡金屬元素所形成的基團 $Fe(CO)_3$ 取 C_{3v} 的對稱模式，它應具有 3 個可參與鍵結的前緣軌域，且以 a_1 及 e 的對稱方式存在。若以過渡金屬及配位基的價電子（共 14 個）依序填入軌域，則發現在 3 個可參與鍵結的前緣軌域（a_1 及 e）中有 2 個價電子可供使用（圖 6-20）。

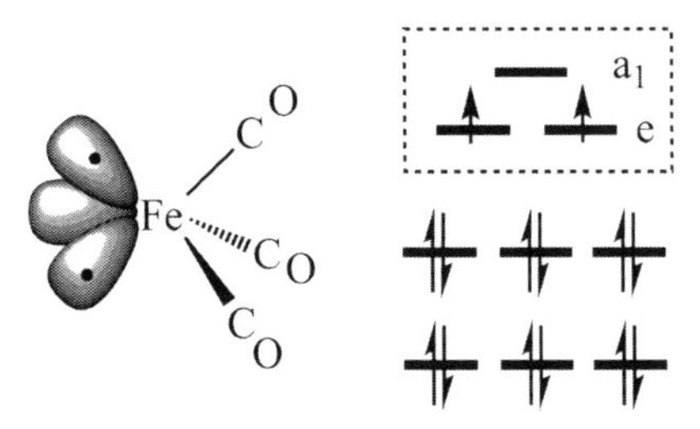

圖 6-20 $Fe(CO)_3$ 基團取 C_{3v} 對稱模式的前緣軌域圖。

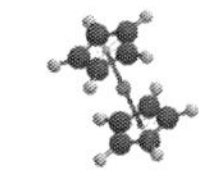

另外，描述由主族元素所形成的基團 BH 的鍵結較為簡單。可把中心元素視為 sp^3 軌域混成。很容易看出它有 3 個可參與鍵結的前緣軌域，且其中有 2 個價電子可供使用。且其前緣軌域也是取 C_{3v} 的對稱模式以 a_1 及 e 的對稱方式存在（圖 6-21）。

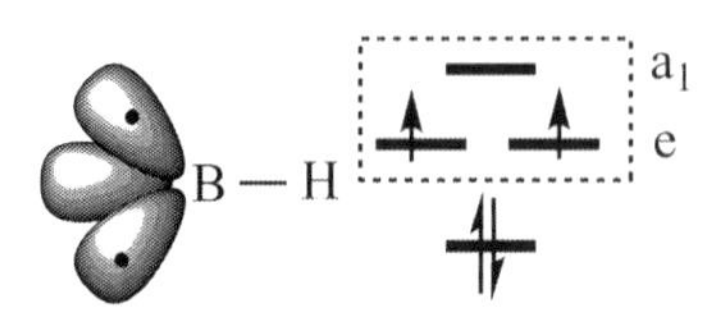

圖 6-21 BH 基團取 C_{3v} 對稱模式的前緣軌域圖。

根據霍夫曼對等翼對等的定義，BH 基團和 $Fe(CO)_3$ 基團之間應互為 Isolobal，且具有相類似的鍵結能力。所以在下圖中以金字塔型狀存在的 B_5H_9 硼分子中的一個或多個 BH 可被 $Fe(CO)_3$ 取代而不影響其主體形狀。根據韋德規則的命名方式 B_5H_9、$B_4H_8Fe(CO)_3$、$B_3H_7Fe_2(CO)_6$ 均為 *nido*（巢狀）結構（圖 6-22）。[18] 注意霍夫曼的軌域瓣類比的定義是強調基團之間的鍵結能力，而非化學活性的相似性。例如，硼分子 B_5H_9 是具有遇氧則爆的高活性，而 B_5H_9 部分被金屬取代後的化合物 $B_4H_8Fe(CO)_3$、$B_3H_7Fe_2(CO)_6$ 的化學活性則相對穩定許多。

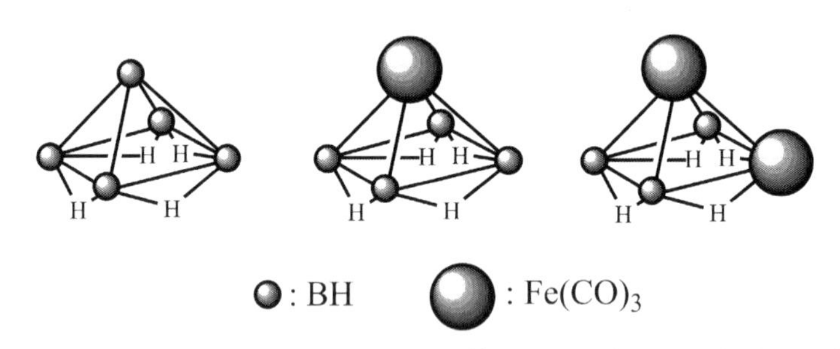

圖 6-22 利用軌域瓣類比概念以 $Fe(CO)_3$ 基團逐一取代 B_5H_9 上的 BH 基團。

值得一提的是，在韋德規則中並無法指出在 $B_4H_8Fe(CO)_3$ 中，$Fe(CO)_3$ 基團究竟是應該取代在金字塔的基部 (Basal Position) 或頂點 (Apical Position)？[19] 但我們可從其他理論得到提示，金屬基團通常所佔的位置是在它和其他原子有最多鍵結的地方，在金字塔形中即為頂點位置。[20] 這可以從金屬含 d 軌域混成角度的要求比主族元素寬鬆的方向來理解。

硼氫化合物基本上由 BH 基團組成，如果利用軌域瓣類比的概念，如 BH、CH^+ 和 $Fe(CO)_3$ 基團為軌域瓣類比，可以將硼氫化合物上的 BH 基團換成含主族元素或過渡金屬基團。如 *closo*-$B_6H_6^{2-}$ 轉換成 *closo*-$B_4C_2H_6$，*nido*-B_5H_9 轉換成 *nido*-$B_4H_8Fe(CO)_3$（圖 6-23）。

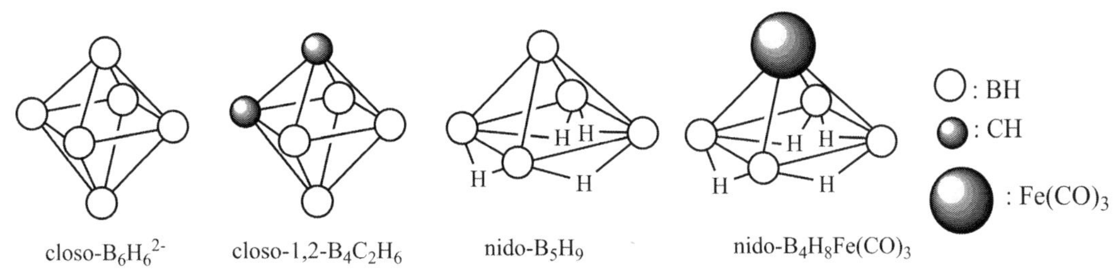

圖 6-23 利用軌域瓣類比概念，將硼氫化合物上的 BH 基團換成含主族元素或過渡金屬基團。

6-6 由過渡金屬和主族元素所形成的基團

詳細檢查由過渡金屬所形成的基團和由主族元素所形成的基團之間的關係，可以發現在 $Fe(CO)_3$ 基團中具有 14 個價電子 (Fe: 8, 3CO: 6)，但其中有 12 個填入較低軌域，只有 2 個電子在上層軌域（e 和 a_1 軌域）；而 BH 基團共有 4 個價電子，其中 2 個形成 BH 鍵，剩下 2 個在上層軌域。由許多諸如上述兩基團的例子中，我們找到一個規則：即過渡金屬基團電子數減「12」，主族元素基團減掉「2」，剩下即為可用於參與鍵結的價電子數目。[21]

根據上述算法，CpCo 和 $Fe(CO)_3$ 及 BH 等等基團也同為 Isolobal，因此下述分子之間的結構相關性自不待言，且這些分子均為已知（圖 6-24）。[22] 從最左邊分子 $C_4B_2H_6$（稱為碳硼氫化合物）的 BH 基團被 CpCo 或 $Fe(CO)_3$ 逐一取代，形成各種含金屬分子。若沒有 Isolobal 的概念，很難想像其中的關聯。

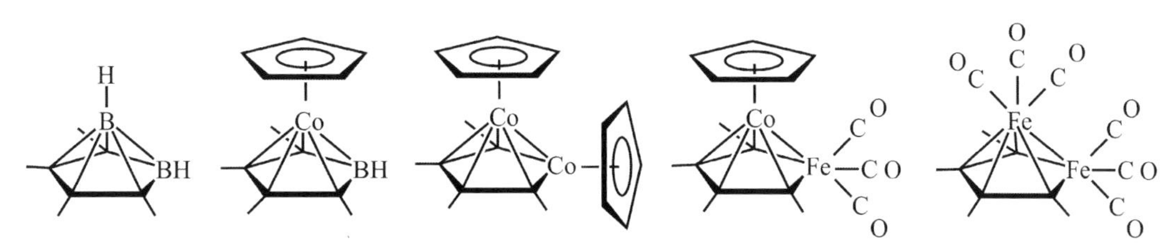

圖 6-24 以軌域瓣類比概念來看待這些化合物的相關性。

根據上述軌域瓣類比理論，CH 和 $Co(CO)_3$ 基團是 Isolobal，同樣具有 3 個可參與鍵結的前緣軌域，且其中有 3 個價電子可供使用。以下幾個分子是以 Isolobal 的概念，從純有機化合物開始 CH 基團以金屬基團 $Co(CO)_3$ 取代的結果（圖 6-25）。

結構 (a) 是完全有機物，一般情形下極不穩定，只有在特殊情狀下如 R 基很大時才可能存在。結構 (b) 可視為環丙烯鍵結在 $Co(CO)_3$ 上的有機金屬化合物，如 (η^3-C_3R_3)$Co(CO)_3$ 或是 (η^3-C_3H_5)$Co(CO)_3$，前者 (η^3-C_3R_3) 是三角環，後者 (η^3-C_3H_5) 是 allyl 環。結構 (c) 可視為乙炔架橋鍵結在 $Co_2(CO)_6$ 上的有機金屬化合物 (μ_2-η^2-C_2R_2)$Co_2(CO)_6$。結構 (d) 可視為架橋碳炔 (Bridging Carbyne) 的有機金屬化合物，為 Alkylidene Cluster 的一種。結構 (e) 可視為叢金屬化合物（Metal Cluster，金屬群簇）（圖 6-25）。由上述可看出 Isolobal Analogy 概念的實用性。除了 (a) 以外，其餘分子都可穩定存在。[23] 再一次說明了 Isolobal Analogy 的定義是強調基團之間的鍵結能力，而非化學活性的相似性。

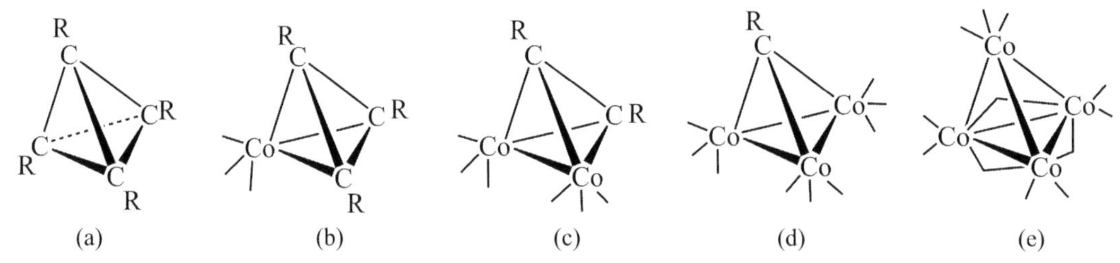

圖 6-25　以軌域瓣類比概念聯結有機化合物和金屬基團取代的化合物。

若過渡金屬所形成的基團不是取 C_{3v} 的對稱模式，而是金字塔型如 $Mn(CO)_5$，是從正八面體中取去一配位基位置時，則此時兩基團是否為 Isolobal 應以從偏離十八電子律（或偏離八隅體規則）為考慮方向。如 $Mn(CO)_5$ 是缺一電子即到達十八電子，而 CH_3 是缺一電子即到達八隅體，且兩基團均有一個可參與鍵結的軌域且有一個可參與鍵結的電子。此時我們稱 $Mn(CO)_5$ 和 CH_3 也是 Isolobal，有相似的鍵結能力（圖 6-26）。

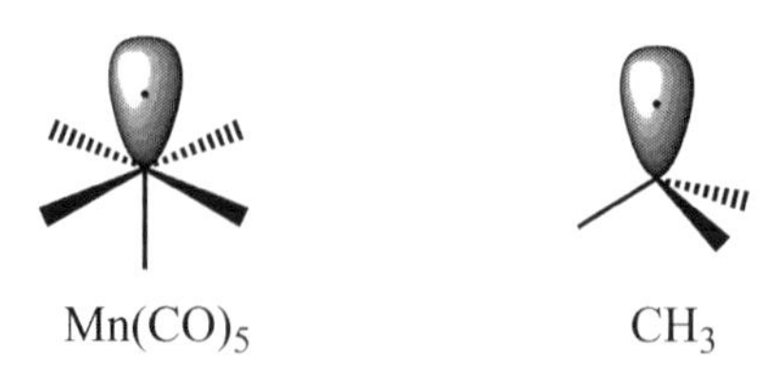

圖 6-26　$Mn(CO)_5$ 和 CH_3 基團具有軌域瓣類比關係。

以下三化合物：$Mn_2(CO)_{10}$、$Mn(CO)_5CH_3$、C_2H_6 都是已知分子，它們的相關性可以 Isolobal Analogy 來說明（圖 6-27）。[24] 若不是透過此理論的連結，實在很難串連純無機金屬化合物 $Mn_2(CO)_{10}$、有機金屬化合物 $Mn(CO)_5CH_3$ 和純有機化合物 C_2H_6 之間的關係。

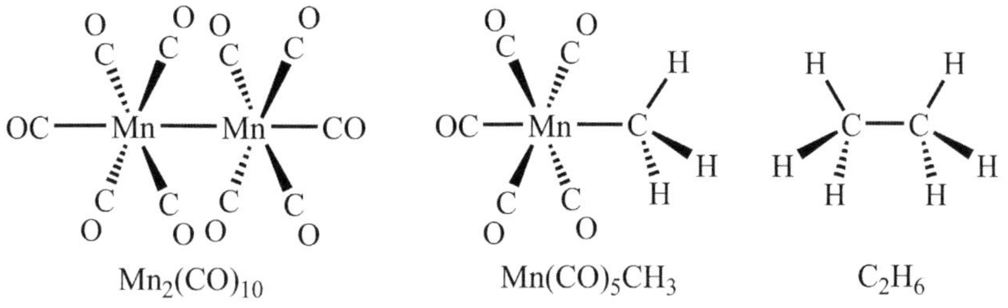

$Mn_2(CO)_{10}$ $Mn(CO)_5CH_3$ C_2H_6

圖 6-27 以軌域瓣類比概念來看待 $Mn_2(CO)_{10}$、$Mn(CO)_5CH_3$、C_2H_6 的相關性。

6-7 常見過渡金屬和主族元素所形成的基團軌域瓣類比關係

表 6-3 列出一些常見 Isolobal 的基團。請注意，這些基團之間的軌域瓣類比 (Isolobal Analogy) 並不一定是一對一的關係。如果某基團可用於參與鍵結的軌域數目多於所需，則它可選擇使用其中某部分即可。

軌域瓣類比概念的貢獻正如霍夫曼在 1981 年諾貝爾化學獎得獎演說中所說的，他是要在有機和無機化學間做一座橋樑。Isolobal 的概念開闊了化學家的視野，使化學家對不同分子（如有機分子、無機分子和有機金屬分子）之間的結構相關性多一層了解，在合成的設計上也開闢了更大的想像空間。

表 6-3 一些常見 Isolobal 的基團

主族元素基團	CH_3	CH_2	CH BH^-	CH^+ BH
金屬元素基團	$Co(CO)_4$ $Mn(CO)_5$ $CpFe(CO)_2$ $CpCr(CO)_3$	$Fe(CO)_4$ $Mn(CO)_4^+$ $CpCo(CO)$ $CpMn(CO)_2$	$Co(CO)_3$ $CpFe(CO)$ $CpNi$	$Fe(CO)_3$ $CpCo$ $CpMn(CO)$

《充電站》

6.1 霍夫曼對軌域瓣類比的定義重點

根據霍夫曼對軌域瓣類比的定義重點是：一，基團內可參與鍵結的軌域數目；二，可用電子數；三，軌域的對稱；四，軌域的形狀；五，軌域的能量。其中，軌域數目可以多用少，但是可用電子數則要相同，至於軌域的對稱、軌域的形狀、軌域的能量等等要求，則可以稍微有彈性。Analogy 這個詞彙本身就界定「相似」而非「完全相同」的概念。

6.2 雖然是 Isolobal，金屬基團和非金屬基團還是有差異

雖然有些過渡金屬基團和主族元素基團是 Isolobal，它們之間還是有差異。畢竟，過渡金屬元素比起主族元素來還多出 d 軌域。在過渡金屬基團和主族元素基團同時存在於群簇分子內時，過渡金屬基團置於群簇結構頂點比較穩定。另外，有些過渡金屬基團和主族元素基團可由 Isolobal Analogy 拉上關係。但是，不能保證由主族元素形成的分子一定穩定存在。一般而言，過渡金屬基團的鍵結能力比較有彈性。

6.3 Isolobal 的 Isoelectronic 差異

等電子 (Isoelectronic) 是指 2 個總價電子數目一樣的分子，如 CO 和 NO^+ 皆具有 10 個價電子數，因此是等電子。Isolobal 理論不是講總價電子數目，而是注重基團內可參與鍵結的軌域數目、形狀及可用於鍵結的電子數。根據這個標準 CO 和 NO^+ 是 Isoelectronic 也是 Isolobal。但是，Isolobal 的兩基團不一定是 Isoelectronic，如 BH 和 $Fe(CO)_3$。同理，Isoelectronic 的兩基團不一定是 Isolobal，如 BH^- 和 CH_2^+。

《練習題》

6.1 硼化物曾被稱為缺電子化合物 (Electron-deficient Compound)，請解釋原因。

6.2 分子量小的硼氫化物 (B_nH_m) 有很強趨勢和氧進行反應，並產生爆炸。硼氫化物和氧進行反應後產生 B-O 鍵及斷 B-H 鍵。解釋 B-O 鍵本質及硼氫化物產生爆炸的成因。[提示：B-O 鍵比一般單鍵強]

6.3 簡要說明硼中子捕捉治療法 (Boron Neutron Capture Therapy, BNCT)。為何至今仍未普及？

6.4 (a) 甚麼是利普斯康的 styx 理論 (Lipscomb's styx Theory)？根據這模型理論繪出 B_5H_9 的圖形。(b) 說明甚麼是韋德規則 (Wade's Rule)，根據此規則繪出 B_5H_9 的結構。(c) 上述何種理論比較接近實驗結果？

6.5 韋德規則 (Wade's Rule) 的想法是有理論根據的。以 $[B_6H_6]^{2-}$ 陰離子為例，利用分子軌域理論的計算結果來說明之。

6.6 為何中性的 *closo*-B_nH_{n+2} 分子（如 B_6H_8）不存在，而必須以 $B_6H_6^{2-}$ 方式存在？

6.7 說明對 B_5H_9 的親電子性的攻擊通常發生在金字塔型的頂端 (Apical Position)，而親核性的攻擊通常發生在金字塔型的基部位置 (Basal Position) 上。

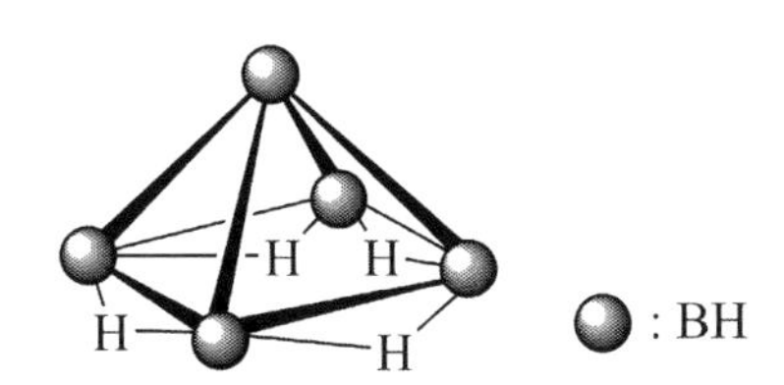

6.8 化合物 $B_4H_8Fe(CO)_3$ 早已被合成及純化出來。(a) 根據 Wade 規則，繪出其可能結構。(b) 指出其結構屬於 *closo* 架構（籠狀）、*nido* 架構（巢狀）或 *arachno* 架構（蜘蛛狀）構型。(c) 有沒有異構物的可能性？

6.9 有一化合物 $B_5H_9Fe(CO)_3$ 早已被合成出來。請應用韋德規則 (Wade's Rule) 來預測它的構型。有沒有異構物？

6.10 B_5H_9 和具有提供 $Fe(CO)_3$ 基團的反應物反應後產生 $Fe(CO)_3B_4H_8$。$Fe(CO)_3$ 基團被發現在化合物金字塔型的頂端，而非基部位置上。請說明原因。

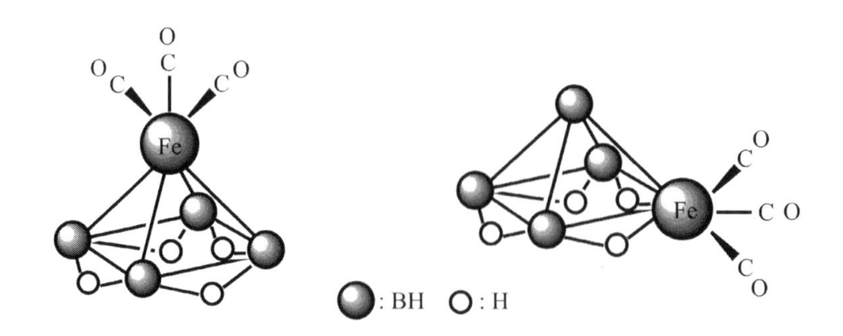

6.11 請應用韋德規則 (Wade's Rule) 來預測 $C_5H_5^{+1}$ 的構型。說明這樣的有機化合物可能穩定存在嗎？

6.12 (a) 請應用韋德規則 (Wade's Rule) 則來說明化合物 $Co_4(CO)_{10}(EtC \equiv CEt)$ 的構型。(b) 另外，以炔類鍵結到金屬方式來說明化合物 $Co_4(CO)_{10}(\eta^2\text{-}EtC \equiv CEt)$ 的構型。[提示：類似杜瓦—查德—鄧肯生 (Dewar-Chatt-Duncanson) 模式。]

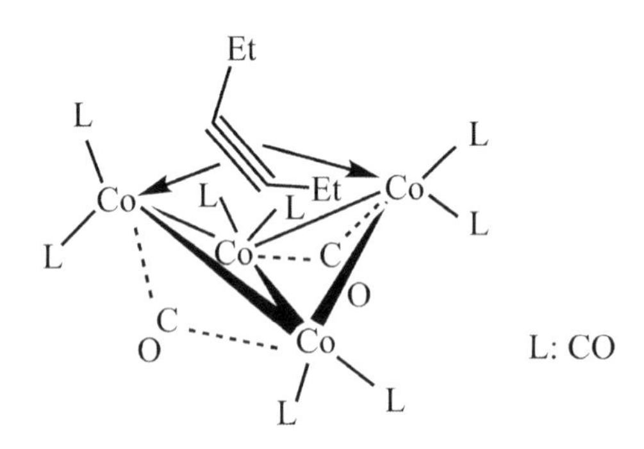

6.13 根據韋德規則 (Wade's Rule)，繪出下列含硼或碳化合物的結構。並指出化合物結構屬於 *closo* 架構（籠狀）、*nido* 架構（巢狀）或 *arachno* 架構（蜘蛛狀）構型。

(a) $B_{12}H_{12}^{2-}$　(b) $B_{10}H_{14}^{2-}$　(c) $C_2B_{10}H_{12}$

(d) $B_9H_{11}S$　(e) $C_5H_5^-$　(f) $C_6H_6^{+2}$

6.14 根據韋德規則 (Wade's Rule)，繪出下列含金屬、硼或碳化合物的結構。並指出化合物結構屬於 *closo* 架構（籠狀）、*nido* 架構（巢狀）或 *arachno* 架構（蜘蛛狀）構型。[提示：其中獨特的 C 為 Carbido 的碳。]

(a) $(C_5H_5)_2Ni_2B_4H_4$　(b) $(CO)_{12}Ru_4BH_3$　(c) $(CO)_9Co_3CR$

(d) $Co_4(CO)_{12}$　(e) $Cp_2Co_2B_4H_6$　(f) $(CpCo)_2C_4R_4$

(g) $B_5H_9Fe(CO)_3$.　(h) $(CO)_6Co_2(CR)_2$　(i) $Fe_3(CO)_9S_2$

(j) $[(\mu\text{-}H)Fe_3(CO)_{11}]^-$　(k) $Os_4(CO)_{12}S_2$　(l) $Co_3(CO)_9As$

(m) $Fe_5(CO)_{15}C$　(n) $Ru_6(CO)_{17}C$

6.15 有一化合物分子式為 $C_3H_5Re(CO)_4$。

(a) 利用十八電子律 (18-Electron Rule) 來繪出其構型。

(b) 應用韋德規則 (Wade's Rule) 來預測化合物的構型。

(c) 應用韋德規則比利用十八電子律來預測化合物的構型有何特別的優點？

6.16 化合物 $Co_3(CO)_9(CH)$ 可從 $Co_2(CO)_8$ 和氯仿 (Chloroform) 的反應中得到。NMR 光譜指出化合物有 CH 基；IR 光譜指出只有端點 (Terminal) 的羰基。(a) 根據這些實驗數據及韋德規則 (Wade's Rule)，繪出其可能結構。(b) 另外，有一產物分子式為 $Co_4(CO)_{12}$，繪出其可能結構。此產物如何由反應中產生？

6.17 根據韋德規則 (Wade's Rule)，繪出 $(\eta^2,\mu_2\text{-}PhC \equiv CPh)Co_2(CO)_6$ 的可能結構。並解釋此分子的鍵結方式。

6.18 舉出兩種從 *closo*-1,2-$C_2B_{10}H_{12}$ 到 *closo*-1,12-$C_2B_{10}H_{12}$ 分子反內重排機制。[提示：利用魔術方塊轉動方式來考慮。]

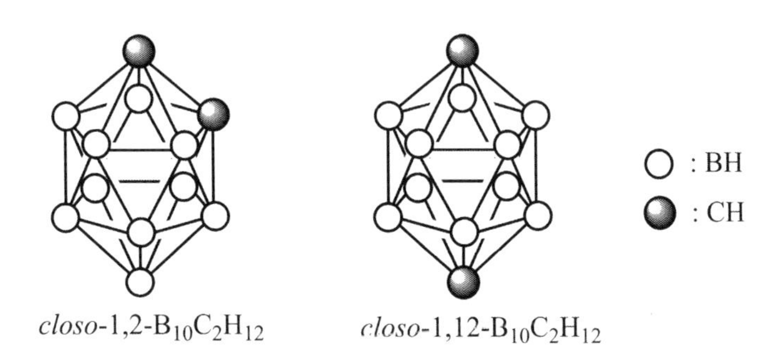

6.19 通常鐵辛 (Ferrocene, $(\eta^5\text{-}C_5H_5)_2Fe$)) 的結構被視為三明治化合物 (Sandwich Compound) 結構。另一種解釋鐵辛結構的方式是將其視為由 1 個 CpFe 及 5 個 CH 共 6 個基團組合而成。同理，三明治化合物 $(\eta^5\text{-}C_5H_5)_2Co(\eta^4\text{-}C_4H_4)$ 也可如此處理。根據韋德規則 (Wade's Rule)，指出此化合物結構屬於 *closo*、*nido* 或 *arachno* 構型。

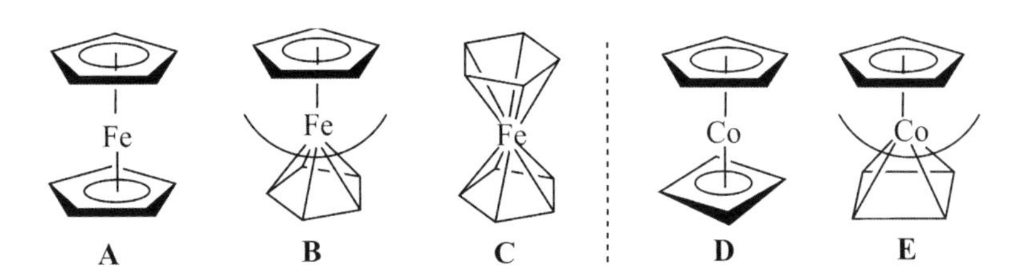

6.20 根據霍夫曼 (R. Hoffmann) 的定義，什麼是軌域瓣類比 (Isolobal Analogy)？

6.21 過渡金屬基團 $Fe(CO)_3$ 若取 C_{3v} 的對稱模式，它具有 3 個可參與鍵結的前緣軌域 (Frontier Orbitals)，主族元素基團 BH 具有 3 個類似的可參與鍵結的前緣軌域。請說明 BH 和 $Fe(CO)_3$ 基團是軌域瓣類比 (Isolobal Analogy)。

6.22 請說明 2 個過渡金屬基團 $Fe(CO)_3$ 和 CoCp 是軌域瓣類比 (Isolobal Analogy)。

6.23 如何合理化下面的反應？請用軌域瓣類比 (Isolobal Analogy) 的概念來說明下面的從配位基 $(\eta^5\text{-}1,2\text{-}C_2B_9H_{11})^{2-}$ 到金屬錯合物 $[(\eta^5\text{-}1,2\text{-}C_2B_9H_{11})_2Fe]^{2-}$ 的鍵結。［提示：配位基 $(\eta^5\text{-}1,2\text{-}C_2B_9H_{11})^{2-}$ 的鍵結能力類似 $(\eta^5\text{-}C_5H_5)^{1-}$。］

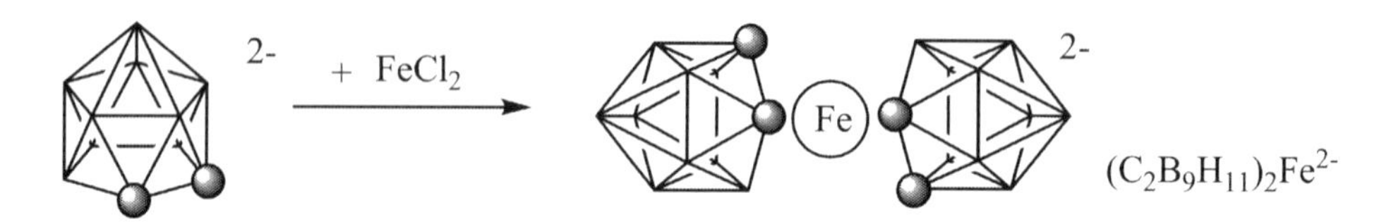

6.24 乍看之下，從化合物 A 到 E 似乎沒有什麼關係。A 是純有機物；E 是純無機物；B ~ D 則是有機金屬化合物。請用軌域瓣類比 (Isolobal Analogy) 來說明 A 到 E 的關係。

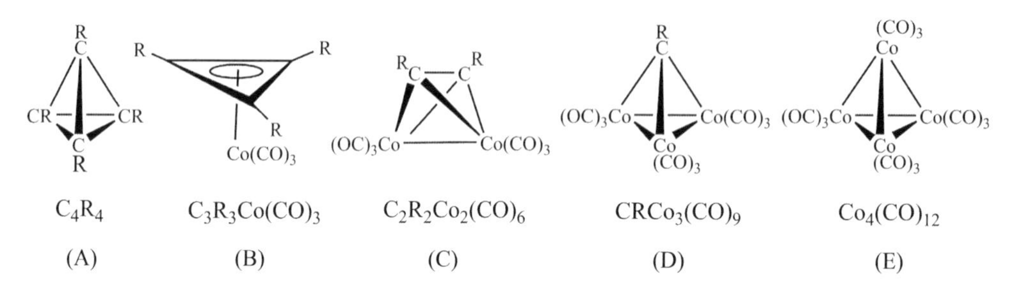

6.25 根據軌域瓣類比 (Isolobal Analogy) 的定義，找出以下純無機物的相對應純有機物。這些相對應純有機物是否能穩定存在？

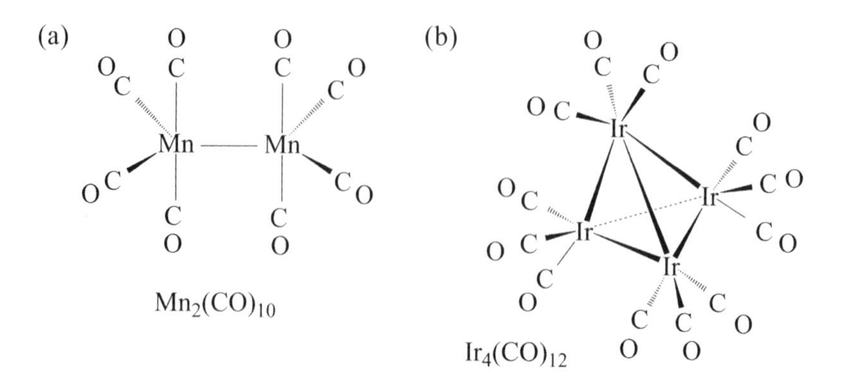

6.26 (a) 定義等電子 (Isoelectronic) 的兩基團。(b) 舉例說明軌域瓣類比 (Isolobal Analogy) 的兩基團不一定是等電子 (Isoelectronic)。反之亦然。

6.27 請說明 CO 和 NO^+ 是等電子 (Isoelectronic) 且軌域瓣類比 (Isolobal Analogy)。

6.28 說明 CH 和 BH_2 兩基團是等電子 (Isoelectronic)，但不是軌域瓣類比 (Isolobal Analogy)。

6.29 說明 CH 和 $Co(CO)_3$ 兩基團是軌域瓣類比 (Isolobal Analogy)，但不是等電子 (Isoelectronic)。

6.30 鐵辛 (Ferrocene, $(\eta^5\text{-}C_5H_5)_2Fe$) 及鈷辛 (Cobaltocene, $(\eta^5\text{-}C_5H_5)_2Co$) 上的配位基 $(\eta^5\text{-}C_5H_5)$ 可能受親核基或親電子基的攻擊。請問是鐵辛還是鈷辛上的配位基比較容易受到此類型攻擊？

6.31 $B_4H_8Fe(CO)_3$ 化合物中 $Fe(CO)_3$ 基團可以在金字塔型結構的基部 (Basal Position) 或頂點 (Apical Position) 位置上形成異構物，且均為 *nido*（巢狀）結構。何者較穩定？

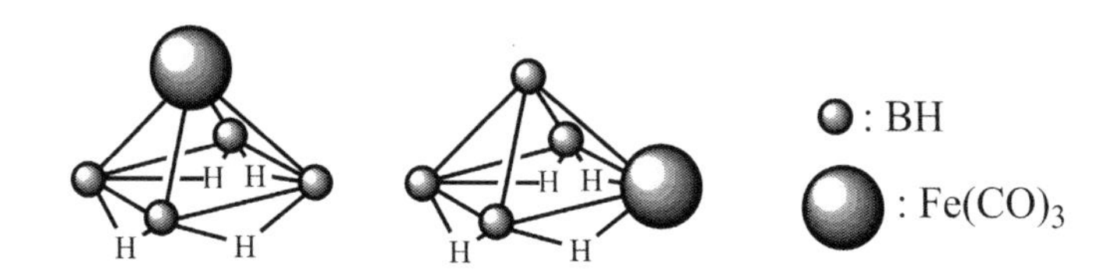

6.32 乍看之下，兩有機金屬化合物 $(\eta^3\text{-}C_3H_5)Co(CO)_3$ 和 $(\mu_2\text{-}\eta^2\text{-}C_2R_2)Co_2(CO)_6$ 似乎沒有甚麼關聯。用軌域瓣類比 (Isolobal Analogy) 來說明兩者間的關係。

章節註釋

1. N. S. Hosmane, *Boron Science: New Technologies and Applications*, Taylor & Francis, **2011**.
2. 布朗 (H. C. Brown) 是美國化學家，因研究硼化合物用於有機合成的重大貢獻獲頒 1979 年諾貝爾化學獎。
3. K. Wade, *Boranes: rule-breakers become pattern-makers*, New Scientist, **1974**, 615.
4. K. Wade, *Bonding with Boron*, Nature Chemistry, **2009**, *1*, 92.
5. 1970 年代的 Suzuki 耦合反應造成合成上的風潮。日本北海道大學名譽教授鈴木章 (Akira Suzuki)，因研究鈀金屬耦合催化反應用於有機合成的重大貢獻獲頒 2010 年諾貝爾化學獎。
6. 「沒有『缺電子化合物』這一類東西，有的只是缺乏理論的化學家。」(There are no such things as electron deficient compounds, only theory deficient chemists.) -- R.E. Rundle.
7. "Three Centers, Two Electrons Bond" 有很多種寫法，例如 "Three Centers/Two Electrons Bond" 或簡寫成 "3c, 2e" 或 "3c/2e"，其他類推。
8. 利普斯康 (William N. Lipscomb) 因「對硼烷結構的研究，解釋了化學鍵問題。」(...for his studies on the structure of boranes illuminating problems of chemical bonding.) 的重大貢獻獲頒 1976 年諾貝爾化學獎。諾貝爾化學獎得獎演講題目：*The Boranes and Their Relatives*。
9. Cluster Compound 被翻譯成「叢化物」或「群簇」等等不同名詞。如 Metal Cluster 被翻譯成「金屬叢化物」或「金屬群簇」。
10. 基團 (Fragment)：完整分子的某一部分。通常可視為可與其他基團形成鍵結。有些書翻成「碎片」，比較容易產生誤解。
11. 即 n 個 AO (Atomic Orbital) 線性組合成 n 個 MO (Molecular Orbital)。
12. 軌域瓣類比 (Isolobal Analogy) 的概念請參考本書第 6 章。
13. "Isolobal Analogy" 一詞國內有教科書翻成「等翼對等」。個人偏向使用「軌域瓣類比」來表達「軌域瓣」及「類比」的概念。因為其中 p 或 d「軌域」的圖形類似花瓣。且這「Analogy」名詞的涵義是指使用於鍵結的兩基團之軌域間的「類比」而非「對等」。

14. 叢金屬化合物（Metal Clusters 或稱金屬群簇）和硼化物鍵結模式之間的關係，可參考以下書籍。(a) D. M. P. Mingos, David J Wales, *Introduction to Cluster Chemistry*, Prentice Hall, **1990**. (b) E. W. Abel, F. G. A. Stone, G. Wilkinson Eds., *Comprehensive Organometallic Chemistry II*, Pergamon Press: Oxford, United Kingdom, **1995**, Chap. 6-9. (c) R. N. Grimes in F. A. Cotton, G. Wilkinson, C. A. Murillo, M. Bochmann, Eds., *Advanced Inorganic Chemistry*, 6th Ed., Wiley-Interscience: New York, **1999**. (d) M. Davidson, A. K. Hughes, T. B. Marder, K. Wade, K. Eds., *Contemporary Boron Chemistry*, Royal Society of Chemistry: Cambridge, United Kingdom, **2000**. (e) G. A. Olah, G. K. S. Prakash, R. E. Williams, L. D. Field, K. Wade, *Hypercarbon Chemistry*, Wiley-Interscience: New York, **1987**. (f) J. Casanova, Eds., *The Borane, Carborane, Carbocation Continuum*, Wiley-Interscience: New York, **1998**. (g) H. C. Longuet-Higgins, *J. Chem. Phys.*, **1949**, *46*, 268. (h) W. N. Lipscomb, *Boron Hydrides*, Benjamin: New York, **1963**.
15. 參考以下文獻。(a) R. Hoffmann, *Building Bridges Between Inorganic and Organic Chemistry*, *Angew. Chem. Int. Ed. Engl.*, **1982**, *21*, 711. (b) T.S. Andy Hor, Agnes L.C. Tan, *The Isolobal Theory and Organotransition Metal Chemistry-Some Recent Advances*, *J. Coord. Chem.*, **1989**, 20, 311.
16. 嚴格來說，軌域混成 (Hybridization) 是價鍵軌域理論 (Valence Bond Theory, VBT)，而非分子軌域理論 (Molecular Orbital Theory, MOT) 的概念。此分子軌域能量圖引進軌域混成的概念只是為了方便說明。
17. 右圖將 *fac*-ML_3 的想像金屬基團以群論 C_{3v} 對稱來處理。得到 a_1 + e 軌域繪圖。
18. K. Wade, *The structural significance of the number of skeletal bonding electron-pairs in carboranes, the higher boranes and borane anions, and various transition-metal carbonyl cluster compounds, J. Chem. Soc. D*, **1971**, 792-793.
19. 韋德規則 (Wade's Rule) 參考本書第 11 章。
20. 理論上，除了立體障礙的因素及可使用軌域數的限制外，形成越多鍵結越有利，位在金字塔形的頂點金屬基團可使用最多軌域數來形成最多鍵結。
21. 過渡金屬基團上的 12 個價電子數，或是主族元素基團上的 2 個價電子數，被視為已使用，不能再參與鍵結。
22. 若有過渡金屬基團及主族元素基團同時存在，可以看出過渡金屬基團置於金字塔形頂點比較穩定。

23. 結構 (a) 是完全有機物極不穩定；而結構 (e) 可視為叢金屬化合物 (Metal Cluster) 很穩定。由上述可看出等翼對等 (Isolobal Analogy) 理論應用上的限制。結構 (a) 和結構 (e) 可由等翼對等 (Isolobal Analogy) 拉上關係，但是不能保證分子一定穩定存在。
24. 化合物 $Mn(CO)_5CH_3$ 因抗震效果好，曾一度被考慮取代四乙基鉛 ($Pb(C_2H_5)_4$, Tetraethyllead) 當汽油內添加的抗震劑。

第 7 章　有機金屬分子結構變異性

7-1　立體化學的非剛性

當分子中具有多重低能量的組態，而此多重低能量組態間的能量障礙可以一般的熱能形式克服時，這種分子即具有所謂的立體化學的非剛性 (Stereochemically Nonrigidity)，則此分子即具有不斷轉換構型 (Configuration) 的性質。例如，在五配位的雙三角錐 (Trigonal BiPyramidal, TBP) 的結構中，配位基的位置會藉著 Berry 旋轉機制 (Berry's Pseudorotation) 方式進行交換。以下圖示中，若配位基 A 和 B 相同，轉換後的兩分子構型一樣，其立體化學是等同的 (Stereochemically Equivalent)，則此分子稱為具有流變現象 (Fluxional) 特性的分子 (Fluxional Molecule)（圖 7-1）。若配位基 A 和 B 不同，轉換後的兩分子構型不一樣，雖然此分子具有立體化學的非剛性，嚴格來說，不能稱為具有流變現象特性。流變現象一詞原是指轉換後的兩分子構型 (Configuration) 必須一樣的情形，然而其用法隨著時間演變也慢慢變得比較寬鬆，有時也用來描述包括後者的情形。[1]

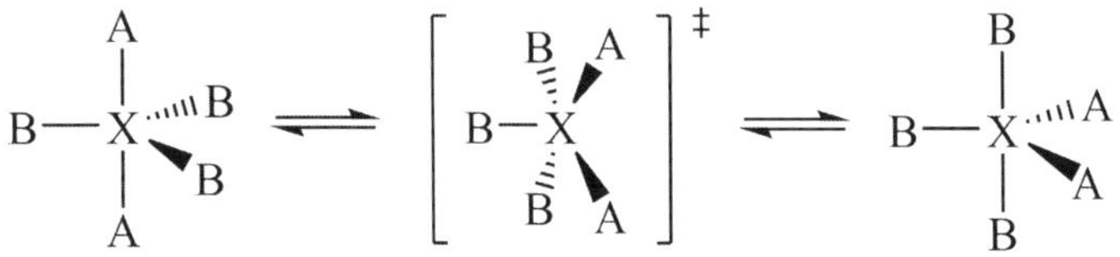

圖 7-1　雙三角錐構型分子進行 Berry 旋轉機制。

有機化合物如環己烷的椅型 (Chair Form) 和船型 (Boat Form) 間的轉換，不能稱為流變現象。又如乙烷碳—碳間的旋轉現象，每轉 120° 後分子構型一樣無法區分，但仍不能稱為流變現象，因為各碳原子的相關位置沒有改變。蔡司鹽 (Zeise's Salt, $K[PtCl_3(C_2H_4)]$) 分子為平面四邊形構型，乙烯配位基在常溫下繞著 Pt(II) 自由旋轉，則可稱為流變現象（圖 1-1）。

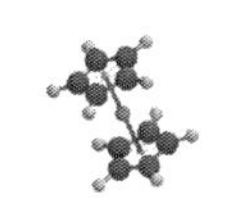

7-2 有機金屬化合物立體化學非剛性的實例

7-2-1 η^1- 環戊二烯基錯合物

在下圖中有 1 個含鐵錯合物 $(\eta^5\text{-}C_5H_5)(\eta^1\text{-}C_5H_5)Fe(CO)_2$ 分子，上有鍵結 2 個環戊二烯基，分別以 η^5- 及 η^1- 形式鍵結。[2] 在 $(\eta^5\text{-}C_5H_5)$ 環上的 5 個氫立體化學環境等同，在 ^{1}H NMR 光譜圖只出現一根吸收峰，這很容易理解。而在 $(\eta^1\text{-}C_5H_5)$ 環上的氫立體化學上不等同，理論上 ^{1}H NMR 光譜圖應出現比例為 1:2:2 的三組多重峰的吸收峰情形（圖 7-2）。

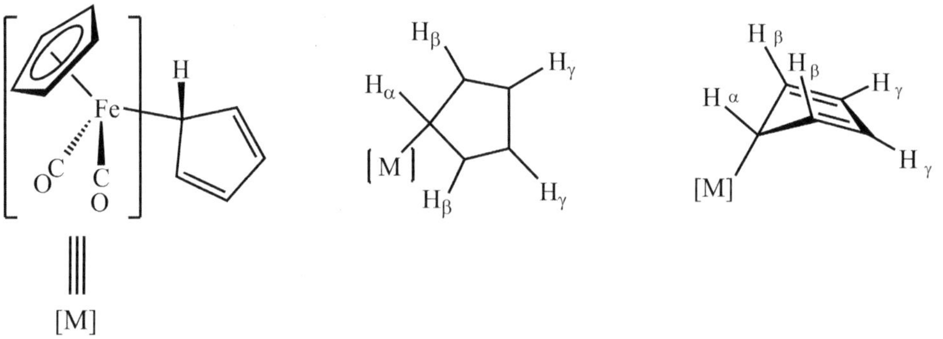

圖 7-2 以 η^1- 形式鍵結的 C_5H_5 環上的 5 個氫化學環境分為 1:2:2 三組。

在溫度提高的情況下，$(\eta^5\text{-}C_5H_5)(\eta^1\text{-}C_5H_5)Fe(CO)_2$ 分子內的 $\eta^1\text{-}C_5H_5$ 環開始具有流變現象特性，$\eta^1\text{-}C_5H_5$ 環流變現象後的分子其上的 5 個碳立體化學環境等同 (Stereochemically Equivalent)。[3] 若將 $(\eta^5\text{-}C_5H_5)Fe(CO)_2$ 基團當成 [M]，[M] 以 1,2- 碳位置轉移方式或以 1,3- 碳位置轉移方式移動，都可達到立體化學環境等同的目的（圖 7-3）。一般分子運動都以最小位移為最佳，因此，[M] 以 1,2- 碳位置轉移方式是最有可能的。如果流變現象夠快，本來 $\eta^1\text{-}C_5H_5$ 環上立體化學不等同的三組氫變成等同，在 ^{1}H NMR 光譜中只出現一根吸收峰。這是因為在高溫下與金屬鍵結的 η^1- 環戊二烯基，其上的每個位置上的氫原子均經歷 $(\eta^5\text{-}C_5H_5)Fe(CO)_2$ 基團快速且不間斷地轉換，而使得其上的 5 個質子的週遭環境均相同的緣故。但是，這 2 個五角環還是不能交換角色。直到很高溫時，才有可能原先不同鍵結方式的 2 個五角環變成無法區分。不過，在太高的溫度下，有可能造成分子瓦解或受到 NMR 儀器運作溫度的限制，而無法繼續實際操作。

圖 7-3 在高溫下，$(\eta^5\text{-}C_5H_5)(\eta^1\text{-}C_5H_5)Fe(CO)_2$ 分子內的流變現象。

化學家發現和含鐵 (Fe) 錯合物 $(\eta^5\text{-}C_5H_5)(\eta^1\text{-}C_5H_5)Fe(CO)_2$ 分子同族的含釕 (Ru) 錯合物 $(\eta^5\text{-}C_5H_5)(\eta^1\text{-}C_5H_5)Ru(CO)_2$ 也有類似的流變現象。在變溫 NMR 實驗中，樣品處於慢慢降溫的情形下，此時單一的光譜卻開始加寬，並進而分裂成數個不同位置的光譜，這是因為 $(\eta^5\text{-}C_5H_5)Ru(CO)_2$ 基團轉換速率隨著溫度的降低而減緩，使得 $\eta^1\text{-}C_5H_5$ 環上的氫出現不同化學環境而分裂的緣故（圖 7-4）。[4]

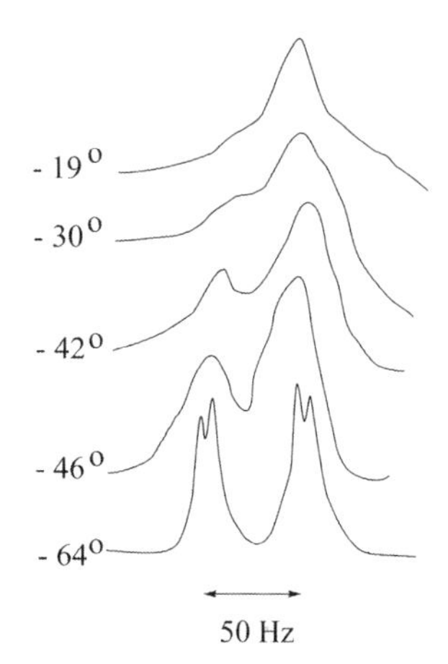

圖 7-4 $(\eta^5\text{-}C_5H_5)(\eta^1\text{-}C_5H_5)Ru(CO)_2$ 分子在變溫 NMR 實驗中流變現象的簡化 NMR 光譜圖。

有關化合物 $[(\eta^5\text{-}C_5H_5)(\eta^1\text{-}C_5H_5)M(CO)_2$, M = Fe, Ru] 分子內金屬基團在 $\eta^1\text{-}C_5H_5$ 環上轉換的方式，理論上有 4 種可能的途徑，如圖 7-5 所示。雖然最有可能是如前面所述走 1,2-shift 方式，但是其他的可能途徑還是需要實驗來驗證。路徑 (1) 為 M-C

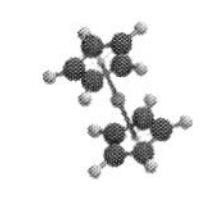

鍵保持原位只靠移動氫原子而成。但若將其 5 個氫原子換成甲基後，發現錯合物仍可進行轉換，所以經由此種路徑的轉換是比較不可能的。路徑 (2) 則顯示金屬基團先在 η^1-C_5H_5 環中央，接著再轉到 5 個碳的任何一個之上。如此，在每個位置上的轉換速率都是相等的，此時環上質子在不同低溫時應具有對稱性的崩潰 (collapse) 光譜，但事實上，其光譜的崩潰速率並不盡相同。如變溫 NMR 圖所示（圖 7-4）。因此也證明了其不屬於路徑 (2) 的轉移方式。由圖中可看出在較低磁場強度的波峰崩潰得較為快速，其屬於 H_β 和 $H_{\beta'}$ 所顯示出之光譜吸收峰。因此，此種有機金屬間不斷轉換的路徑應不屬於路徑 (4) 的 1,3-shift。而是經由路徑 (3) 的 1,2-shift。符合一般分子內基團的運動以最少的移動為最可能途徑的觀察。

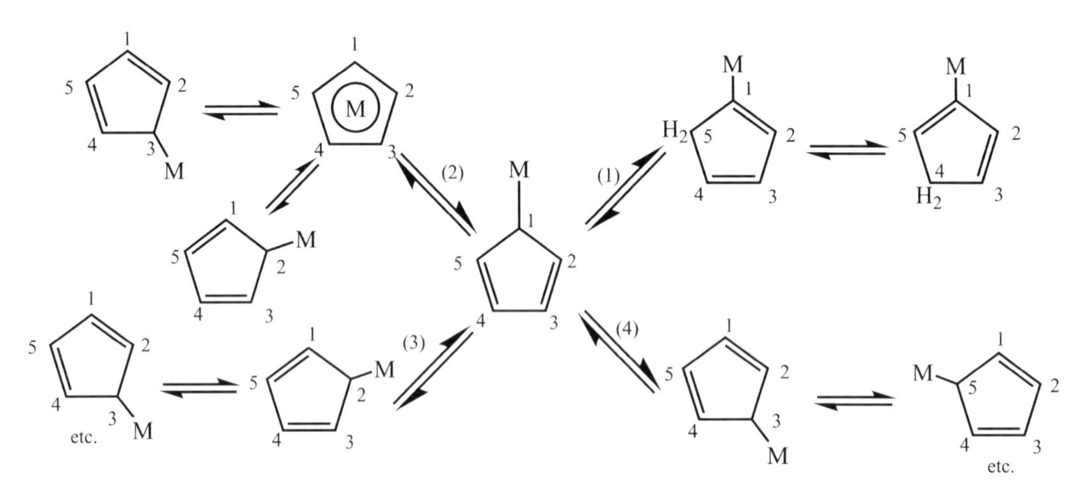

圖 7-5 化合物 [(η^5-C_5H_5)M(CO)$_2$(η^1-C_5H_5), M = Fe, Ru] 的分子內金屬基團在 η^1-C_5H_5 環上轉換的 4 種可能途徑。

7-2-2 環庚三烯基錯合物

將環庚三烯 (Cyclohepatriene, C_7H_8) 氧化去氫，即可以 η^7-$C_7H_7^+$ 方式和金屬鍵結。因七角環較大，此時鍵結金屬必須為重原子金屬。正一價的環庚三烯陽離子 (η^7-$C_7H_7^+$) 具有 6 個 π 電子，符合芳香族性 (Aromaticity)。而有些帶正一價的環庚三烯環只以 η^3- 為結合型態 (η^3-C_7H_8)，亦即只用其環中的丙烯基部分參與結合（圖 7-6a ~ c）。化學家發現這類型七角環鍵結到金屬上也屬於不斷轉換的有機分子，具有流變現象特性，並且進行類似環戊二烯基以 1,2-shift 為其主要轉換的路徑。環庚三烯環 (C_7H_8) 也可能分別以 η^3- 及 η^4- 方式鍵結到不同金屬基團上（圖 7-6d）。

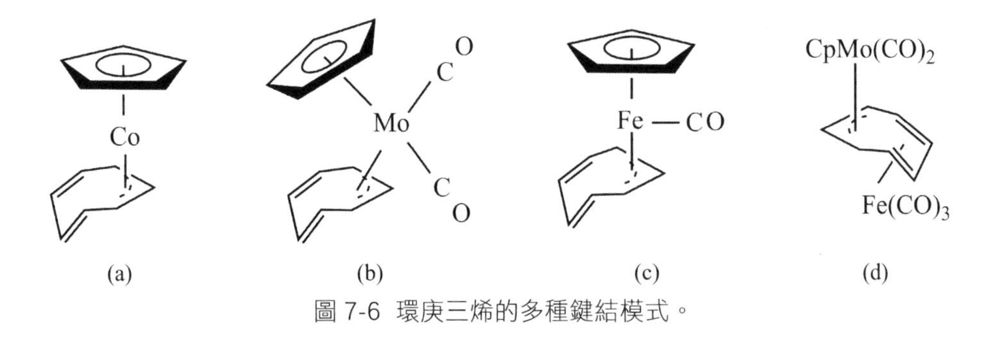

圖 7-6 環庚三烯的多種鍵結模式。

另外，在 Cycloheptatrienyltriphenyltin ((η^1-C_7H_7)$SnPh_3$) 分子中，環庚三烯離子是以 η^1- 方式和金屬結合形成金屬錯合物（圖 7-7a）。研究發現，金屬錯合物在高溫下，分子內的 η^1- C_7H_7 環開始具有流變現象特性，唯其轉換途徑卻是經由 1,5-shift，而非 1,2- 或 1,3-shift。其實在此處 1,4-shift 即等於 1,5-shift（圖 7-7b）。

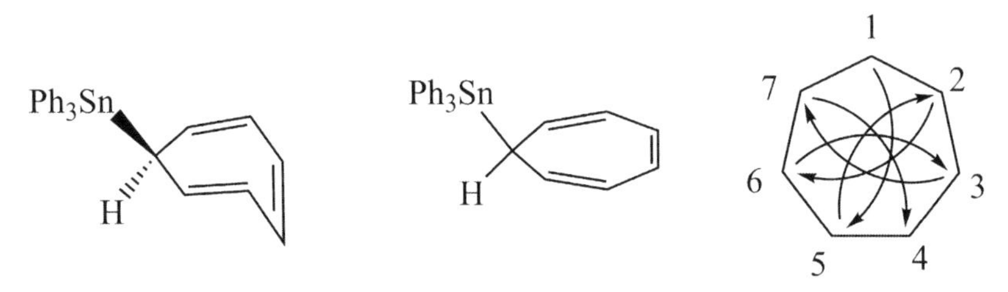

圖 7-7 (a) 左邊兩圖為 (h^1-C_7H_7)$SnPh_3$ 分子的兩種表示法；(b) 右圖中顯示 $SnPh_3$ 基團以 1,5-shift 方式轉移到七角環不同碳上。

7-2-3 η^3- 丙烯基錯合物

上述環庚三烯基可能以 η^7- 或 η^1- 與金屬結合，更可能的方式是以 η^3- 與金屬鍵結。η^3- 丙烯基 (η^3-C_3H_5) 和 η^3- 環丙烯基 (η^3-$C_3H_3^+$) 很類似，只是前者是開環配位基，後者是合環配位基。從分子軌域理論 (MOT) 可輕易地推導出 η^3-$C_3H_5^+$ 的 3 個 π 軌域，[5] 它們可視為由 3 個丙烯基上碳的 p 軌域以線性組合而成。η^3- 丙烯基 (η^3-C_3H_5) 和金屬的鍵結為 Ψ_1 軌域提供電子給金屬上的適當軌域形成鍵結，再由金屬上有電子的適當軌域提供電子給丙烯基上的空軌域（Ψ_2 或 Ψ_3）形成逆鍵結（圖 7-8），這也是互相加強鍵結 (Synergistic Bonding) 的形式。在一般情形下，3 個丙烯基上的碳和金屬的距離相當，丙烯基可視為一個三角面平行地架在金屬上，而非以翹離金屬的方式鍵結。

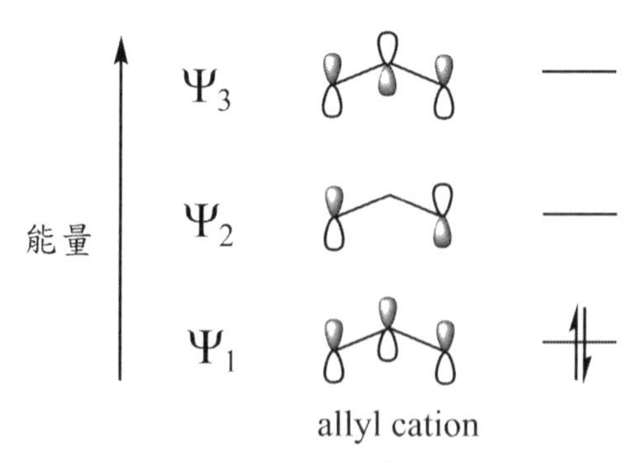

圖 7-8 從分子軌域理論推導出 η^3-$C_3H_5^+$ 的 3 個 π 軌域。

另一種看法是從價鍵軌域理論 (VBT) 出發，把丙烯基和金屬的鍵結視為由一個 σ 鍵再加一個 π 鍵結而成。若加上共振 (Resonance) 的概念，則其結果接近由上述從分子軌域理論 (MOT) 得出的結論（圖 7-9）。[6] 明顯地，價鍵軌域理論 (VBT) 的處理方式比較無法精準地描述 η^3- 丙烯基 (η^3-C_3H_5) 是以平行方式架在金屬上的現象。

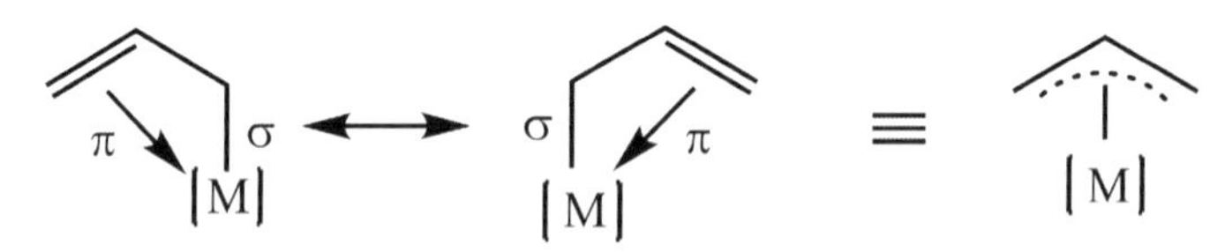

圖 7-9 丙烯基 (C_3H_5) 以 η^3- 形式和金屬的鍵結可視為由 1 個 σ 鍵再加 1 個 π 鍵而成。

從價鍵軌域理論方法所得出的鍵結模型雖然較不精確，但在解釋下述 η^3- 丙烯基錯合物的 *syn*- 和 *anti*- 質子的互轉換情形上比較方便。利用 VBT 把丙烯基和金屬的鍵結視為由 1 個 σ 鍵再加 1 個 π 鍵結而成的結構，此結構可當成是丙烯基兩端質子間互轉換位置機制的中間產物 (Intermediate)。這樣的互相轉換機制也可能發生在烯屬烴的雙鍵轉移中。固定不動的 η^3- 丙烯基錯合物具有 H_s 和 H_a 兩種不同位置的氫原子（圖 7-10）。經由下面將會提到的流變現象機制轉換後，因分子構型之間的轉換會改變這兩種不同化學環境的質子的位置。

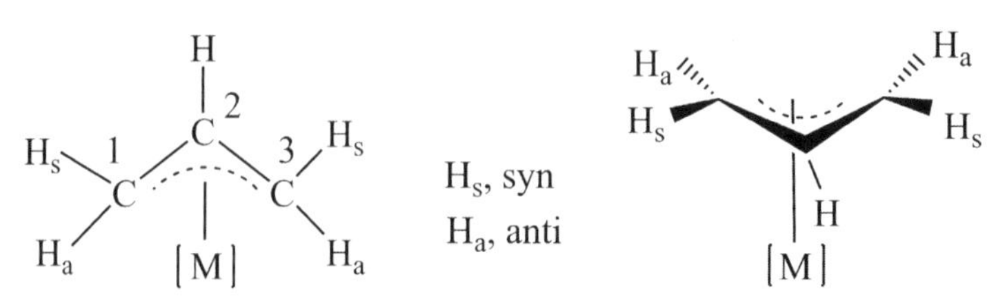

圖 7-10 不同方式表達 η^3- 丙烯基和金屬基團的鍵結。

7-3 從 NMR 光譜觀察分子變異性

分子構型之間的轉換可由變溫 NMR (Variable Temperature NMR) 實驗中看出，如圖 7-11 所示，為銠金屬錯合物 $(Ph_3As)_2Cl_2Rh(\eta^3\text{-}CH_2C(CH_3)CH_2)$ 在變溫 NMR 實驗的 η^3- 丙烯基變化的光譜圖。低溫時，光譜圖中顯出個別 C-1 和 C-3 上 *syn*- 和 *anti*- 質子於二不同位置的吸收峰。而當溫度提高時，此二位置的吸收峰即開始加寬並進而崩潰，以致於無從加以分辨。注意 C-2 位置為 2- 甲基光譜。即使將 C-2 位置的甲基換成氫，這氫仍不會和 C-1 和 C-3 上 *syn*- 和 *anti*- 質子做交換，亦不會改變化學位移。

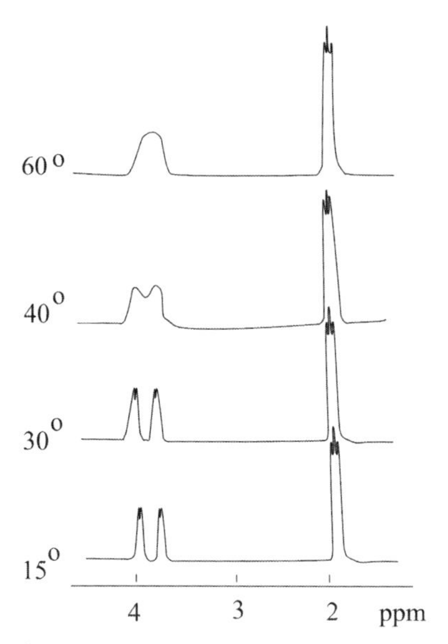

圖 7-11 $(Ph_3As)_2Cl_2Rh(\eta^3\text{-}C_4H_7)$ 於變溫 NMR 實驗的 η^3- 丙烯基變化的簡化光譜圖。2 ppm 位置者為 2- 甲基，其餘為 C-1 和 C-3 上的 *syn*- 和 *anti*- 的質子。

此種分子內構型不斷轉變的方式（即流變現象）的可能機制如圖 7-12。首先，經由 η^3- 丙烯基配位金屬 (A) 的整個金屬基團先轉換成暫時的 η^1- 丙烯基配位金屬的中間物 (B)，金屬基團接在 C-3 位置上，再進行 C-2,3 單鍵間的轉動 (C)，然後再回復到 η^3- 丙烯基—金屬結構的結果 (D)。此時 C-3 上的 *syn*- 和 *anti*- 的質子已交換環境 (E)。如此重複類似步驟，此次在 C-1 上，讓 C-1 上 *syn*- 和 *anti*- 的質子交換 (F)。週而復始，最後 C-1 和 C-3 上的 *syn*- 和 *anti*- 的質子因快速轉換彼此位置而最終無法區分。[7]

在上述變溫的 NMR 光譜中，可以看到吸收峰由尖銳變寬甚至消失再變尖銳的過程。化學家可根據這些數據算出這種轉換機制的活化能。

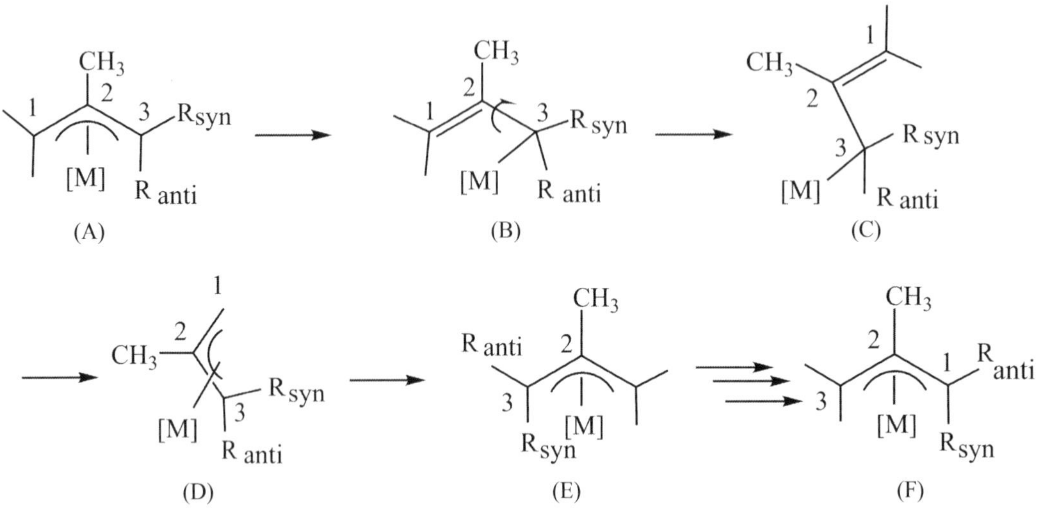

圖 7-12 η^3- 丙烯基配位的金屬化合物，發生於 C-3 位置而經由 σ- 丙烯基型態的 *syn*- 和 *anti*- 質子的互轉換環境情形。同樣情形也可發生於 C-l 位置。

一般變溫 NMR 要分別在幾個不同溫度測量，其中包括在慢交換區 (Slow-exchange Region)、合併溫度區 (Coalescence Temperature, T_c) 及快交換區 (Fast-exchange Region) 等。[8] 速率常數 k 的計算公式大致如下：

慢交換區：

$$1/\tau = k = \pi\Delta_e$$

合併溫度區：

$$k_{coal.} = 2.22\ \Delta\delta$$

快交換區：

$$1/\tau = k = \pi\ (\Delta\delta)^2/2\Delta_e$$

Δ_e：代表在交換過程吸收峰變寬的程度

$\Delta\delta$：代表吸收峰化學位移之差值

一旦幾個在不同溫度下的交換速率 (k) 被求出，活化能 E_a 即可由阿瑞尼亞斯 (Arrhenius) 公式繪圖而得。測量變溫要涵蓋不同溫度區域且至少二組以上數據，推導出的結果才會準確。自由能 $\Delta G^{\neq}$ 也可由 Eyring 公式求得。

$$\log(k/T) = 10.32 - (\Delta H^{\neq}/4.57T) + (\Delta S^{\neq}/4.57)$$

$$\Delta G^{\neq} = 0.0457T_c(9.97 + \log(T_c/\Delta\delta))\ \text{kcal/mol}$$

由上述結果可知，變溫 NMR 的技術可以運用到量測具有流變現象特性的分子構型之間變化時的活化能及自由能，使用其他的技術方法可能很難達成。在有機金屬化學的研究中，NMR 相關的技術和 X- 光晶體繞射法都是不可或缺的儀器方法。而 NMR 的技術的多樣化，可提供更多有關有機金屬化合物的動態資訊。

7-4 配位基的親核性攻擊反應

當有機配位基鍵結到金屬上，配位基的性質即會產生一些變化。通常，配位基電子密度因提供給金屬而減少，而使親核性攻擊在這些配位基上的可能性大增，這是有機物尚未配位到金屬錯合物之前所少見的。一般而言，環狀有機配位基比非環狀有機配位基穩定，含奇數環狀有機配位基比含偶數有機配位基穩定，不易被親核子攻擊。下列配位基穩定度由左向右增加（圖 7-13）。

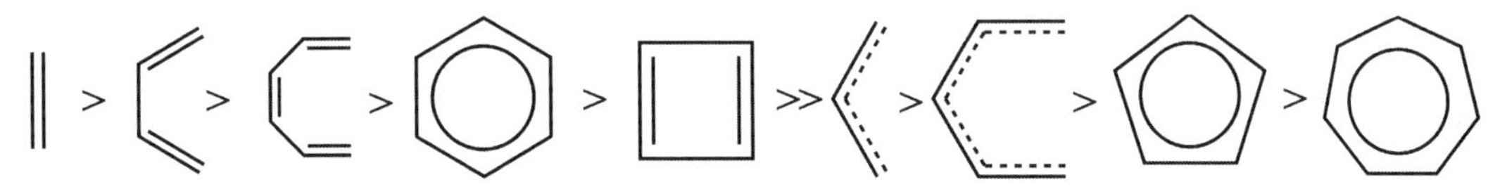

圖 7-13 有機配位基鍵結到金屬上受親核性攻擊的穩定度。

由上圖可知，其中五角環 Cp (η^5-C_5H_5) 是一相當難被親核子攻擊的配位基。因此，Cp 環在 CpM 的鍵結中可視為具有穩定系統的功能。另外，雖然同為 η^5 的配位基，非環狀的 (η^5-C_5H_7) 其穩定度比五角環 Cp (η^5-C_5H_5) 差。顯而易見地，適當地選擇配位基可改變整個含金屬化合物的穩定度。

7-5 雙金屬化合物的流變現象

雙金屬化合物若直接以金屬—金屬鍵結合如 $[(\eta^5\text{-}C_5H_5)Mo(CO)_3]_2$，本來兩種構型 (a) 和 (b) 上的 ($\eta^5$-$C_5H_5$) 環的化學環境不等同，且構型 (a) 和 (b) 的穩定度不同，因此兩種構型的比例不同。理論上，在 ^{1}H NMR 光譜會出現二根高低不等的吸收峰。因金屬—金屬鍵較弱，兩個 (η^5-C_5H_5)$Mo(CO)_3$ 基團以金屬—金屬鍵為中心旋轉（圖 7-14）。[9] 如果流變現象夠快，在 ^{1}H NMR 光譜只會出現一根吸收峰，新的化學位移是原來兩種構型位移的加權指數平均值。

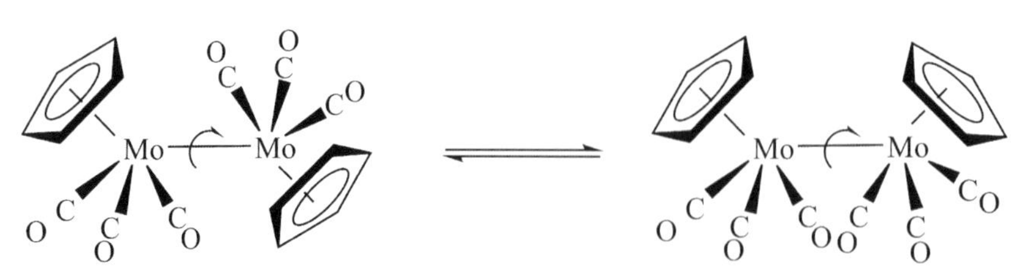

圖 7-14 雙金屬化合物 $[(\eta^5\text{-}C_5H_5)Mo(CO)_3]_2$ 的兩種構型。

有時候，雙金屬化合物除了以繞著金屬—金屬鍵旋轉外，尚可能有端點 (Terminal) 及架橋 (Bridged) 的羰基 (CO) 之間交換的機制（圖 7-15）。在流變現象速度很快的情形下，^{1}H NMR 光譜只會出現一根吸收峰；但紅外光譜仍有可能捕捉到端點及架橋的羰基 (CO) 的不同吸收峰頻率位置。紅外光譜的技術在量測時間上比 NMR 技術快很多，兩種儀器的量測速度 (Time-scale) 差很多。即使一樣是用 NMR 來量測樣品，^{1}H NMR 和 ^{13}C NMR 的量測速度仍然有差，可提供分子動態的多面向訊息。[10]

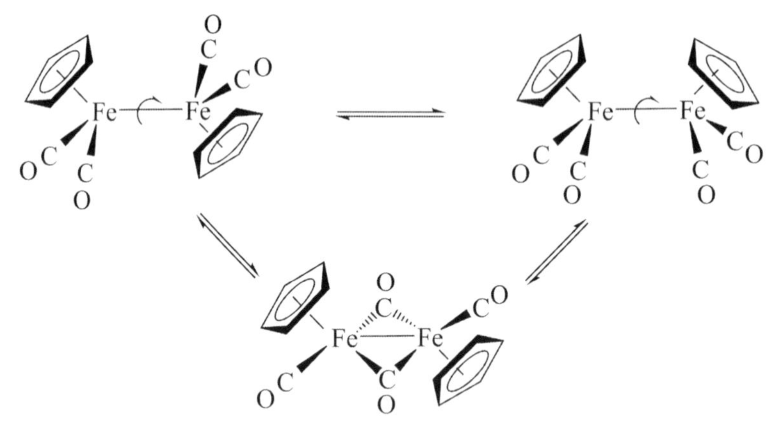

圖 7-15 $[(\eta^5\text{-}C_5H_5)Fe(CO)_3]_2$ 流變現象的機制。

7-6 叢金屬化合物的流變現象

叢金屬化合物 (Metal Clusters) 是獨特的分子族群。有些叢金屬化合物的動態行為剛好可以提供更深入的流變現象的資訊。叢金屬化合物 $Co_4(CO)_{12}$ 的晶體結構顯示其具有端點及架橋的羰基（構型 a）。另一可能構型是具有全部端點羰基（構型 b）。一般認為 $Co_4(CO)_{12}$ 在溶液狀態下（或許需要加溫）是下圖中兩種構型（構型 a 和 b）在進行流變現象快速轉換（圖 7-16）。[11] 同樣的情形也發生在叢金屬化合物 $Rh_4(CO)_{12}$ 上，只是進行快速羰基轉換的流變現象的溫度需要比較高。

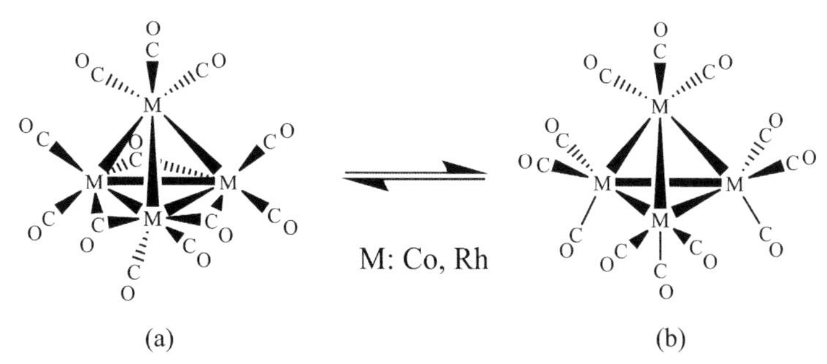

圖 7-16 叢金屬化合物 $M_4(CO)_{12}$(M: Co, Rh) 的兩種構型（構型 a 和 b）。

叢金屬化合物 $Rh_4(CO)_{12}$ 的流變現象可藉著觀察 ^{13}C NMR 而得到證實。因 Rh 具有 I = 1/2 的特性，使得和其鍵結的羰基上的碳產生耦合 (Coupling)。端點的羰基只接到 1 個 Rh 上會因耦合而分裂為 2 根，而架橋的羰基因接到 2 個 Rh 上而分裂為 3 根。在低溫下，$Rh_4(CO)_{12}$ 同時具有端點及架橋共 12 個羰基有 4 種不同環境，^{13}C NMR 光譜圖共顯示 3 組二重吸收峰 (Doublet) 及 1 組三重吸收峰 (Triplet)，吸收峰積分以 3 : 3 : 3 : 3 比例呈現（圖 7-17a）。當溫度適度提高時，端點及架橋的羰基快速交換，使所有的羰基環境皆相同，又因每個羰基幾乎在觀察 ^{13}C NMR 的量測速度下同時感受到 4 個 Rh 的耦合，而為一組五重吸收峰 (Quintet) 的分裂情形（圖 7-17a）。[12]

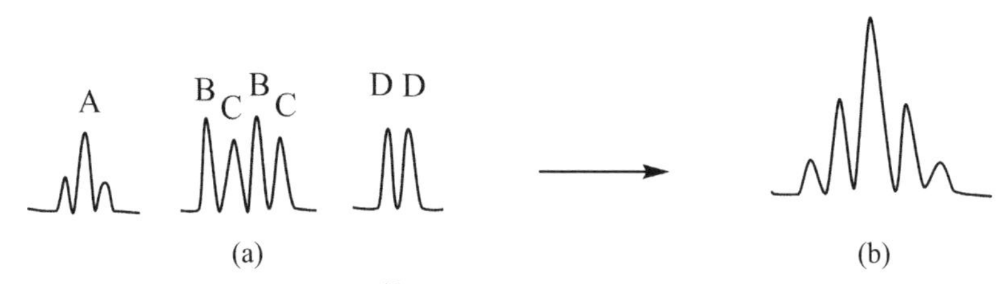

圖 7-17 (a) 低溫 (-65°C) 下，簡化的 ^{13}C NMR 光譜圖呈現 3 組二重吸收峰及 1 組三重吸收峰；(b) 高溫 (65°C) 下，簡化的 ^{13}C NMR 光譜圖呈現 1 組五重吸收峰。

有機金屬化合物分子內的原子間鍵能較弱，經常具有立體化學的非剛性，容易產生流變現象。化學家藉由不同儀器（特別是 NMR）去觀察流變現象獲得不少有關分子內動態的有用資訊。這些分子內動態資訊的獲得，對於以有機金屬化合物當催化劑來進行的催化反應機制的了解有很大幫助。

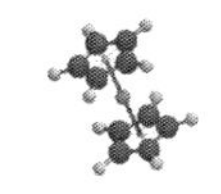

《充電站》

7.1 分子流變現象和有機分子構型改變的差別

嚴格來說，當分子發生流變現象時，分子內的某些原子其相對位置甚至化學鍵會發生變動，如叢金屬化合物 $Rh_4(CO)_{12}$，端點及架橋的羰基快速交換；又如 η^3- 丙烯基配位的金屬化合物上發生 *syn-* 和 *anti-* 質子的位置相互轉換情形。而有機分子的構型 (Conformation) 改變時，原子的相對位置甚至化學鍵都沒有發生變動，如環己烷的椅型和船型構形間的轉換。

7.2 NMR 靜默是什麼？

在 NMR 圖譜中本來預期應該出現的吸收峰結果沒有出現，稱為 NMR 靜默 (NMR Silent)。根據海森堡測不準原理 (Heisenberg's Uncertainty Principle)，分子在某一狀態的存在時間太短的情形下，有些應在 NMR 光譜圖出現的吸收峰不見了，其實是吸收峰變得太寬以致於無法辨識。這分子可能發生流變現象，且此時 NMR 量測溫度剛好出現在合併溫度區，造成吸收峰寬得無法辨識。應該出現的吸收峰結果沒有出現，稱為 NMR 靜默。

7.3 從變溫 NMR 實驗可看到什麼？

有機金屬化合物的構型可能在不同溫度變化下做改變，從一個構型變到另一個構型。變溫 NMR 可以補捉化合物構型變化時的光譜。有時候可以觀察到吸收峰由尖銳變寬甚至消失再變尖銳的過程，化學家可根據這些數據算出這些構型之間轉換的活化能，可以提供分子動態機制的訊息。

《練習題》

7.1 (a) 說明當分子處於構型變動很快的情形下，「氫原子」核磁共振光譜 (^1H NMR) 吸收峰會呈現變寬的現象。(b) 在變溫 NMR 光譜看到吸收峰的改變，由尖銳變寬甚至消失再變尖銳的過程，表示分子在做不同構型之間的快速轉換，是為流變現象 (Fluxional)。說明化學家可根據這些數據算出這構型之間轉換的活化能 (Activation Energy)。(c) 說明甚麼是變溫 NMR 的合併溫度區 (Coalescence Temperature, T_c)？(d) 從 X- 光晶體繞射法得到分子中的原子在三度空間相關位置的資訊是靜態的，而在液態中取得分子的 NMR 或 IR 光譜數據是動態的。說明之。

7.2 在五配位的雙三角錐 (Trigonal BiPyramidal, TBP) 的結構中，配位基的位置可藉著 Berry 旋轉機制 (Berry's Pseudorotation) 方式進行交換。若配位基 B 和 C 不相同時，當分子做快速轉換構型的運動如下圖示，這樣能否算是流變現象 (Fluxional)？

C, B, B, B, C — A ⇌ [C, B, B, B, C — A]‡ ⇌ C, B, B, C, B — A

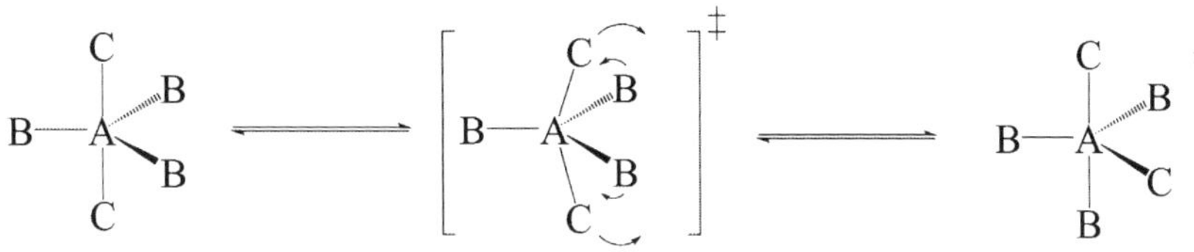

7.3 化合物 $Fe(PPh_3)_5$ 為五配位的雙三角錐結構，配位基的位置會藉著 Berry 旋轉機制 (Berry's Pseudorotation) 方式進行交換。在變溫 ^{31}P NMR 實驗中，樣品由室溫慢慢升高溫度，試繪出變溫 ^{31}P NMR 由低溫到高溫的光譜，包括在慢交換區 (Slow-exchange Region)、合併溫度區 (Coalescence Temperature, T_c) 及快交換區 (Fast-exchange Region) 等。[提示：在慢交換區時要考慮不同環境磷基之間的耦合現象。]

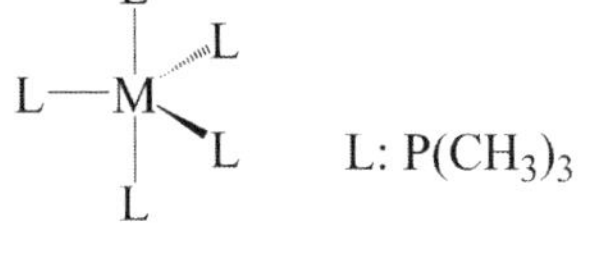

L, L, L, L, L — M　L: $P(CH_3)_3$

7.4 化合物 (η^2-allene)$Fe(CO)_4$ 構型如下，在變溫 ^1H NMR 實驗中，樣品由室溫慢慢升溫，化合物會產生流變現象 (Fluxional)。[Allene: $CH_2 = C = CH_2$]

(a) 試繪出化合物在慢交換區 (Slow-exchange Region) 的 ^{1}H NMR 光譜。

(b) 試繪出化合物在高溫快交換區 (Fast-exchange Region) 的 ^{1}H NMR 光譜。

(c) 試繪出化合物從低溫到高溫經過合併溫度區 (Coalescence Temperature, T_c) 的構型變化機制。

(d) 若將化合物上的 H_a 及 H_b 換成 CH_3，重新回答 (a) 和 (b) 問題。

(e) 若將化合物上的 4 個 H 全換成 CH_3，形成化合物 (η^2-tetramethylallene) $Fe(CO)_4$，在溶液中從低溫到高溫的轉換活化能 E_a* 約為 9.0 ± 2.0 kcal/mole。重新回答 (a) 和 (b) 問題。

[提示：注意在不同環境氫之間的耦合現象。]

7.5　化合物 $Mo(CO)_6$ 和乙二胺 ($H_2NCH_2CH_2NH_2$) 反應，產物的紅外光譜的吸收峰樣式如下圖。試繪出產物的構型並解釋原因。 [提示：在 1900 cm^{-1} 的吸收峰是由兩根接近的吸收峰疊加而成的。把 1800 及 1900 cm^{-1} 的兩根吸收峰視為一組且為 1:1；把 1900 及 2000 cm^{-1} 的兩根吸收峰視為另外一組，但是強度差很大。]

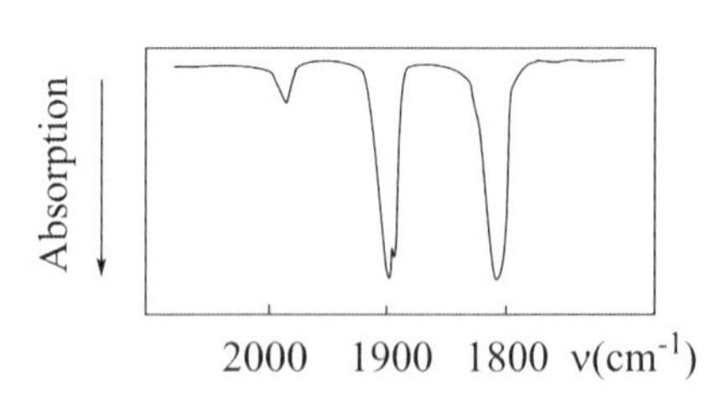

7.6　雖然 Fe 和 Ru 同族，但化合物 $Fe_3(CO)_{12}$ 和 $Ru_3(CO)_{12}$ 的構型不同，前者有端點 (Terminal) 會和架橋 (Bridged) 的 CO；後者沒有架橋的 CO。請提出解釋。[提示：原子大小影響電子密度疏散方式。]

7.7　(a) 試繪出化合物 $(C_3H_5)Re(CO)_4$ 的分子構型。

(b) 化合物 $(C_3H_5)Re(CO)_4$ 在低溫及在高溫下的簡化的 ^{1}H NMR 光譜如下圖，解釋 NMR 圖形在高低溫下變化的原因。

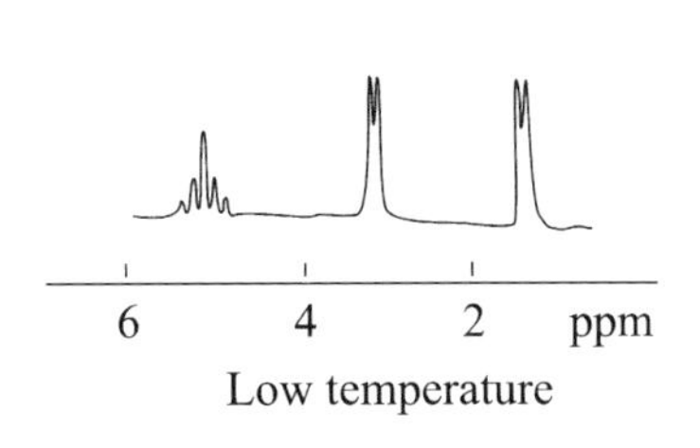

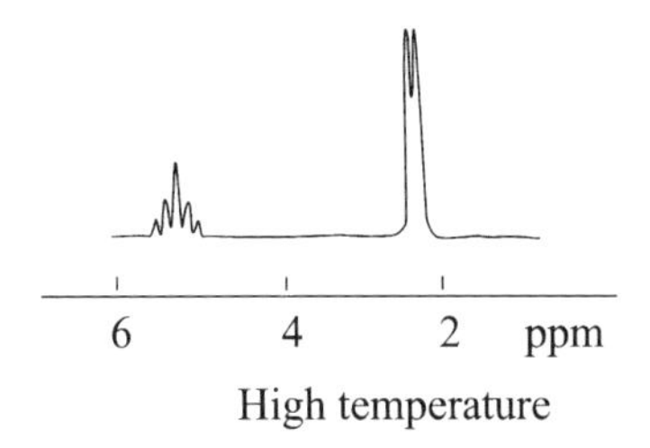

(c) 試繪出化合物 (η^4-1,3-Butadiene)$Fe(CO)_3$ 的 ^1H NMR 光譜圖。化合物在高溫時 ^1H NMR 光譜是否有變化？

7.8 化合物 (η^5-C_5H_5)(η^1-C_5H_5)Fe(CO)(P(NMe$_2$)F) 含有一磷配位基 P(NMe$_2$)F$_2$，在高溫中，分子會產生五角環轉動的流變現象 (Fluxional)。然而，即使在分子快速轉換運動的情形下，從 ^{19}F-NMR 仍可觀察到有不同 F 吸收峰樣式。可否從這實驗觀察現象看出，到底鐵原子中心的構型是依然維持還是已翻轉？在此高溫情形下，η^5- 和 η^1-C_5H_5 環是否有交換角色？

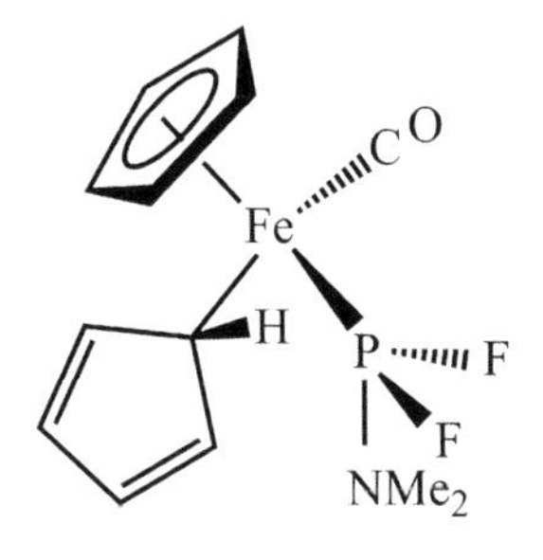

7.9 化合物 (η^5-C_5H_5)$_2$(η^1-C_5H_5)$_2$Ti 從低溫 (-27°C) 到高溫 (62°C) 的簡化的 ^1H NMR 光譜圖如下。根據此變溫 ^1H NMR 實驗，說明分子在高溫下的動態行為。

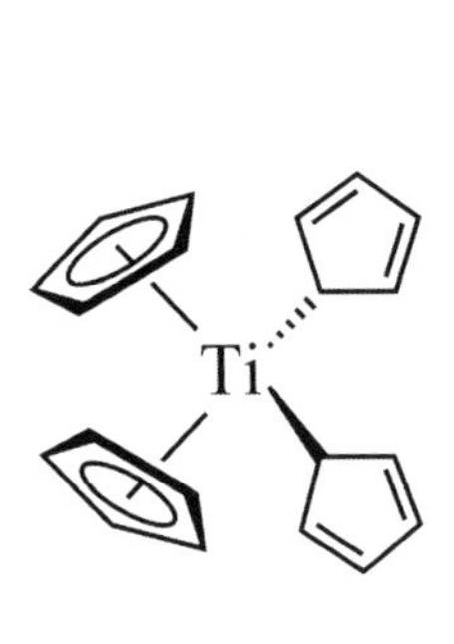

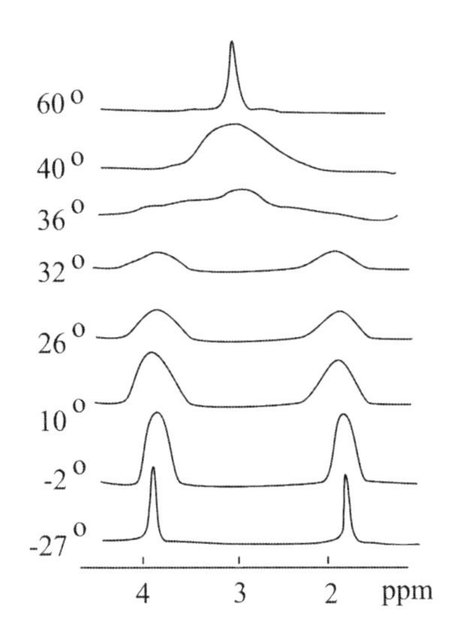

7.10 化合物 $(\eta^5\text{-}C_5H_5)(\eta^1\text{-}C_5H_5)Fe(CO)_2$ 在溶液中從低溫到高溫的變溫 ^{1}H NMR 簡化的光譜圖如下。說明分子在高溫下的動態行為。在此高溫情形下，η^5- 和 η^1-C_5H_5 環是否有交換角色？

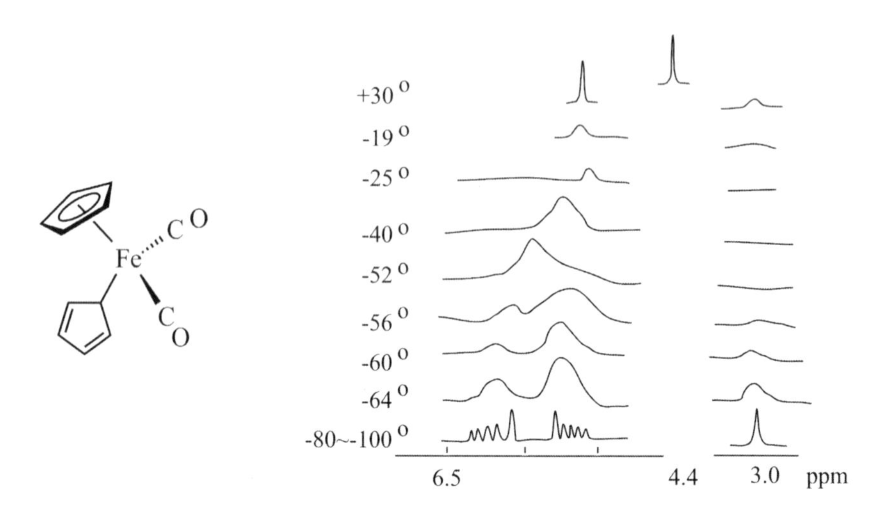

7.11 一有機金屬化合物 $[CpFe(CO)_2]_2$ 的紅外光譜圖中羰基 (CO) 吸收峰的樣式如下圖。在 ^{1}H NMR 只觀察到一個吸收峰。試繪出化合物的構型並解釋此觀察現象。[提示：有端點 (Terminal) 及架橋 (Bridging) CO。]

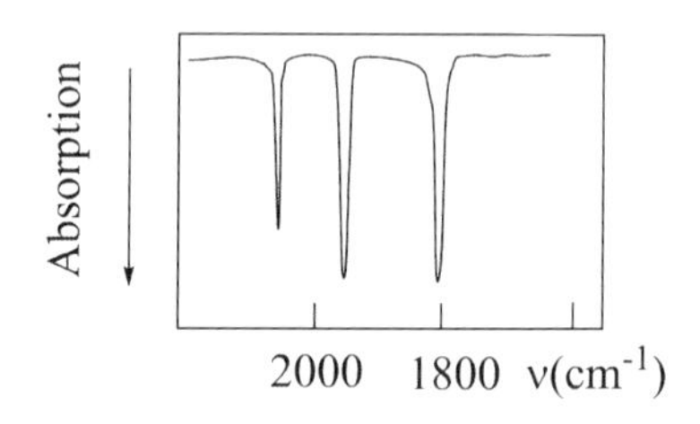

7.12 化合物 $(\eta^3\text{-2-methylallyl})RhL_2Cl_2(L = Ph_3As)$ 從低溫到高溫的變溫簡化的 ^{1}H NMR 光譜圖如下。在 2 ppm 位置是 2-methyl；約在 4 ppm 附近是 *syn* 和 *anti* 在 η^3-allylic 上的氫。說明分子在高溫下的動態行為。

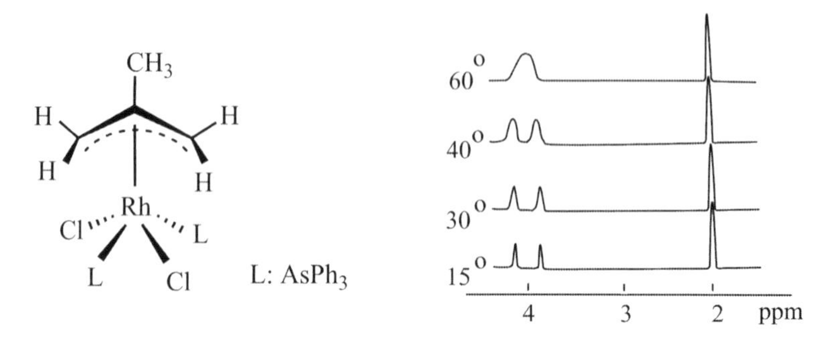

7.13 化合物 $Ru_4(CO)_{12}$ 的構型如下圖。Rh(b)、Rh(c) 和 Rh(d) 在同平面；Rh(a) 在頂點位置。有 3 個 CO 配位基以端點 (Terminal) 方式一上，及 3 個 CO 一下接在平面上的 3 個 Rh 上，另有 3 個 CO 配位基以架橋 (Bridging) 方式接在平面上的 3 個 Rh 上。在頂點位置的 Rh(a) 由 3 個 CO 配位基以端點鍵結。請問會有多少組吸收峰出現在 ^{13}C NMR 光譜圖？比例為何？吸收峰的樣式為何（注意 ^{103}Rh (I = 1/2)）？分子在高溫下的動態行為 (Fluxional) 使全部吸收峰只剩一組。吸收峰的樣式如何改變？請解釋由 ^{13}C NMR 光譜顯示的化合物 $Ru_4(CO)_{12}$ 在高溫下的動態行為。

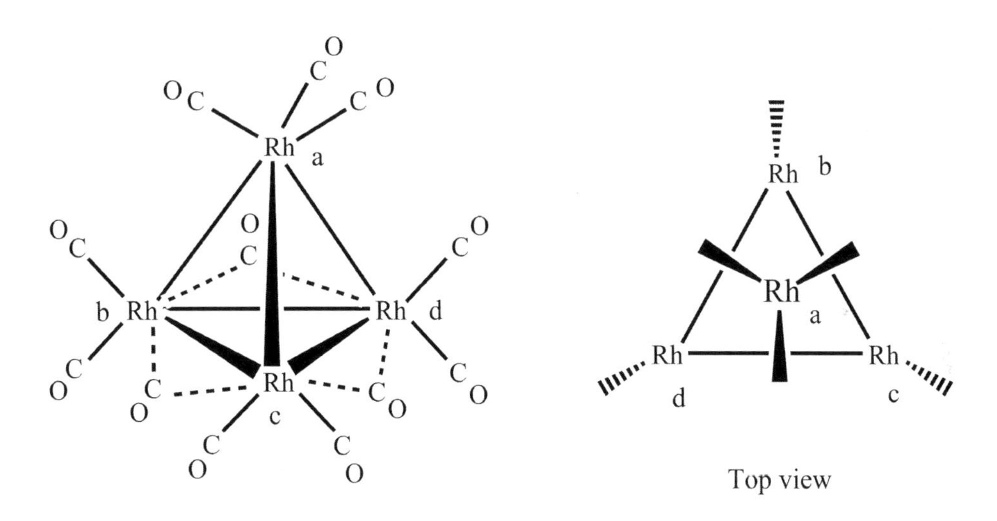

7.14 化合物 $[Cp(CO)_2(PEt_3)W{=}CH_2]^+$ 從低溫到高溫在變溫簡化 ^1H NMR 光譜圖如下。(a) 說明分子在溫度變化下的動態行為。(b) 說明為何在 -20°C 溫度下觀察到一組二重吸收峰 (Doublet)，而在 -110°C 溫度下觀察到多組吸收峰。(c) 什麼是此化合物的合併溫度區 (Coalescence Temperature, T_c)？(d) 為什麼在 -70°C 溫度左右時看不到任何訊號？

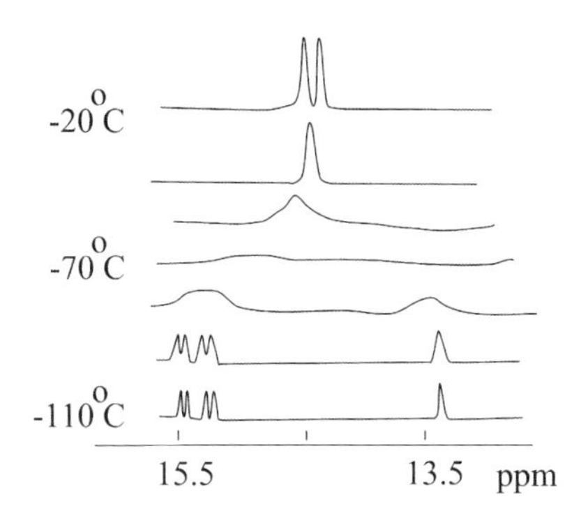

7.15 有幾個實驗觀察現象如下。(a) 從起始物 *trans*-diester 開始，可以得到絕大多數為 *Z*-diene 錯合物。(b) 從起始物 *cis*-diester 開始，可以得到絕大多數為 *E*-diene 錯合物。(c) 原本很慢的開環反應，卻在 $Fe_2(CO)_9$ 加入後變得很快。請提出適當的反應機制符合上述的觀察現象。

7.16 一有機金屬化合物 $CpM(CO)L_n$ 在溶液中出現 2 種互變異構物。在 ^1H NMR 光譜圖中，兩 Cp 位移差 25 Hz；在 ^{13}C NMR 光譜圖中，兩 Cp 位移差 60 Hz；在紅外光譜圖中，兩羰基 (CO) 分開 15 cm^{-1}，約等於 4.5×10^{11} Hz。

(a) 利用以下的方程式來計算，能使上述 3 種光譜方法中的吸收峰合而為一的最慢的分子構形互變速率。

$\tau = 1/k_1 = 1/k_{-1}$　　　　$\Delta\delta(\text{in Hz})\bullet(\text{in sec}) \sim 1/\pi$

(b) 計算觀察分子的動態行為在 ^1H NMR 及 ^{13}C NMR 光譜方法的溫度範圍 ($k_{coal.} = 2.22\ \Delta\delta$)。

(c) 分子雖然在固態，仍然有動態行為（熱振動）。說明由X- 光晶體繞射法得到晶體結構中，原子位置卻被視為是「凍結」的。

7.17 試著預測 $[(\eta^5\text{-}C_5H_5)Co]_2C_4R_4$ 分子的結構。同時預測 Cp 環在變溫 ^1H NMR 中在慢交換區 (Slow-exchange Region) 及快交換區 (Fast-exchange Region) 的形狀。[提示：分子的主架構為金字塔型，一個 CpCo 基團在頂點 (Apical Position)，另一個 CpCo 基團在基部 (Basal Position)。]

7.18 試著區分流變現象 (Fluxional) 特性和分子震動 (Vibration) 及構型轉換 (Conformation Change) 之間的差別。如環己烷 (Cyclohexane) 的椅型 (Chair Form) 和船型 (Boat Form) 之間的構型轉換。

7.19 在 NMR 圖譜中本來預期的吸收峰沒有出現，稱為 NMR 靜默 (NMR Silent)。說明可能原因。

7.20 在 NMR 或 IR 光譜圖中本來預期出現的吸收峰，有可能比預期數目少或根本沒有出現。有可能是那些原因？

7.21 在變溫 NMR 實驗中使用不同磁場的 NMR（如從 400 MHz 轉換成 600 MHz 儀器）能否改變發生流變現象 (Fluxional) 的分子的合併溫度區 (Coalescence Temperature, T_c) ？

7.22 分子 Cycloheptatrienyltriphenyltin ($(\eta^1\text{-}C_7H_7)SnPh_3$) 是以 η^1- 結合的環庚三烯金屬錯合物。其發生流變現象 (Fluxional) 的轉換是經由 1,5-shift，而非 1,2- 或 1,3-shift 機制。可能原因為何？

7.23 一般而言，環狀有機配位基比非環狀有機配位基穩定，含奇數環狀有機配位基比含偶數有機配位基穩定，不易被親核子攻擊。可能原因為何？

7.24 若將有機化合物乙烷 $CH_3\text{-}CH_3$ 的其中一甲基視為固定，另一甲基繞著單鍵旋轉，可繪出旋轉角度 vs. 能量圖。用軌域瓣類比 (Isolobal) 的觀念來看 $(CO)_5MnCH_3$ 分子，將 $Mn\text{-}CH_3$ 鍵中的甲基視為單鍵，甲基繞著單鍵旋轉。試著繪出旋轉角度 vs. 能量圖。除了圖形不同外，預期兩種狀況的能量高低會有何不同？

7.25 下面分子 $[(CO)_3Fe]_2(C_4R_4)$ 兩個 $Fe(CO)_3$ 基團處於不同環境。在高溫加熱情形下，實驗觀測到兩個 $Fe(CO)_3$ 基團環境相同。試繪出一流變現象 (Fluxional) 機制來加以說明。

OC CO CO
Fe
Fe CO CO CO

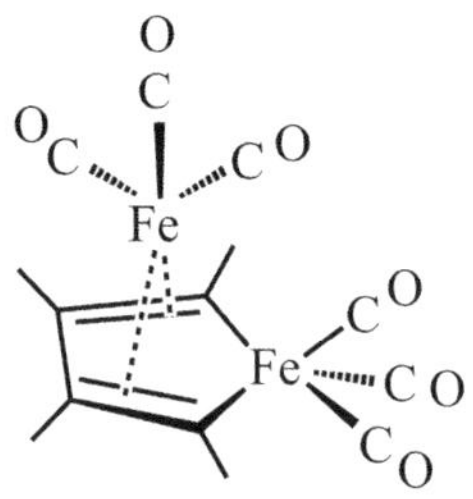

7.26 金屬環化物 $[(\eta^5\text{-}C_5H_5)Co]_2(C_4R_4)$ 的 2 個 CpCo 基團處於不同環境。在高溫加熱情形下，實驗觀測到 2 個 CpCo 基團環境變成相同。試繪出一流變現象 (Fluxional) 機制來加以說明。

Co R
R
Co
R
R

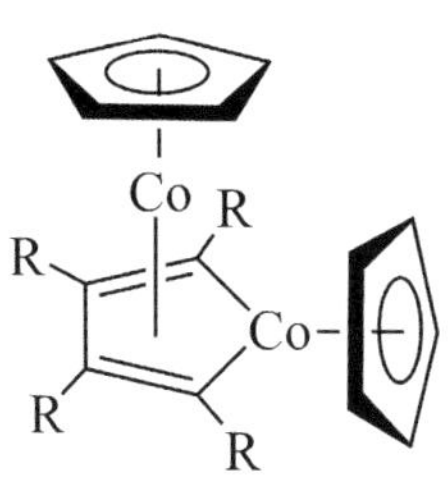

章節註釋

1. "Fluxional" 一詞有些教科書翻譯成「流變現象」。根據定義，"Fluxional" 一詞是 "When a molecule rearranges from one configuration to another sterochemically equivalent configuration, the molecule is called 'fluxional'. When a molecular rearrangement occurs between sterochemically non-equivalent configurations, the complex is called 'sterochemically non-rigid'."
2. 在非高溫狀態下，$(\eta^5\text{-}C_5H_5)(\eta^1\text{-}C_5H_5)Fe(CO)_2$ 分子的 2 個 Cp 環，分別以 η^5- 及 η^1- 方式存在。這是一個很好的例子，它說明 Cp 環可以為了使中心金屬遵守十八電子規則 (18 Electron Rule) 而犧牲環上的芳香族性 (Aromaticity)。
3. 在非高溫狀態下，可由 NMR 看出 3 組氫吸收峰，環 $\eta^1\text{-}C_5H_5$ 上 3 組氫是立體化學不等同 (Stereochemically Inequivalent) 的。在高溫狀態下，環 $\eta^1\text{-}C_5H_5$ 旋轉後的分子其立體化學等同 (Stereochemically Equivalent) ，這時可看出 NMR 圖上的 3 組氫吸收峰變成 1 組，吸收峰位移是加權平均值。
4. 含釕錯合物 $(\eta^5\text{-}C_5H_5)(\eta^1\text{-}C_5H_5)Ru(CO)_2$ 在變溫 NMR 實驗中發現流變現象 (Fluxional) 比含鐵錯合物 $(\eta^5\text{-}C_5H_5)(\eta^1\text{-}C_5H_5)Fe(CO)_2$ 快。原因是釕金屬 d 軌域比鐵金屬 d 軌域來得更擴張 (Diffused)。
5. η^3- 丙烯基最好視為帶 +1 價，有 2 個 π 電子符合 4n + 2（Hückel 規則）電子的要求，具有芳香族性 (Aromaticity)。若視為中性或帶 -1 價，則有未成對電子置於空軌域 (Ψ_2) 上，造成不穩定。
6. 若把丙烯基和金屬的鍵結視為由 1 個 σ 鍵再加 1 個 π 鍵結而成，由圖 7-9 看來似乎是丙烯基和金屬在同一平面上。事實上，比較好的看法是將丙烯基視為 1 個三角面平行地架在金屬上。
7. 丙烯基在 C-2 位置，不論是氫或是烷基，都不會和 C-1 或 C-3 上 *syn*- 和 *anti*- 的質子交換。若將原來 C-2 位置的 H 換成 D，並沒有發生交換，即可證明。
8. 合併溫度 (Coalescence Temperature) 有時候翻譯成崩解溫度，簡寫成 T_c。
9. 有些化學家不認同雙金屬化合物以金屬—金屬鍵旋轉的現象可以稱為流變現象 (Fluxional)，他們的論點是乙烷碳—碳間的旋轉現象也不稱為流變現象。
10. 「NMR 量測速度」(NMR Time-scale) 是指 NMR 量測光譜圖足以區分 2 個待量測不同頻率的吸收峰。NMR 量測速度的值和吸收峰寬度及化學位移差有關，通常在 Nanosecond 和 Millisecond 之間。

11. 羰基 (CO) 在多金屬化合物的金屬間從端點 (Terminal) 到架橋 (Bridged) 再到端點的途徑，稱為旋轉木馬 (Merry-Go-Round) 機制。通常這機制的活化能低，羰基可以此方式快速在多個金屬間流動。

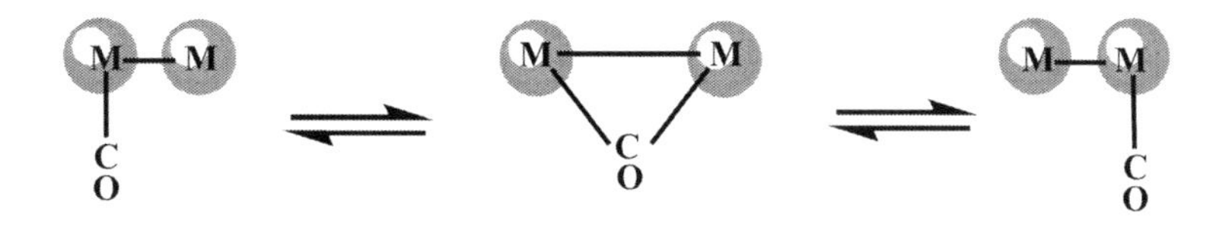

12. Rh 的 I = 1/2，4 個 Rh 的 I = 2，2I + 1 = 5，碳被 4 個 Rh 耦合而為五重吸收峰 (Quintet)。

第 8 章　無機合成技術及化合物鑑定

8-1　厭氧操作技術及溶劑純化

一般而言，有機金屬化合物 (Organometallic Compounds) 比傳統有機化合物 (Organic Compounds) 或配位化合物 (Coordination Compounds) 對氧氣較為敏感，較易被氧化。因此，在實驗操作上比傳統有機合成或配位化合物的合成需要更為小心謹慎，要儘量避免反應曝露在空氣中的機會。[1]

一般有機金屬化合物的中間金屬為低氧化態。當金屬遇氧氣被氧化後形成高氧化態，從皮爾森 (Pearson) 提出的硬軟酸鹼理論 (Hard and Soft Acids and Bases, HSAB) 觀點視之，氧化後的金屬從軟酸變硬酸，因而硬的金屬和軟的配位基間的鍵結容易斷裂，導致分子瓦解。特別是一些同時具有 σ- 鍵結 (σ-Bonding) 及 π- 逆鍵結 (π-Backbonding) 特性的配位基如 CO、PPh_3、烯類、炔類等等。原因是由金屬到配位基的逆鍵結減弱之故。[2]

另外，有機金屬化合物對水的敏感度較對氧為低，有些有機金屬化合物甚至可在酸性的水溶液中做酸化處理而不會分解。但在一般情形下仍應儘量避免接觸水氣。況且，沒有刻意做除氧處理的水通常溶有氧氣，有可能會造成有機金屬化合物的分解。水的分子量小，反應中只要一點點水存在就具有相當大的莫耳數，可能造成配位基取代反應。它對某些厭水的有機金屬化合物的影響不容忽視，特別是在溼度比較大的地方如在台灣地區要更注意。

由於厭氧 (Air-sensitive) 及厭水 (Moisture-sensitive) 特性，一般有機金屬化合物的反應均在真空或鈍氣存在下進行。化學家常用的是玻璃真空系統，而超高真空系統為達高真空度必須輔以擴散馬達 (Diffusing Pump)，操作不易，能處理的量小，很少被使用。超高真空系統有時輔以托普勒馬達 (Toepler Pump) 來處理反應中產生的氣體。這些氣體可以 GC-Mass 之類的儀器加以定性及定量。另外，在針對高腐蝕性的氟化合物的實驗操作時，需由完全不銹鋼組成的金屬真空系統來處理，單價高且操作不易，除非必要否則很少使用。

一般的反應溶劑使用前均需經除氧及除水處理。其中，不含鹵素的溶劑以鈉塊加二苯基甲酮 (Na/Benzophenone) 除水處理，再於鈍氣下蒸餾後使用。含水量少的溶

劑在 Na/Benzophenone 下為深藍色到紫色，當顏色轉為棕色時則需重新配製新的溶劑。處理廢棄鈉塊 (Na) 必須特別小心，以免發生火災及爆炸。而含鹵素的溶劑則需以 P_2O_5 處理，在鈍氣下蒸餾後使用。使用的鈍氣一般為氮氣。精度要求更高時，使用的鈍氣為昂貴的氬氣。為避免使用 Na 發生火警或爆炸意外，現在有些實驗室改採用以二氧化矽除水的無水溶劑純化系統。

一般將在 10^{-6} torr 左右壓力下操作，且沒有使用鈍氣的玻璃真空系統，歸類為高真空系統 (High Vacuum Line)；而將在 10^{-3} torr 左右壓力下操作，且使用鈍氣的玻璃真空系統，視為 Schlenk 真空系統。前者操作較困難，且能處理的化合物量較少，適用於對氧極敏感的化合物（如硼化物）的處理；後者操作較容易，且能處理較大量的化合物，但僅適用於處理對氧不太敏感的化合物（一般有機金屬化合物）的操作。這兩種技術若不刻意加以區分，都通稱為「真空系統」技術，尤其一般都指後者。另一常用的儀器是無氧乾燥箱或稱手套箱（Dry Box 或 Glove Box）。在這已經過除氧及除水處理後的不銹鋼箱子中，玻璃反應瓶可裝卸反應物及產物，避免反應物或產物曝露在空氣中。有些無氧乾燥箱尚有小冰箱，以便儲存對熱敏感 (Thermally Sensitive) 的化合物（表 8-1、圖 8-1）。在簡化的充氣塑膠袋 (Plastic Bag) 中亦可進行類似在無氧乾燥箱中的裝卸反應物及產物作業，只是除氧及除水程度較差。後者通常用於處理剛買來的瓶裝藥品的分裝工作。

表 8-1　幾種常見厭氧操作技術屬性比較

系統	除氧及除水能力	處理容量	特點
高真空系統 (High Vacuum Line)	最佳	少量	適用處理對氧氣極敏感的化合物
真空系統 (Schlenk Line)	中等	中等	操作簡易
乾燥箱 (Dry Box)	中等	可大量	可儲存及裝卸反應容器

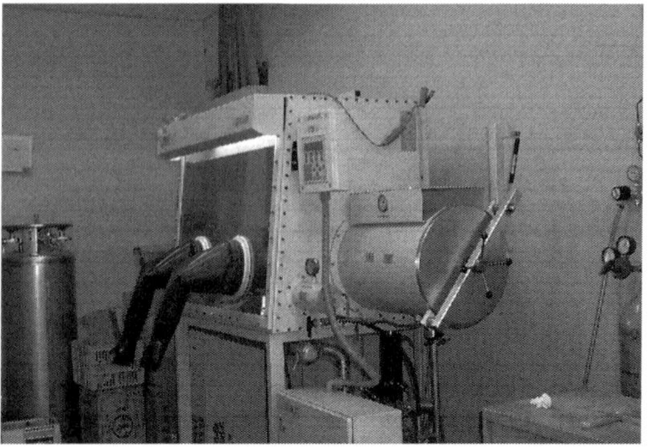

圖 8-1　（左）Schlenk 真空系統；（右）無氧乾燥箱。

高壓反應瓶（俗稱炸彈，Bomb）為進行高壓合成或催化反應常用的裝備（圖 8-2）。實驗室使用的高壓反應瓶容量較小，一般分為 50 mL^3 及 100 mL^3 二種。工業界使用的高壓反應瓶容量視需求而定，為求達到經濟規模通常容量都很大。反應物經常在無氧乾燥箱中裝置妥當，再取出進行加壓及加溫作業。反應後通常需先卸掉氣體壓力，然後再進到無氧乾燥箱中裝卸取出產物再分析。高壓反應若有一氧化碳的加入或產生，則處理上應特別注意一氧化碳的毒性問題。應儘量在抽氣櫃中進行加壓或排氣操作。

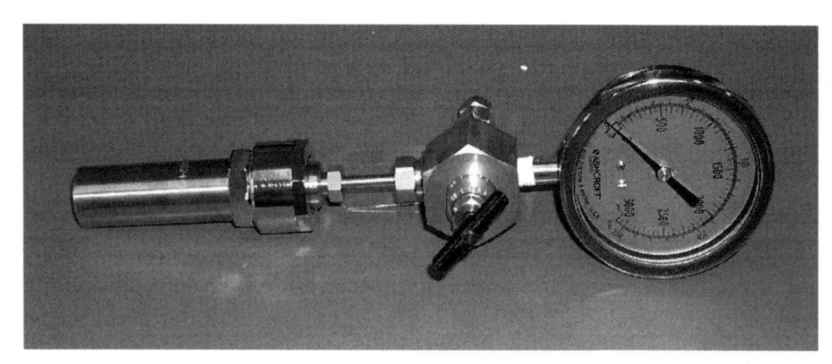

圖 8-2 高壓反應瓶俗稱炸彈。

常見的反應瓶為圓底燒瓶 (Round Flask) 或長管瓶 (Schlenk Tube)（圖 8-3）。反應時經常以磁石攪拌，使反應均勻。若需要強力攪拌可利用機械攪拌裝置。反應瓶的規格分為容量大小（如 50 mL^3、100 mL^3、250 mL^3 等）、磨口內徑大小、及磨口頸長度。如標號 20/40 則表示磨口內徑為 2 公分，磨口頸長度為 4 公分。反應瓶通常有側管 (side arm)，便於抽灌氣體，側管可為一邊或兩邊都有。側管可能是磨砂或鐵氟龍旋塞 (Teflon Stopcock)。前者密閉性較好，但反應中可能有塗於磨砂口的真空塗脂 (Grease) 被溶劑蒸氣溶解到反應溶液中造成往後鑑定上的干擾。Teflon 磨口無此問題，但密閉性較差。反應進行中反應瓶的管口部分以血清塞 (Septum) 蓋緊。反應中血清塞的屑屑及固化劑可能掉進到反應瓶內造成干擾。有些磁攪拌器 (Magnetic Stirrer) 有附加上加熱的功能（圖 8-3）。加熱一般使用油浴鍋 (Oil Bath)，有時用加熱包，加熱包一般內放海砂。加熱中的玻璃器皿在高溫下遇水有裂開的可能，特別是有加迴流管 (Condenser) 冷卻的反應，必須注意防範。

一般有機金屬化合物的合成實驗操作是在架有玻璃真空系統的實驗桌面上執行（圖 8-1）。液態藥品取得通常以針筒從藥品瓶中抽取，液態藥品在反應瓶之間的轉移通常以雙頭鋼針為之，操作必須在氮氣下進行以防氧氣進入造成化合物分解。這種技術也稱為插針技術 (Cannula Technique)（圖 8-4）。

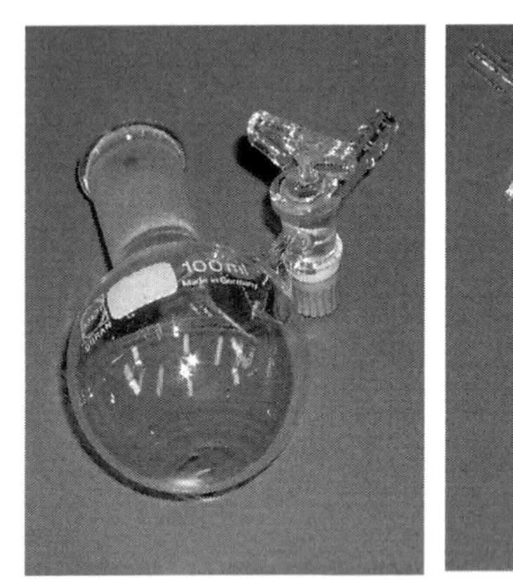

圖 8-3 由左至右：圓底燒瓶；長管瓶；磁攪拌器。

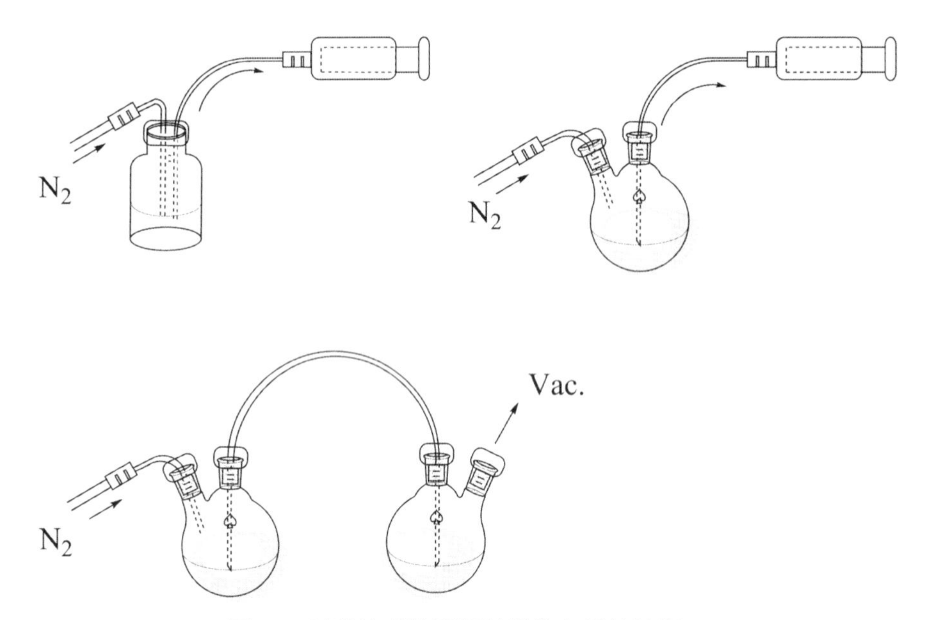

圖 8-4 以針筒或雙頭鋼針操作之插針技術。

8-2 產物的分離、純化及鑑定

產物的分離及純化通常為合成步驟中最花時間的部分。一般對有機金屬化合物的分離常見的為管柱色層分析法 (Column Chromatography)、部分結晶法 (Fractional Crystallization)、離心式色層分析法 (Centrifugal Thin Layer Chromatography, CTLC) 等等。若要分離有機物則可以 HPLC、MPLC、GC 等分離之。通常含金屬的化合物盡量不要進入，以免卡在管路中，造成分離用管路毀損。分離後化合物的鑑定最常用的儀器為 NMR、IR、UV、Mass、GC-Mass、EA、X-ray 等等儀器。化合物的物性測定有時用到 CV、EPR 等等。近來的一些固態化學研究有時候會用到 TEM、SEM 等等更先進儀器。

有機金屬化合物的結構變化因有金屬 d 或 f 軌域的加入而變得較為複雜。通常需要以 X- 光單晶繞射法 (X-Ray Single Crystal Diffraction Method) 來鑑定，提供分子中原子在三度空間的相關位置資訊。X- 光單晶繞射法需要品質不錯的晶體來收集資料。晶體的養晶過程是利用化合物對溶劑的溶解度的關係，使其慢慢過飽和而逐漸析出堆積而成。析出速度太快容易形成小晶體或品質不良的晶體，不適合用於 X- 光單晶繞射法。有機金屬化合物在養晶過程中可能因部分化合物遭到氧化而導致分子瓦解，或因熱分解而造成不純物生成，使養晶受到干擾，甚至完全失敗。有些化合物因本質上結晶性不良，不易養成晶體。若能將此不易結晶的化合物晶體和結晶性佳的重金屬化合物結合，則有機會養出晶體。晶體養成後，若晶體不易氧化，可直接取出上機收集數據。若晶體容易氧化，可將晶體封在毛細管內或以快乾膠凝固後再上機。有些情形下甚至把晶體和母液一齊封在毛細管內上機（圖 8-5）。

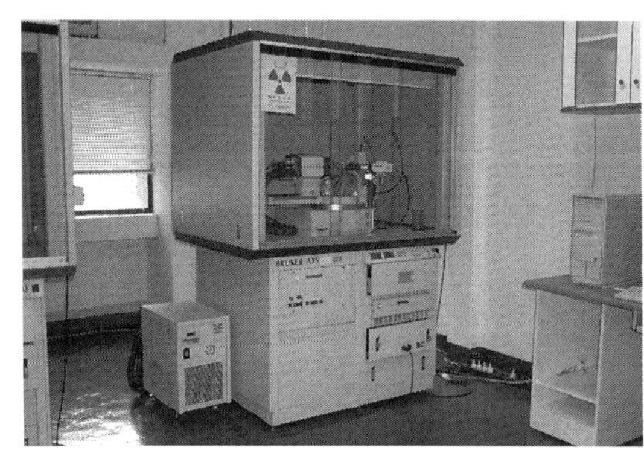
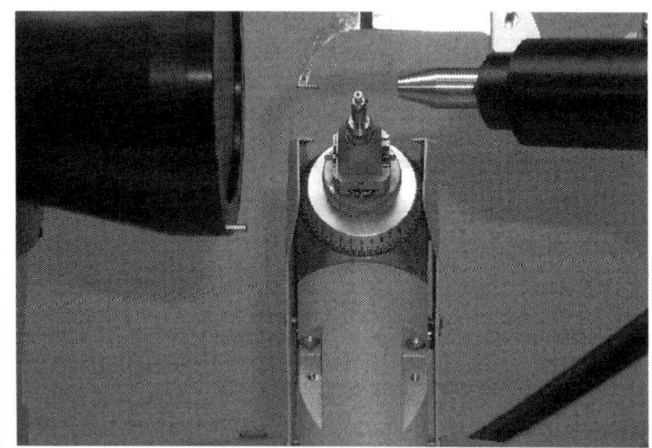

圖 8-5 X- 光單晶繞射儀 (X-Ray Single Crystal Diffractometer)。

在某些情形下，分子中某些氫原子的位置，對研究工作可能相當關鍵。[3] 而 X- 光單晶繞射法因其作用原理，通常無法提供精確的氫原子的位置。此時可用中子晶體繞射法 (Neutron Diffraction Method) 來取得氫原子的精確位置。使用中子晶體繞射法的缺點是設備昂貴不易取得，且上機收集數據時需要較大的晶體才能執行等種種不方便因素，因而較為少見。

一般實驗室使用的合成方法為熱化學方法 (Thermal Chemistry Method) 及光化學方法 (Photochemistry Method)。其中以前者最為常用，且可以處理較大量的反應物。選擇後者的主要原因，是因為某些金屬羰基化合物的配位基 CO，可在利用選擇特定波長的光照射下脫去，對金屬羰基化合物的後續反應有利。常用的熱化學方法即是將

反應物以溶液形式置於反應瓶中再予以加熱。在達熱平衡時溶液分子的能量分佈遵守 Maxwell-Boltzmann 的公式。具有超越某斷鍵或轉變分子構形所需活化能的分子，即行斷鍵或轉變分子構形。熱化學反應方式對特定斷鍵比較沒有選擇性，容易產生多種副產物。光化學反應方式則可利用選擇特定波長的光照射反應物，使其斷特定的化學鍵，此法的副產物種類較少。光化學反應方法的缺點是能處理的反應物量較小；另外，在如何選擇適當特定波長的光來照射反應物的過程比較繁瑣，也有可能產生連鎖反應引起爆炸等等的顧慮。除了上述傳統方法外，最近也有利用超音波或微波來進行化學反應的報導。[4]

8-3 儀器方法

當化合物被分離純化後，需要利用儀器來鑑定其成分及結構。最常用的儀器為核磁共振光譜儀 (Nuclear Magnetic Resonance, NMR)、紅外光譜儀 (Infrared, IR)、X-光單晶繞射儀、質譜儀 (Mass Spectrometry, MS)、元素分析儀 (Elemental Analysis, EA) 等等。這些儀器有如合成化學家的眼睛，為現代化學研究中不可或缺的工具。

8-3-1 核磁共振光譜

核磁共振光譜的基本原理是利用外加磁場使選定之特定原子核（例如氫原子）產生能量高低分裂的兩組原子核，然後在適當的能量波（通常為無線電波）照射下引起原子核產生共振 (Resonance)，使低能階原子核跳到高能階狀態，再藉由觀察原子核由高能階狀態衰變到低能量狀態的過程其中所蘊含的資訊（時間的函數），將其資訊藉由傅立葉轉換 (Fourier Transform) 為光譜圖上的吸收峰（頻率的函數）。此光譜圖即包含化學位移 (Chemical Shift)、耦合常數 (Coupling Constant) 及積分值 (Integration) 等資訊。化學家藉由這些光譜圖資訊判斷此原子核所處之化學環境。核磁共振光譜儀為相當昂貴且具多功能的精密儀器（圖 8-6）。

仔細檢查一有機金屬化合物的氫光譜，可發現很多有關化合物結構的重要資訊。一般觀看氫光譜 (^{1}H NMR) 必須注意三件事：1. 化學位移；2. 耦合常數；3. 積分。以下逐一說明。

1. 化學位移

如上述，氫原子受到所處環境的影響而往 NMR 低磁場 (downfield) 或高磁場 (upfield) 方向位移。化學位移為相對值，通常以 $(CH_3)_4Si$ (Tetramethylsilane, TMS)

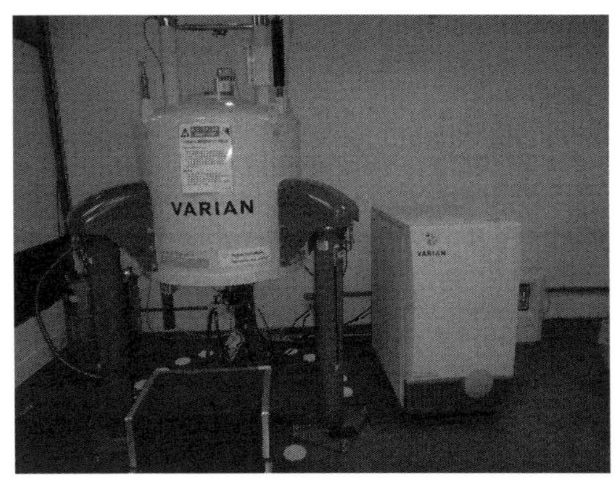

圖 8-6 400 MHz 核磁共振儀及操作。

的化學位移為標準定為零。一般有機物的氫化學位移 > 0 ppm，且通常出現在 0 ~ 10 ppm 之間。有機金屬化合物若出現氫和金屬的直接鍵結 M-H 時，稱為 Metal Hydride，則氫化學位移 < 0 ppm。此時，氫原子將金屬的電子密度拉向自己。視金屬的種類及特性和鍵結的金屬個數而定，氫的化學位移可以往高磁場位移有時候甚至可到 -40 ppm 左右（圖 8-7）。

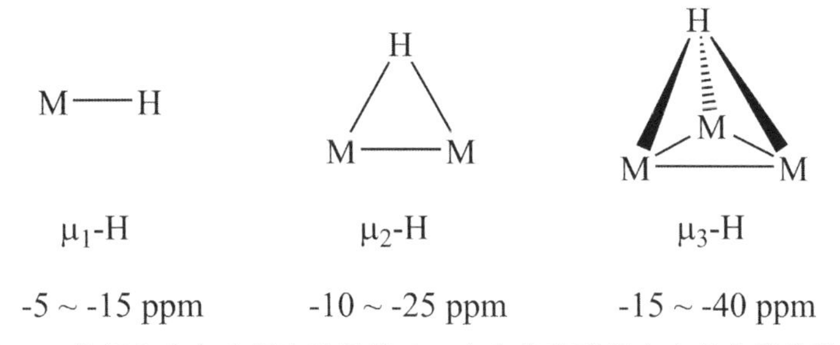

圖 8-7 當氫和愈多金屬直接鍵結時，它愈往高磁場方向做化學位移。

2. 耦合常數

化學鍵是藉著電子作用力來結合兩鍵結原子 A 和 B。A 原子核會影響其周遭鍵結電子雲，藉著鍵結的電子雲再影響到 B 原子核，因而間接產生 A 和 B 原子核的互相作用，即耦合現象。這種作用形式稱為經由鍵結耦合 (Through Bond Coupling)。[5] 因耦合而分裂的吸收峰個數為 2I + 1，其中 I 為耦合的原子核自旋 (Nuclear Spin)。例如磷原子的原子核自旋是二分之一，則被磷耦合的氫分裂為兩根吸收峰。有時鄰近且似乎等高的兩根吸收峰造成辨識上的困擾時，可藉不同磁場強度的核磁共振儀來區分

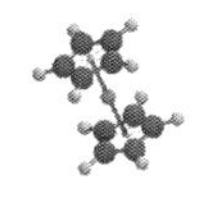

為：一，一組因耦合而分裂的兩根吸收峰；或者是二，兩根來自不同氫原子核的吸收峰。[6] 前者在從低往高的磁場強度下的核磁共振實驗中，兩吸收峰會靠近；而後者不會。

耦合常數的大小和耦合原子的種類及鍵的距離有關。若耦合原子的種類相同，耦合常數的大小仍可能和該原子的混成狀態有關。如以 sp^3、sp^2 及 sp 混成之碳和氫原子的耦合常數大致上可簡略為 500/4、500/3 及 500/2 Hz。其中混成含 s 軌域比值愈大者耦合常數愈大。原因是 s 軌域比 p 軌域的電子雲因穿透效應更能影響原子核心。[7]

3. 積分

「氫」核磁共振吸收峰的相對積分值代表個別氫個數的比例，可靠性較高。然而，仍需注意鬆弛時間 (Relaxation Time) 參數和其他參數的設定是否正確。特別在有機金屬化合物的鬆弛時間變化範圍較大，若設定值太小，總積分值會偏小。有時需要有實作經驗才能找到適當值。「碳」核磁共振吸收峰的相對積分值可靠性較差，除了受碳原子所處的周遭環境很大的影響外，鬆弛時間過長也是可能原因之一。[8] 另一個常見的核磁共振原子是「磷」，其積分值相較「碳」可靠。

8-3-2 紅外光譜

大多數情形下，分子振動時吸收頻率出現在紅外光區。在沒有參與和金屬鍵結前，一氧化碳 (CO) 的單一振動頻率出現在 2143 cm^{-1}，且為強吸收（圖 8-8）。此一 2000 cm^{-1} 附近紅外光頻率區較少受到其他有機物官能基的吸收頻率的干擾，因而在光譜吸收峰的判定上較為方便準確。這比較不受干擾的區域有時亦稱為視窗 (Window)。

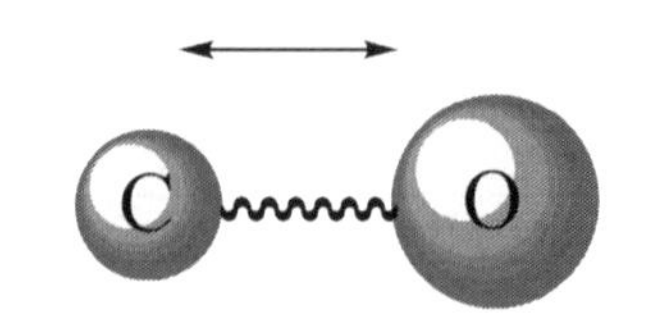

圖 8-8　一氧化碳的振動模式。

在有機金屬化學發展的初期，有關金屬羰基化合物（$M(CO)_n$，M：金屬）的研究相當積極。主要原因是人類社會對石油的強大需求量及日益減少的儲量，促使工業界想將媒 (Coal) 催化轉換成石油 (Oil) 的動力有關。在紅外光譜裡吸收強而且易辨認的 CO 吸收峰，使紅外光譜技術在金屬羰基化合物的研究受到重視。

下圖為一氧化碳的分子軌域能量及鍵結圖（圖 8-9）。當一氧化碳以配位基方式接到過渡金屬上時，其振動頻率下降。主要原因在於金屬上的電子以 π- 逆鍵結方式進入一氧化碳的反鍵結軌域 (Anti-bonding Orbital) 所造成。頻率下降的程度端視過渡金屬其種類、氧化態及一氧化碳和金屬鍵結模式而定。但有個例外的情形，當一氧化碳鍵結到不具有逆鍵結方式能力的路易士酸時，如和 BH_3 形成 BH_3•CO 鍵結，其頻率不降反升。原因是 CO 的 HOMO(s_σ*) 帶有些許反鍵結軌域的特性，和 BH_3 鍵結時會將 HOMO 電子以 σ- 鍵結方式提供給 BH_3，反而降低其反鍵結屬性，增高 CO 的頻率。這裡也可看出一氧化碳以配位基方式，鍵結到能產生逆鍵結的過渡金屬，和鍵結到不會產生逆鍵結的主族元素上的差別。

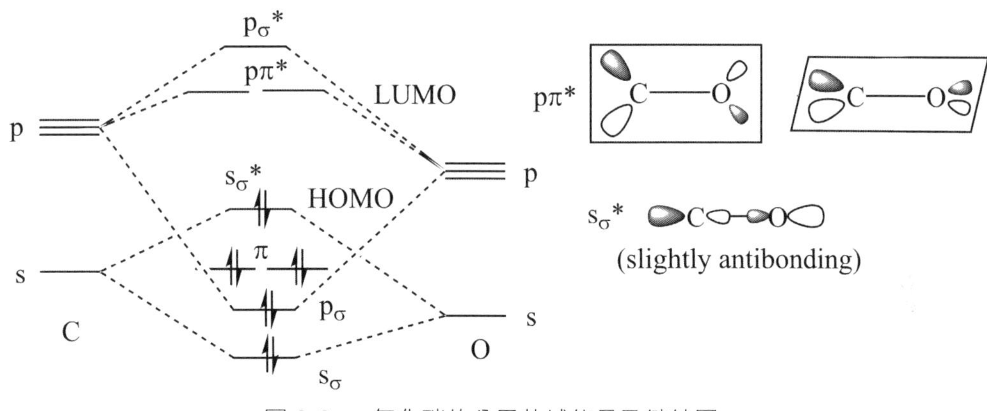

圖 8-9 一氧化碳的分子軌域能量及鍵結圖。

當 2 個一氧化碳以配位基方式接到同一過渡金屬上時，可能因一氧化碳鍵結的位置不同，產生吸收峰的個數及形狀不同的光譜。如 $Fe(CO)_2L_3$ (L: PPh_3) 是雙三角錐形分子，2 個一氧化碳配位基可能以夾角為 180º、120º 或 90º 等三種方式存在（圖 8-10）。

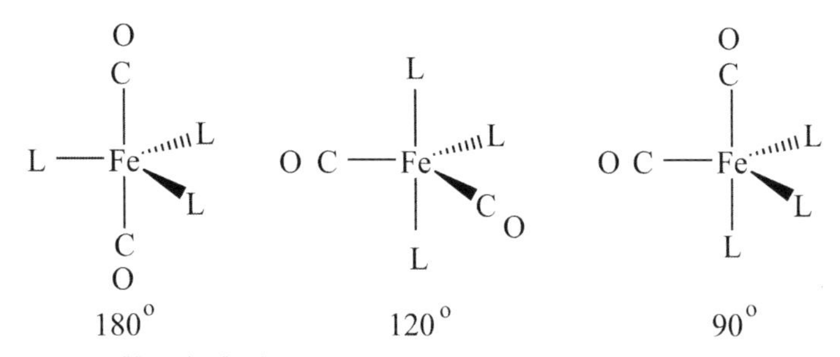

圖 8-10 雙三角錐形分子 $Fe(CO)_2L_3$ (L: PPh_3) 的三種可能結構。

以夾角為 180° 為例。圖 8-11(a) CO 振動方式同相位，因偶極矩 (Dipole Moment) 變化為零，根據選擇律 (Selection Rule) 紅外光吸收是禁止的 (Forbidden)，紅外光吸收不起作用 (IR Inactive)。反之，圖 8-11(b) CO 振動方式不同相位，因偶極矩變化不為零，紅外光吸收是允許的 (Allowed)，為有效的紅外光吸收 (IR Active)。因此，雖然有 2 個 CO 配位基，卻只有一根 IR 吸收峰出現（圖 8-11）。

O—C—M—C—O　　O—C—M—C—O

(a) 同相位 (in phase)　　(b) 不同相位 (out of phase)

圖 8-11　線型 OC-M-CO 的二種可能振動方式。

另外，以夾角不為 180° 為例。以下左右兩圖 CO 振動因偶極矩變化不為零，紅外光吸收是允許的。會出現 2 個吸收峰，2 個吸收峰的吸收強度的比值理論上要遵守 $\cot an^2\Phi$ 公式（圖 8-12）。以夾角為 120° 的例子，紅外光吸收會出現 2 個吸收峰，而吸收強度為 1:3。另外，夾角為 90° 時，會出現吸收強度相同為 1:1 的 2 個吸收峰。因此，我們可以從所測量到 $Fe(CO)_2(PPh_3)_3$ 的紅外光圖譜樣式來推測其結構屬於何者（圖 8-13）。

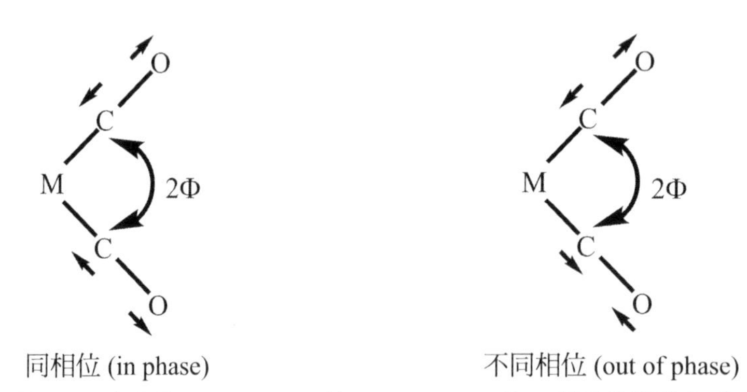

圖 8-12　夾角為 $2\Phi(\neq 180^{\circ})$ 的 ∠CO-M-CO 的二種可能振動方式。

當多於 2 個以上的一氧化碳以配位基方式接到過渡金屬上時，紅外光譜吸收峰的個數最好以群論 (Group Theory) 的原理來推斷，比較不易出錯。越對稱的分子越容易形成簡併狀態，使吸收峰的個數減少。以 $Fe(CO)_5$ 為例，5 個一氧化碳的配位基只出現 2 個吸收峰，因其雙三角錐 (Trigonal Bipyramidal) 的結構為 D_{3h} 對稱。其中有幾個振動模式對紅外光吸收不起作用 (IR Inactive)，不會出現吸收峰。從紅外光譜當然能得到分子其他官能基的信息，然而，以判斷金屬羰基化物上一氧化碳鍵結情形為

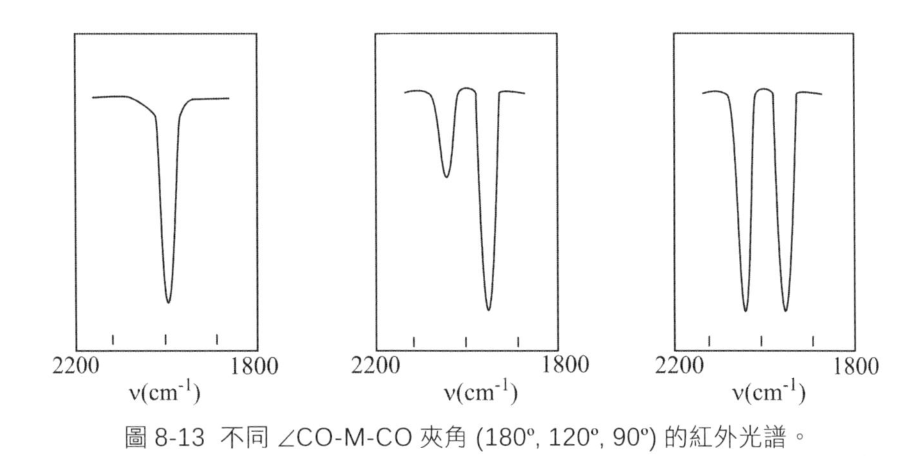

圖 8-13 不同 ∠CO-M-CO 夾角 (180º, 120º, 90º) 的紅外光譜。

最常用。一般測量紅外光譜的樣品通常在溶液狀態下量測。固狀的樣品也可以和 KBr 混合打成鹽片測量；或和一種黏稠的有機物 Nujor 混合，攪成黏稠的樣品，被夾在 IR 鹽片內測量。紅外光的吸收有時候會出現幾個吸收頻率耦合的現象，造成判定上的困擾。因此，紅外光譜一般被當成指紋 (Fingerprint) 來看待，即對分子的紅外光吸收的總體表現來判定，而對個別吸收峰的分析要謹慎為之。

8-3-3 X- 光單晶繞射法

有機金屬化合物因有金屬 d 或 f 軌域加入混成，使其結構往往比傳統有機化合物更複雜，其不可預期性更高。有時候僅利用如核磁共振光譜或紅外光譜等等光譜方法，很難確定其結構。這時候就必須利用 X- 光晶體繞射法，來得到分子中原子在三度空間的相關位置資訊。如此一來，分子內幾個相關原子間的鍵長、鍵角及雙面角等資料都可取得。可以說 X- 光單晶繞射法是最直接能提供分子結構的儀器方法。X- 光單晶繞射法需要品質不錯的單晶來收集資料。培養晶體的關鍵 (key) 是溶解度 (solubility)。養晶過程有時候可能是最麻煩且最耗時的過程。有些化合物似乎不容易在某些溶劑中結晶，這時可變換不同溶劑或是混合溶劑再試。單晶長成後，通常將選取的適當單晶封在毛細管內，再放置於繞射儀的待測基座上。有些情形下甚至可將溶劑和晶體一起封在毛細管內。比較穩定或對氧氣不敏感的晶體以快乾膠凝固後上機即可。經過晶體位置及繞射角度校正後，開始以 X- 光照射收集繞射數據。X- 光的波長通常為 0.71073Å，其來源為鉬 K_α 放射。

晶體為內部組成單位（原子、分子或離子）排列規則的固體。當 X- 光取某角度照射到晶體時，因晶體內分子的排列情形，會產生屬於該分子特有的繞射亮點及暗點。其原理可由布拉格 (Bragg) 父子的 $2d = n\lambda\sin\theta$ 公式推得。這些亮點的位置及相對應強度的資訊由電腦儲存。因技術改進，現代 X- 光繞射儀收集這些亮點的時間由以前需時幾天降為數小時內即可完成。最後解晶學家再利用現成存放在電腦內的解晶體程式，即可將這些已收集到的數據解讀為分子內原子在三度空間的相關位置資訊，即一般所稱之晶體結構。通常繪成 ORTEP 圖來表達晶體結構 (Crystal Structure)。[9] 一方面，ORTEP 圖能表示原子在分子的相關 3D 位置資訊；另一方面，可以表示原子的熱運動 (Thermal Motion) 偏向值。

有些晶體結構較不穩定，在 X- 光的繞射下會因溫度升高而分解，這時候可用低溫裝置使晶體保持在低溫狀態下避免分解。通常低溫裝置是以揮發的液態氮氣體吹拂待測晶體使其降溫。在低溫狀態下收集繞射數據的另一優點是減少粒子在晶體中的熱運動，使最後解析出之原子位置誤差值較小。

值得注意的是，由 X- 光繞射法所得到的分子結構，是在固態中取得，並不一定反映分子在溶液下的狀態，在溶液下分子的構形可變性較大。晶體堆積的過程可能因分子間的堆疊產生堆積作用力 (Packing Force) 而導致結構稍許扭曲，降低分子對稱性。另外，使用不同溶劑可能使同一種化合物養出不同晶系的晶體。在不同溫度下養晶也可能使同一種化合物養出不同的結構，因為有些分子結構可能還沒到很低能量狀態下即行析出。有些晶體堆積時，溶劑分子會嵌入堆疊分子的空隙，最常見的是二氯甲烷 (CH_2Cl_2) 或水分子 (H_2O)。

8-3-4 質譜法

現代質譜儀 (Mass Spectrometry) 是精密又昂貴的儀器（圖 8-14a）。質譜儀的原理可視為是湯姆森 (J. J. Thomson) 真空管實驗的反向裝置。首先，在質譜儀的真空管內將一個待測化合物打掉一個（或以上）電子使帶正電。在負電場的吸引及磁場的偏轉下，和預設標準品的相對位置比對，得到該化合物的分子量。質譜圖除了包括主分子量外，也包括該分子降解 (Fragmentation) 時的一些「碎片」的質量，其原因是被打掉一個（或以上）電子的待測化合物所形成的正離子在真空管的飛行過程中會發生斷鍵而降解。有時候質譜圖會得到比該化合物的分子量更大質量的結果，其原因是正離子在真空管的飛行過程產生一些降解的「碎片」重新組合的情形，有可能組合出比該化合物的分子量更大質量的吸收峰。還好，這些吸收峰的強度通常很小。一般而言，有機金屬化合物比有機化合物不穩定，且較易被氧化或斷鍵導致分子組成產生變化。因此，有機金屬化合物的質譜圖上得不到主分子量吸收峰的情形比有機化合物來得普遍。

金屬羰基化合物（$M(CO)_n$，M：金屬）的質譜圖經常可看到質量差值為 28 的降解吸收峰。究其原因是化合物產生連續掉一氧化碳的配位基所造成。

仔細檢查質譜圖也可看到該化合物內組成元素同位素的種類及個數。因此，精密的質譜儀藉著吸收峰比對 (Peak Match) 技術也可以推測該化合物的組成成分，而不只是提供該化合物的分子量資訊而已。

在質譜儀的真空管內產生待測離子的方法通常為化學離子化法 (Chemical Ionization, CI)、電子撞擊法 (Electron Impact, EI)、高速原子撞擊法 (Fast Atom Bombardment, FAB)。其中 FAB 方法對測量高分子量的有機金屬化合物比較有效。

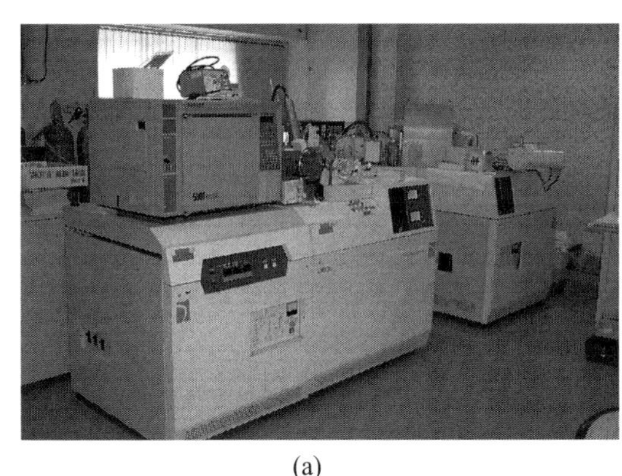

(a)

(b)

圖 8-14 (a) 質譜儀；(b) 元素分析儀。

8-3-5 元素分析法

有機金屬化合物的元素分析主要是量測碳和氫的百分比含量。有時再加上量測氮或硫。比起其他現代化儀器，元素分析儀算是相對便宜的儀器（圖 8-14b）。一般而言，有機金屬化合物的元素分析的精確度通常比有機化合物差，原因是有機金屬化合物對氧氣較為敏感易被氧化，在量測過程中化合物有機會曝露空氣中而被氧化造成誤差。有機金屬化合物在分離純化的過程中也可能因氧化而造成部分化合物分解，使送測樣品純度不夠造成誤差。在合成或分離過程，使用的溶劑若具有配位能力也有可能配位到有機金屬化合物上，也會對分析結果造成誤差。在比較潮濕的地區如台灣，水氣也會扮演造成量測誤差的幫兇之一。

送測化合物的樣品在經過元素分析後即遭破壞；同樣地，樣品在經過質譜儀分析後也無法回收，這種儀器方法稱為破壞性檢測。而像 NMR、IR 甚至 X-ray 的樣品在經過儀器分析後有些可回收，這樣的儀器方法則稱為非破壞性檢測。

《充電站》

8.1　有機金屬化合物怕氧不怕水？

根據定義，一般有機金屬化合物的中間金屬為低氧化態。當中心金屬被氧化形成高氧化態後，則金屬和配位基的鍵結易斷裂，導致化合物產生變化或瓦解。因此，在有機金屬化合物合成實驗操作上應盡量避免接觸氧氣。

而有機金屬化合物一般對水比較不敏感，有些反應甚至可在以酸性的水溶液中做酸化處理而不會導致化合物分解。水雖然是由氧組成，但是它的氧已是在還原態，沒有氧化能力，因而不會氧化金屬。

但在一般情形下為了保險起見仍應儘量避免接觸水氣。原因是，沒有經過除氧處理過的水中通常溶有少量氧氣，有可能會造成有機金屬化合物因氧化而分解。若是在水溶液做有機金屬化學反應，應先將反應瓶通氮氣 (Bubble N_2) 稱為去氣體步驟 (Degassing Procedure)，以驅走溶於水中的氧氣。另一個可能性是，水分子有機會當配位基，因為量很多，可能取代有機金屬化合物上的其他比較弱的配位基，導致分子瓦解或變質。

8.2　氧化劑與還原劑

還原劑是提供電子的化合物。在一般化學反應裡，常以 Na 或 K 當還原劑來提供電子。為了使活性增加，早期會把鈉 (Na) 或鉀 (K) 熔在水銀 (Hg) 中形成鈉汞齊 (Sodium Amalgam) 或鉀汞齊 (Potassium Amalgam)，使 Na 或 K 的作用表面積增加。近來，化學家對水銀可能造成嚴重生態的副作用頗有戒心，已經很少使用金屬汞齊的方式來用當還原劑。現今使用的其他方式，如將鈉 (Na) 或鉀 (K) 溶在氨水 (NH_3(aq)) 中或溶於含有二苯基甲酮 (Benzophenone) 的 THF 溶液中來使用。

在有機金屬化學裡，和鐵辛 (Ferrocene) 的鍵結模式一樣的鈷辛 (Cobaltocene, Cp_2Co) 具有 19 個價電子，比穩定的鐵辛的 18 個價電子多一個，因此鈷辛可當還原劑，而且不會有像鈉 (Na) 或鉀 (K) 可能遇水引起氫爆的危險（圖 8-15）。

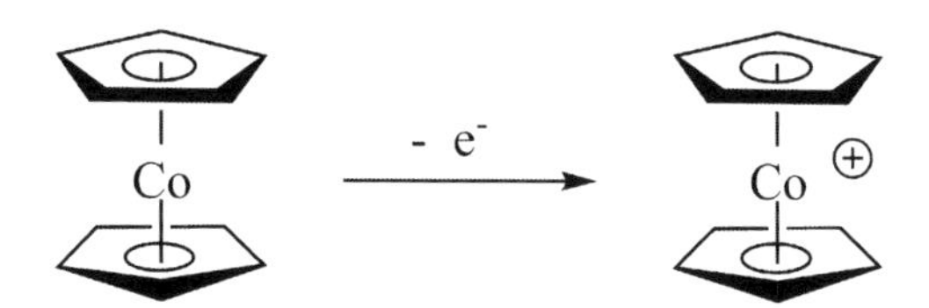

圖 8-15 鈷辛可當一個電子還原劑。

另外，有些離子化合物以鈉 (Na^+) 或鉀 (K^+) 離子當陽離子，若陰離子部分太大，陰陽離子間大小相差懸殊，養晶時離子化合物容易因水解而分解掉。此時，正一價的鈷辛離子 (Cobaltocenium) 可當陽離子，使陰陽離子大小相近，養晶期間離子化合物比較不會分解掉。上述情形也可以冠醚 (Crown Ether) 捕捉鈉 (Na^+) 或鉀 (K^+) 離子來形成大的陽離子，一樣可以達到上述效果。

《練習題》

8.1 一般有機金屬化合物 (Organometallic Compounds) 的中間金屬為低氧化態，因為怕被氧化，所以操作時要避開氧氣。有機金屬化合物卻比較不怕水。然而水分子是由氧和氫組成，為何有機金屬化合物不怕含有氧的水？請說明原因。

8.2 一般執行有機金屬化合物 (Organometallic Compounds) 的反應前，溶劑需先經除氧除水處理。一般在溶劑中以鈉塊 (Na) 加到二苯基甲酮 (Benzophenone) 內來除水。溶劑在 Na/benzophenone 下為深藍到紫色。請說明顏色變化，為何溶液由透明變為深藍到紫色。如果顏色從深藍色變為棕色，表示溶劑含水量過多必須更換鈉塊。請說明原因。

8.3 利用鈷辛 (Cobaltocene) 比用使鈉塊 (Na) 或鉀塊 (K) 來當還原劑有何長處？

8.4 把鈉塊 (Na) 或鉀塊 (K) 熔在水銀 (Hg) 中形成鈉汞齊 (Sodium Amalgam) 或鉀汞齊 (Potassium Amalgam) 來當還原劑。有何優缺點？

8.5 含鹵素的溶劑以鈉塊 (Na) 除水，有何危險性？

8.6 執行一般有機金屬化合物 (Organometallic Compounds) 的反應時，化學家偏好使用有鈍氣的 Schlenk 真空系統而不是高真空系統 (High Vacuum Line)。請說明這兩種方法的個別優缺點。

8.7 有機金屬化合物 (Organometallic Compounds) 對氧氣較為敏感易被氧化，化合物被氧化後對量測碳和氫的元素分析的百分比含量有何影響？另外，在濕度大的地方如台灣，化合物含水分後對元素分析量測碳和氫的百分比含量有何影響？何者降低？何者升高？

8.8 請說明在早期研究金屬羰基錯合物 ($M(CO)_n$) 中使用紅外光譜儀的理由和優點。

8.9 金屬羰基錯合物 ($M(CO)_2L_m$) 分子中若含有兩個 CO 配位基，且夾角為 180°，為何在 IR 只有一根吸收峰出現？若夾角不為 180°，而為 120° 或 90° 時，吸收峰的個數及強度情形如何？

8.10 說明有機金屬化合物 (Organometallic Compounds) 的質譜圖不一定都能觀察到主分子量的主峰，大多數情形是看到比主分子量為低的吸收峰。少數情形則會觀察到比該化合物的分子量更大質量的吸收峰，原因為何？反之，有機化合物的質譜圖通常都能觀察到主分子量的主峰，理由為何？

8.11 紅外光譜 (IR) 在決定金屬羰基錯合物 ($M(CO)_nL_m$) 的構型時很有用。類似正八面體的雙磷基取代基的 $Mo(CO)_4(PR_3)_2$ 有 *cis*- 及 *trans*-$Mo(CO)_4(PR_3)_2$ 兩種異構

物，有不同的對稱。(a) 根據以下提供的徵表 (Character Table)，推論金屬羰基錯合物兩種異構物的個別紅外光譜的吸收峰個數。(b) 如果實驗結果發現紅外光譜在 2000 cm^{-1} 附近有三根吸收峰，異構物中何者最符合實驗結果？

C_{2v}	E	C_2	$\sigma_v(xz)$	$\sigma_v'(yz)$		
A_1	1	1	1	1	z	x^2, y^2, z^2
A_2	1	1	-1	-1	R_z	xy
B_1	1	-1	1	-1	x, R_y	xz
B_2	1	-1	-1	1	y, R_x	yz

D_{4h}	E	$2C_4$	C_2	$2C_2'$	$2C_2''$	i	$2S_4$	σ_h	$2\sigma_v$	$2\sigma_d$		
A_{1g}	1	1	1	1	1	1	1	1	1	1		x^2+y^2, z^2
A_{2g}	1	1	1	-1	-1	1	1	1	-1	-1	Rz	
B_{1g}	1	-1	1	1	-1	1	-1	1	1	-1		x^2-y^2
B_{2g}	1	-1	1	-1	1	1	-1	1	-1	1		xy
E_g	2	0	-2	0	0	2	0	-2	0	0	(Rx, Ry)	(yz, xz)
A_{1u}	1	1	1	1	1	-1	-1	-1	-1	-1		
A_{2u}	1	1	1	-1	-1	-1	-1	-1	1	1	z	
B_{1u}	1	-1	1	1	-1	-1	1	-1	-1	1		
B_{2u}	1	-1	1	-1	1	-1	1	-1	1	-1		
E_u	2	0	-2	0	0	-2	0	2	0	0	(x,y)	

8.12　請定性地繪出以下金屬羰基錯合物 ($M(CO)_nL_m$) 的紅外光譜的吸收峰個數及形　狀：$Cr(CO)_6$、$Fe(CO)_5$、*cis*-$Cr(CO)_4L_2$、*trans*-$Cr(CO)_4L_2$、*fac*-$Cr(CO)_3L_3$、*mer*-$Cr(CO)_3L_3$、(η^6-C_6H_6)$Cr(CO)_3$。

8.13　以下三個金屬羰基錯合物 ($M(CO)_3L_m$) 其三個羰基 (CO) 取代基位置不同，造成各有不同對稱 C_{3v}(**A**)、D_{3h}(**B**)、C_s(**C**)。(a) 哪一個金屬羰基錯合物會呈現最多個數的羰基紅外光譜的吸收峰？(b) 若取代基 L 是比磷基 (PR_3) 更好的推電子基，何者展現最高紅外光譜的吸收頻率（加權平均值）？

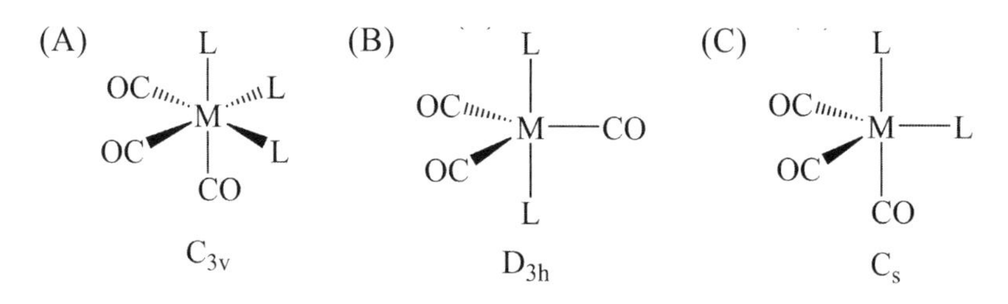

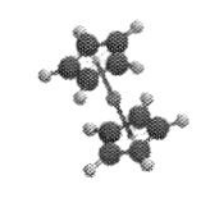

8.14 核磁共振光譜 (NMR) 的吸收峰形狀會影響其解析度。太寬的吸收峰會造成彼此間重疊，而影響光譜解析度。請說明吸收峰變寬的理由。說明測量核磁共振光譜前樣品溶液需先經除氧的理由。同理說明樣品溶液含具有磁性的過渡性金屬也會影響其解析度的原因。

8.15 如何證明在核磁共振光譜 (^{1}H NMR) 中兩根鄰近且積分很接近的吸收峰是因為 (a) 被其它原子耦合分裂造成的，還是原來就是 (b) 來自兩個不同環境的兩根吸收峰？

8.16 金屬化合物 $M(PPh_3)_2L_n$ 有 2 個 PPh_3 配位基，配位基 PPh_3 之間的耦合常數 (Coupling Constant) 會受到夾角不同而改變。原因為何？若 2 個 PPh_3 配位基間夾角分別以 180º、120º 或 90º 等三種方式存在，以何者耦合常數最大？

8.17 氫 (^{1}H) 和氘 (^{2}D) 原子核自旋量子數各為 1/2 及 1，假如和磷鍵結，產生耦合現象 (Coupling)。請問 P-H 鍵及 P-D 鍵在 ^{31}P NMR 光譜圖的耦合形狀為何？

8.18 待測 NMR 樣品應盡量除去具有順磁性的物種。原因為何？

8.19 苯環類之化合物上的環電流效應 (Ring Current Effect) 會產生抗拒外加磁場的效果。以此說明苯環上的氫在 ^{1}H NMR 的化學位移 (Chemical Shift) 是往低磁場 (downfield) 方向移動。

8.20 化學家使用由 X- 光單晶繞射法 (X-Ray Diffraction Method) 所得到的晶體結構資訊時，需要注意那些事項？ [提示：例如分子在液態和在固態中行為的差異。]

8.21 由 X- 光單晶繞射法 (X-Ray Diffraction Method) 得到晶體結構中，氫原子位置通常無法精確量測到，為何如此？其它原子和氫原子鍵結的鍵長實際上是偏短的，原因何在？如果精確的氫原子位置是研究上所必要的，化學家如何得到氫原子的精確位置？

8.22 現代玻璃真空系統所使用的玻璃經常加入 B_2O_3 使玻璃變更硬，更不易脆裂。原因為何？

8.23 一般實驗室使用的合成方法為「熱化學方法」及「光化學方法」。說明兩者的優缺點？

8.24 有機化學裡氧化 (Oxidation) 與還原 (Reduction) 的定義和在有機金屬化學裡的定義有何不同之處？

章節註釋

1. D. F. Shriver, M. A. Drezdzon, *The Manipulation of Air-Sensitive Compounds*, 2nd Ed., John-Wiley & Sons: New York, **1986**.
2. π- 逆鍵結 (π-Backbonding) 的概念可參考本書第 4 章。
3. 由 X- 光單晶繞射法 (X-Ray Diffraction Method) 提供的氫原子的位置通常不精準。因為氫原子只有一個電子，因此由 X- 光單晶繞射法得到的電子密度圖容易被其他多電子原子給蓋過去，以致於很難找到氫原子的核心位置。另外，和氫原子鍵結的其他原子（如碳原子）可能將氫原子上的電子密度拉過去，使得 C-H 鍵上氫原子的位置被推估靠近碳原子，也就是 C-H 鍵長比真正的兩原子核之間的距離要短，結果是鍵長被低估。
4. 利用超音波、微波或照光來進行化學反應，通常是針對特定選擇的反應，比較沒有一般性。
5. 耦合的方式有經由鍵結耦合 (Through Bond Coupling) 及經由空間耦合 (Through Space Coupling)。在 NMR 的技術中大多數都是設定成經由鍵結耦合 (Through Bond Coupling)，而如 NOE Effect 則是經由空間耦合 (Through Space Coupling)。
6. 兩根鄰近且似乎等高的吸收峰可能是因 (a) 耦合而分裂的吸收峰；或者是 (b) 兩根本來就不同氫原子核的個別吸收峰。在使用不同磁場強度的核磁共振儀的量測下，前者兩根吸收峰的相對距離會改變（以 ppm 計），而後者情形不變。如從 200 MHz 換成 400 MHz，前者兩根吸收峰的相對距離縮小，而後者相對距離不變。
7. 穿透效應 (Penetrating Effect) 的結果。
8. 例如，碳原子是否有直接鍵結到氫原子，會影響它的鬆弛時間 (Relaxation Time)。氫原子核自旋二分之一，為順磁性 (Paramagnetism) ，可使鬆弛時間減短。接越多氫原子鬆弛時間越短，通常積分值越正確。
9. ORTEP 是 Oak Ridge Thermal Ellipsoid Plot Program 的縮寫，為一繪製分子中原子在三度空間的相關位置的軟體。這繪圖軟體除了能表示原子的位置之外，也能表示原子的熱運動 (Thermal Motion) 偏向值。每個原子的圖示類似橄欖球狀。其大小變化可一致性的調整。

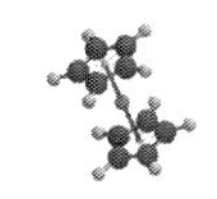

第 9 章　有機金屬催化反應

9-1　催化劑的特點

催化反應 (Catalytic Reaction) 是個神奇的概念，它是利用少量的稱為催化劑 (Catalyst) 的特殊化合物，將大量反應物於快速的情形下轉換成產物的過程（圖 9-1）。有人說這過程：「看似神奇，卻是化學。」[1]

$$A + B + ... \xrightarrow{\text{Catalyst}} X + Y + ...$$

圖 9-1　催化反應。

一般認為的催化劑概念均具有以下特點：一，能降低反應活化能，增進反應速率；二，少量催化劑即可達成大量催化反應物的效果。另外，有少數的特殊催化劑則具有提供反應不對稱介面，使反應具有位向選擇性 (Selectivity) 的功能。[2] 如果要再細分，可以稱能增加反應速率者為催化劑 (Catalyst)。反之，若是降低反應速率者稱為抑制劑 (Inhibitor)。[3] 有些催化反應需要將近一比一計量的催化劑參與反應，這一類型的催化劑一般稱為計量 (Stoichiometric) 的催化劑，或稱為促進劑 (Promoter)，而這種反應對催化劑的使用量來說並不經濟。[4] 在大部分的情形下，化學家提到的催化反應是屬於前者。

9-2　催化循環

一般來說，絕大多數對催化劑的要求是能以少劑量即可達到快速催化大量反應物的結果。這種反應即為通稱的催化反應。這種反應需要有催化劑或催化劑前驅物 (Catalyst Precursor) 來參與。[5] 一般來說，在進行催化反應的第一步時，催化劑或催化劑前驅物必須轉換成催化活性物種 (Active Species)。通常是從催化劑前驅物中藉著脫去一個（或多於一個）配位基，使催化活性物種不飽和，包括配位數 (Coordination Number) 及電子數 (Electron Count) 均不飽和。接下來是反應物再接上活性物種，可

能是簡單的加入 (Addition) 或配位 (Coordination) 或是氧化加成 (Oxidative Addition, O.A.) 步驟。中間可能發生插入 (Insertion)、抽取 (Abstraction)、轉移 (Migration)、環化反應 (Cyclization)、異構化 (Isomerization)、耦合 (Coupling, Oxidative Coupling) 及交換 (Metathesis) 等等機制。最後則是脫離 (Elimination, Extrusion) 或是還原脫離 (Reductive Elimination, R.E.) 步驟。[6] 脫離步驟後產生的活性物種則繼續下一個催化循環。期間，有可能會有失去催化活性的物質產生（由活性物種間自我結合或分解）或沉澱下來，也有可能這一個催化循環圈會結合另一個催化循環圈（圖 9-2）。

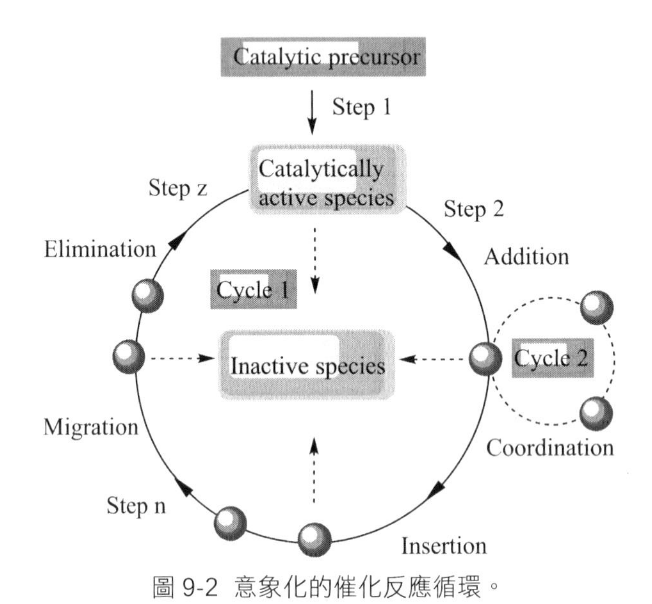

圖 9-2 意象化的催化反應循環。

9-2-1 配位或加成步驟

以下逐一說明一些常見的催化反應基本步驟。首先是配位步驟或加成步驟。當由催化劑前驅物中藉著脫去一個（或多於一個）配位基後，此物質為配位數及電子數不飽和的活性中間體，反應物 (Substance) 可藉由配位或加成的方式結合到活性中間體上面（圖 9-3）。如果只是簡單的配位步驟，中心金屬的氧化態不會增加；如果是加成步驟，中心金屬的氧化態會增加。例如，RH 加成到活性中間體 [M] 上形成 *cis*-R-[M]-H，則中心金屬的氧化態增加 2，因為同時增加了配位及氧化數，所以也被稱為氧化加成步驟（圖 9-4）。這個步驟通常是催化反應循環的第一步，也很可能是速率決定步驟 (Rate-determining Step, r.d.s.)。

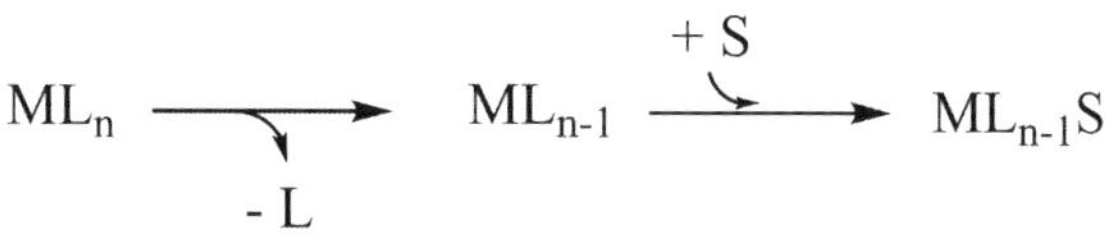

$$ML_n \xrightarrow{-L} ML_{n-1} \xrightarrow{+S} ML_{n-1}S$$

圖 9-3 由催化劑前驅物脫去配位基及以溶劑配位。

9-2-2 脫離或還原脫離步驟

脫離或還原脫離步驟通常是反應的最後一步。反應物在中心金屬與其他部分的取代基作用完後，通常是藉由脫離步驟離開反應中心金屬。這步驟會導致中心金屬的氧化態減少，以及配位數的減少。因為同時減少了配位數及氧化數，所以被稱為還原脫離步驟（圖 9-4）。

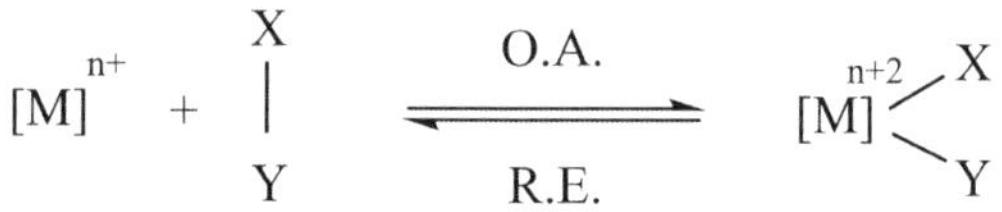

$$[M]^{n+} + X\text{—}Y \underset{R.E.}{\overset{O.A.}{\rightleftharpoons}} [M]^{n+2}(X)(Y)$$

圖 9-4 正向反應為氧化加成步驟；逆向為還原脫離步驟。

9-2-3 插入或排除步驟

插入步驟常發生在小分子，如 CX (X: O, S, N) 等插入金屬和有機物的鍵 (M-R) 中間。小分子如 CO 可使用鍵結軌域和 R 取代基大小接近，軌域重疊較佳，使插入步驟容易進行。逆向反應則稱為排除步驟，意指本來已插入的小分子被擠出金屬和有機物的鍵中間。這兩個步驟發生時，中心金屬的氧化態都不會增減（圖 9-5）。插入步驟常用在將小分子結合到大的有機物分子裡面的反應方式。

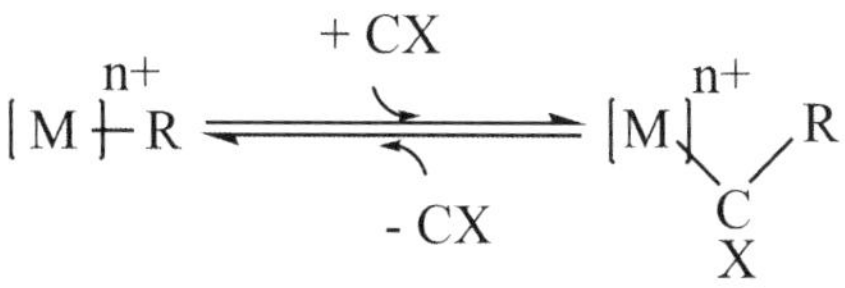

$$[M]^{n+}\text{—}R \underset{-CX}{\overset{+CX}{\rightleftharpoons}} [M]^{n+}\text{—}C(X)\text{—}R$$

圖 9-5 正向反應為插入步驟；逆向為排除步驟。

如果插入步驟發生在乙烯類插入金屬和氫之間的鍵 (M-H)，可視為是 β- 氫離去步驟 (β-Hydrogen Elimination) 分解機制的逆向反應。

9-2-4 氧化耦合與還原裂解步驟

若有多個不飽和有機物（如烯類或炔類）和中心金屬剛開始是以配位方式鍵結，這些配位後的烯類或炔類之間的有機物會耦合，和中心金屬的鍵結方式由原來的 π- 鍵結變成 σ- 鍵結型式，則中心金屬的氧化數增加 2。這步驟因為有耦合發生及氧化數同時增加，也被稱為氧化耦合 (Oxidative Coupling) 步驟。形成的金屬化合物稱為金屬環化物 (Metallacycle)，其逆向反應稱為還原裂解 (Reductive Cleavage) 步驟（圖 9-6）。很顯然，還原裂解步驟比氧化耦合步驟要困難得多。當更多不飽和有機物和中心金屬鍵結並進行氧化耦合步驟成為大的金屬環化物時，稱為環化反應。環化反應的後續步驟可能是脫掉金屬部分，而使有機物形成合環。這是常用的有機物合環反應類型。

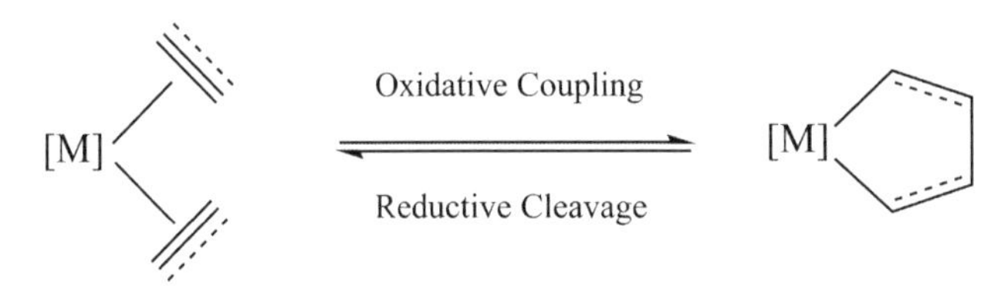

圖 9-6 正向反應為氧化耦合步驟；逆向為還原裂解步驟。

9-2-5 抽取步驟

抽取步驟通常是將接近金屬中心的飽和有機物上的氫原子抽離。最常見的是所謂 α- 氫離去步驟 (α-Hydrogen Elimination) 分解機制，這是一個類似 β- 氫離去步驟 (β-Hydrogen Elimination) 的分解機制（圖 9-7）。α- 氫離去步驟分解機制發生的條件是中心金屬必須為非常缺電子的不飽和中心，這個機制會形成張力很大的三角環，因此很不容易發生。

圖 9-7 α- 氫離去步驟分解機制。

9-2-6 轉移步驟

轉移步驟通常是指在金屬中心 *cis* 位置的取代基間的轉移位置動作。最常見的是金屬中心上有機物取代基 (R, Ar, H) 轉移到 CO 上的步驟，稱為烷基轉移 (Alkyl Group Migration) 步驟（圖 9-8）。這個步驟是常見的烷基改變位置的機制之一。

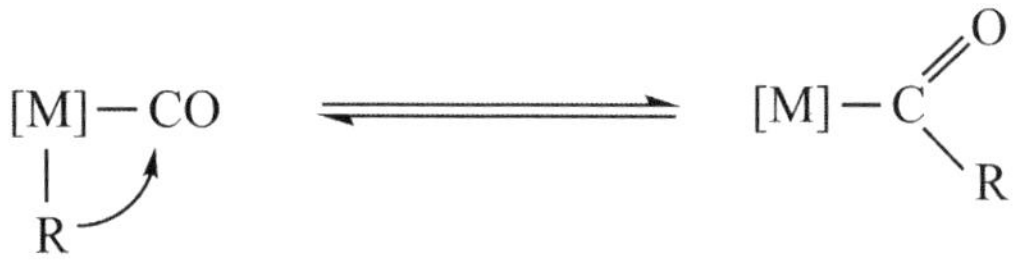

$$[M]-CO \ (\text{with } [M]-R) \rightleftharpoons [M]-C(=O)R$$

圖 9-8 烷基轉移步驟。

9-2-7 異構化步驟

異構化步驟通常發生在結合於金屬的烷基 (M-R) 的碳位置的移動。通常經由 β-氫離去步驟，再經烯類插入步驟，如此連續步驟可使烷基發生碳位置的移動，造成異構化的效果。如果在過程中，配位的烯類從金屬解離，可視為烯類的異構化（圖 9-9）。最常見的烯類異構化是將內部有雙鍵的烯類，異構化成雙鍵在最外邊的烯類。

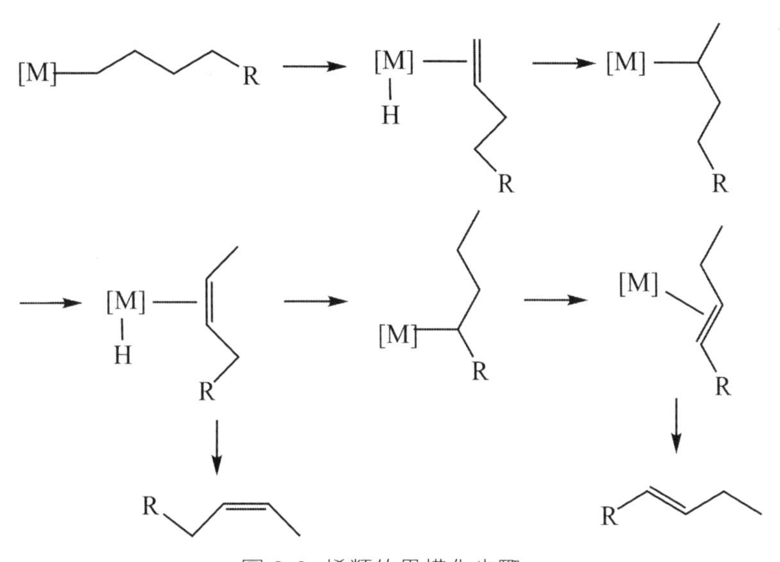

圖 9-9 烯類的異構化步驟。

9-2-8 交換步驟

交換步驟通常發生在不飽和有機物（如烯類或炔類）之間，藉由金屬催化劑來執行交換步驟，可達到不飽和有機物（如烯類或炔類）上的基團互換的效果。

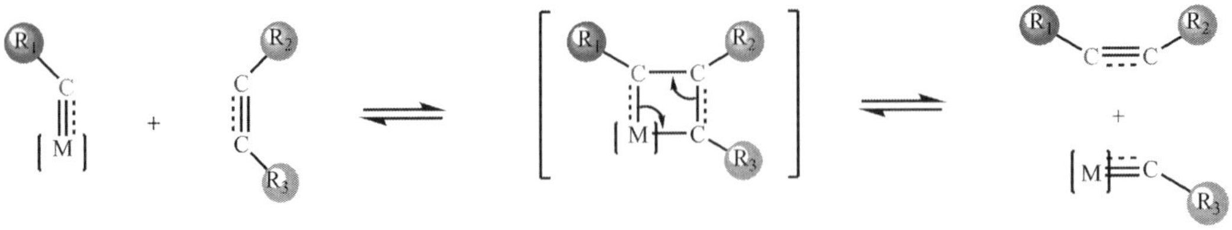

圖 9-10 交換反應步驟。

上述的基本反應步驟都可以在一些有名的催化反應的應用裡找到相對應的例證。

9-3 催化反應產物控制

催化反應是以催化劑來進行反應的方式，通常是取活化能小的途徑。因此，催化反應的產物不見得是最穩定的化合物，而是採取活化能小的途徑形成的化合物，我們稱之為動力學產物 (Kinetically Controlled Product(s))；而稱產物是最穩定的化合物為熱力學產物 (Thermodynamically Controlled Product(s))。如在圖 9-11 的例子中，活化能小的途徑可能導致能量較高且較不穩定的產物。

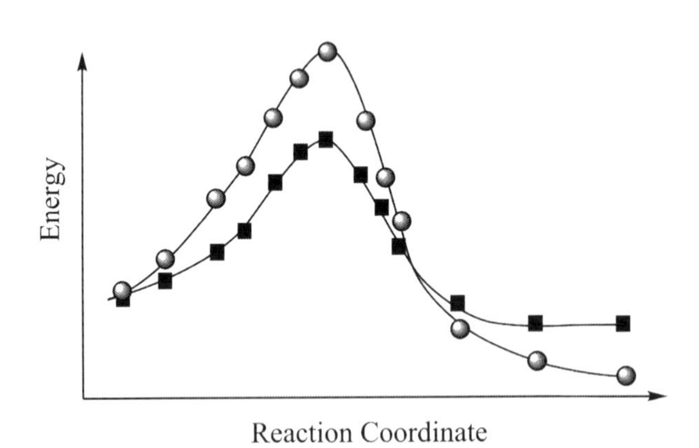

圖 9-11 ■ 動力學產物途徑；● 熱力學產物途徑。

有效率的催化反應可以在快速及極少催化劑用量的情形下達成。這對工業界不僅有節省時間的好處，有時候催化劑用量極少的情形下甚至可以不用將殘留催化劑從產物中分離，大量節省操作成本。

含金屬的化合物（包括「配位化合物」及「有機金屬化合物」）的種類繁多，數量龐大，其應用範圍極其廣泛。這些化合物中有些是天然存在，更大部分的化合物則是由化學家於實驗室內合成。這些含金屬的化合物最令人感興趣的用途可能就在被廣泛地運用於催化反應上，不管是工業上或實驗室內。被催化反應合成的化合物有些可被當成機能性材料使用，如非線性光學材料、超導材料等；有些則是從不對稱合成而得來的藥物；其他如使用於石油、農藥、染整工業、或聚合物工業的大宗化學品等等不一而足。

9-4 使用過渡金屬錯合物來當催化劑的理由

有關金屬錯合物當催化劑在有機合成反應上的應用例子不勝枚舉。在廣為人熟知的一些催化反應中，以「過渡金屬」錯合物來當觸媒最受青睞。化學家偏好使用過渡金屬錯合物來當催化劑的理由不外是：一，過渡金屬因含有 d 或 f 軌域而具有多方位的鍵結能力；二，可有多樣化的配位基的選擇，產生多樣化的電子及立體效應；三，不同的中心金屬氧化態，易進行氧化或還原反應；四，多變化的中心金屬配位數，易進行加成或脫去反應。[7]

詳細的說明如下。過渡金屬比主族元素多含有 5 個可以參與混成的 d 軌域，使混成的可能性變多。如此一來，過渡金屬錯合物的配位基數目可有較多種變化，鍵結角度也較自由。且因有 d 軌域參與混成，使金屬和配位基的鍵變弱較易解離，反應比較容易進行，有利於催化反應。過渡金屬錯合物因其特殊的混成模式和配位基的鍵結而可以有 σ- 鍵及 π- 逆鍵結的情形發生，這是主族元素所沒有的。也就是因為有 d 軌域上電子的緣故，使過渡金屬的氧化態變化有較大的範圍，金屬氧化態的高低也會影響中心金屬的路易士酸程度的大小。這些因素使過渡金屬化合物來當催化劑的可塑性大大提高，可以配合不同型態的催化反應的需求。

9-5 催化反應使用配位基的理由

過渡金屬錯合物的另一特色是其配位基可有多樣化的選擇。除了常見的 CO 及 X^- 外，這些配位基可從具有很大錐角 (Cone Angle) 的如 P^tBu_3，到很小的如 H^-，藉此來影響立體選擇性。配位基也可以是具有很強對邊效應 (*Trans* Effect) 的如 CO，到很弱的如 Cl^-，藉此來影響對邊 (*Trans* position) 其他配位基的解離的難易度。配位基的選擇也可由具有光學活性的如 BINAP，和不具有光學活性的如 PPh_3，也可為單牙、雙牙甚至具多牙的配位基（圖 9-12）。金屬錯合物上的配位基的數目亦可有變化，從常見的六配位到五配位、四配位金屬錯合物。幾何形狀從正八面體到正四面體等等。因為具有如此多的變化組合，使過渡金屬錯合物可依照反應所需求的方式來做修改。因此，過渡金屬錯合物的特性可以隨時調整來適應不同催化反應狀況的需求。

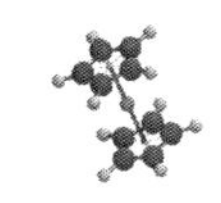

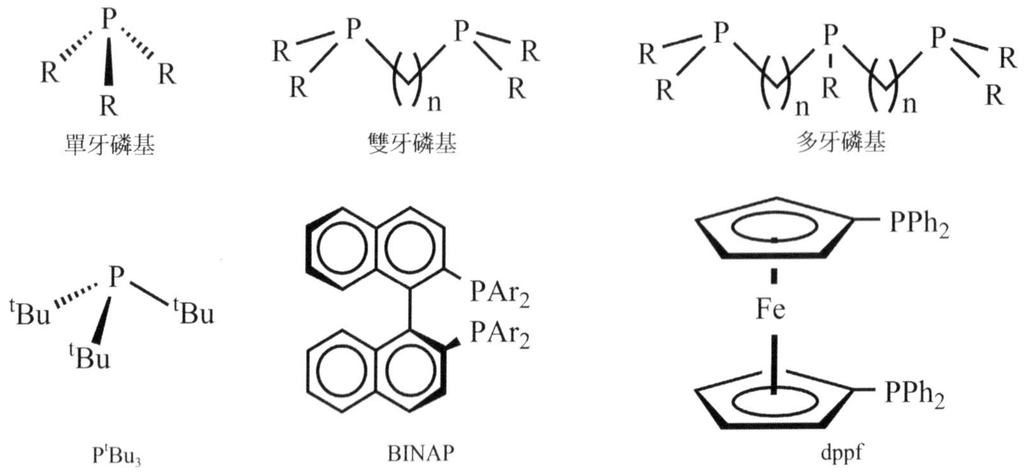

單牙磷基　　雙牙磷基　　多牙磷基

P^tBu_3　　BINAP　　dppf

圖 9-12 不同型態及配位能力的含磷配位基。

9-6 均相與非均相催化反應

催化反應進行方式通常分為均相催化反應 (Homogeneous Catalysis) 與非均相催化反應 (Heterogeneous Catalysis) 兩種。在學術界比較常用前者的操作方式；在工業界則比較倚重後者的操作方式來進行催化反應。

1. 均相催化反應

催化劑（觸媒）和被催化的化合物為同一相（如同為液相）稱為均相催化反應，使用的觸媒稱為均相觸媒。大多數的催化反應都在液相中進行，化合物及催化劑均溶於溶劑中同為液相，此類型催化反應稱為均相催化反應。這種反應方式適用於對產物的位向選擇性有高度要求的高附加價值的產業如製藥等等。特別是不對稱合成方法使用均相催化反應比較適合。

2. 非均相催化反應

催化劑（觸媒）和被催化的化合物為不同相（如有固相及液相同時存在）稱為非均相催化反應，使用的觸媒稱為非均相觸媒。如催化劑為固相，而被催化的化合物為液相或氣相，此類催化反應稱為非均相催化反應。這種反應適用於大量生產且對產物的位向選擇性沒有特別要求的產業，如石化工業產品等等。

下表顯示均相催化反應的優缺點（表 9-1）。可以看出為何那些對位向選擇性有高度要求的反應大多數使用均相催化反應。均相催化反應及非均相催化反應兩者幾乎是互為優缺點。

表 9-1 均相催化反應的優缺點 [8]

優點	缺點
1. 催化劑有很高的活性	1. 反應後催化劑較難從產物中分離
2. 反應有好的位向選擇性	2. 催化劑通常對溫度的穩定性不夠
3. 所產生的熱量傳導比較容易被控制	3. 在液相的反應中可能發生非常嚴重的腐蝕問題
4. 催化劑容易被修改	4. 反應物及產物的輸送可能會發生凝固的現象，造成管路堵塞問題。
5. 反應容易被研究	

9-7 催化反應運用的方向

催化反應在工業上的應用基本上有兩個方向：第一，合成供大量使用的化學品如聚合物、有機溶劑或食用油品等等；第二，合成具有高附加價值的特用化學品如藥物或化妝品等等。其他尚有合成光學材料，如非線性光學材料等等。近來有關藥物的合成通常需要考慮具有立體光學活性異構物的問題，因此較為精緻複雜，成本較高且研發時間較長。相對地，它潛在的獲利也可能很可觀。其中有關具有立體光學活性異構物藥物的合成牽涉到的技術稱為不對稱合成 (Asymmetric Synthesis)。執行不對稱催化反應 (Asymmetric Catalysis) 通常會面臨下列挑戰：一，具有特別光學活性異構物的目標產物的選擇率，即鏡像異構物超越值（Enantiomeric Excess，e.e. 值）的問題；二，標的物光學異構物的分離及純化的問題。因為，食用藥物或食品內的其他非必要的雜質必須越少越好。三，反應完畢的催化劑後續處理的問題。

9-8 氫化反應

工業上將烯類（或炔類）加入氫氣經由觸媒的催化下使其轉變成烷類的反應，稱為氫化反應 (Hydrogenation Reaction)（圖 9-13）。氫化反應在工業生產上是很重要的反應，特別是在食品化學工業。很多歐美人士早餐必吃的吐司上面塗的乳瑪琳 (Margarine)，就是由不飽和植物油運用催化劑將不飽和鍵氫化而來的。近來重要的藥物合成也多有使用氫化反應的技術來將不飽和鍵氫化。

$$R_2C{=}CR_2 + H_2 \xrightarrow{[Cat.]} R_2HC{-}CHR_2$$

圖 9-13 將不飽和烴加入氫氣經由觸媒的催化下使其轉變成飽和烴。

理論上，如果不飽和烴（以烯類雙鍵為例）兩側的取代基都相同時，則直接同時 (Concerted) 將氫氣加入雙鍵形成單鍵的反應，從軌域重疊的觀點來看是不可行的 (Forbidden)。亦即是烯類的 HOMO 對上氫氣的 LUMO；或反之，烯類的 LUMO 對上氫氣的 HOMO，它們之間的軌域重疊為零（圖 9-14）。一個在學理上不能進行的反應，如果真要執行，則必須要在強烈條件（如高溫高壓）下才能進行。如此一來，工廠生產作業上必須面對氫氣在高溫高壓下引發爆炸的可能性，其危險性不可小覷。[9]

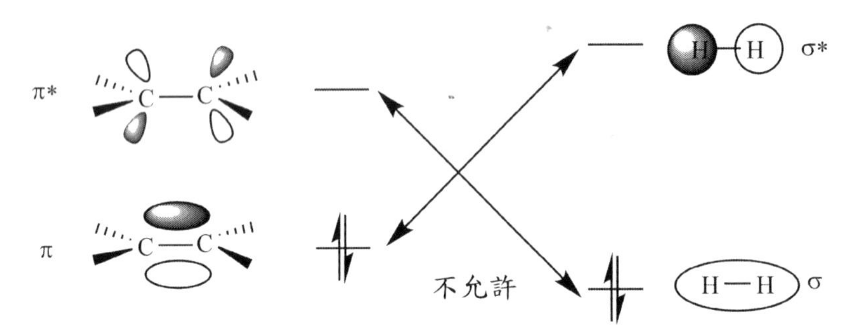

圖 9-14 烯類和氫氣的前緣軌域間的作用。

這時如果要避開直接的不飽和烴和氫氣的前緣軌域 (Frontier Orbitals) 之間的作用軌域重疊為零的窘境，可在適當選擇的觸媒存在下，將氫化反應變為可行 (Allowed)。在觸媒存在下，氫氣和不飽和烴的作用是一步一步 (Stepwise) 來的（圖 9-15）。觸媒先和氫氣反應，再和不飽和烴鍵結，此反應途徑即可避開上述反應物之間作用軌域重疊為零的窘境。

H_2 + [M] ⟶ [H₂[M]] ⟶ [H₂[M] ← ||] ⟶ [[M]—C—C— with H on M] ⟶ [M] + alkane

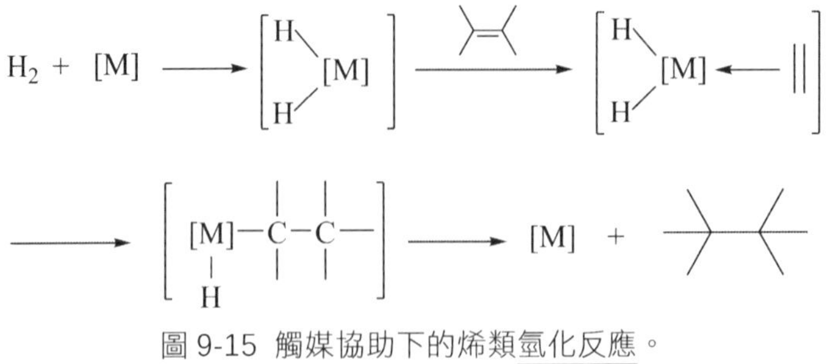

圖 9-15 觸媒協助下的烯類氫化反應。

利用過渡金屬化合物特別是金屬氫化物 (Metal Hydride, [M]-H) 當催化劑來氫化烯類使轉換成烷屬烴，是工業上常用的方法（圖 9-16）。這是一種簡單的過渡金屬催化反應，其主要的反應步驟為：一，金屬氫化物 ([M]-H) 對烯屬烴的加成反應

(Addition Reaction)；二，金屬—烷基鍵 ([M]-R) 的氫解 (Hydrogenolysis) 以再生金屬氫化物。

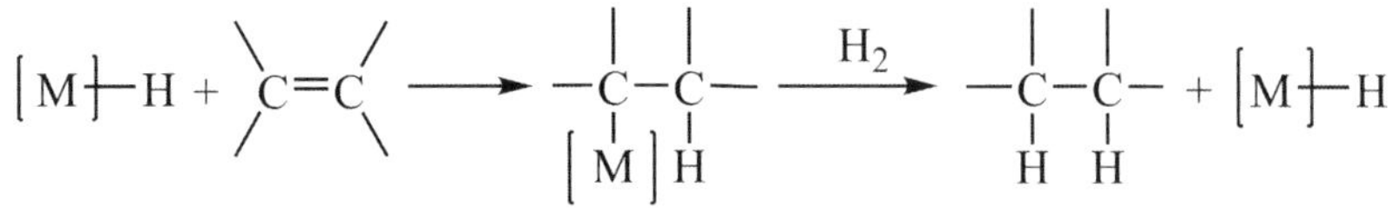

$$[M]\!-\!H + \;>C{=}C< \;\longrightarrow\; -\underset{[M]}{\overset{|}{C}}-\underset{H}{\overset{|}{C}}- \;\xrightarrow{H_2}\; -\underset{H}{\overset{|}{C}}-\underset{H}{\overset{|}{C}}- + [M]\!-\!H$$

圖 9-16 以 ([M]-H) 為觸媒的烯屬烴氫化反應。

如 $HRh(CO)(PPh_3)_3$ (hydridocarbonyl(tristriphenylphosphine)rhodium(I)) 即屬於此種金屬氫化物 (Metal Hydride) 類型的均相催化劑。$HRh(CO)(PPh_3)_3$ 具有於 50ºC 和低於 100 psi 的壓力下，將含尾端的烯屬烴幾乎完全催化成線形烷類的能力，而對烯屬烴內部的雙鍵則較不具還原力，反應機構如下（圖 9-17）。

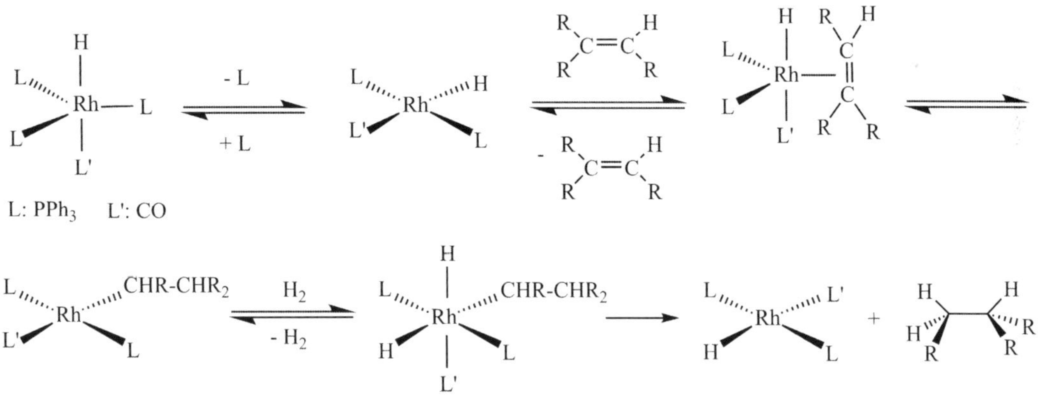

L: PPh_3 L': CO

圖 9-17 以 $HRh(CO)(PPh_3)_3$ 為觸媒的烯屬烴氫化反應。

以往不加入催化劑時，氫化反應必須在高溫高壓下才可進行。加入催化劑後使反應條件變溫和，減少工業製造成本。除了銠金屬外，其它金屬化合物也有可能作為氫化反應的催化劑。如 $HIr(CO)(PPh_3)_3$, $HCo(CO)_2[P(^{n}C_4H_9)_3]_2$、$HRu(OC(=O)CH_3)(PPh_3)_4$、$HRuCl(PPh_3)_3$、$Ru_2(OCOCH_3)_4$ 和 $IrCl(PPh_3)_3$ 以及 $\{H_2Rh(PPh_3)_2[(CH_3)_3CO]_2\}PF_6$ 等等，都屬於此種類型的均相氫化催化劑。而其中 $RhCl(PPh_3)_3$（一般俗稱的威金森催化劑〔Wilkinson’s Catalyst〕）可能是被研究最多的均相氫化反應的催化劑。它的氫化催化反應循環簡化如下圖（圖 9-18）。

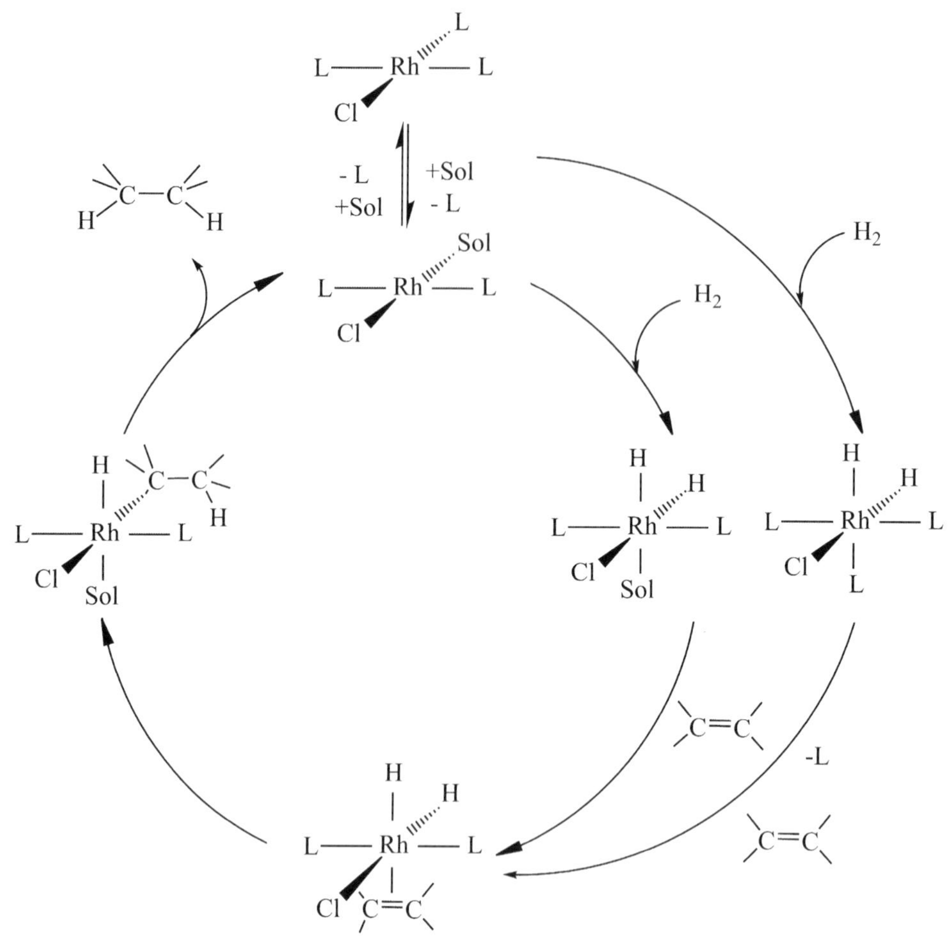

圖 9-18 以威金森催化劑 ($RhClL_3$, L: PPh_3) 為觸媒的氫化反應循環。

一般認為反應的第一步為威金森催化劑上掉一配位基 (PPh_3)，其空出來的位置可能暫由溶劑接替。緊接著，H_2 再氧化加成到金屬中心。然後，烯類先以 π- 型式鍵結，氫轉移到烯類形成烷基（或烯基插入 [M]-H 鍵）以 σ- 型式鍵結到金屬上。最後，烷基和在其 *cis*- 位置的 H 再組合成烷烴，然後離開金屬中心，這一步驟即還原脫去。不飽和的金屬中間物再和 H_2 行氧化加成 (Oxidative Addition)。如此週而復始形成催化反應循環。

化學家在研究上述以威金森催化劑作為氫化反應試劑的機制時，發現一些被分離及鑑定出來含銠金屬的化合物，原先化學家以為這些是催化反應的活性物種，後來證實這些化合物對氫化反應不具有催化效果，而是反應的末端副產物（圖 9-19）。因此，在研究反應機制時要特別小心，真正具有催化能力的反應活性物種其存在時間可能很短，且其濃度可能很低，很難偵測或分離。能偵測到或被分離出來甚至養出晶體的化合物，往往是很穩定而不具催化效果的副產物。

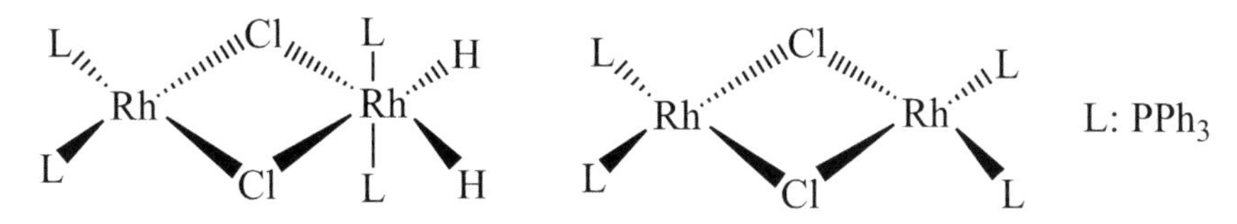

圖 9-19 此兩含銠金屬的化合物在此不具氫化反應催化效果。

以上的氫化反應是藉著催化劑將烯類氫化形成烷類。因為威金森催化劑本身沒有含有具光學活性的配位基，在氫化過程中 H_2 對烯類雙鍵的加成是沒有方位選擇性的。如簡化示意圖，氫分子從烯類平面上下兩邊攻擊雙鍵的機率是一樣的（圖 9-20）。如此的氫化反應後的產物是外消旋的鏡像異構物 (Racemic Mixture)，即個別旋光性異構物各佔 50%，最後結果是旋光性互相抵消。

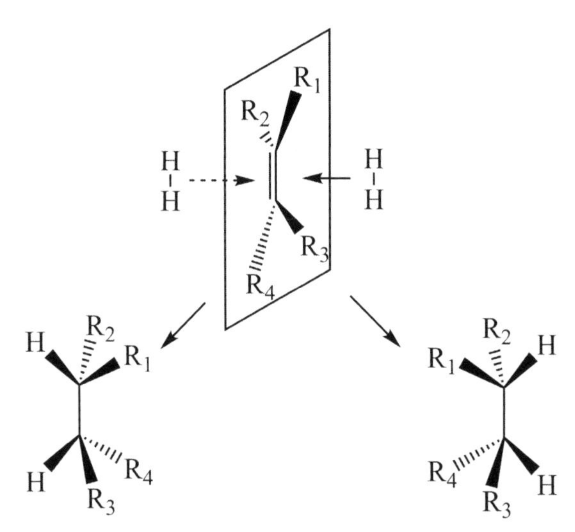

圖 9-20 在沒有具光學活性的催化劑協助下氫化反應沒有方位選擇性。

生物體內的有機化合物幾乎都是具有光學活性的分子，而這些具光學活性的分子必然是藉著具光學活性的酵素分子來催化而成的。因此，化學家試圖模擬生物體內的酵素催化來修改催化劑，修飾的方法通常是以具有光學活性的配位基 (Chiral Ligand) 結合金屬成為催化劑，而形成之催化劑具有使被催化後的有機烷類成為具有光學活性分子的能力。其目的就是儘量使被催化後之有機烷類為特定某一鏡像異構物具有光學活性，而非外消旋的鏡像異構物，後者為兩鏡像異構物的等量混合，不具有光學活性。這種合成方法稱為不對稱合成。在不對稱合成中，使用的催化劑大都含具有光學活性的配位磷基 (Chiral Phosphine Ligand)，可催化反應物得到具有光學活性的產物。這些結果顯然和具有光學活性的磷基的立體方位選擇性有關，由此也可看出立體障礙因素 (Steric Effect) 對產物的光學活性純度具有相當決定性的影響。

9-9 不對稱合成

不對稱合成是眾多有機合成方法中一項很特別及重要的技術。有三位從事不對稱合成研究多年的學者於 2001 年獲頒諾貝爾化學獎，即美國孟山都 (Monsanto) 公司的退休化學家諾爾斯 (William S. Knowles)，日本名古屋大學 (Nagoya University) 的野依良治 (Ryoji Noyori) 教授，以及美國斯克里普斯研究所 (Scripps Research Institute) 的夏普勒斯 (K. Barry Sharpless) 教授，以推崇他們在不對稱合成上的貢獻。由此可見不對稱合成技術在合成化學領域的重要性。[10]

不對稱合成的重要性及其開始被重視，可以從歷史上的一樁藥物使用悲劇——沙利竇邁 (Thalidomide) 事件談起。[11] 1950 年代沙利竇邁開始在歐洲及亞洲上市販售，此藥物因具有安眠與鎮靜作用，能讓容易緊張的懷孕初期婦女減緩不適症狀與降低流產機率，因而在某些國家被視為安胎藥來讓懷孕婦女使用。然而在藥物販售幾年後，卻發現曾經服用沙利竇邁的婦女產下手部或是腳部畸形胎兒的機率偏高。這些畸形兒即使長大之後，仍通常會有手部或腳部變形且短小的現象。這在外觀上的病症有時被稱為海豹肢症 (Phocomelia)。經過幾年調查後，證實了這款藥物的確會造成嚴重後遺症，最後遭到禁用。

沙利竇邁的化學名稱是 α- 鄰苯二甲醯亞胺基戊二醯亞胺 (α-(N-phthalimido) glutarimide)，形狀為如下圖 9-21 的有機分子。注意打「*」號處上的碳具有掌性（或稱為手性）。下圖左右兩沙利竇邁為掌性（或稱為手性）異構化分子，一個為 R 型，另一個為 S 型。研究結果發現後者是造成嚴重副作用的元凶。

理論上，一有機分子如果某一中心碳原子以 sp^3 混成，且其上的 4 個取代基都不一樣時，則此分子具有鏡相異構物 (Enantiomers)（圖 9-22）。[12] 這兩個鏡相異構物不能完全重疊，猶如人類左右手是鏡相卻無法完全重疊的道理是一樣的。這時候，個別的異構物具有光學活性 (Optical Activity)。當一偏極光 (Polarized Light) 通過一單獨具有光學活性的有機分子時，其光線會偏轉一個特定角度，另一鏡相異構物則會使偏極光偏轉相反方向的相同角度。因此，鏡相異構物是具有旋光性 (Rotation of

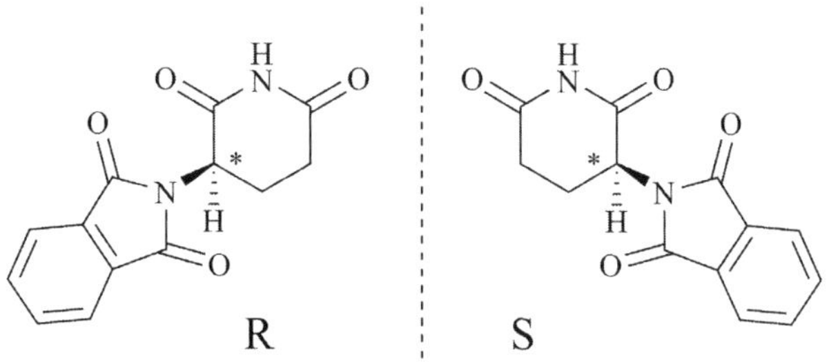

圖 9-21 左右圖為沙利竇邁分子的掌性異構物。

圖 9-22 四取代基都不一樣的碳中心具有掌性會產生兩個鏡相異構物。

Polarization) 的一種異構物型態。鏡相異構物的其他物理性質如熔點、沸點、密度等等完全相同。因此，兩鏡相異構物無法以純粹再結晶的方式或一般的管柱色層分析法分離之，必須以其他方式純化某單一產物。

生物體內含碳的大型有機分子如蛋白質是由氨基酸分子組成，而絕大多數的氨基酸分子都具有掌性（即具有旋光性）。因此，大多數的生物體內蛋白質分子具有掌性。特別的是，生物體內所含的氨基酸、醣類、植物鹼、或酵素等等重要有機分子，幾乎都只含有其中的一種鏡像異構物型態。當服用的藥物進入人體內和大型有機分子如蛋白質或酵素作用時，此藥物的構型很重要，錯誤的藥物構型不但沒有療效，反而可能會產生嚴重的副作用。例如，打棒球時左手必須戴上專門為左手設計的棒球手套，如果左手戴上右手棒球手套，選手一定很不適應，球場表現一定大打折扣。

沙利竇邁具有兩個鏡相異構物（如圖 9-21）。其中 R 型具有鎮靜作用，但其鏡相異構物的 S 型沙利竇邁卻可能會導致基因突變的可怕後果。鏡像異構物（R & S 型）的物理及化學性質幾乎都是一樣的，因此以傳統有機合成方式來製備這些藥物時，幾乎都會產生各 50% 的混合物，即所謂的外消旋混合物 (Racemic Mixture)，即是等量的 R 型及 S 型鏡相異構物的混合物。初期藥廠在不清楚錯誤鏡像異構可能導致嚴重副作用的狀況下，將沙利竇邁以外消旋混合物形式來販賣，造成藥物使用歷史上的一個慘痛悲劇。如果當時的化學家有意識到鏡像異構物的嚴肅性，藥廠只販售單純 R 型

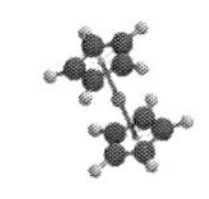

沙利竇邁，則這悲劇應可避免。話又說回來，以傳統有機合成方式來製備沙利竇邁，幾乎都會產生等量的R型及S型對掌異構物的混合物，要得到純的R或S型沙利竇邁，在製備上必須費上相當的功夫。如此一來，藥物單價會提高不少，造成使用者經濟上的負擔。

目前，用化學方法來得到某一純鏡像異構物（或是接近單一鏡像異構物）的方法，稱為不對稱合成反應，通常是使用具有掌性的含金屬的催化劑來進行催化反應。以烯類的氫化反應為例，一般的氫化反應結果會產生外消旋的鏡像異構物（圖9-23a）。如能適當地選用具有掌性的催化劑來進行氫化反應，即能有效地阻擋某一邊進行氫化反應，如此一來就有可能產生具有單一（或接近單一）鏡像異構物的結果（圖9-23b）。慎選具有掌性的催化劑對反應結果的影響非常重要，通常不同型態的反應需要不同類型的催化劑。這些具有掌性的催化劑，通常由具有掌性的配位基配位到過渡金屬來組成。由此可見，配位基在不對稱合成所扮演的吃重角色。

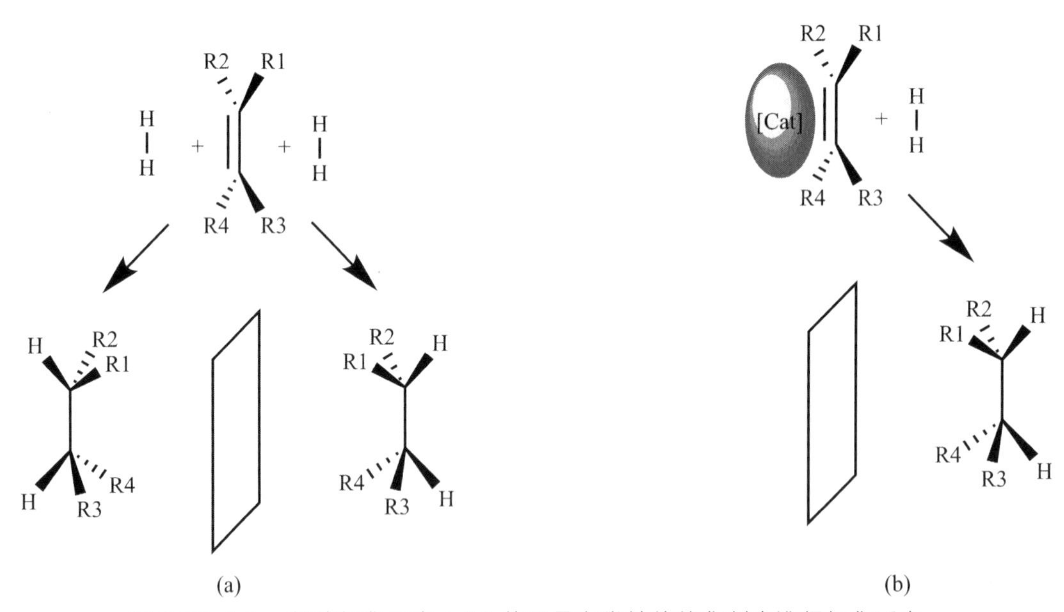

圖 9-23 (a) 一般的氫化反應；(b) 使用具有掌性的催化劑來進行氫化反應。

經過多年的開發，使用不對稱合成反應技術來達到產生具有單一（或接近單一）鏡像異構物的方法已經很成熟。以下列舉幾個不對稱合成發展史上比較出名，且已獲得諾貝爾化學獎的學者的部分工作加以說明。

9-9-1 諾爾斯及野依的催化不對稱氫化反應

首先，諾爾斯於 1968 年利用含掌性雙牙磷配位基 (DIPAMP) 配位之銠金屬 (Rh) 化合物當成觸媒，對烯類的雙鍵進行不對稱氫化反應。因為催化劑具有掌性，催化反應結果獲得（接近）單一鏡像的產物，將產物進一步水解，可以得到用來製造治療巴金森氏症 (Parkinson's Disease) 的藥物 L-DOPA（圖 9-24）。這是美國孟山都公司所發展的製程。其中氫化反應使用的催化劑是由 Schrock 和 Osborn 以 $[Rh(COD)]^+$ (COD = 1,5-cyclooctadiene) 和具掌性的磷配位基 DIPAMP 來結合而成，催化後產物具有很好的鏡像超越值 (Enantiomeric Excess, e.e.)。這是在不對稱催化合成領域裡第一個成功地以學術界的研究結果直接移轉到工業上生產的例子，是學術界及工業界緊密合作的一個成功範例。[13]

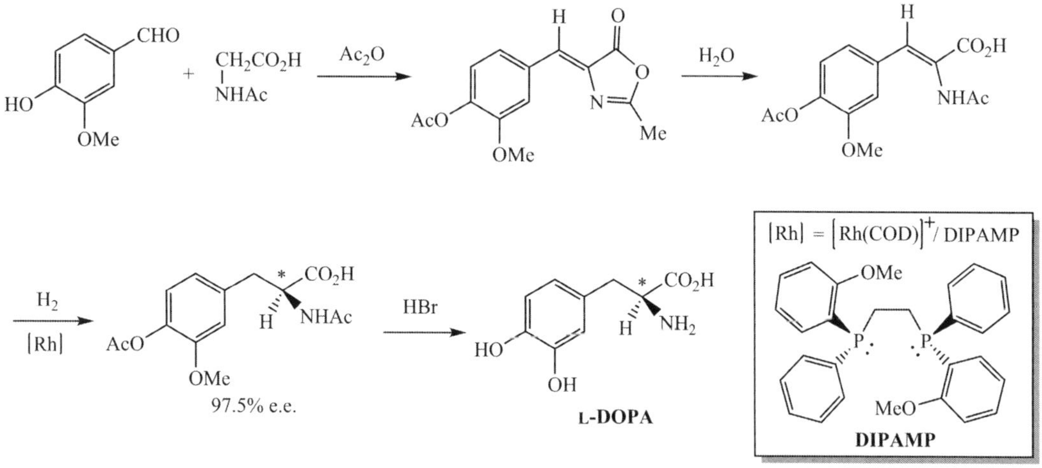

圖 9-24 諾爾斯 (William S. Knowles) 使用具有掌性的雙牙磷配位基配位之銠金屬化合物為觸媒來進行不對稱氫化反應製造 L-DOPA 藥物的前驅物。

另一個重要工作是由日本學者野依良治進行，他將上述反應更深入地研究，發展出在不對稱催化氫化反應中更有效率且更具廣泛使用性的掌性配位基 (BINAP)。配位基所具有的掌性是由其骨架 (Backbone) 部分造成，而非在磷原子上。如將 (R)-BINAP 配位在釕 (Ru) 金屬而形成的催化劑，除了可以氫化碳─碳雙鍵以外，也可對一般常見的不飽和官能基進行氫化。這些氫化反應經常可以得到很高的產率，更難能可貴的是這氫化反應產物可以具有高的鏡像超越值 (e.e.)（圖 9-25）。將此學術研究成果應用於工業生產上並放大其規模，可以製造一些高單價的藥物及香料。

圖 9-25 野依良治結合釕 (Ru) 金屬及掌性配位基 BINAP 形成的催化劑可以對一般常見的官能基進行不對稱氫化反應。

9-9-2 夏普勒斯的催化不對稱氧化反應

在其他研究單位針對不對稱氫化反應研究如火如荼進行的同時，美國學者夏普勒斯 (K. Barry Sharpless) 也發展了一系列的掌性催化劑來進行催化不對稱氧化反應 (Asymmetric Oxidation)。夏普勒斯於 1980 年代陸續發現，利用鈦金屬搭配掌性配位基 (DET)，可以在催化不對稱氧化丙烯醇成環氧化物的反應中，得到高的鏡像選擇性（圖 9-26）。環氧化物是很重要的化合物類型，是很多有機反應的前驅物。夏普勒斯開發這個有效率的不對稱催化合成具有掌性的環氧化物方法，適時地提供了許多不對稱有機反應的素材，化學家進而可藉以合成林林總總的其他化合物。此反應型態對學術界及工業界均有相當重要的影響及貢獻。除了鈦金屬 (Ti) 搭配掌性配位基 (DET) 外，夏普勒斯也以一些植物鹼的衍生物為配位基，配位到鋨金屬 (Os) 上當成觸媒，將烯類雙鍵進行氧化成為雙醇化合物 (Diols)，且具有高鏡像選擇性。這一合成方法也被廣泛地應用於藥物合成上。

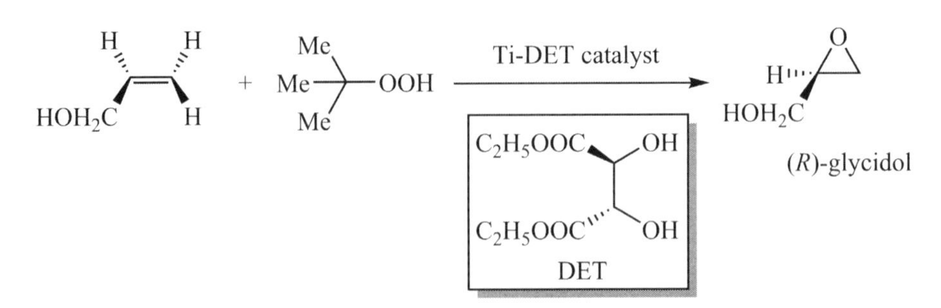

圖 9-26 夏普勒斯的丙烯醇不對稱氧化反應。

以上所提到的三位諾貝爾化學獎得主，他們都在不對稱合成的開發歷史上有突破性的研究結果。他們的研究不只在學術界的化學合成上廣為應用，這些突破性的研究幾乎同時地被工業界所認知及採用於工業生產製造化學品上。從發生沙利竇邁事件到化學家對不對稱合成的重視及研究中，具有單一鏡像異構物的新藥開發，可能是不對稱合成的研究最重要的貢獻和運用。化學家針對不對稱合成反應的研究，也促使藥物開發者回頭重新檢視一些已知且被廣為使用的藥物或食品，檢查這些分子的幾何構型是否對生物體尚有不為人知的負面影響。由於不對稱合成方法的持續開發及推展，讓化學家手中握有新的合成工具，能製造出一些以前研究上所需但無法得到的化合物構型，包括新的藥物及材料等等。

9-9-3 不對稱催化的機制選例

接下來，化學家想要更深入了解的是，為何以含有具光學活性的配位基接到金屬所形成的催化劑可以用來進行不對稱催化？它的反應機制如何？以下是以具有光學活性的含磷雙牙配位基（如 BINAP）接到銠 (Rh) 金屬上所形成的催化劑對 Methyl(Z)-α-acetamidocinnamate 進行不對稱催化為例。氫化反應後的產物具有 (R)- 或 (S)-form，其 R/S 比例和使用的催化劑型態及反應條件有關（圖 9-27）。催化劑的型態和所使用的配位基有密切的關係。

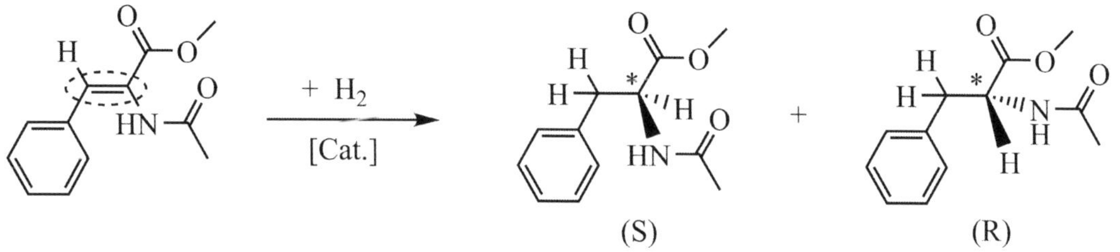

圖 9-27 氫化反應後的產物可能具有 (R)- 或 (S)-form 構型。

下圖為一些目前常用的具有光學活性的含磷雙牙配位基 (Chiral Bidentate Phosphine Ligands)（圖 9-28）。有些含磷雙牙配位基掌性是由其磷基本身造成的，有些則是因具有 C_2 對稱軸，掌性是由其骨架部分造成的。

當這些具有掌性的含磷雙牙配位基配位到銠 (Rh) 金屬上時，會形成 λ 及 δ 兩種構型（圖 9-29）。在這個時候，銠 (Rh) 金屬上受其他配位基的影響，理論上這兩種構型的能量可能是不同的。

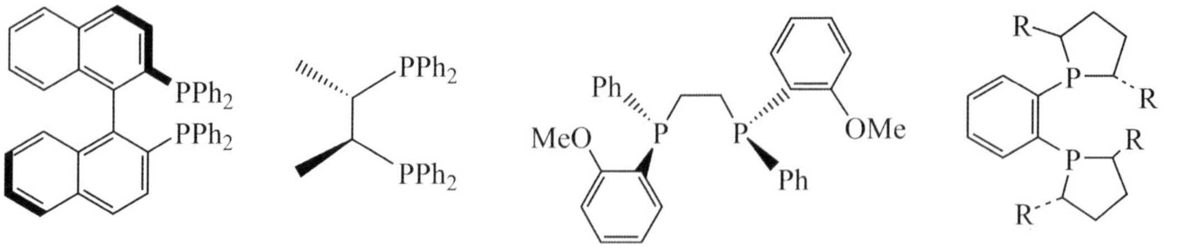

(R)-BINAP (S,S)-CHIRAPHOS DIPAMP DUPHOS

圖 9-28 具光學活性的含磷雙牙配位基。

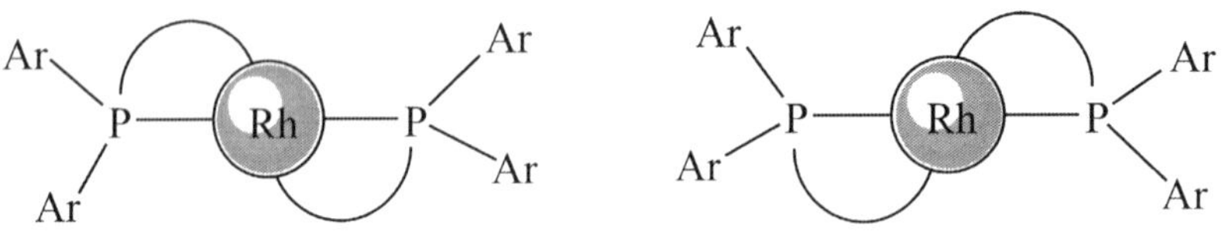

λ δ

圖 9-29 具有掌性的雙牙配位基配位到銠 (Rh) 金屬形成 λ 及 δ 構型。

化學家提出 Methyl(Z)-α-acetamidocinnamate 的不對稱催化的總反應機制過程如下（圖 9-30）。[14] 由於 Rh 催化劑有 λ 及 δ 兩種構型，在 Step 1，當 Methyl(Z)-α-acetamidocinnamate 配位到銠 (Rh) 金屬上時，會形成兩種不同的錯化合物構型。立體因素使這兩種不同的錯化合物構型因並非鏡像異構物而具有不同能量。當加氫氣進行

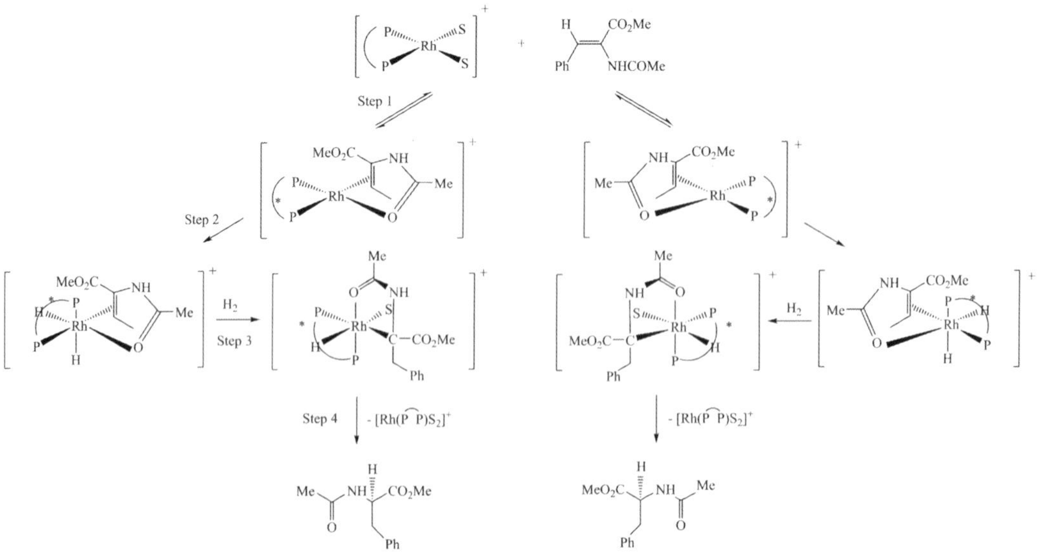

圖 9-30 具光學活性磷雙牙配位基配位之銠 (Rh) 金屬催化劑對 Methyl(Z)-α-acetamidocinnamate 進行不對稱氫化的反應機制。

氧化加成反應後，新的錯化合物構型亦具有不同的能量，顯然兩反應途徑的活化能也不同 (Step 2)。結果是這兩種不同的錯化合物構型的產物其產出比例也會不同。通常，加氫氣進行氧化加成的那一步驟是速率決定步驟 (r.d.s.)，鏡像產物之比例的鏡像超越值 (e.e.) 通常由此步驟決定。接下去的反應步驟活化能較低不是速率決定步驟 (Step 3 & 4)，不會影響鏡像超越值。因此，化學家在設計不對稱催化反應若要提高鏡像超越值必須在這步驟上多加著墨。

理論化學家藉由理論計算指出整個反應機制中可能出現幾個中間產物，其中某個中間產物的量較大（比其他中間產物能量低）並不意味著此路徑最終總產量會增大。因為要進行到下一個中間產物時，此一反應途徑的活化能可能比其他反應途徑能量大，結果反而是降低了此一構型產物的產率（圖 9-31）。例如在 Step 2 時，本來比較穩定的主要中間產物反而要經由比較高的活化能途徑，且變成比較不穩定的另一個中間產物。

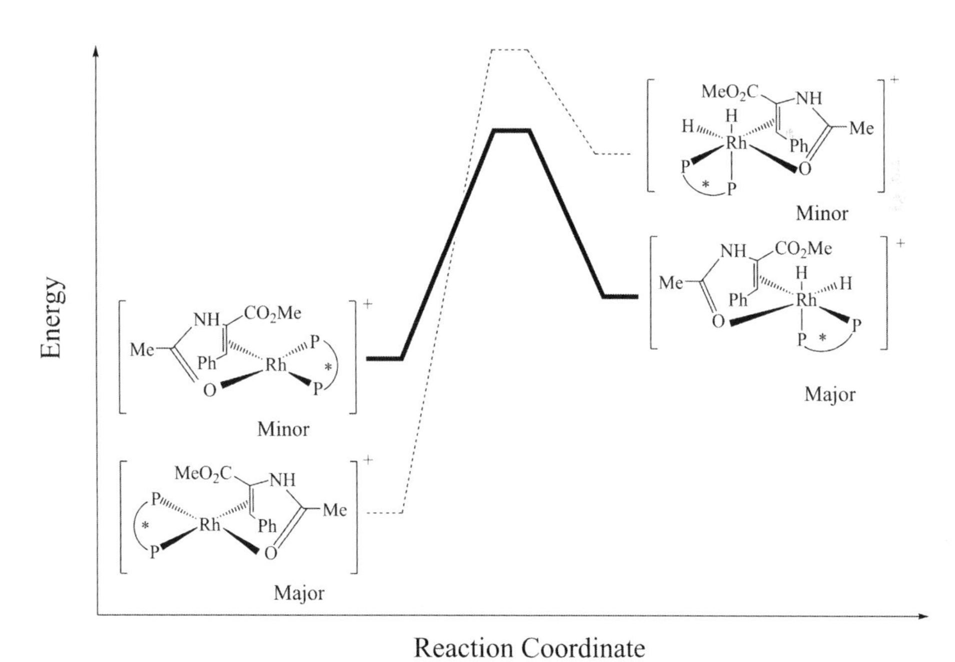

圖 9-31 催化反應活化能高的途徑產率低。

9-10 包生—韓德反應

環酮類是重要的酮類化合物。環戊烯酮 (Cyclopentenone) 可從烯類、炔類、一氧化碳等，藉著含金屬催化劑如 $Co_2(CO)_8$ 的催化而取得（圖 9-32）。這種 [2+2+1] 的環加成反應形式一般稱為包生—韓德反應 (Pauson-Khand Reaction, PKR)。包生—韓德反應大約從 1970 年代初期開始發展，主要由包生 (Pauson) 和韓德 (Khand) 兩人首先發現而提出這類反應的研究。後來此反應型態研究慢慢由分子間 (Intermolecular) 的包生—韓德反應轉移到分子內 (Intramolecular) 的包生—韓德反應，甚至轉換到不對稱 (Asymmetric) 合成的包生—韓德反應。[15]

$$\text{CO} + \text{alkyne} + \text{alkene} \xrightarrow{+\ Co_2(CO)_8} \text{cyclopentenone}$$

圖 9-32 以 $Co_2(CO)_8$ 為觸媒的包生—韓德反應。

有關包生—韓德反應的機制已被詳細探討過（圖 9-33）。[16] 一般認為此反應機制的第一步是鈷化物和炔類先形成架橋結構 $(\mu_2,\eta^2\text{-alkyne})Co_2(CO)_6$，此類型架構已經過詳細研究，有為數可觀的晶體結構可供佐證。然後，烯類再藉著插入反應接上形成金屬環化物。接著，一氧化碳藉著插入反應再嵌入環中。最後，脫去金屬而得環戊烯酮的有機產物。其中，產物環戊烯酮內的一氧化碳可以從鈷化物而來，也可能從額外加入的高壓一氧化碳而來。在反應中烯類、炔類分別從不同分子而來，是為分子間的包生—韓德反應。如果烯基及炔基由相同分子而來，是為分子內的包生—韓德反應。

在圖 9-33 所描述的包生—韓德反應機制中，有產生炔類的 π 鍵結、烯類的插入反應以及 CO 的插入反應等等基本的反應步驟。此為 [2 + 2 + 1] 的環化加成 (Cycloaddition) 反應的一種類型，最後產物為一個五員環。自 1970 年代此類反應的首例被合成之後，許多的研究方向則針對其位向選擇性 (Regioselectivity) 和立體化學選擇性 (Stereochemical Selectivity) 進行深入探討。而自 80 年代後期，化學家則對於進行分子內之包生—韓德反應的研究有突破性之發展，而更使得包生—韓德反應於合成新的化合物，或者改善產物位向選擇性，能有更加重要的用處及貢獻。

一般而言，炔基可視為親核性試劑，容易與親電性試劑進行加成反應。除非炔基上具有拉電子基團，否則親核性加成反應不易進行。但是當炔基與過渡金屬配位時，其化學性質則大大地改變，炔基提供電子給金屬使得炔基上的碳相對地缺電子，所以這時候親核性試劑比較容易與其反應。

在有機金屬化學中，炔類化合物可以利用一個或二個已填滿的 π 軌域，來跟各種不同的金屬化合物鍵結。炔類具有的高反應性，使得它在合成方面佔有很重要的角色，且被廣泛的研究。在應用上，活性較大的炔類通常利用 $Co_2(CO)_8$ 來當其保護

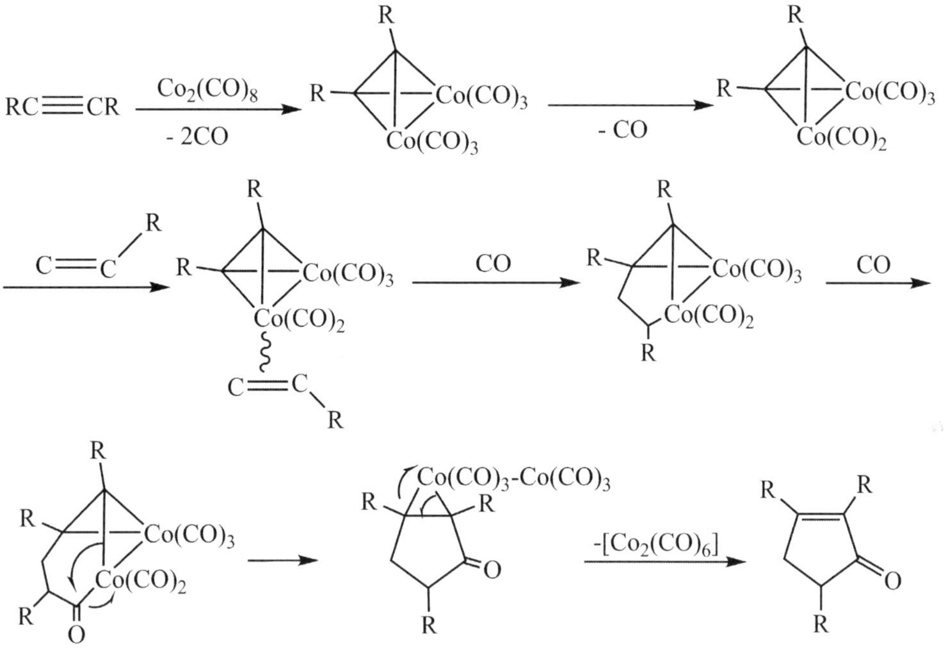

圖 9-33 以 $Co_2(CO)_8$ 為觸媒的包生—韓德反應。

基，形成炔類架橋的雙鈷化合物 (μ_2,η^2-alkyne)$Co_2(CO)_6$，等反應完後再以氧化劑去除金屬基團，可使活性較大的炔類在反應中受到保護。這種方式可省去有機反應中保護 (Protection) 及去保護 (Deprotection) 等等煩人的步驟，節省反應時間及經費支出。

9-11 耦合反應

目前很熱門的催化反應類型為耦合反應 (Cross-coupling Reactions)。一般常見的耦合反應通常以金屬錯合物來當催化劑。於 2010 年，諾貝爾化學獎頒發給在這領域研究有成的三位有名的學者：美國化學家理查・赫克 (Richard Heck)、普渡大學日裔教授根岸英一 (Ei-ichi Negishi) 及日本北海道大學名譽教授鈴木章 (Akira Suzuki)。得獎理由是他們「將鈀催化耦合反應方法應用到有機合成上。」(...for palladium-catalyzed cross couplings in organic synthesis.)[17] 催化耦合反應的應用相當廣泛，大大地改善早期的計量反應且費時費能源的合成途徑。

耦合反應的一般定義是「將兩個化合物基團，借助催化反應方法，結合成一個新分子的反應。」而耦合反應又分成自身耦合反應 (Homo-coupling Reaction) 和交叉耦合反應兩類型。

相對於其他領域來說，耦合反應的歷史比較久遠，相關文獻也較多。[18] 耦合反應最遠要追溯至 1855 年，伍茲 (Wurtz) 開始以 Na 來與兩分子的鹵烷分子 (RX) 反應，藉著形成 C-C 鍵，將兩個烷基結合（圖 9-34）。這是典型的自身耦合反應的例子。

$$2\ R-X \xrightarrow{+\ 2\ Na} R-R\ +\ 2\ NaX$$

圖 9-34 伍茲反應型態。

然後，烏曼 (Ullmann) 於 1901 年開發以 Cu 來對含 sp^2 碳的有機鹵化物進行 sp^2-sp^2 碳的自身耦合反應（圖 9-35）。這些反應有許多缺點，例如必須使用當量的 Cu 金屬、反應條件比較嚴苛及容易產生副產物，導致主產物產率不高等等問題。

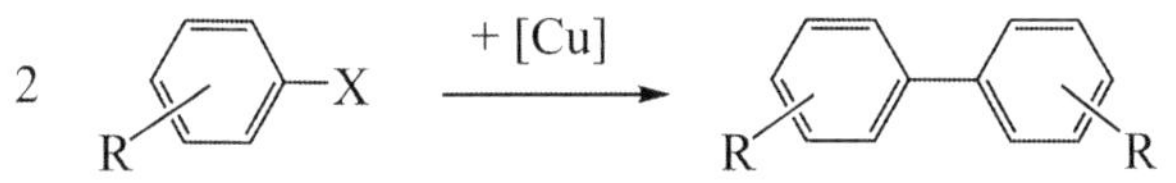

2 (R-substituted aryl)–X →(+ [Cu]) R-substituted biaryl–R

圖 9-35 烏曼反應型態。

很顯然地，前面的這些研究結果由於種種執行上的限制導致其應用性不大。而交叉耦合反應的研究在 1970 年代真正進入黃金期，可謂百家爭鳴。後面提到的耦合反應專指交叉耦合反應。化學家利用其他過渡性金屬（例如 Ni 或 Pd，尤其是後者）來進行各式各樣的耦合催化反應，使得耦合反應在合成上的應用更為廣泛。後來，耦合反應的對象也從碳—碳 (C-C) 鍵延伸至碳—異核原子 (C-N, C-O, C-P, C-S) 鍵。近期的研究也包含將耦合反應的技術應用於光電材料合成、醫藥化學等等。

綜合耦合反應研究的歷程，寇卡 (Colacot) 認為第一波 (1st wave) 的研究是從使用金屬的改變開始，從剛開始使用 Cu 轉到 Ni 或 Pd，目前以 Pd 最受青睞；研究方向的第二波 (2nd wave) 是從耦合反應的形態上改變做起，從碳—碳鍵耦合延伸到至碳—異核原子鍵耦合；目前第三波 (3th wave) 的變革是從配位基的形態上做改變。[19] 以金屬錯合物作為催化劑通常需要良好的配位基來輔助，配位基通常為磷基 (Phosphine)。但是，磷基有容易氧化的缺點必須克服。除了傳統上的磷基使用外，化學家正努力尋找更有效率的且對環境比較友善的配位基。

自 1970 年代以後，出現各式各樣型態的交叉耦合催化反應。這些反應使用不同的試劑及方法，而通常都是根據原始開發此反應的化學家的名字予以命名。可看出此類型反應最大的不同是出現在金屬（或擬金屬）的有機金屬試劑 (R'-m) 上。以下圖表所列為常見的耦合反應型態及名稱（圖 9-36）。

Cross-Coupling Reactions

$$R\text{-}X + R'\text{-}m \xrightarrow{\text{catalyst [M]}} R\text{-}R'$$

[M] = Fe, Ni, Cu, Pd, Rh...; L: phosphine, amine etc.

X = I, Br, Cl, OTf...
m = Li (Murahashi)
Mg (Kumada-Tamao, Corriu)
B (Suzuki-Miyaura)
Al (Nozaki-Oshima, Negishi)
Zn (Negishi)
Cu (Normant)
Zr (Negishi)
Sn (Migita-Kosugi, Stille)
Si (Tamao-Kumada, Hiyama-Hatanaka)

圖 9-36 常見的耦合反應型態。

催化反應的重心是催化劑，催化劑的選擇是否恰當，對反應的結果有決定性的影響。耦合反應的催化劑通常以過渡金屬鈀 (Pd) 為中心。催化反應從零價鈀金屬 Pd(0) 開始，為避免 Pd(0) 聚集成鈀黑 (Pd Black) 因而降低反應性，所以必須再輔以適當配位基，配位基也必須使鈀 Pd(0) 金屬化合物可溶解於反應溶劑中（通常為有機溶劑）。早期使用的配位基通常為三取代磷基 (PR_3)，其中 R 為烷基或苯基。根據皮爾森 (Pearson) 提出的硬軟酸鹼理論 (Hard and Soft Acids and Bases, HSAB)，磷化物為軟鹼 (Soft Base)，而 Pd(0) 為軟酸 (Soft Acid)，所以磷化物與 Pd(0) 的鍵結較強。[20] 除此之外，藉著改變三取代基磷基 (PR_3) 上的取代基種類，可調整磷基的電子效應及立體障礙效應 (Electronic & Steric Effect)，形成不同效果的反應環境。[21] 當然，磷基也可以單牙或多牙方式呈現於配位中，造成更多的變化性。

交叉耦合反應的種類繁多，反應機制各有不同。比較常見的類型大致上可分為以下幾種。

9-11-1 Suzuki-Miyaura 耦合反應

首先，談到 Suzuki-Miyaura 耦合反應。此反應大概是被研究最多的耦合反應型態（圖 9-37）。[22] 這反應使用硼酸 ($ArB(OH)_2$) 當起始物及鈀金屬化合物當催化劑，在鹼的環境及適當的溶劑下，有很好的反應性。使用硼酸當起始物足見 Suzuki 的洞察力。和一般小分子硼氫化合物 (Boranes) 的高爆性不同，硼酸本身穩定不怕水甚至不怕氧，但必須在鹼的協助下才能展現其活性，在很多情形下選擇適當的鹼基是反應效率高低的關鍵。

$$\text{R-C}_6\text{H}_4\text{-X} + (\text{HO})_2\text{B-C}_6\text{H}_4\text{-R}_1 \xrightarrow[\text{Base, Solvent}]{[\text{Pd}]/[\text{L}]} \text{R-C}_6\text{H}_4\text{-C}_6\text{H}_4\text{-R}_1$$

圖 9-37 Suzuki-Miyaura 耦合反應。

Suzuki-Miyaura 耦合反應之所以被廣泛的研究，有下列幾個主要的原因：一，比起鎳金屬試劑，鈀金屬試劑大多是對空氣相對穩定的化合物；二，所使用的硼酸試劑除了空氣穩定外，熱穩定性也良好，與一般認知的硼氫化物不同。硼氫化物有易氧化、易爆的性質，在此所選用的硼酸試劑接上了氧原子，無須擔心氧化反應劇烈放熱導致氫爆的問題；三，起始物與合成之產物的分離簡單，且具低毒性的特質；四，官能基容忍度大，可以與很多不同的官能基進行反應。因為具備上述性質，在操作上並不需要太過嚴苛的實驗環境即可進行，有利於工業上大量生產的作業。

目前最為人接受的 Suzuki-Miyaura 耦合反應機制如下所示（圖 9-38）。剛開始催化劑前驅物 Pd(II) 先經過磷基或是鹼（或是其他方式）還原活化成 Pd(0) 活性物種，接著再對芳香族鹵化物 (Aryl Halide) 進行氧化加成步驟。氧化加成後，在鹼的存在下硼酸試劑進行置換 (Transmetallation) 反應，硼酸上的取代基置換到鈀金屬上，最後再進行還原脫去得到目標產物。此時 Pd 也從二價回到零價，等著再進行下一個催化循環。在這催化循環中，鈀金屬的價數在零價和正二價中轉換，是合理的推斷。因為 Pd(II) 具 d^8 組態，容易形成平面四邊形 (Square Planar) 構型，有益於催化反應的反應物進入及退出。雖然有文獻提及 Pd(IV) 為反應活性物種的可能性，但一般還是認為催化循環中是在 Pd(0) $\leftrightarrow$ Pd(II) 間進行。

一般認為 Suzuki-Miyaura 反應的速率決定步驟在於第一步的氧化加成。因此芳香族鹵化物隨著 C(sp^3)-X 鍵的強度愈弱反應性愈好。實驗結果發現芳香族鹵化物的反應性如下：I > OTf > Br > Cl。另外電子效應也是影響反應快慢的因素，若鈀金屬電子密度高則會加快氧化加成的速度，因此增加配位基的推電子能力有助於反應的進行。在金屬交換步驟中，隨著親核基的強弱不同而改變，而還原脫去步驟則受立體效應影響，隨著立體效應愈大，產物脫去的速度則愈快，所以配位基的立體效應對反應進行快慢有顯著的影響。另外，芳香族鹵化物上的取代基為拉電子也會影響反應速度變快。因為，拉電子基會使第一步的氧化加成步驟所形成的中間產物的能量下降，導致活化能降低，反應速度增快（圖 9-39）。

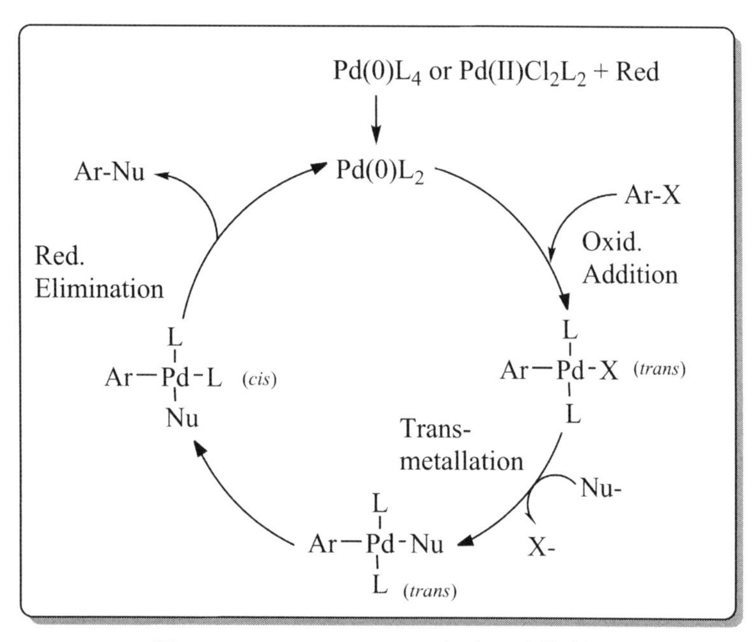

圖 9-38 Suzuki-Miyaura 耦合反應機制。

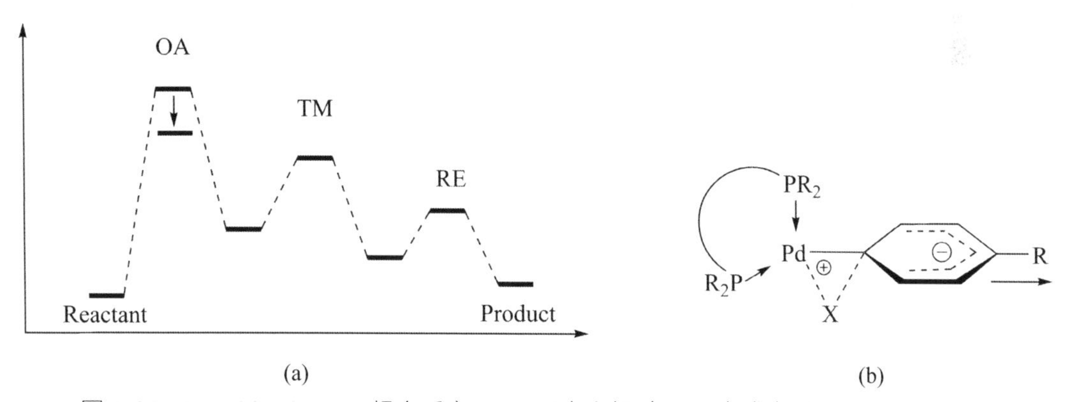

圖 9-39 Suzuki-Miyaura 耦合反應：(a) 反應座標（OA：氧化加成；TM：交換反應；RE：還原脫離），及 (b) 氧化加成步驟形成的中間體。

在 Suzuki-Miyaura 耦合反應中有一個特別值得觀察的現象，若不加入適當的鹼，反應是幾乎無法進行的。鹼扮演著多重的角色。一，無機鹼的陽離子可以幫助穩定從鈀金屬上脫去的陰離子；二，必要時可以將鈀金屬從二價還原到零價；三，鹼的陰離子（通常是 OH^-）先對硼酸 ($RB(OH)_2$) 試劑進行親核性攻擊，陰離子化的硼酸試劑 ($RB(OH)_3^-$) 再以陰離子上的孤對電子對 Pd 進行配位，或是陰離子先行配位到 Pd 再以類似的模式配位到硼酸試劑上，兩種路徑皆可以形成四角環的中間體，進而發生交換反應（圖 9-40）。在此，可以發現鹼所扮演的角色中，以先接到硼酸上形成硼酸鹽最為重要。所以，一般認為 **Route a** 是主要的反應進行途徑，反應所必須的 OH^- 離子通常要在極性溶劑中，特別是水中產生。有趣的是即使在有機溶劑下的反應，根據文獻報導在硼酸 ($RB(OH)_2$) 的存在下，三個硼酸分子可形成一個六角環三聚物分子，並解離出三莫耳的水分子。一般的鹼在此解離出的水中即可得到 OH^- 離子。因此，硼酸 ($RB(OH)_2$) 在這裡又多扮演了一個角色。

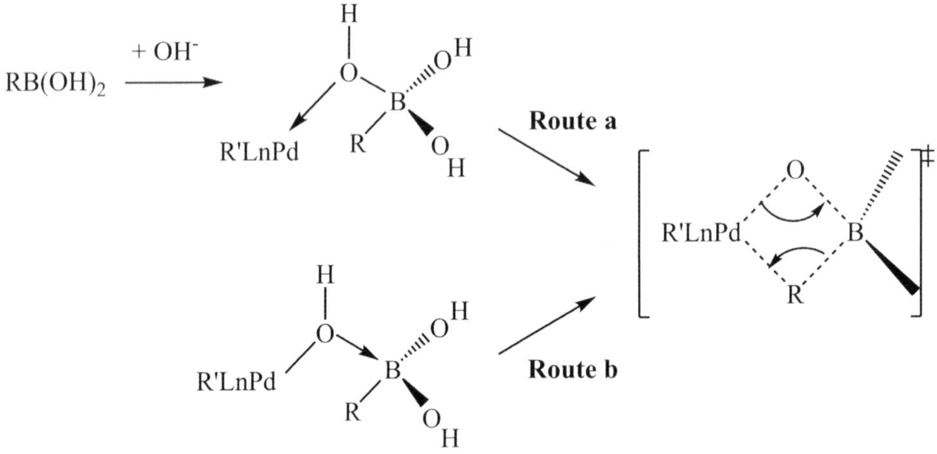

圖 9-40 由鹼解離出 OH^- 離子在交換反應的可能途徑中扮演的角色。

一個耦合反應要有好的效率，要考量許多因素，如反應物種類、催化劑種類（包括組成催化劑的金屬及配位基種類、金屬與配位基的比例等等）、溶劑種類、鹽類、反應溫度及時間等等。必須找到最佳化條件 (Optimized Condition) 才能有好的催化效果。

9-11-2 Heck 耦合反應

另一常見耦合反應類型為 Heck 反應。Heck 耦合反應是由 Heck 團隊在 1972 年所發表。此類型反應是由芳香族鹵化物和烯類在溶劑與鹼的存在下，利用催化劑作用後，生成以反式 (*trans*) 為主的烯類產物。反應通式如圖 9-41 所示。

目前最為人接受的 Heck 反應機制如下圖所示（圖 9-42）。第一步進行氧化加成步驟，這一步驟和 Suzuki-Miyaura 反應沒有差別。之後烯類的雙鍵先配位到金屬上，接著再進行插入 (Insertion) 的動作，插入的動作可能是進行 α 或是 β 碳插入到鈀金屬

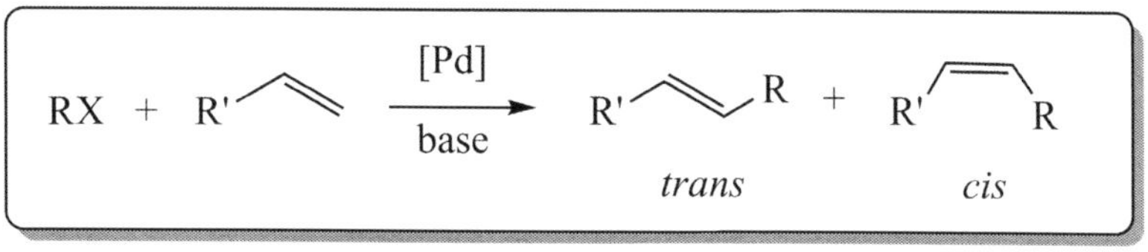

RX + R' ⟶ ([Pd], base) R'⁄R (*trans*) + R' R (*cis*)

圖 9-41 Heck 耦合反應通式。

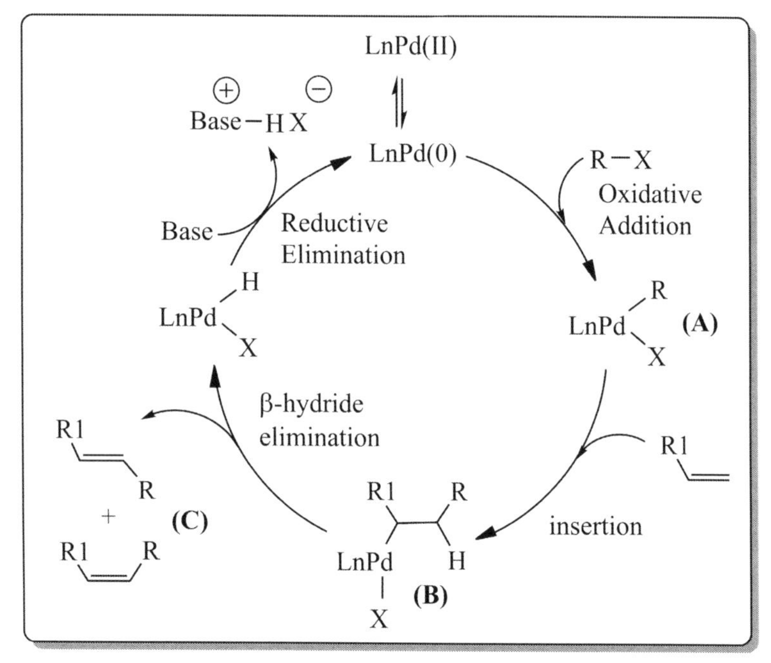

圖 9-42 Heck 耦合反應機制。

錯合物上。最後，再經過一次 β- 氫離去步驟的分解機制脫去產物。反應中根據烯類插入金屬的位置不同可以得到不一樣的產物。但是，根據立體障礙 (Steric Hindrance) 的觀點切入，烯類進行插入 (Insertion) 的動作時，會選擇以立體障礙較小的一端進行反應，也就是 β 碳插入金屬錯合物中，所以產物會以反式為主。

Heck 反應條件一般比 Suzuki-Miyaura 反應嚴苛。反應的速率決定步驟可能不在於第一步的氧化加成，而是在第二步的插入步驟。因此，芳香族鹵化物上的取代基為拉或推電子對反應速度的影響不大。因為氧化加成步驟形成的中間產物能量下降或上升，對總反應速度沒有太大的影響（圖 9-43）。

IN
OA
RE
Reactant
Product

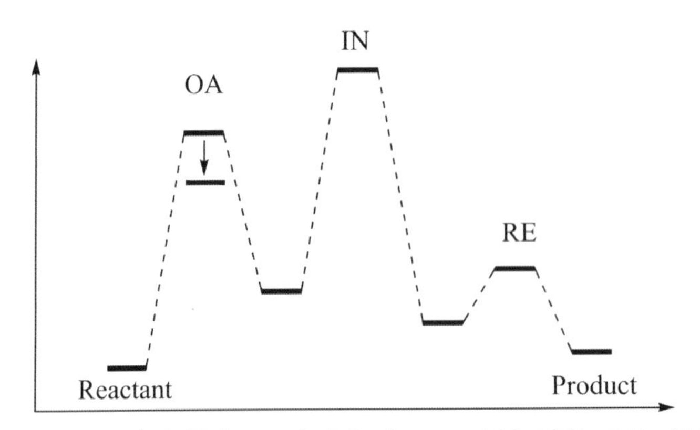

圖 9-43 Heck 耦合反應座標（OA：氧化加成；IN：插入反應；RE：還原脫離）。

9-11-3 Sonogashira 耦合反應

將炔類和烷類耦合的反應有幾種常用的方法。首先，有利用有機銅化物來進行催化的Castro-Stephens反應。另外，有直接利用炔類進行反應的Heck Alkynylation反應。這些方法在 1970 年代皆已被報導過。而 Sonogashira 耦合反應則被視為是合成具有取代基之炔類最常使用的有效方法（圖 9-44）。

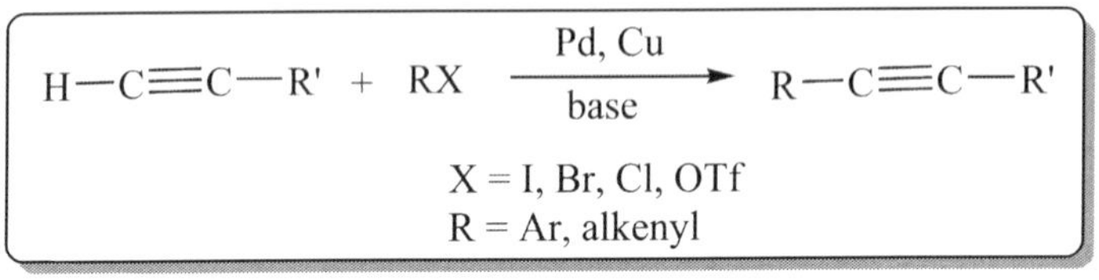

H—C≡C—R' + RX
Pd, Cu
base
R—C≡C—R'
X = I, Br, Cl, OTf
R = Ar, alkenyl

圖 9-44 Sonogashira 耦合反應。

目前 Sonogashira 耦合反應方法是利用鈀金屬為主要催化劑，加上以 Cu(I) 做為共催化劑，在適當選擇的鹼及溶劑配合下來催化合成具有取代基的炔類。Sonogashira 耦合反應較被大家接受的機制如下圖所示（圖 9-45）。和前兩個著名耦合反應不同之處是此機制是由兩個循環交叉組合而成的催化反應機制。

首先，在銅循環 (Copper Cycle) 中是由炔類（R'C ≡ CH，化合物 **F**）先與一價銅化合物 (CuX) 形成以 π 形式鍵結有機銅化物，此時炔類末端的質子酸性增加，可以鹼 (NR_3) 除去 HX 而形成 Copper Acetylide（化合物 **G**）。另外，在鈀循環 (Palladium Cycle) 中，零價鈀金屬中心之活性物種 **(A)** 先與有機鹵化物（R^1-X，化合物 **B**）進行氧化加成得到二價鈀金屬化合物 **(C)**，再與有機銅化物（化合物 **G**）進行交換反應得到炔基鍵結到鈀金屬的形式（化合物 **D**），最後再經由還原離去反應即可得到所期望的產物（化合物 **E**）。這個催化反應過程中可能有些副產物（如化合物 **I**）產生。

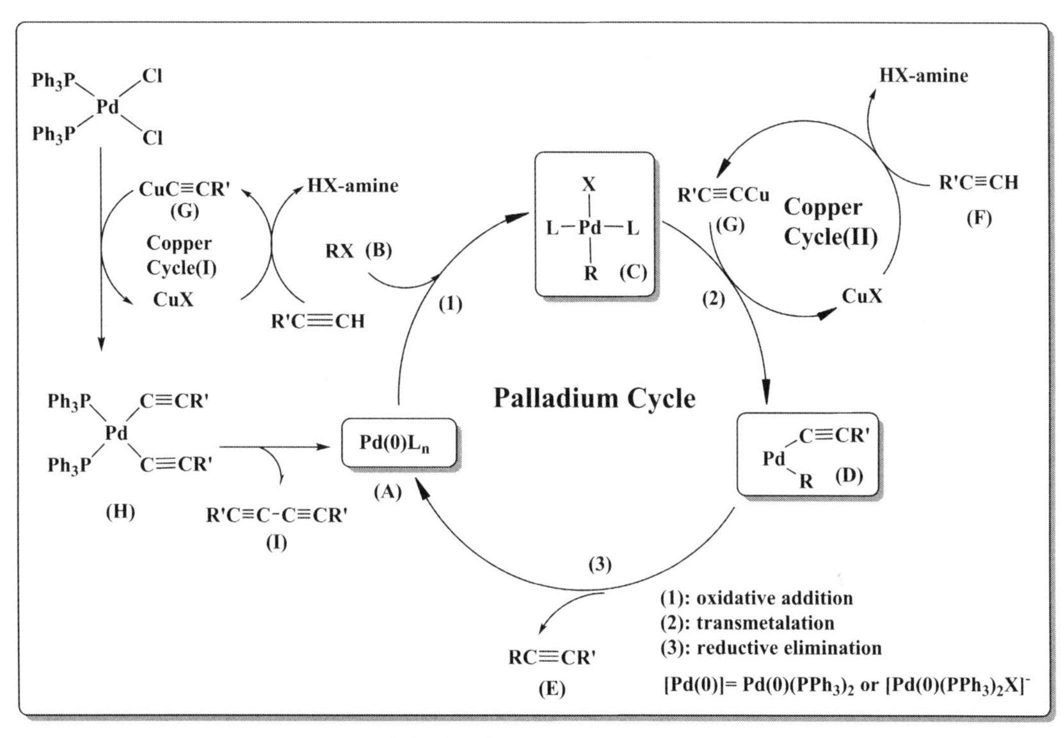

圖 9-45 利用鈀 (Pd) 金屬為主要催化劑加上以 Cu(I) 做為共催化劑的 Sonogashira 耦合反應。

9-11-4 Neigishi 耦合反應

Negishi 在耦合反應研究中的主要貢獻是將原來 Kumada 使用的格林納試劑 (Grignard Reagent, RMgX) 中的鎂 (Mg) 金屬以鋅 (Zn) 金屬來取代，Negishi 發現含鋅 (Zn) 的有機金屬起始物比原本的鎂 (Mg) 金屬要來得穩定，且配合以含鈀 (Pd) 金屬化合物為催化劑時，所得到的產率比 Kumada 使用的鎳 (Ni) 金屬化合物為催化劑時高出許多（圖 9-46）。

$$\mathrm{R{-}X} + \mathrm{R'{-}Zn{-}X'} \xrightarrow{[\mathrm{Pd}]} \mathrm{R{-}R'}$$

圖 9-46 Negishi 在耦合反應通式。

Negishi 耦合反應較被大家接受的機制如下圖所示（圖 9-47）。這個反應機制和前面幾個著名耦合反應相比是較為簡單的一個。基本上就是氧化加成、交換反應及還原脫離等步驟組合而成。

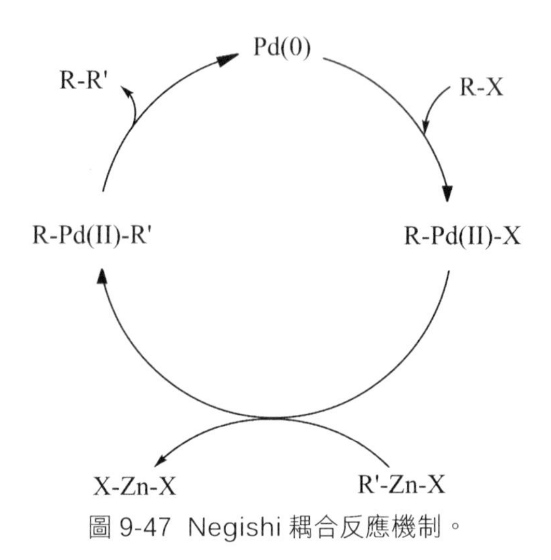

圖 9-47 Negishi 耦合反應機制。

《充電站》

9.1 催化反應與永續或綠色化學

永續或綠色化學 (Sustainable or Green Chemistry) 強調使用最佳化條件來進行化學反應，目標是使用最少反應物而產出最大量產物及最少副產物，且反應儘量在常溫常壓及對環境無害的溶劑中進行。催化反應正符合這個要求目標。利用金屬催化劑來進行催化反應的應用相當廣泛，大大地改善了早期的計量反應且費時費能源的合成途徑。金屬錯合物來當催化劑通常需輔助以好的配位基。常用配位基為磷基 (Phosphine)，但有容易氧化的缺點。

要完全了解催化反應很不容易，因為牽涉層面很廣。催化反應是動力學反應，要追蹤催化反應必須追蹤反應過程中產生的催化活性物種 (Catalytic Species) 的結構及活性及其變化。理論上，催化活性物種於反應過程中產生的量少，存在的時間短等特性，以現行的儀器來檢驗有其困難。在這方面電算化學 (Computational Chemistry) 可以提供有用的協助。

9.2 C-H 鍵活化

有機化合物的活性中心是官能基 (Functional Group)。而有機化合物中的 C-H 鍵通常是分子內活性最低的部位。如何將有機化合物中的 C-H 鍵活化，好讓各種反應容易在 C-H 鍵上進行，一直是化學家努力的目標。現在化學家可使用很多方式來達到 C-H 鍵活化 (C-H Activation) 的目標，例如，選擇適當的含過渡金屬催化劑來進行 C-H 鍵插入反應使 C-H 鍵活化。

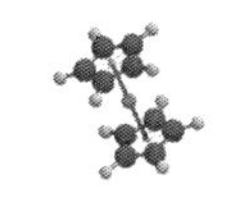

《練習題》

9.1 名詞解釋：催化劑 (Catalyst)、抑制劑 (Inhibitor)、量論 (Stoichiometric) 催化劑、促進劑 (Promoter)、催化劑前驅物 (Catalyst Precursor) 及催化活性物種 (Active Species)。

9.2 解釋催化劑如何降低反應活化能？

9.3 在有機化學的反應中將 H_2 加到有機物稱為還原 (Reduction)。而在有機金屬化學的反應中將 H_2 加到有機金屬化合物稱為氧化加成 (Oxidative Addition, O.A.) 步驟。為何有如此差別？

9.4 說明化學家常使用過渡金屬錯合物來當催化劑的理由。

9.5 使用第二或三列過渡金屬錯合物來當催化劑時，通常會比使用第一列過渡金屬錯合物的催化效果好很多，說明其中的理由。

9.6 說明化學家常使用配位基配位的過渡金屬錯合物來進行催化反應的原因。

9.7 催化循環的速率決定步驟往往是第一步的氧化加成 (Oxidative Addition, O.A.) 步驟，而非最後一步的還原脫離 (Reductive Elimination, R.E.) 步驟，可能原因為何？

9.8 一般氧化加成 (Oxidative Addition, O.A.) 及其逆反應還原脫離 (Reductive Elimination, R.E.) 步驟如下圖示。(a) 舉出對氧化加成步驟有利的反應因素。(b) 舉出對還原脫離步驟有利的反應因素。(c) 如何設計配位基符合此兩條件？(d) 如何選擇適當的金屬？

$$LnM^{a} + X\text{-}Y \underset{R.E.}{\overset{O.A.}{\rightleftharpoons}} LnM^{a+2}(X)(Y)$$

9.9 如何區分氧化加成 (Oxidative Addition) 步驟是經由同步的三中心步驟 (Concerted 3-centered process)，或經由自由基步驟 (Radical Process) 來進行？

9.10 請列出均相催化反應 (Homogeneous Catalysis) 與非均相催化反應 (Heterogeneous Catalysis) 的優缺點。

9.11 將 HC ≡ CMe 藉著金屬催化劑氧化耦合 (Oxidative Coupling) 形成五角金屬環化物 (Metallacycle)。炔類上的取代基的位向選擇如何取決？

9.12 一般催化反應的產物是動力學產物 (Kinetic Control Product(s)) 而非熱力學產物 (Thermodynamic Control Product(s))。原因為何？

9.13 試指出電算化學 (Computational Chemistry) 在了解催化反應機制中扮演的角色及其限制。

9.14 將二氧化碳固化 (CO_2 Fixation) 即使藉著金屬催化劑來進行也是一件不容易的工作。原因為何？[提示：鍵能和極性]

9.15 氮固定 (N_2 Fixation) 反應即使藉著金屬催化劑來進行也是一件不容易的工作。原因為何？為何某種大豆的根瘤菌含有的固氮酵素卻能有效地轉換 N_2 成 NH_3？

9.16 簡述下列各項名詞或反應：(a) C1 Chemistry（一碳化學）；(b) WGSR（Water Gas Shift Reaction，水煤氣轉移反應）；(c) SHOP Process（Shell 烯類鍵增長反應）；(d) Fischer-Tropsch Reaction（費雪—特羅普希反應）；(e) Reactants and Product of Monsanto's Process（Monsanto 合成反應步驟的反應物及產物）；(f) Oxidative Addition（氧化加成）；(g) Reductive Elimination（還原離去步驟）；(h) Transmetallation（交換金屬反應）；(i) Migratory Insertion Process（轉移插入步驟）；(j) α-Hydrogen Elimination（α- 氫離去步驟）；(k) α-Hydrogen Abstraction（α- 氫抓去步驟）；(l) Pauson-Khand Reaction（包生—韓德反應）；(m) Agostic Interaction（α- 碳上氫原子被金屬吸引作用）；(n) *Ab initio* Method（初始法的電算方法）；(o) Catalyst（催化劑）；(p) Catalyst Precursor（催化劑前驅物）；(q) Promoter（加速劑）；(r) Catalytic Cycle（催化循環）；(s) Turnover Frequency（觸媒催化轉換率）；(t) Selectivity（選擇性）；(u) Olefin Metathesis（烯烴複分解反應）；(v) Ring-Opening Metathesis Polymerization（ROMP，開環交換聚合反應）；(w) Ring-Closing Metathesis（RCM，合環交換反應）。

9.17 請仔細考慮以下敘述的正確性。

(a) 反應中催化劑可以引進新的反應途徑降低活化能。

(b) 一個催化反應的反應物和產物接在催化劑的步驟對吉布斯自由能 (Gibbs Free Energy) 是有利的，這是催化反應有高催化活性的關鍵。

(c) 反應中加入催化劑對吉布斯自由能 (Gibbs Free Energy) 有利，因此產物的量會因為催化反應而增加。

(d) 一個均相催化劑的例子是由 $TiCl_4$ 和 $Al(C_2H_5)_3$ 製成的齊格勒—納塔 (Ziegler-Natta) 催化劑。

9.18 試繪出 Vaska 錯合物 (Vaska's Complex) 的構型。它當作催化劑的功用為何？

9.19 描述費雪—特羅普希反應 (Fischer-Tropsch Reaction) 步驟並說明其在石油短缺年代的重要性。

9.20 以威金森催化劑 (Wilkinson's Catalyst，$RhCl(PPh_3)_3$) 來催化的氫化反應若加入 PPh_3，反應的觸媒催化轉換率 (Turnover Frequency) 會減少，為何？

9.21 一般俗稱的威金森催化劑 (Wilkinson's Catalyst, $RhCl(PPh_3)_3$) 可能是被研究最多的氫化反應催化劑。它的氫化催化反應循環機制簡化如下。指出哪些是 Rh(I) 錯合物，哪些是 Rh(III) 錯合物？哪些是不飽和中間體？威金森氫化反應機制中可能走 *Olefin Route* 或 *Hydride Route*。以 $H_2C = CH_2$ 為例，哪條路徑比較可能？若要進行不對稱合成反應 (Asymmetric Synthesis)，威金森催化劑要做何種改變？

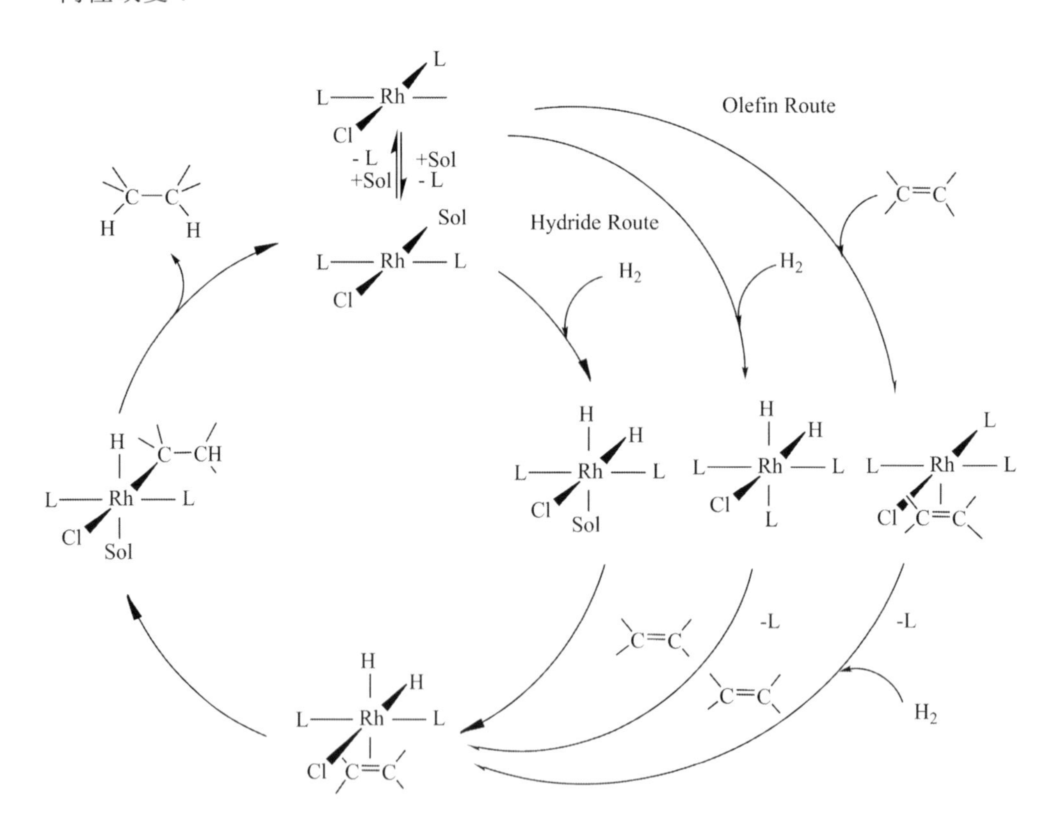

9.22 說明下列磷基為具有光學活性 (Optical Active) 的配位磷基的理由。

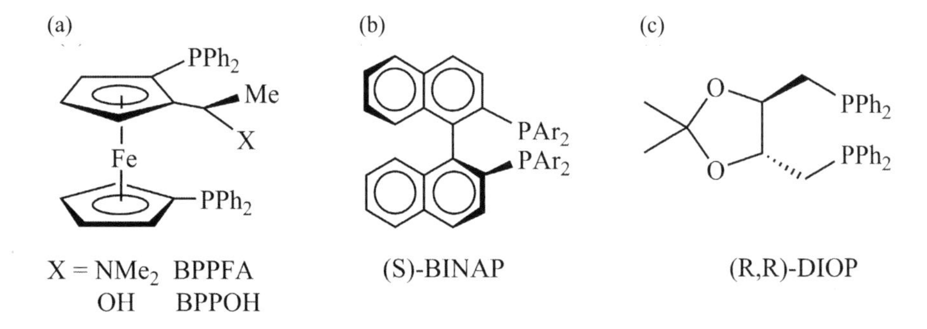

9.23 (a) 定義什麼是不對稱合成反應 (Asymmetric Synthesis)。

(b) 定義什麼是不對稱氫化反應 (Asymmetric Hydrogenation)。

(c) BINAP 是雙牙磷基，鍵結 Rh 形成錯合物，用於不對稱氫化反應，磷上並沒有不對稱中心，BINAP 如何作為不對稱雙牙磷基？

$P(C_6H_5)_2$

$P(C_6H_5)_2$

章節註釋

1. 「看似神奇，卻是化學。」引用自高雄中山大學余岳川教授的化學魔術實驗及演講標題用語。
2. 提供反應不對稱界面，使反應具有位向選擇性功能，這個特點是 1970 年代後不對稱合成反應 (Asymmetric Synthesis) 所強調的。
3. 使用抑制劑 (Inhibitor) 讓反應速率變慢的概念如減緩老化，是近來很受注目的研究課題。
4. 催化反應完後如何除去惱人的催化劑殘餘是很大的問題。通常為一耗時間及成本的步驟。
5. 為了能保存長久時間，化合物必須是穩定的。一般實驗室用於保存的催化劑通常應該為催化劑前驅物。而在催化反應中，催化劑必須為活性分子，此時催化劑前驅物必須先解離部分配位基或做構型改變，才能變成活性物種。
6. J. D. Atwood, *Inorganic and Organometallic Reaction Mechanisms*, 2nd Ed., Wiley-VCH, **1997**.
7. 主族元素無法比擬。
8. G. W. Parshall, S. D. Ittel, *Homogeneous Catalysis: The Applications and Chemistry of Catalysis by Soluble Transition Metal Complexes*, John Wiley & Sons, 2nd Ed., **1992**.
9. 前蘇聯於 1986 年發生車諾比爾核能電廠事故及 2011 年日本大地震引發福島核能事故，都導致碳棒和高溫水蒸氣反應產生氫氣，最後是氫氣在高溫下爆炸。
10. 請參考諾貝爾獎網站：http://www.nobelprize.org/。對諾爾斯 (William S. Knowles) 及野依良治 (Ryoji Noyori) 的評論是：「對掌性催化氫化反應的研究。」(...for their work on chirally catalysed hydrogenation reactions.)。對夏普勒斯 (K. Barry Sharpless) 的評論是：「對掌性催化氧化反應的研究。」(...for his work on chirally catalysed oxidation reactions.)。
11. 沙利竇邁 (Thalidomide) 事件可參考維基百科網站：http://zh.wikipedia.org/wiki/%E6%B2%99%E5%88%A9%E5%BA%A6%E8%83%BA
12. 此為充分而非必要條件。例如苯環上的碳原子以 sp^2 混成，若將多個苯環以螺旋方式連結，可形成各以左右螺旋方式形成的兩個鏡相異構物的分子。
13. 鏡像超越值 (Enantiometric Excess, e.e.) 定義：e.e. = |(R - S)|/(R + S) * 100%
14. C. R. Landis, J. Halpern, *J. Am. Chem. Soc.*, **1987**, *109*, 1746-1754.

15. (a) I. U. Khand, G. R. Knox, P. L. Pauson, W. E. Watts, *J. Chem. Soc., Chem. Commun.*, **1971**, 36. (b) I. U. Khand, G. R. Knox, P. L. Pauson, W. E. Watts, *J. Chem. Soc., Perkin I*, **1973**, 975. (c) I. U. Khand, G. R. Knox, P. L. Pauson, W. E. Watts, M. I. Foreman, ibid. **1973**, 977.
16. L. S. Hegedus, *Transition Metals in the Synthesis of Complex Organic Molecules*. Chap. 2, University Science Books, **1994**.
17. 諾貝爾獎網站：http://www.nobelprize.org/
18. 舉幾個有代表性的文章：(a) C. C. C. Johansson Seechurn, M. O. Kitching, T. J. Colacot, V. Snieckus, *Angew. Chem. Int. Ed.*, **2012**, *51*, 5062-5085. (b) A. Suzuki, *Angew. Chem. Int. Ed.*, **2011**, *50*, 6723-6737. (c) E. Negishi, *Angew. Chem. Int. Ed.*, **2011**, *50*, 6738-6764. (d) S. Díez-González, N. Marion, S. P. Nolan, *Chem. Rev.*, **2009**, *109*, 3612-3676. (e) D. S. Surry, S. L. Buchwald, *Angew. Chem. Int. Ed.*, **2008**, *47*, 6338-6361. (f) N. Marion, S. Díez-González, S. P. Nolan, *Angew. Chem. Int. Ed.*, **2007**, *46*, 2988-3000. (g) D. Enders, O. Niemeier, A. Henseler, *Chem. Rev.*, **2007**, *107*, 5606-5655. (h) J.-P. Corbet, G. Mignani, *Chem. Rev.*, **2006**, *106*, 2651-2710. (i) E. A. B. Kantchev, C. J. O'Brien, M. G. Organ, *Angew. Chem. Int. Ed.*, **2005**, *46*, 2768-2813. (j) K. C. Nicolaou, P. G. Bulger, D. Sarlah, *Angew. Chem. Int. Ed.*, **2005**, *44*, 4442-4489. (k) A. de Meijere, F. Diederich, Eds., *Metal-Catalyzed Cross-Coupling Reactions*, 2nd Ed., Wiley-VCH: Weinheim, **2004**. (l) E. Negishi, Ed., *Handbook of Organopalladium Chemistry for Organic Synthesis*, Wiley Interscience: New York, **2002**. (m) N. Miyaura, Ed., *Cross-Coupling Reactions: A Practical Guide, Series Topics in Current Chemistry*, No. 219, Springer: Berlin, **2002**. (n) A. F. Littke, G. C. Fu, *Angew. Chem. Int. Ed.*, **2002**, *41*, 4176-4211. (o) W. A. Herrmann, *Angew. Chem. Int. Ed.*, **2002**, *41*, 1290-1309. (p) L. H. Pignolet, *Homogeneous Catalysis with Metal Phosphine Complexes*, Plenum Press: New York, **1983**. (q) N. Miyaura, K. Yamada, A. Suzuki, *Tetrahedron Lett.*, **1979**, *20*, 3437-3440. (r) N. Miyaura, A. Suzuki, *Chem. Commun.*, **1979**, 866-967. (s) N. Miyaura, A. Suzuki, *Chem. Rev.*, **1995**, *95*, 2457-2483.
19. C. C. C. Johansson Seechurn, M. O. Kitching, T. J. Colacot, V. Snieckus, *Angew. Chem. Int. Ed.*, **2012**, *51*, 5062-5085.
20. 有些中文書籍以中文「膦」及「磷」字來區分有機磷及無機磷。稱有機物為「膦」化物，無機物為「磷」化物。本書為使用方便起見通通都以「磷」字來代表而不特別加以區分。

21. R. H. Crabtree, *The Organometallic Chemistry of the Transition Metals*, 4th Ed., John Wiley & Sons, Inc. **2005**.
22. 「過去幾年來Suzuki反應可能是學術界最熱門的研究標的。」(...Suzuki reaction ... has probably been one of the most popular aims of research in academic institutions over the past few years.) -- M. Lemaire et al., *Chem. Rev.,* **2002**, *102*, 1359.

第 10 章　常見工業催化反應

近年來，因為氣候變遷加劇，影響整體人類的生活及安全，促使更多人關注環境保護問題，使得永續（或綠色）化學 (Sustainable or Green Chemistry) 成為科學研究的重要議題之一。[1] 在化學反應中使用催化劑讓反應在最佳化條件下來進行，能夠讓反應物有最少殘留，而產出最大量產物及最少量副產物，且反應儘量保持在常溫常壓及對環境友善的溶劑（最好是水）中進行。這正符合永續（或綠色）化學強調的精神。[2] 利用有機金屬催化劑在合成反應上的應用例子非常多，以下所列出者為比較常見的催化反應範例。[3]

10-1　氫醯化反應

這個有名的反應事實上有幾個不同的名字，最早為德國人 Roelen 所開發，稱為 Roelen 反應。後來又被稱為 Oxo- 反應；目前則通稱為氫醯化反應 (Hydroformylation Reaction)。當初，此反應早於 1938 年即為 Roelen 所發明，因受第二次世界大戰的影響延至 1948 年才發表。氫醯化反應是將烯類化合物和水煤氣 (Water Gas, H_2/CO = 1/1) 藉由催化劑（早期以鈷金屬化合物為主）的催化產生醛類化合物，這醛類化合物比原來的烯類多一個碳數（圖 10-1）。在過量氫氣的存在下，醛類也可能還原成醇類。有一段很長時間此反應是以比較便宜的金屬鈷化合物為催化劑，後來因為反應速率的要求而漸漸地轉換成以銠金屬化合物為催化劑。單位重量的銠金屬比鈷金屬貴上百倍，然而反應速率上卻也通常要快上千倍。在工業界，生產速率是主要考量。因此，目前幾乎都捨棄鈷而以銠金屬化合物當催化劑。

因為催化反應機制的關係，反應產物醛類可能有直鏈及支鏈的異構物。產物醛類的官能基可以做很多後續的修改成不同的官能基並加以應用。因此，此種產生醛類的反應在工業上有其一定的重要性。

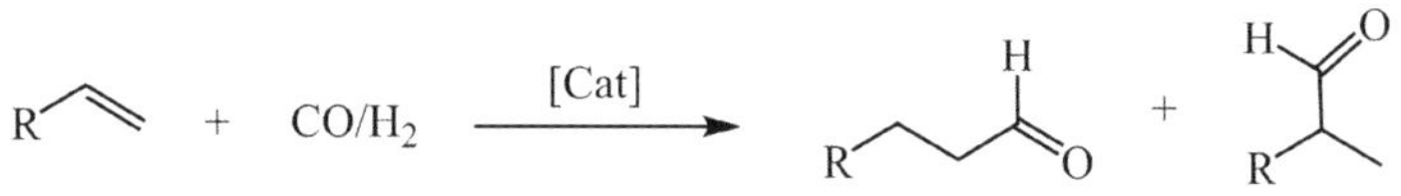

R／＝　+　CO/H_2　—[Cat]→　R／＼／CHO (H, O)　+　R–CH(CH₃)–CHO (H, O)

圖 10-1　以金屬化合物為觸媒的氫醯化反應。

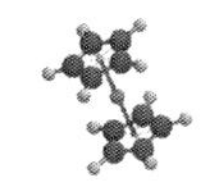

此反應經動力學的研究得知，生成醛類的反應速率與烯屬烴、氫氣和鈷金屬化合物等的濃度成正比，而與一氧化碳（反應通常須在 10 atm 以上）的濃度成反比。其速率表示式為：Rate = k[Cat.][alkene][H_2][CO]$^{-1}$。這裡發現如果一氧化碳濃度太高反而抑制反應速率。

Breslow 和 Heck 為氫醯化反應在 1960 年代寫下反應機制，這是一件很不容易的工作及成就（圖 10-2）。[4] 因為在那個時代有機金屬化學這領域的研究剛起步不久，化學家對許多有機金屬化學反應形態及機制並不熟悉。況且有機金屬化學研究所依賴的重要儀器如 NMR 和 X-Ray 在 1960 年代也才剛在萌芽階段。這反應機制包括了幾個非常基本的有機金屬反應步驟：如配位 (Coordination)、加成 (Addition)、插入 (Insertion)、轉移 (Migration)、脫去 (Elimination) 等等基本步驟，對日後其它類似的有機金屬反應機制的探討有明顯的啟發作用。化學家有時會將鈷金屬上的一氧化碳配位基 (CO) 以磷基 (PR_3) 取代，藉由磷基的電子及立體障礙效應 (Electronic & Steric Effect) 來影響產物醛類的立體相位選擇性。

Breslow 和 Heck 提出的反應機制主要可分為下列幾個步驟：一，首先 $Co_2(CO)_8$ 被氫 (H_2) 解離為 $HCo(CO)_4$；二，接著 $HCo(CO)_4$ 脫掉一個 CO，形成不飽和活性中間體 $HCo(CO)_3$；三，然後烯屬烴再加成到 $HCo(CO)_3$ 上；四，再者，烯屬烴插入到

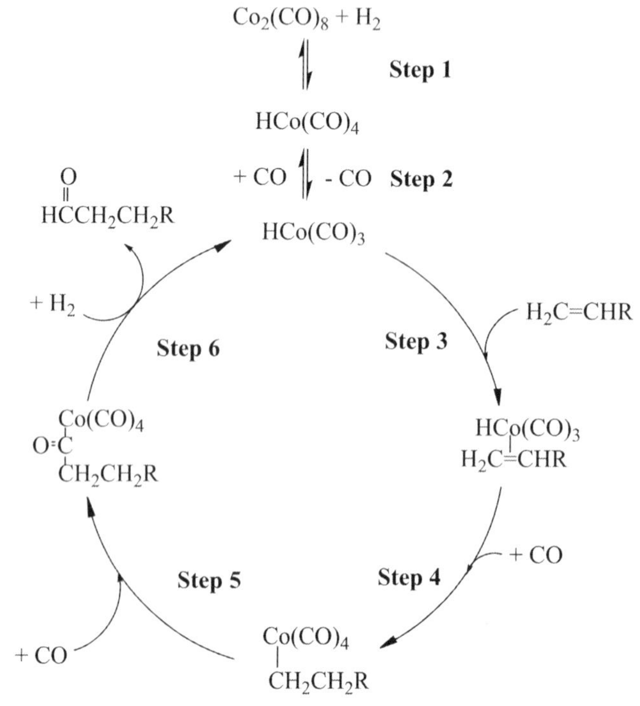

圖 10-2 以 $Co_2(CO)_8$ 為觸媒的氫醯化反應機制。

Co-H 鍵之間形成烷基；五，鈷上的烷基遷移到配位的一氧化碳上；六，最後再加入氫以解離鈷錯合物上的醯基。

若反應物烯屬烴雙鍵旁的取代基不相同時，在步驟 4 (Step 4) 烯屬烴插入 到 Co-H 間形成烷基時會有兩個不同方位，以致於產物會有異構化產生。若催化劑上有立體障礙大的配位基，則產物中具直鏈的醛類會比支鏈的多，因在步驟 4 (Step 4) 進行時立體障礙較小。然而，兩者的真正比例端視實際情況而定。而此種反應如溫度過高且在氫氣量足夠的情形下，醛可能被還原成醇甚至成烷類。以 $Co_2(CO)_8$ 當觸媒的氫醯化反應已有很長的歷史，[5] 直到 1960 年代威金森 (Wilkinson) 才發現氫醯化反應以銠 (Rh) 金屬錯合物配合磷基為催化劑來執行時，會比使用鈷 (Co) 更有效率。後來，工業界為了反應效率考量氫醯化反應紛紛轉為使用銠 (Rh) 金屬錯合物當觸媒，雖然銠 (Rh) 金屬錯合物價格昂貴，卻可以從高效率來彌補。爾後，以鈷 (Co) 化合物為催化劑在氫醯化反應幾乎只限於學術研究。除了 $HCo(CO)_4$ 能催化氫醛化反應外，其它化合物如 $Fe(CO)_5$、$[CpFe(CO)_2]_2$、$HMn(CO)_5$、$Ru_3(CO)_{12}$、$Ir(CO)Cl(PPh_3)_2$、$Rh_2(CO)_8$ 以及 $HRh(CO)(PPh_3)_3$ 等也都具有類似的效果。

10-2 齊格勒—納塔反應

為因應現代社會對日常用品的龐大需求，且因為天然產品的數量有限，科學家必須使用合成方法來取得適合使用的材質。人類夢想中的夢幻（完美）材料有幾個基本要求：一，材質輕且攜帶方便；二，堅固穩定；三，容易製造；四，運送方便；五，價格便宜可用後即丟。這些對於夢幻材料的特質要求幾乎都可以在塑膠製品（聚合物）中實現。塑膠製品包括塑膠瓶、保麗龍杯、鐵弗龍炒鍋、保鮮盒、美耐板等等，在人們的日常生活中幾乎離不開這些物品。現在很難想像有人家裡沒有塑膠製品，然而，在人們大量使用聚合物的幾十年後，原先認為的夢幻（完美）材料開始曝露其缺點。塑膠雖然大幅改變人類生活的方便性，但其後遺症卻給人類帶來莫大夢魘。現在九成塑膠產自石油，卻只有不到一成可以回收，大部分使用完的塑膠產品都以銷毀為主要手段。根據統計，光是美國每年就丟棄一千億個塑膠袋，對環境造成極大的傷害。其中最廣為人知的是，聚合物焚燒後容易產生曾被稱為世紀之毒的戴奧辛 (Dioxane)，環保人士因而大力呼籲社會大眾注意其產生的後遺症。目前，科學家將注意力轉往生物可分解 (Bio-degradable) 或光可分解 (Photo-degradable) 材質上，這些使用完的材質在紫外光照射或細菌存在下可被分解成小碎片，比較容易做後續處理，科學家寄望這些新材質能減少對環境的壓力。不過，因為成本及技術問題（包括材質的物理性質等等），生物可分解或光可分解材質的使用率目前並未普及。

談到聚合物化學就必須提到齊格勒—納塔反應 (Ziegler-Natta Reaction)。於 1950 年代，德國化學家齊格勒 (Ziegler) 利用四氯化鈦或三氯化鈦（$TiCl_4$ 或 $TiCl_3$）和三乙基鋁 ($Al(C_2H_5)_3$) 的混合物當催化劑，將乙烯聚合成很少支鏈的高密度聚乙烯。納塔 (Natta) 為義大利化學家，隨後利用這一類型催化劑應用於聚合丙烯，得到了高聚合度和規格度高的聚丙烯。因為對聚合物化學的重大貢獻，這兩位科學家於 1963 年同時獲頒諾貝爾化學獎。

齊格勒—納塔反應使用的觸媒具有顯著的促進烯屬烴單體聚合成線型和具立體規則聚合物的功能。一般認為齊格勒—納塔催化劑為烷化鋁和鹵化鈦的錯合物，下圖為該催化劑前驅物的可能結構之一例（圖 10-3）。

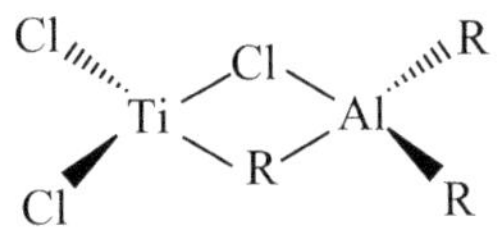

Cl, Cl–Ti(μ-Cl)(μ-R)Al–R, R

圖 10-3 齊格勒—納塔催化劑前驅物之中的一個可能結構。

齊格勒—納塔聚合乙烯反應過程的可能反應機構如下圖所示（圖 10-4）。首先，四氯化鈦或三氯化鈦（$TiCl_4$ 或 $TiCl_3$）和三乙基鋁 ($Al(C_2H_5)_3$) 的混合可能產生 Ti-R 中間物。接著，乙烯單體可先與鈦的錯合物形成 π- 型式鍵結的配位化合物。然後，在鈦上的烷基轉移至乙烯單體上（或乙烯單體插入鈦和烷基的鍵），再形成 σ- 型式的鍵結，使碳鏈增加 2 個碳單位。如此步驟一再重複，可使碳鏈增加到很長，且達到規則聚合的效果。藉由此法所得的聚乙烯具有較大密度及強度。至於其他烯屬烴的聚合方式都大致雷同。

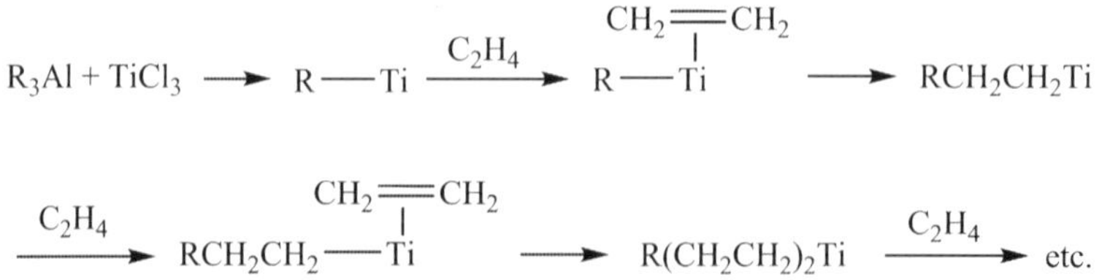

$$R_3Al + TiCl_3 \longrightarrow R\text{—}Ti \xrightarrow{C_2H_4} R\text{—}Ti(CH_2{=}CH_2) \longrightarrow RCH_2CH_2Ti$$

$$\xrightarrow{C_2H_4} RCH_2CH_2\text{—}Ti(CH_2{=}CH_2) \longrightarrow R(CH_2CH_2)_2Ti \xrightarrow{C_2H_4} \text{etc.}$$

圖 10-4 齊格勒—納塔催化劑於乙烯聚合反應中的可能反應機構。

有取代基的烯屬烴聚合時可能有取代基方位選擇的問題，容易造成不規則聚合的現象，因而影響聚合物材質的物性。化學家在鈦金屬上接上 2 個鍵結的環戊二烯基形成 Cp_2TiCl_2，把鈦金屬化合物 Cp_2TiCl_2 當成改良型的齊格勒—納塔反應催化劑，由於具有更大立體障礙基團 (Cp) 的關係，產物形成具有更高比例的規則鏈狀的機率大增，使生成的聚合物具有更大的密度及強度（圖 10-5）。藉著改變配位基的型態，可能使含過渡金屬的有機金屬錯合物，被當觸媒運用在合成上而有預想不到的效果。

$$Cp_2TiCl_2 + AlEt_3 \longrightarrow Cp_2Ti(Et)Cl \;+\; AlEt_2Cl \longrightarrow Et{-}TiCp_2(\mu\text{-}Cl)_2Al(Et)Cl$$

圖 10-5 鈦金屬化合物 Cp_2TiCl_2 和三乙基鋁的結合當成改良型的齊格勒—納塔催化劑。

10-3 費雪—特羅普希反應

費雪—特羅普希反應 (Fischer-Tropsch, FT) 是一個將煤碳 (Coal) 轉變成碳氫化合物（包括氣態碳氫化合物及液態汽油）的方法。此法由德國人費雪 (Fischer) 和特羅普希 (Tropsch) 於 1920 年代在經過多次的實驗後發展出來。基本上，是將煤碳在高溫水蒸氣 (H_2O) 下反應使生成 1:1 的 H_2 和 CO，即俗稱的水煤氣 (Water Gas)；將水煤氣中的 H_2 含量提高後，再以含金屬之觸媒催化成碳氫化合物。這是所謂一碳化學 (C1 Chemistry) 的其中一種應用。[6]

費雪—特羅普希反應：

$$C\,(\text{煤}) + H_2O\,(\text{水蒸氣}) \longrightarrow CO(\text{一氧化碳}) + H_2\,(\text{氫氣})$$

$$nCO + (2n+1)H_2 \xrightarrow{\text{觸媒}} C_nH_{2n+2} + nH_2O$$

費雪—特羅普希反應是以非均相催化反應 (Heterogeneous Catalysis) 的方式，在工業界進行大量生產。這些小分子如 H_2 和 CO 在固態催化劑的表面上被催化成碳氫化合物的過程（圖 10-6），其中牽涉到 H_2 和 CO 的斷鍵及斷裂的碎片間重新組合的步驟。因為 H-H 及 C ≡ O 鍵都很強，在反應過程中要打斷這些鍵並不容易，不只 H_2 和 CO 需要和金屬表面作用，反應也需要在高溫下進行。

雖然，在工業界大量生產時費雪—特羅普希反應是以非均相催化反應的方式來進行。不過，對於該反應機制的了解，可以用均相催化反應 (Homogeneous Catalysis) 的反應方式來獲得有用的化學資訊。而有機金屬化學的知識及研究方法可以在理

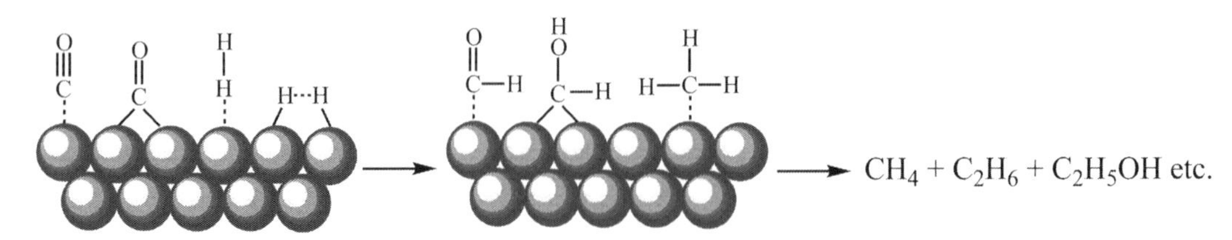

圖 10-6 水煤氣在金屬表面上被催化成碳氫化合物的示意圖。

解該反應機制這方面提供很好的理論及實驗支撐。通常非均相催化反應的選擇性 (Selectivity) 都不會太好，包括費雪—特羅普希反應在內。此反應得到的產物碳數可以從 n = 1 到 35。如果在最佳化的條件下，會有 40% 產率左右的汽油成分 (n = 5 ~ 11)。不過，費雪—特羅普希反應產生的汽油含有較多線性碳氫化合物分子，辛烷值並不理想。線性碳氫化合物分子在汽缸燃燒時爆震的情形，比有支鏈的碳氫化合物分子來得嚴重。

一般而言，以費雪—特羅普希反應方式來生產汽油並不經濟。除了在二次大戰期間德國為了戰爭需求而使用此法外，戰後因原油產量的大幅提升，使費雪—特羅普希反應不合經濟成本而甚少被使用。直到近年來原油儲量銳減使價格開始攀升後，費雪—特羅普希反應才又重新被青睞。自然界煤的儲量甚豐，足以應付人類對能源的需求。目前，化學家的努力方向是如何找出更有效率的催化劑，使上述反應步驟能更經濟且減少對環境的汙染。

1994 年以前，南非政府因為實行種族隔離政策，長期被國際間執行石油禁運，在不得已的情況下，只好使用費雪—特羅普希反應方法來生產所需汽油。況且南非有很豐富的煤儲量，正可以拿來支應。南非政府為了以費雪—特羅普希反應方式來生產汽油，於 1950 年設立了薩索爾有限公司 (Sasol Limited)，1955 年開始生產汽油。國際間對南非政府的石油禁運於 1990 年代南非民主化後解除。然而，截自目前為止，Sasol 仍保留可運作模式，以便石油枯竭時可隨時擴充操作，以煤來轉化成碳氫化合物包括汽機車使用的燃油。

10-4 水煤氣轉移反應

前面提到科學家將煤碳轉變成碳氫化合物的常用方法是費雪—特羅普希反應，這個技術基本上是將煤碳在高溫水蒸氣下反應，使生成等莫耳數的 H_2 和 CO，亦即俗稱的水煤氣。在上述反應中，當要形成碳氫化合物時，通常需要將 H_2 對 CO 的比例提高，才能得到含氧量少或甚至不含氧的碳氫化合物，這種成分的碳氫化合物燃燒時可以放出更多的熱量。這個將 H_2 對 CO 的比例由原先的 1:1 提高的方法稱為水煤氣轉移反應 (Water Gas Shift Reaction, WGSR)，是將 CO 和 H_2O 反應，一方面消耗掉 CO 變成 CO_2，同時產生 H_2。最後的結果是 H_2 對 CO 的比例提高。

水煤氣轉化反應：

$$H_2O + CO \longrightarrow H_2 + CO_2$$

文獻上所使用於水煤氣轉化反應的催化劑種類繁多，常見的如 $Ru_3(CO)_{12}$、$HRu_3(CO)_{11}^-$ 等金屬叢化物都是效果不錯的催化劑。下圖為以 $Ru_3(CO)_{12}$ 為觸媒的水煤氣轉化反應可能的反應機制（圖 10-7）。

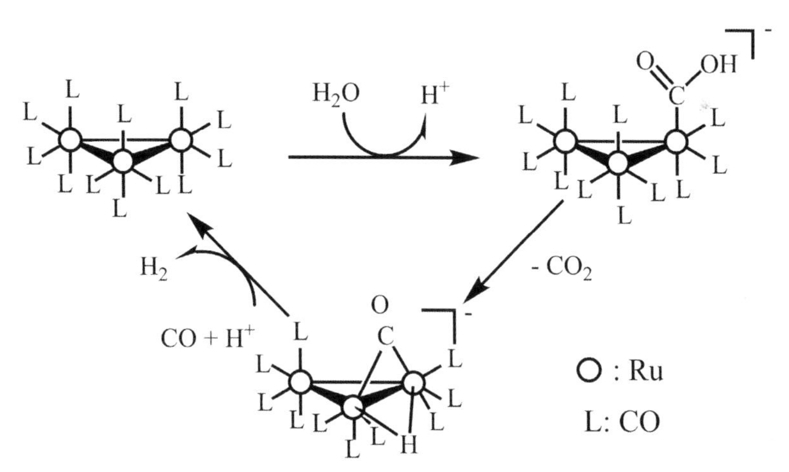

圖 10-7 以 $Ru_3(CO)_{12}$ 為觸媒的水煤氣轉化反應可能的反應機制。

10-5 複分解反應

複分解反應 (Metathesis) 是一種藉由金屬催化劑的協助下，將兩個不同碳鏈長度的不飽和烴重組的反應。[7] 其中，烯烴複分解反應 (Olefin Metathesis) 是藉由金屬催化劑將兩個不同烯烴的雙鍵重組的步驟。在工業上，烯烴複分解反應是一種重要的技術，不同的烯類可藉由金屬的催化而互相交錯、交換雙鍵並改變碳鏈的長度，通式如下圖所示（圖 10-8）。

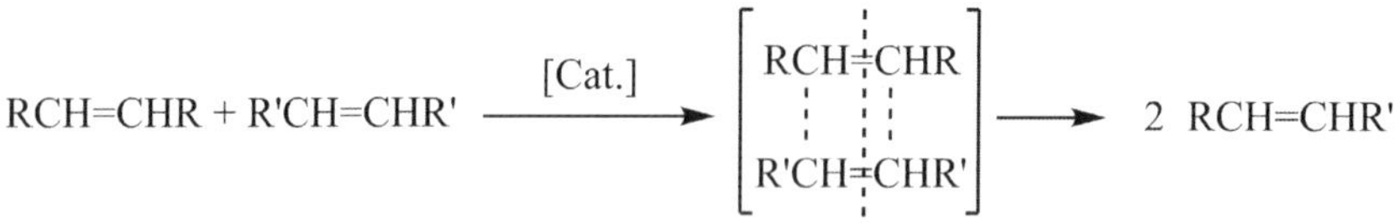

$$RCH{=}CHR + R'CH{=}CHR' \xrightarrow{[Cat.]} \left[\begin{array}{c} RCH{\vdots}CHR \\ \vdots \quad \vdots \\ R'CH{\vdots}CHR' \end{array}\right] \longrightarrow 2\ RCH{=}CHR'$$

圖 10-8 藉由金屬催化劑的催化互相交錯、交換雙鍵並改變碳鍵的長度。

因為在烯烴複分解反應研究和應用方面的傑出貢獻，蕭萬 (Yves Chauvin)、格拉布 (Robert H. Grubbs) 和施諾克 (Richard R. Schrock) 等三位化學家分享了 2005 年的諾貝爾化學獎的榮耀。[8] 烯烴複分解反應在醫藥和聚合物工業上也有廣泛應用。

烯烴複分解反應可由含鎳 (Ni)、鎢 (W)、鋨 (Os) 和鉬 (Mo) 等等過渡金屬碳醯 (Transition Metal Carbene) 錯合物來進行催化，反應中烯烴雙鍵斷裂重組生成新的烯烴。從過渡金屬碳醯鍵結模式可以推導出在金屬催化劑存在下可能進行的反應機制，如下圖所示（圖 10-9）。一般認為反應中間產物是一個四角環狀的金屬環化物 (Metallacycle)。

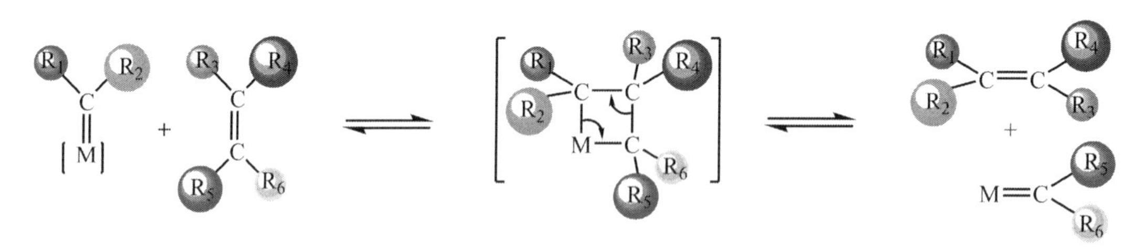

圖 10-9 以過渡金屬碳醯錯合物催化的烯烴複分解反應的可能機制。

在複分解反應研究過程中有幾個常用錯合物催化劑的前驅物，如下圖（圖 10-10）。包括由 Schrock 開發的含鉬金屬化合物，以及由格拉布開發的不同世代的含釕金屬化合物。其中 Grubbs 第二代的含釕金屬化合物為氮雜環碳烯 (N-Heterocyclic

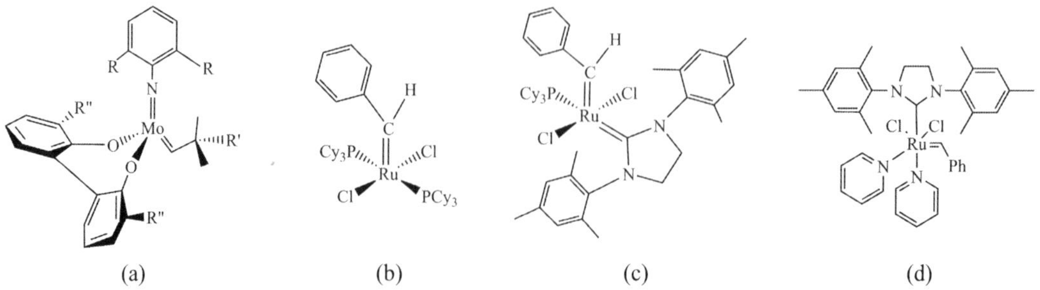

(a) (b) (c) (d)

圖 10-10 常用複分解反應催化劑前驅物：(a) Schrock (1990)；(b) Grubbs 第一代 (1995)；(c) Grubbs 第二代 (1999)；(d) Grubbs 第三代 (2002)。

Carbenes, NHCs) 所配位，他所開發的催化劑已到第三代（參考第 4 章）。這些化合物的結構已被確定為過渡金屬碳醯 (Transition Metal Carbene) 錯合物。

類似的複分解反應情形也可能發生在含金屬的碳炔 (Carbyne) 上。化學家藉由金屬碳炔 (Metal Carbyne) 來進行催化炔烴複分解反應 (Alkyne Metathesis)，使炔類交錯交換其中的參鍵（圖 10-11）。

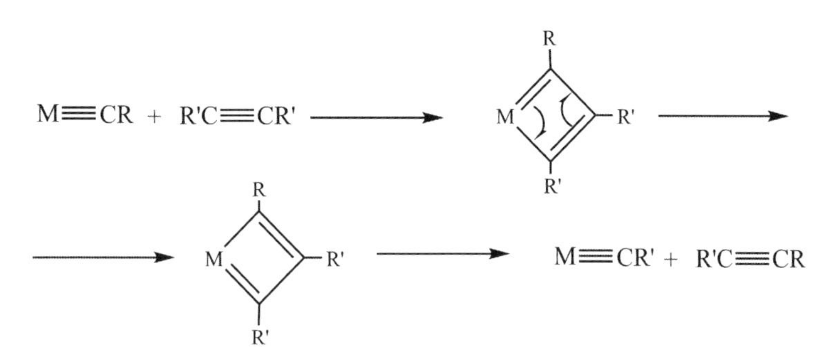

圖 10-11 金屬碳炔催化炔烴複分解反應的可能機制。

10-6 Wacker 烯屬烴氧化反應

把乙烯氧化成乙醛，通常使用 Wacker 公司的烯屬烴氧化反應步驟（圖 10-12）。催化劑是二價的鈀 (Pd(II)) 和一價的銅 (Cu(I)) 的混合物 $PdCl_2/CuCl$。Wacker 的烯屬烴氧化反應於 1959 年成為第一個工業界使用 Pd 於大量生產的反應步驟。早期 Wacker 烯屬烴氧化反應是指在水及二價鈀 $PdCl_4^{2-}$ 存在下將乙烯氧化成乙醛的反應。Wacker 烯屬烴氧化反應和前述的氫醯化反應類似，產物都是醛類，但是後者會比前者反應方式的有機產物多一個碳數。Wacker 烯屬烴氧化反應屬於均相催化反應的一種。

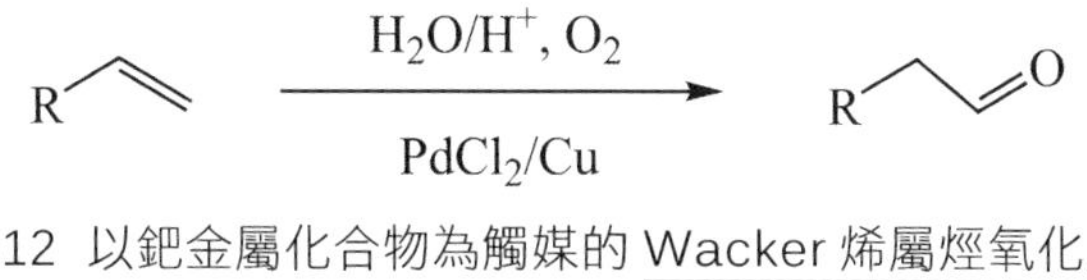

$$\mathrm{R{-}CH{=}CH_2} \xrightarrow[\mathrm{PdCl_2/Cu}]{\mathrm{H_2O/H^+,\ O_2}} \mathrm{R{-}CH_2{-}CHO}$$

圖 10-12 以鈀金屬化合物為觸媒的 Wacker 烯屬烴氧化反應。

Wacker 烯屬烴氧化反應機制相對於前述的反應較為複雜。經由實驗及理論計算的綜合結論，一般接受的反應機制大致如下圖示（圖 10-13）。這機制包括了幾個非常基本的有機金屬反應步驟，如配位、加成、插入、脫去等等。另外加入一價的銅 CuCl 當還原劑，在催化循環中改變鉑金屬的價數。因此，Wacker 的烯屬烴氧化反應機制和前一些反應有點不同，它是由兩個循環交叉組合而成，類似 Sonogashira 耦合反應的機制，後者也用到一價銅來當助催化劑。

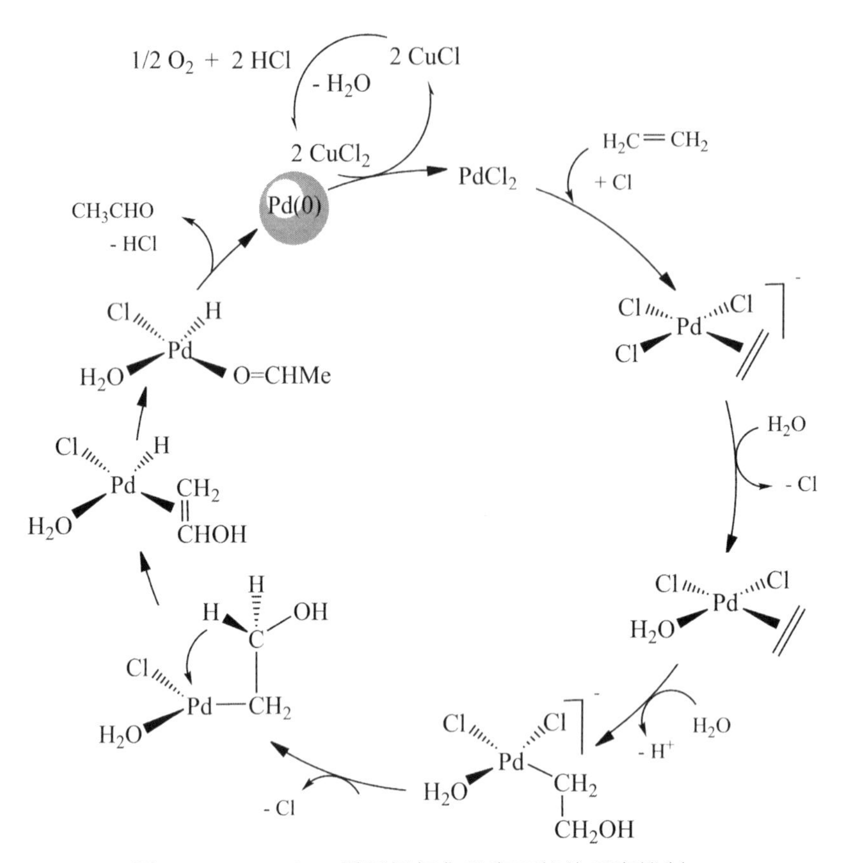

圖 10-13 Wacker 烯屬烴氧化反應可能的反應機制。

10-7 尼龍 -66 的前驅物己二酸的製造

尼龍 -66 (Nylon-66) 於 1935 年為美國杜邦公司的卡羅瑟斯 (Wallace H. Carothers) 所發明。[9] 在 1938 年以尼龍 (Nylon) 名稱正式上市。尼龍 -66 有很多方面的應用如尼龍繩、絲襪、帆布等等，而在美國最大宗的使用量大概是當居家用的地毯。己二酸 (Adipic Acid) 是製造聚合物尼龍 -66 的兩個反應物中的其中之一，另一個為己二胺 (Hexane-1, 6-diamine)（圖 10-14）。因為兩種單體都是含 6 個碳的分子，聚合物由此兩種單體脫水聚合而成，所以稱為尼龍 -66。

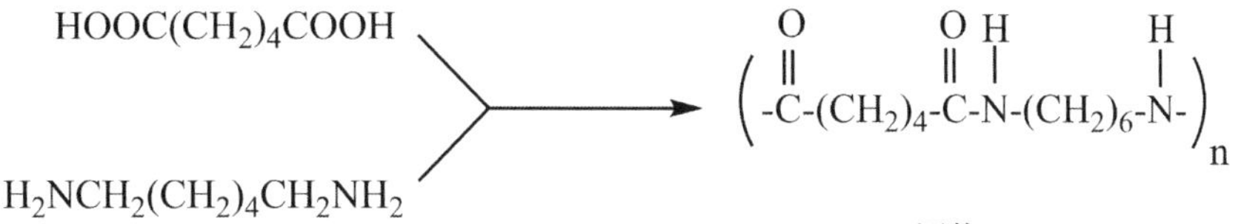

$$HOOC(CH_2)_4COOH + H_2NCH_2(CH_2)_4CH_2NH_2 \longrightarrow \left(-\overset{O}{\overset{\|}{C}}-(CH_2)_4-\overset{O}{\overset{\|}{C}}-\overset{H}{\overset{|}{N}}-(CH_2)_6-\overset{H}{\overset{|}{N}}- \right)_n$$

尼龍 -66

圖 10-14 由己二酸和己二胺聚合成尼龍 -66。

上述用於製造尼龍 -66 的己二酸，可以從丁二烯 ($CH_2 = CH\text{-}CH = CH_2$) 經由催化反應生成己二氰 ($CN(CH_2)_4CN$) 再水解而得。反應所用的催化劑為含有配位基的零價鎳 Ni(0) 錯合物。首先，丁二烯在零價鎳 Ni(0) 錯合物及氰酸 (HCN) 存在下經催化生成丁烯氰異構物。所有的丁烯氰異構物再異構化成 1- 丁烯氰。接著，再經一次催化成己二氰（圖 10-15）。

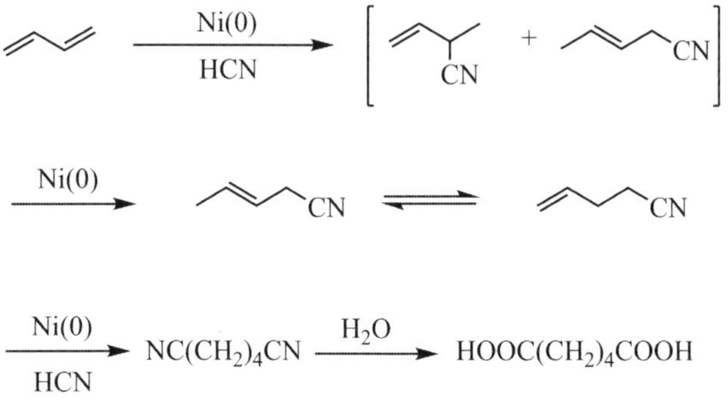

$$CH_2=CH-CH=CH_2 \xrightarrow[HCN]{Ni(0)} \left[CH_2=CH-CH(CN)-CH_3 + CH_3-CH=CH-CH_2-CN \right]$$

$$\xrightarrow{Ni(0)} CH_3-CH=CH-CH_2-CN \rightleftharpoons CH_2=CH-CH_2-CH_2-CN$$

$$\xrightarrow[HCN]{Ni(0)} NC(CH_2)_4CN \xrightarrow{H_2O} HOOC(CH_2)_4COOH$$

圖 10-15 從丁二烯經由零價鎳 Ni(0) 催化得己二酸。

目前最為人接受的合成己二氰 ($CN(CH_2)_4CN$) 的反應機制如下圖所示（圖 10-16）。首先，零價鎳 Ni(0) 錯合物 (NiL_4, L: Phosphine) 和 HCN 反應產生 $NiH(CN)L_2$，當成活性物種。接著，$NiH(CN)L_2$ 再接上丁二烯 ($CH_2 = CH\text{-}CH = CH_2$)，歷經插入反應，最後再進行還原脫去得到目標產物。上述步驟要進行兩次，使丁二烯兩邊都接上 CN，形成己二氰。這個工業上執行的步驟因為使用到大量 HCN，所以有一定的操作上的風險。

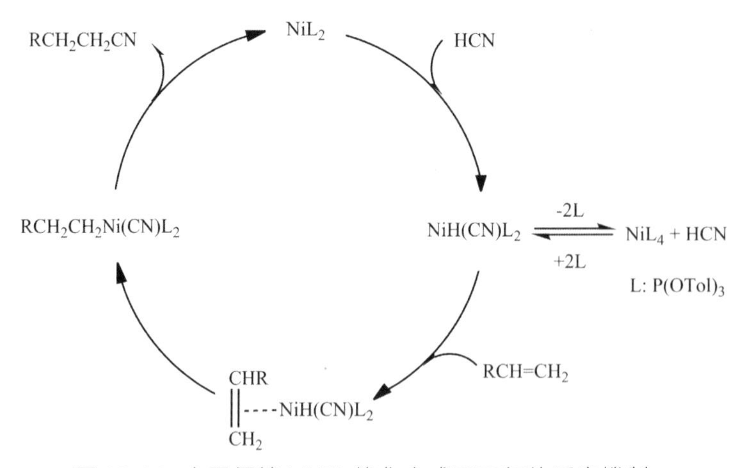

圖 10-16 由零價鎳 Ni(0) 催化合成己二氰的反應機制。

10-8 孟山都公司醋酸合成反應步驟

孟山都 (Monsanto) 公司利用甲醇 (CH_3OH) 來合成醋酸 (CH_3COOH) 的反應，是工業上所謂一碳化學 (C1 Chemistry) 運用的第一個重要例子。所謂一碳化學是利用自然界儲量極豐的煤或含一個碳的大宗儲量的原料化合物（如 CH_4、CO、CO/H_2O 等等）轉化成其他多碳有機化合物的化學。孟山都的反應步驟是將由費雪—特羅普希反應 (Fischer-Tropsch Reaction) 得來的甲醇及由水煤氣得來的一氧化碳，經催化合成醋酸或醋酸酐（圖 10-17）。醋酸酐可用於 Kodak 公司製造照相底片，此步驟使用氫碘酸 (HI)，對鐵製反應容器有腐蝕性，這是比較不利的地方。

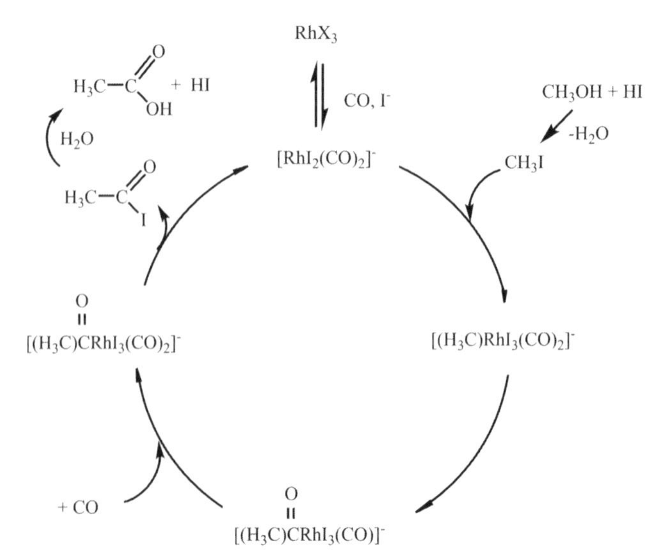

圖 10-17 孟山都公司以甲醇及一氧化碳合成醋酸的循環反應圖。

10-9 美孚石油公司將甲醇轉換成汽油的反應

自從 1970 年代爆發的能源危機以來，人類社會開始意識到尋求石油以外的代替能量是刻不容緩的課題。從玉米或其他農畜作物製成生質能源，成為科學家提出的若干解決的辦法之一。但是基於糧食價格可能高漲的嚴重排擠副作用的考量，目前最快速的方法還是從氣態碳氫化合物（如甲烷）或煤中去轉換成汽油相關產品。

在石油化學工業中，將氣態碳氫化合物轉換成液態碳氫化合物 (From Gas To Liquid, GTL) 是很重要的技術。這個精煉過程通常是把天然氣或者其他氣體的短鏈的烴（碳氫化合物），轉變成像是汽油或者柴油那樣的長鏈的烴。含甲烷比例高的氣體可透過精煉，直接轉變為合成的液體燃料。可行的方法如費雪—特羅普希反應步驟。

另一種可行的方式是美孚石油公司在 1970 年代初期開發的方法 (Mobil Oil Process: From Methanol to Gasoline, MTG)。美孚石油公司開發了一種方法，首先將天然氣（主要成分為甲烷）轉換為水煤氣 (CO/H_2, syngas)，然後在一種特別的沸石催化劑的催化下，再轉換為甲醇。將甲醇轉換成汽油的反應在工業上相當重要，甲醇 (CH_3OH) 也可以透過煤轉換成的水煤氣來大量製造。在下面的一系列反應後，甲醇可由天然氣中主要成分的甲烷來製成：

1. 首先，甲烷轉換為水煤氣。

$$CH_4 + H_2O \rightarrow CO + 3\ H_2 \qquad \Delta H = 206\ kJ\ mol^{-1}$$

2. 接著，提升水煤氣中氫的含量。 (WGSR)

$$CO + H_2O \rightarrow CO_2 + H_2 \qquad \Delta H = -41\ kJ\ mol^{-1}$$

3. 最後，由已提升氫含量的水煤氣製造甲醇。

$$2\ H_2 + CO \rightarrow CH_3OH \qquad \Delta H = -92\ kJ\ mol^{-1}$$

以上述方法製成的甲醇，可以再利用美孚石油公司將甲醇轉換成汽油的技術轉變為常用汽油。首先，甲醇需經過脫水產生雙甲基醚 (Dimethyl Ether)：

$$2\ CH_3OH \rightarrow CH_3OCH_3 + H_2O$$

然後，雙甲基醚被更進一步在一種特別沸石催化劑 (ZSM-5) 上脫水，產生含有 5 個碳以上的碳氫化合物。沸石催化劑使用一段時間後，必須再利用加熱活化再循環使用。沸石催化劑可再循環使用的次數端視當時催化反應的運作狀況而定。

10-10　殼牌的高烯屬烴合成反應

殼牌 (Shell) 公司利用過渡金屬錯合物當觸媒，將不同長度的烯屬烴經互相交換得到適當長鏈的烯屬烴。其作法通常是將 C4-C10 的烯屬烴和含 20 個碳左右 (C20+) 的烯屬烴，經由非均相催化方式生成含 13 個碳左右 (C13+) 的烯屬烴。此步驟叫 Shell 高烯屬烴合成反應 (Shell Higher Olefins Process, SHOP)（圖 10-18）。合成出的含 13 個碳左右的烯屬烴為製造清潔劑的主要起始物。催化劑的主要成分為氧化鉬 (MoO_3) 和鈷的混合物吸附在氧化鋁 (Al_2O_3) 上的固體物質。催化反應大約在 80 — 140° C 及 13 大氣壓下進行。最後產物則以蒸餾方式和催化劑分離。Shell 公司的 SHOP 反應可視為前面提及的烯烴複分解反應 (Olefin Metathesis) 類型中的一種。

$$\begin{matrix} CH_3CH \\ \| \\ CH_3CH \end{matrix} + \begin{matrix} HC\text{-}C_{10}H_{21} \\ \| \\ HC\text{-}C_{10}H_{21} \end{matrix} \rightleftharpoons 2\ CH_3CH{=}CHC_{10}H_{21}$$

圖 10-18　殼牌高烯屬烴合成反應步驟。

《充電站》

10.1 在耦合反應中常使用鈀金屬化合物當催化劑，有何特別原因？

鈀金屬化合物常常被用於耦合反應中當催化劑。有化學家甚至開玩笑說只要把鈀金屬丟進反應瓶中就會有耦合反應發生。其實，在耦合反應發展早期化學家是使用鎳金屬而非鈀金屬當催化劑，因為鎳比鈀便宜許多。後來發現鎳金屬比較容易氧化失去活性，化學家才轉向使用鈀金屬。一般而言，相同反應以鈀金屬當催化劑的效率比以鎳金屬當催化劑可能快上千倍。四配位的鎳錯合物通常形成正四面體，不利於催化反應中反應物接近金屬中心；而四配位的鈀錯合物通常形成平面四邊體，有利於催化反應中反應物接近，這是使用鈀金屬化合物當催化劑很重要的原因之一。除了耦合反應外，以鈀金屬當催化劑的反應種類非常多，可以說鈀金屬的化學是相當豐富的。[10]

10.2 鈀金屬化合物種類對反應速率的影響

一般耦合反應最被接受的反應機構中，反應的第一步其使用之鈀金屬化合物必須為零價鈀 Pd(0)。若是使用其他價數的鈀金屬化合物，還是要先被還原為零價鈀 Pd(0)。但是，鈀 Pd(0) 化合物不易長時間保存，可能經由氧化變成 +2 價鈀 Pd(II)。因此，在實際操作上，實驗室大多以二價鈀 Pd(II) 化合物為起始物，因為保存方便。催化反應進行時 Pd(II) 化合物要先被還原為 Pd(0)。而其中以 $PdCl_2$ 及 $Pd(OAc)_2$ 為最常用。當以 PdX_2 或 $Pd(COD)X_2$ (X: Cl or Br) 加上磷基配位為催化劑的反應中，有時候會產生雙鈀金屬化合物的副產物（圖 10-19）。這種以鹵素為架橋的雙鈀金屬化合物很穩定，不再是具有催化活性的化合物，除非金屬—鹵素間的鍵被打斷，才有可能呈現催化活性。

在實際操作時，$Pd(OAc)_2$ 是比 $PdCl_2$ 更有效率的鈀金屬前驅物。前者在還原劑的存在下還原為零價鈀 Pd(0) 的速率比後者快很多，而且不會產生如上述的雙鈀金屬化合物副產物。另外，零價鈀 Pd(0) 化合物如 $Pd(PPh_3)_4$ 和 $Pd_2(dba)_3$ 則價格昂貴且經常反應性不佳，不見得比 $Pd(OAc)_2$ 更經濟有效。

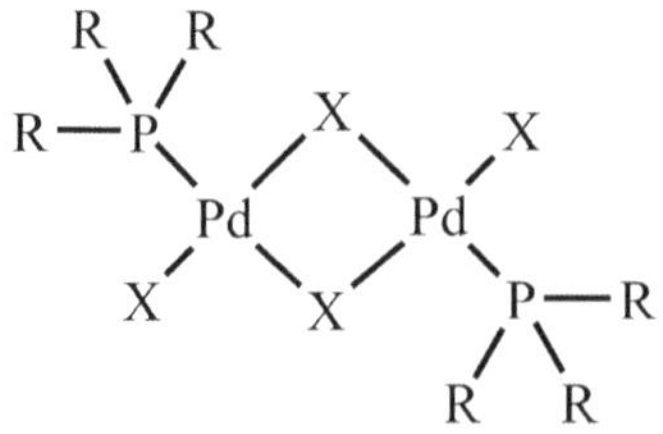

圖 10-19 雙鈀金屬化合物。

10.3 聚合物與寡聚物

以金屬錯合物來催化烯類或炔類的聚合反應，有些會形成聚合物 (Polymer)，有時候只會形成寡聚物 (Oligmer) 的原因何在？原因是當烯類（或炔類）和金屬錯合物鍵結很強時，往下繼續反應的速度慢，容易停留在形成寡聚物的階段。相對地，當鍵結很弱時，往下繼續反應的速度快，容易形成聚合物（圖 10-20）。整個差異的關鍵在金屬的類型。通常晚期金屬 (Late Transition Metals) 和烯類（或炔類）鍵結比早期金屬 (Early Transition Metals) 強。因此，前者形成寡聚物；後者形成聚合物。主因是晚期金屬有比較多的 d 電子可以進行逆鍵結 (Backbonding)，形成比較強的金屬和烯類（或炔類）鍵結。

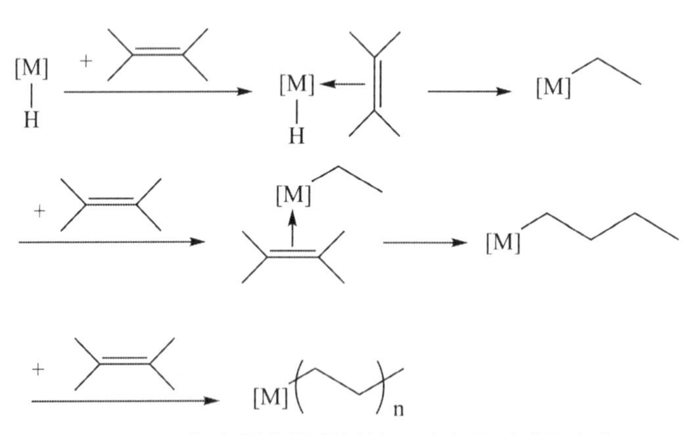

圖 10-20 早期金屬和烯類鍵結弱時容易形成聚合物。

早期發展使用於烯屬烴聚合反應的 Ziegler-Natta 催化劑為烷化鋁和鹵化鈦的錯合物 (圖 10-21）。正三價的鈦及鋁都沒有 d 電子可以逆鍵結，金屬和烯類（或炔類）的鍵結弱，容易進行往下的聚合反應，因此烯屬烴的聚合反應容易形成聚合物。

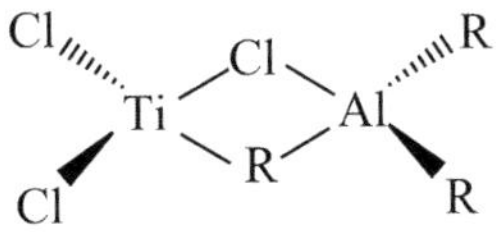

圖 10-21 Ziegler-Natta 催化劑為烷化鋁和鹵化鈦的錯合物。

《練習題》

10.1 如果以 Rh 錯合物當作氫醯化反應 (Hydroformylation) 或氫化反應 (Hydrogenation) 反應的催化劑，在催化反應中通常需要排除氧氣甚至含硫化合物，原因為何？

10.2 (a) 定義甚麼是光活性分子 (Optical Active Molecule)。

(b) 為什麼在不對稱合成反應 (Asymmetric Synthesis) 中要修飾威金森催化劑 (Wilkinson's Catalyst, $RhCl(PPh_3)_3$) 上的單牙磷基成雙牙磷基？而且此雙牙磷基必具備有 C_2 對稱？

(c) 為什麼被修飾後的 Rh 催化劑會影響反應光學異構物產物的比例？

10.3 早期氫醯化反應 (Hydroformylation) 反應以 $Co_2(CO)_8$ 為催化劑，將烯類和水煤氣 (CO/H_2) 催化成比烯屬烴多一個碳的醛類。(a) 以 Styrene 為起始物。將下面反應機制的空格填滿。(b) 試寫出產物醛類可能的異構物。(c) 將催化劑 $Co_2(CO)_8$ 換成 $HRh(CO)_4$，效果如何？(d) 如果要進行氫醯化反應 (Hydroformylation) 的不對稱合成反應 (Asymmetric Synthesis)，該如何進行？

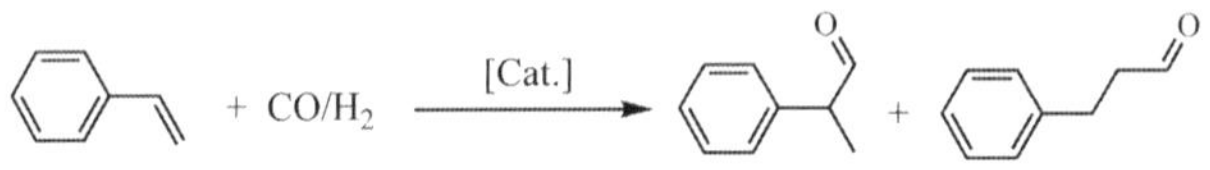

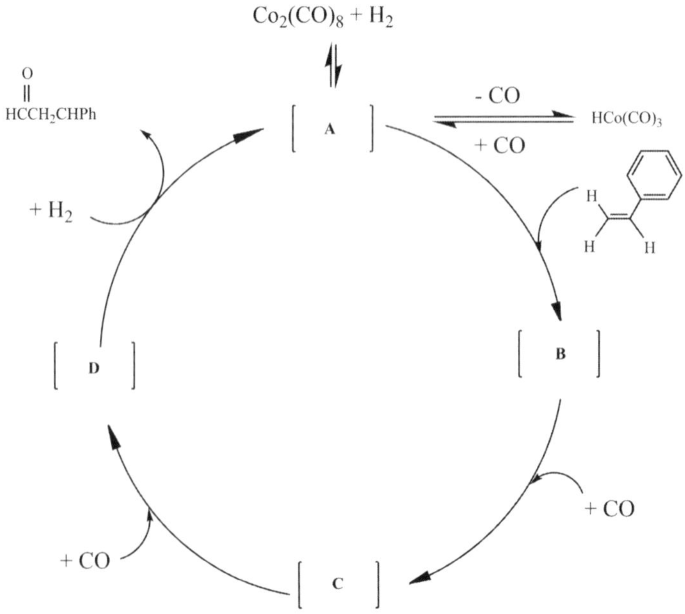

+ CO/H_2 [Cat.]

$Co_2(CO)_8 + H_2$

- CO

$HCo(CO)_3$

+ CO

A

B

C

D

$HCCH_2CHPh$

O

$+ H_2$

H

H

H

+ CO

+ CO

10.4 (a) 哪一個金屬化合物是氫醯化反應反應 (Hydroformylation Reaction) 最常使用的催化劑？(b) 以 1-Butene 為烯屬烴，寫出氫醯化反應所有可能的產物。(c) 若反應中有水存在，寫出可能的副產物。

10.5 尋找適當的催化劑，將某個烯類化合物催化成比原來烯屬烴多一個碳的醛類如下圖。並寫出反應機制。

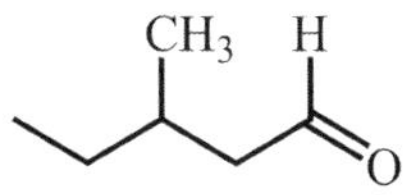

CH_3 H

O

10.6 現代氫醯化反應 (Hydroformylation) 反應多以 $HRh(CO)_2L_2$ (L: PPh_3) 為催化劑，將烯類和水煤氣 (CO/H_2) 催化成比烯屬烴多一個碳的醛類。(a) 以 Styrene 為起始物。將下面反應機制的空格填滿。(b) 為何要以 $HRh(CO)_2L_2$ (L: PPh_3) 取代 $Co_2(CO)_8$ 為催化劑？

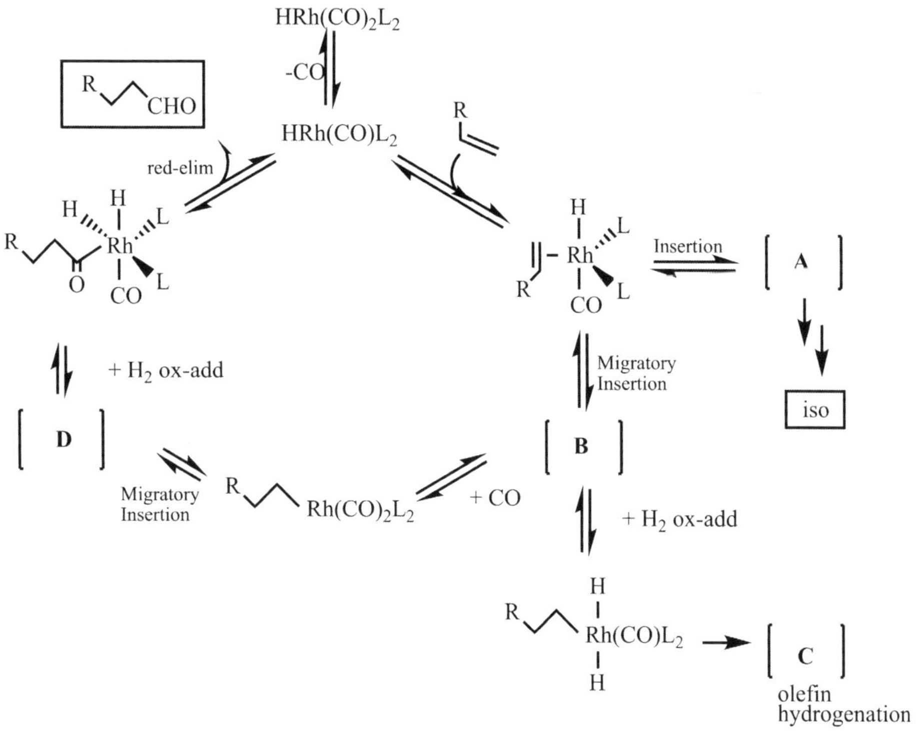

10.7 請舉例說明：(a) 烯類不對稱氫化反應 (Asymmetric Hydrogenation of Alkene)；(b) 乙氨類不對稱氫化反應 (Asymmetric Hydrogenation of Imine)；(c) 烯類不對稱氧化反應 (Asymmetric Epoxidation of Alkene)；(d) 不對稱異構化反應 (Asymmetric Isomerization)；(e) 不對稱氫醯化反應 (Asymmetric Hydroformylation)。

10.8 以下為 Pauson-Khand 反應的機制，(a) 請為下面反應的各步驟命名。(b) 若以 $H_2C = CH(CH)_3$ 和 $HC \equiv CCH_3$ 為起始物，產物為何？

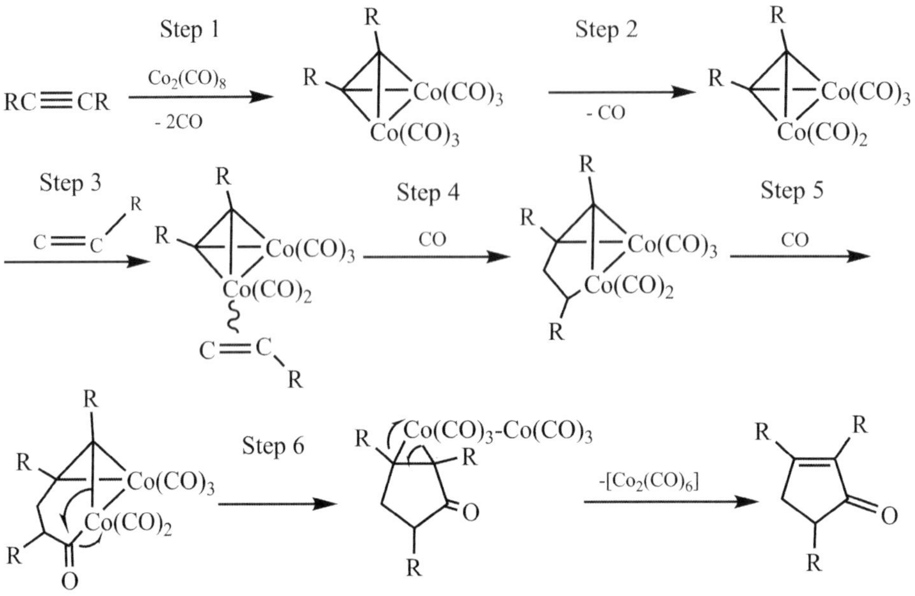

10.9 簡述下列各項目前很熱門的催化耦合反應 (Cross-coupling Reactions) 類型。(a) Suzuki-Miyaura Reaction；(b) Heck Reaction；(c) Sonogashira Reaction；(d) Kumada Reaction；(e) Amination。

10.10 列出一般耦合反應 (Cross-coupling Reaction) 的可能副反應。如何避免？

10.11 列出於耦合反應 (Cross-coupling Reaction) 中 (a) 使用磷基當配位基的優缺點。(b) 使用 NHC 當配位基的優缺點。

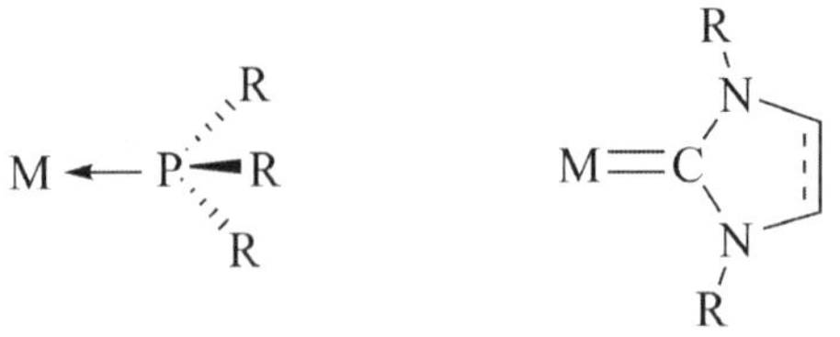

10.12 列出於耦合反應 (Cross-coupling Reaction) 中 (a) 使用雙牙磷基當配位基的優缺點。(b) 使用 dppf 當配位基的優缺點。

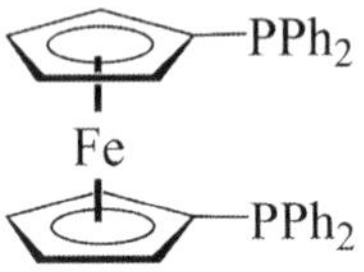

dppf

10.13 許多耦合催化反應 (Cross-coupling Reaction) 使用 Pd 而非同族的 Ni 金屬化合物為催化劑。原因為何？

10.14 許多耦合催化反應 (Cross-coupling Reaction) 使用 $Pd(OAc)_2$ 而非 $PdCl_2$ 為催化劑前驅物。原因為何？

10.15 許多耦合催化反應 (Cross-coupling Reaction) 使用 $Pd(COD)Cl_2$ 比使用 $PdCl_2$ 為催化劑前驅物效果要好。原因為何？

10.16 目前最為人接受的耦合反應 (Cross-coupling Reaction) 機制第一步是進行氧化加成 (Oxidative Addition) 步驟。若催化反應使用鈀金屬，應該最好是 Pd(0) 開始，而非 Pd(II)。然而，雖然 $Pd(PPh_3)_4$ 是 Pd(0)，但是大多數耦合催化反應傾向不使用 $Pd(PPh_3)_4$，而使用 Pd(II) 如 $Pd(OAc)_2$ 為催化劑前驅物。原因為何？

10.17 (a) 列出於 Suzuki 反應中使用硼酸 (Boronic Acid) 的優缺點。(b) 在此反應中 OH^- 的角色為何？(c) 若在此反應中加入 NEt_3，它的角色為何？

10.18 以下為 Suzuki 耦合催化反應 (Suzuki Cross-coupling Reaction) 反應的機制，催化劑前驅物為 PdL_4 ($L = PR_3$)。

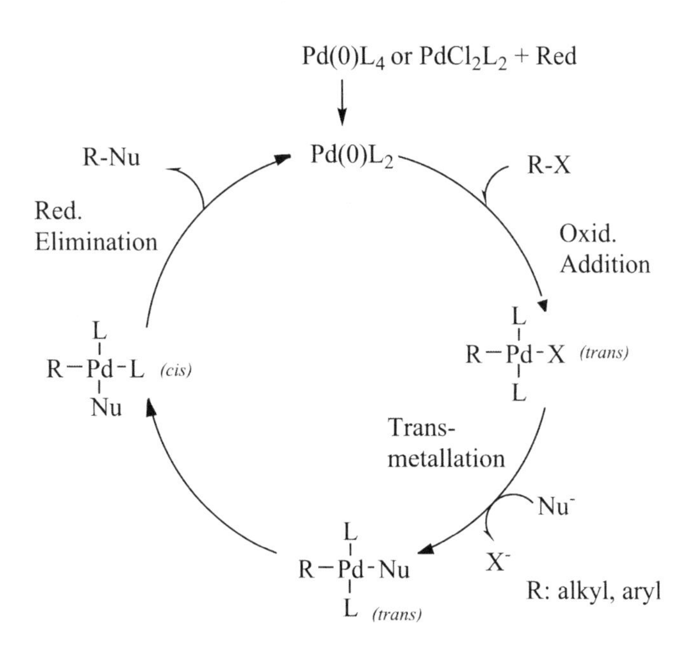

(a) 至少舉出兩個 PR_3 扮演的角色。(b) 至少舉出兩個雙牙基扮演的角色。(c) 舉出 OH^- 扮演的角色至少兩個。(d) 舉出至少兩個 Pd(II) 還原成 Pd(0) 的機制。(e) 如果 ArX 上是拉電子基有利於反應速率，說明之。(f) 舉出催化循環是 Pd(0) ⇔ Pd(II)，而不是 Pd(II) ⇔ Pd(IV) 的理由。(g) 舉出至少兩個硼酸

(Boronic Acid) 被當成起始物的理由。(h) 說明錐角 (Cone Angle) 大的配位基有利於反應速率。(i) 如果反應速率和 ArX 上的 X 無關，那麼反應的機制的速率決定步驟 (Rate-determining Step, r.d.s.) 是那一步？

10.19 下圖為 Heck 耦合催化反應 (Heck Cross-coupling Reaction) 的機制。

(a) 哪一步驟為速率決定步驟 (Rate-determining Step, r.d.s.) ？

(b) 反應速率幾乎和 Ar-X 上的鹵素種類無關，說明之。

(c) 甚麼因素決定產物為 *E*- 或 *Z*-form 的比例？

(d) 反應副產物有那些？如何避免產生不必要的副產物？

(e) 通常執行 Heck 反應的條件比 Suzuki 反應來得嚴苛，說明之。

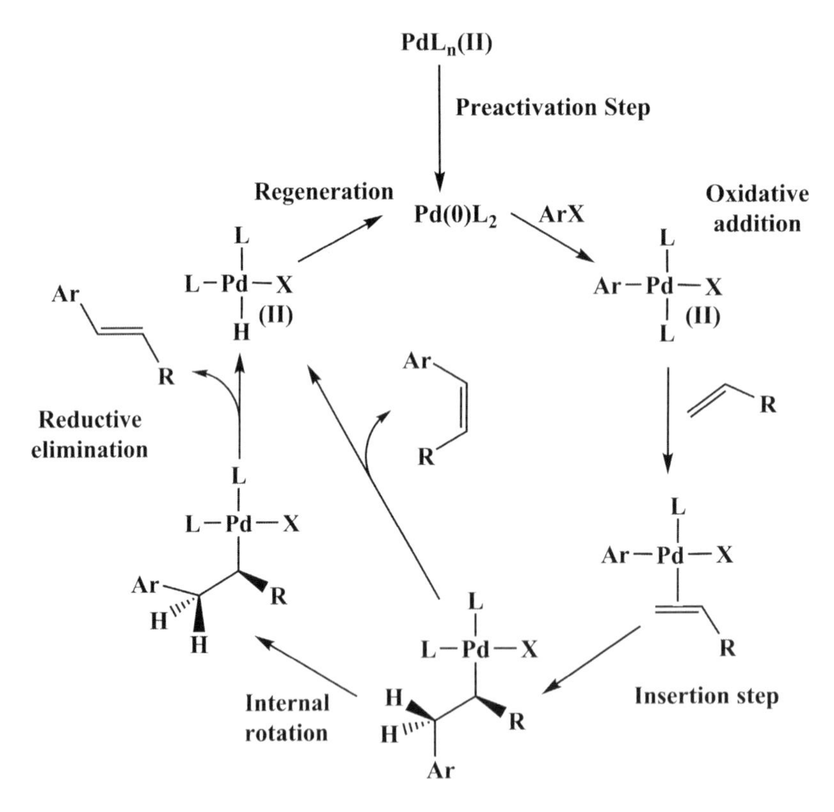

10.20 以下為 Heck 耦合催化反應 (Cross-coupling Reaction) 的機制，請將下面反應機制的空格填滿中間產物。

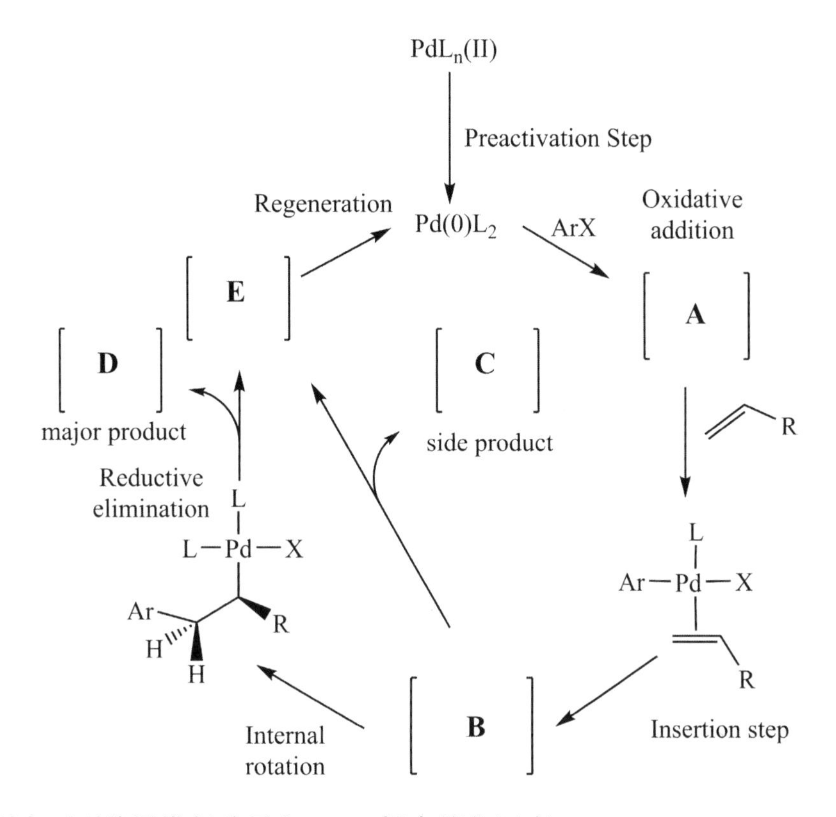

10.21 列出下列分子進行分子內Heck 耦合催化反應 (Heck Cross-coupling Reaction) 的可能產物。

(a) X

(b) I O O

10.22 以下為 Sonogashira 耦合催化反應 (Sonogashira Cross-coupling Reaction) 的機制。(a) 哪一步驟為速率決定步驟 (Rate-determining Step, r.d.s.)？(b) Pd(II) 如何被還原為 Pd(0)？(c) 哪些是不必要的副產物？(d) Sonogashira 和 Heck 耦合催化反應的差別何在？

$$2\,PhI + HC \equiv CH \xrightarrow[CuI,\ Et_2NH]{PdCl_2(PPh_3)_2} PhC \equiv CPh$$

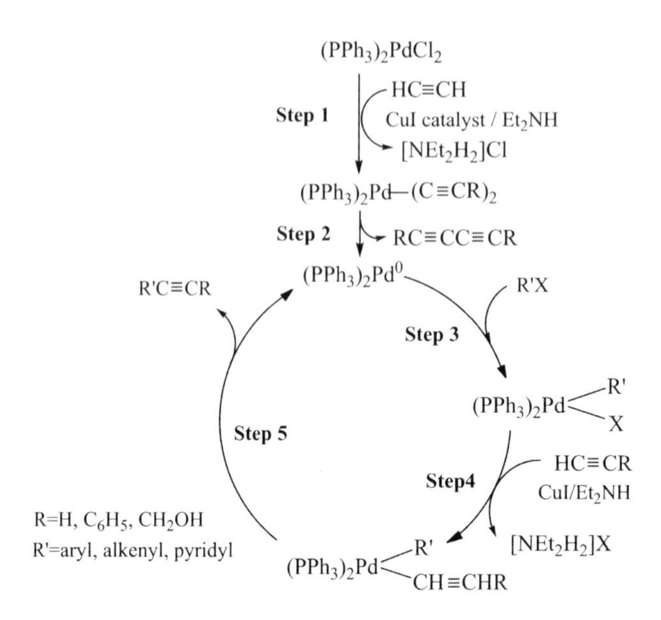

10.23 下圖為化學家提出的新的催化耦合反應 (Cross-coupling Reaction) 機制。可看出新的耦合反應機制顯然比和傳統的機制複雜很多。新的反應機制是以離子化的活性物種來進行催化循環，傳統的機制為中性。為何有些化學家會認為離子化的活性物種來進行催化循環比中性好？

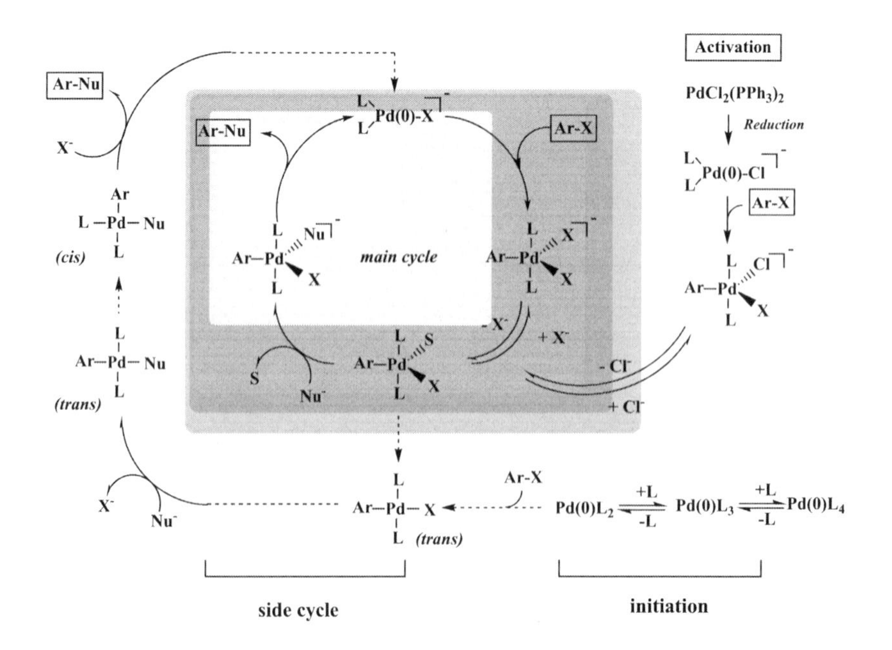

10.24 在催化劑存在下，將 ArX 及 HNR_2 催化成 $ArNR_2$ 的反應稱為 Hartwig-Buchwald 胺化反應 (Hartwig-Buchwald Amination Reaction)。反應機制如下。

(a) 一般而言，胺化反應 (Amination Reaction) 反應條件比 Suzuki Reaction 來得嚴苛，說明之。

(b) 在此反應中使用 Ar-I 效率比 Ar-Br 更差，說明之。

(c) 哪一步驟為速率決定步驟 (Rate-determining Step, r.d.s.)？

(d) 反應副產物有那些？如何避免產生不必要的副產物產生？

(e) 在此反應中 OH^- 的扮演的角色為何？

10.25 以下為 Hartwig-Buchwald 胺化反應 (Hartwig-Buchwald Amination Reaction) 的機制，請將下面反應機制的空格填滿中間產物。

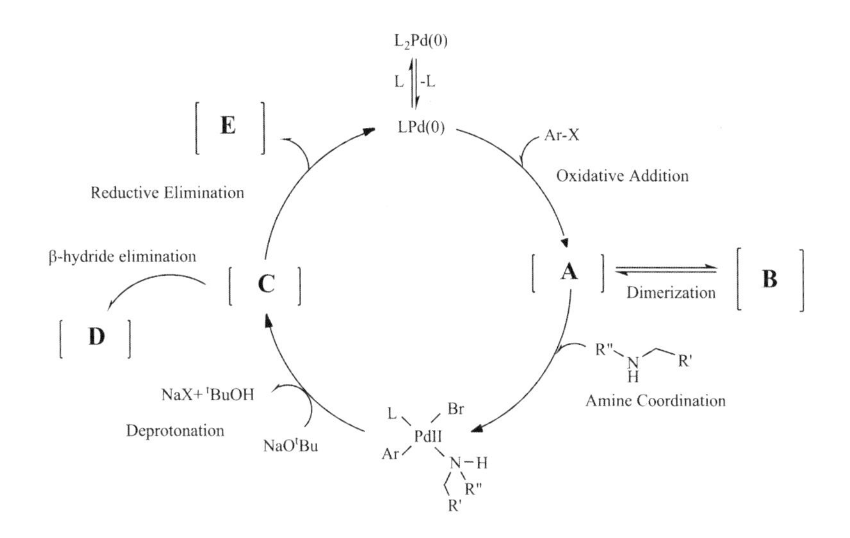

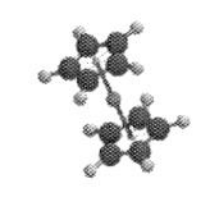

10.26 烯屬烴插入金屬—烷基的步驟是使小分子形成大分子的重要步驟，算是一種聚合反應。使用早期金屬 (Early Transition Metals) 當催化劑存在下，聚合反應產生高分子量聚合物；而以晚期金屬 (Late Transition Metals) 當催化劑存在下，聚合反應產生低分子量的寡聚合物。說明之間的差異。

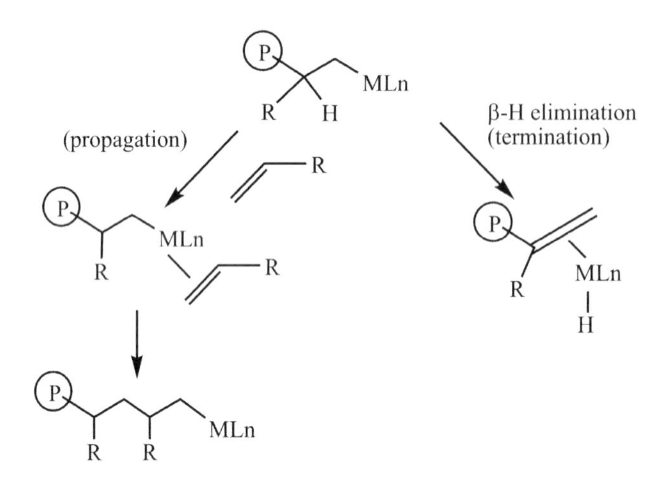

10.27 實驗發現，烯屬烴插入金屬—氫基 (M-H) 的速率快於插入金屬—烷基 (M-R) 的速率 ($L_nM\text{-}H >> L_nM\text{-alkyl}$, $k_H/k_{Et} = 10^6\text{-}10^8$ in Co^{III} and Rh^{III} systems)。根據下圖說明烯屬烴插入金屬—烷基的步驟，是一種動力學控制反應 (Kinetic Control Reaction) 的結果。

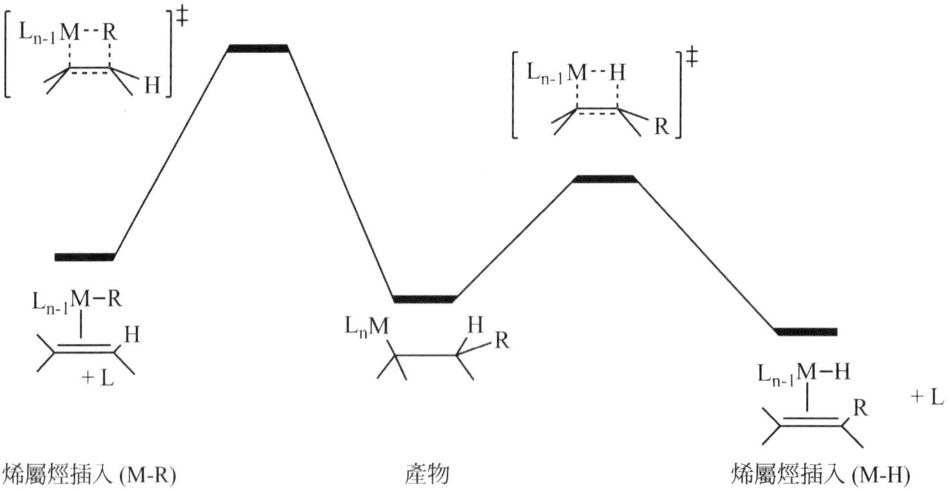

烯屬烴插入 (M-R)　　產物　　烯屬烴插入 (M-H)

10.28 下面的實驗觀察結果稱為 Trost 合環異構化 (Trost Cycloisomerization)，請提出適當的反應的機制來解釋實驗結果。

cat $Pd_2(dba)_3.CHCl_3$
PPh_3, LiCl, CO,
THF/H_2O, Δ

10.29 有兩個可能的反應的機制可以用來解釋下面稱為 Trost 合環異構化 (Trost Cycloisomerization) 的實驗觀察結果。請將下面反應機制的空格填滿中間產物。

$L_nPd(II)$

(a) Reductive Coupling（還原耦合）

insertion
β-H^1
β-H^2
red. elim.

(b) H-Pd-X Pathway（H-Pd-X 路徑）

HPdX
insertion
β-H^1 red. elim.
β-H^2 red. elim.

10.30 利用以下起始物進行<u>合環交換反應</u> (Ring-Closing Metathesis, RCM)。哪些是目標產物及不必要的副產物？

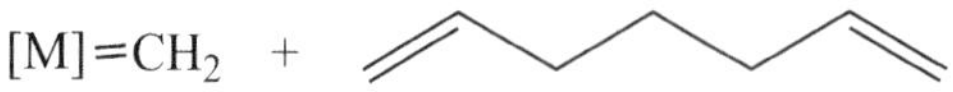

$[M]=CH_2$ +

10.31 利用以下起始物進行<u>合環交換聚合反應</u> (Ring-Opening Metathesis Polymerization, ROMP)。寫出哪些是目標產物及不必要的副產物？

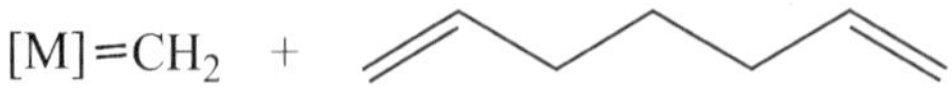

$[M]=CH_2$ +

10.32 利用以下起始物進行<u>交錯交換反應</u> (Cross Metathesis Process)。目標產物為何？

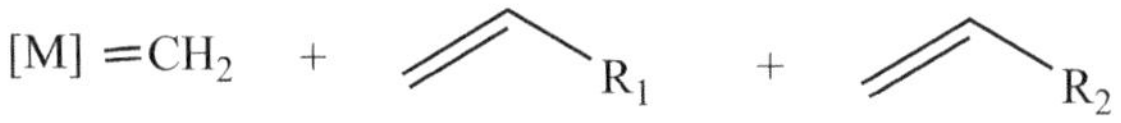

$[M]=CH_2$ + R_1 + R_2

10.33 利用以下起始物進行<u>交錯交換反應</u> (Cross Metathesis Process)。哪些是目標產物？

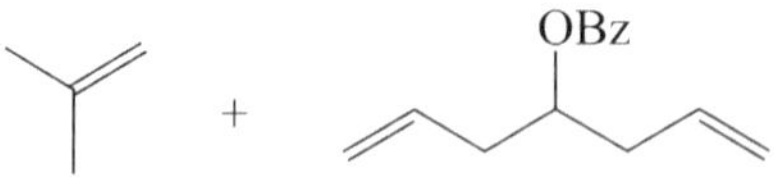

+ OBz

10.34 Hartwig 的研究發現下面反應進行<u>氧化加成</u> (Oxidative Addition) 及<u>還原脫去</u> (Reductive Elimination) 步驟。

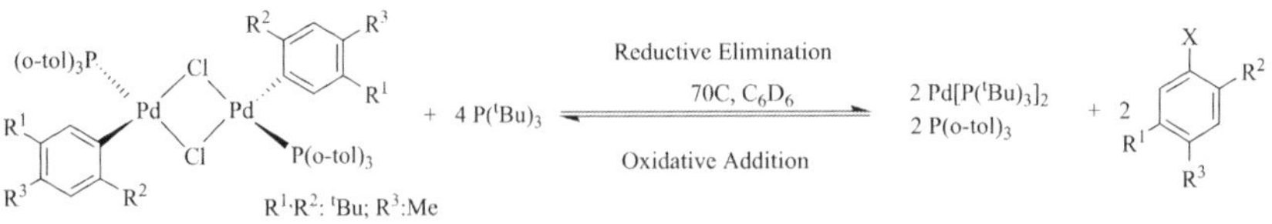

(o-tol)$_3$P, Cl, Pd, Pd, Cl, P(o-tol)$_3$, R^1, R^2, R^3 + 4 P(^{t}Bu)$_3$ ⇌ (Reductive Elimination, 70C, C_6D_6 / Oxidative Addition) 2 Pd[P(^{t}Bu)$_3$]$_2$, 2 P(o-tol)$_3$ + 2 (X, R^1, R^2, R^3)

R^1-R^2: ^{t}Bu; R^3:Me

經過動力學的詳細檢查之後，反應機制被提出如下。{A. H. Roy, J. F. Hartwig, *J. Am. Chem. Soc.,* **2001**, *123*, 1232}.

$R^1 \cdot R^2$: ${}^tBu$; R^3:Me

這反應機制可被簡化如下。

$$\mathbf{A} \underset{k_{-1}}{\overset{k_1}{\rightleftharpoons}} \mathbf{B} + \mathbf{C} \quad \text{-------------------} \quad \mathbf{(1)}$$

$$\mathbf{C} + \mathbf{D} \xrightarrow{k_2} \mathbf{E} \quad \text{-------------------} \quad \mathbf{(2)}$$

$$\mathbf{E} \xrightarrow{k_3} \mathbf{F} + \mathbf{G} \quad \text{-------------------} \quad \mathbf{(3)\ (r.d.s.)}$$

$$\mathbf{F} + \mathbf{G} + 2\,\mathbf{D} \xrightarrow{k_4} \mathbf{H} + 1/2\,\mathbf{A} + 2\,\mathbf{I} \quad \text{---------} \quad \mathbf{(4)}$$

(a) 應用穩定狀態趨近法 (Steady-State Approximation) 導出反應速率定律式。把你的結果與下列實驗數據比較。 [提示：穩定狀態趨近法 (Steady-State Approximation) 只能應用在中間產物 (Intermeiate) 上，d[I]/dt = 0。]

$$\text{rate} = k_{obs}[\text{dimer}]$$

$$k_{obs} = \frac{k_1 k_2 [P(t\text{-}Bu)_3]}{k_{-1}[P(o\text{-}tol)_3] + k_2[P(t\text{-}Bu)_3]}$$

$$\frac{1}{k_{obs}} = \frac{k_{-1}[P(o\text{-}tol)_3]}{k_1 k_2 [P(t\text{-}Bu)_3]} + \frac{1}{k_1}$$

(b) 根據此速率定律式判斷，預測增加 $P({}^tBu)_3$ 對系統反應速率的影響。

(c) 同上，預測增加 $P(o\text{-}tol)_3$ 對系統反應速率的影響。

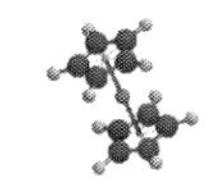

10.35 以金屬碳醯 (Metal Carbene, [M] = CHR) 為催化劑，由所提供的起始物來預測合環反應的產物。

(a) 　　(b) 　　+　　(c) 　　+

10.36 定義合環交換反應 (Ring-Closing Metathesis, RCM)，並填滿下面空格。

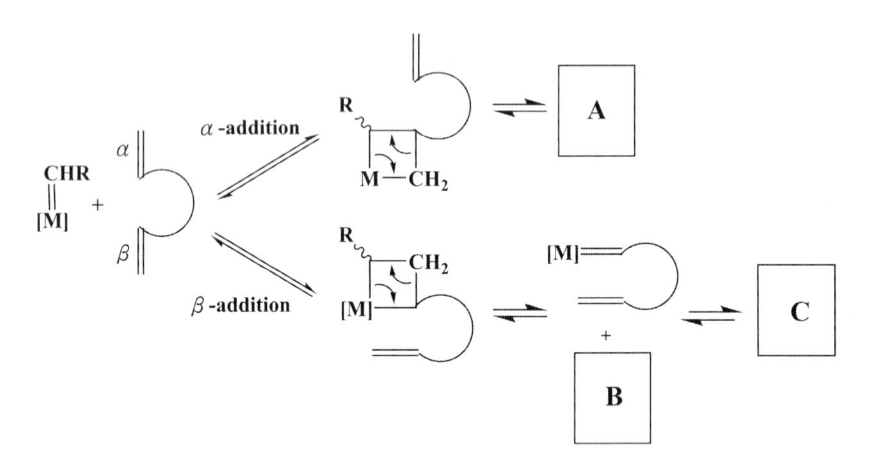

10.37 (a) 尋找適當的催化劑及方法完成下述反應。並寫出反應機制。

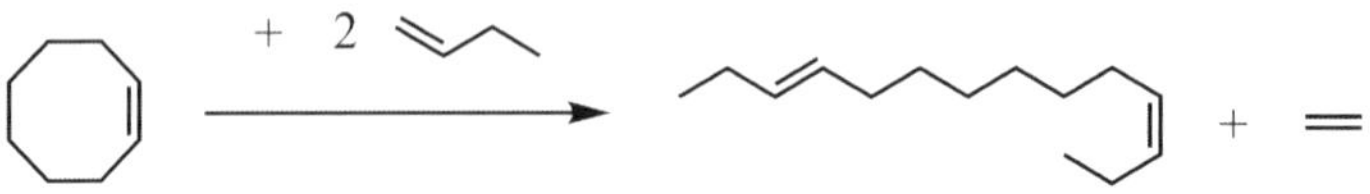

+ 2　　　　+

[提示：這反應也許經由直接或半套交換反應 (Metathesis) 步驟，如下圖示]

(b) 寫出可能的副產物。

10.38 寫出下述各反應的穩定產物。

(a) $NaMn(CO)_5 + CH_2 = CH\text{-}CH_2C1 \rightarrow$

(b) $Cp(CO)_2Fe\text{-}CH_3 + CO \rightarrow$

(c) 繪出有機產物結構

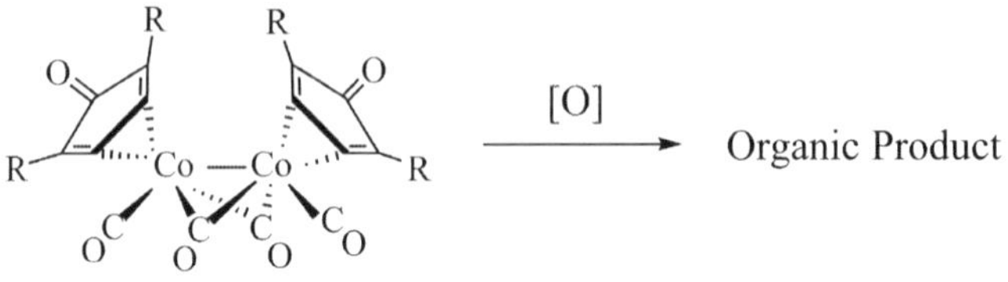

R　O　Co — Co　C　O　[O]　Organic Product

(d)、(e) 繪出有機或有機金屬化合物產物結構

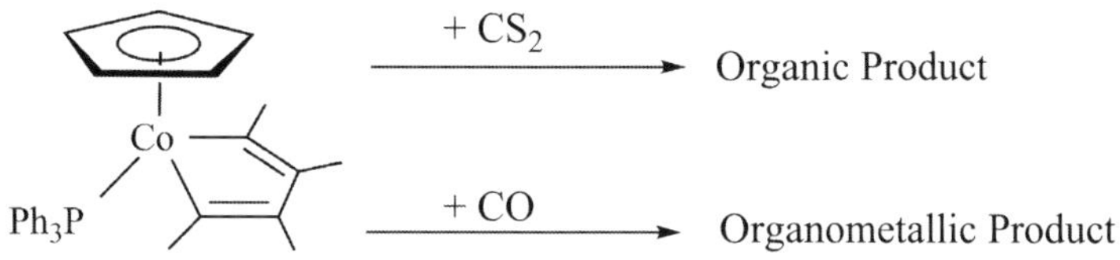

Co
Ph_3P
$+ CS_2$ → Organic Product
$+ CO$ → Organometallic Product

10.39 在下面的金屬環化物 (Metallacycle) 中，苯環取代基藉由異構化 (Isomerization) 機制交換位置。在沒有任何其他外加物存在的情形下，寫出從左到右異構化的反應機制。從反應機制的難易度來預測異構化的速率快或慢。

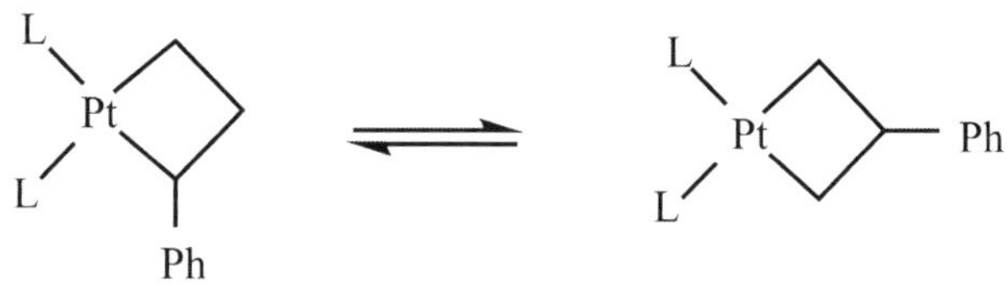

L, L, Pt, Ph ⇌ L, L, Pt, Ph

10.40 (a) 提出兩個常被引用的反應的機制用來解釋下面的實驗觀察結果。(b) 如果執行氘同位素 (^2D) 實驗，產物為何？

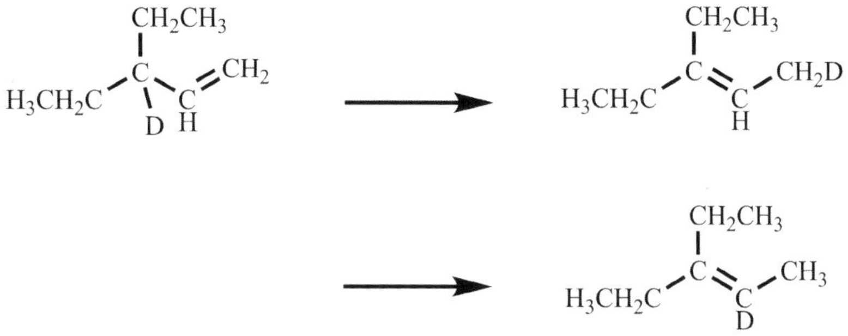

CH_2CH_3, H_3CH_2C, C, D, C, H, CH_2 → CH_2CH_3, H_3CH_2C, C, C, H, CH_2D

→ CH_2CH_3, H_3CH_2C, C, C, D, CH_3

10.41 以 Schwartz 試劑 (Schwartz's Reagent, $Cp_2ZrCl(H)$) 為催化劑，可將不同雙鍵位置的烯類化合物催化成雙鍵轉移到最端點位置的烯類。請說明之。

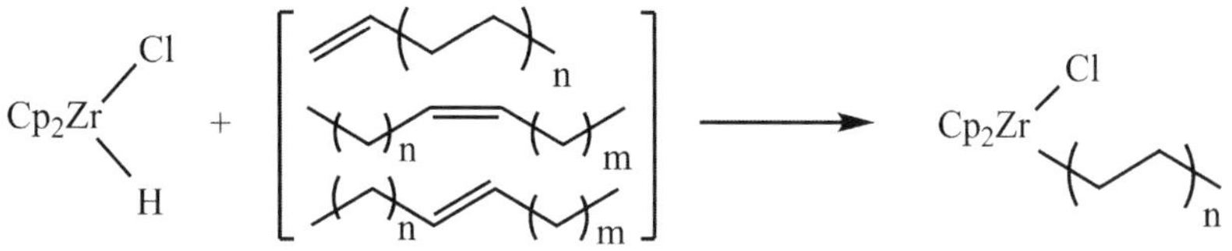

Cp_2Zr(Cl)(H) + [n; n, m; n, m] → Cp_2Zr(Cl) n

10.42 以下為合環雙聚化反應 (Cyclodimerization) 反應的機制，請將下面的空格填滿反應中間產物。

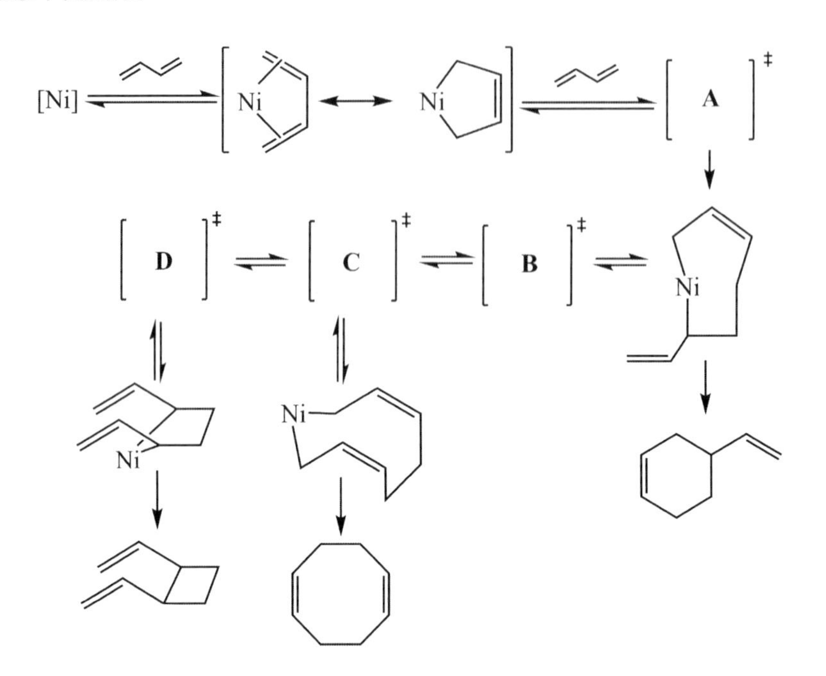

章節註釋

1. 永續化學 (Sustainable Chemistry) 或綠色化學 (Green Chemistry) 的主要概念是認為地球資源有限，提倡「減少廢棄物、降低毒害、節省能源」的理性精神。意圖將傳統上似乎是「帶來污染的化學」轉變為「對環境友善的化學」。
2. 美國環保署 (EPA) 的 Paul T. Anastas 博士和波士頓麻州大學的 John C. Warner 教授著有 *Green Chemistry: Theory and Practice* (Oxford University Press, **1998**.) 一書。書中列出「永續化學」的 12 個原則，現已為化學界普遍接受。第 9 條為「優先考慮以觸媒、且選擇性盡量高的試劑進行反應。」
3. (a) George W. Parshall, Steven D. Ittel, *Homogeneous Catalysis: The Applications and Chemistry of Catalysis by Soluble Transition Metal Complexes*, John Wiley & Sons, 2nd Ed., **1992**. (b) Matthias Beller, Carsten Bolm Ed., *Transition Metals for Organic Synthesis: Building Blocks and Fine Chemicals*, Wiley-VCH, **2004**; 2nd Ed., two-volume set. (c) Roderick Bates, *Organic Synthesis Using Transition Metals*, Wiley, 2nd Ed., **2012**.
4. (a) D. S. Breslow, R. F. Heck, *Chem. Ind.,* (London), **1960**, 467. (b) R. F. Heck, D. S. Breslow, *J. Am. Chem. Soc.*, **1961**, *83*, 4023.
5. 「從 1950 年代初期開始，含鈷金屬的催化劑就是工業上氫醯化反應的主要推動力。」(Cobalt catalysts have been the workhorses in industrially applied hydroformylation processes since the early 1950s.) -- B. Cornils, W. A. Herrmann, *Applied Homogeneous Catalysis with Organometallic Compounds*, Wiley, **2002**, 69.
6. 所謂一碳化學 (C1 Chemistry) 是利用含一個碳的大宗原料素材化合物如 CH_4、CO 或水煤氣 (CO/H_2) 為起始物進行的反應大量工業生產方法。
7. 複分解反應 (Metathesis) 的字源是從希臘字 meta（交換）及 tithenai（位置）而來，正可以說明它的涵義。
8. 諾貝爾獎網站 http://www.nobelprize.org/。在諾貝爾獎頒獎典禮上的演講稱這類型反應為「交換舞伴」。
9. 尼龍 -66 的發明者為美國杜邦公司的卡羅瑟斯 (Wallace H. Carothers, 1937~1986)，是一位畢業於 MIT 的優秀的化學家。可惜，卡羅瑟斯患有嚴重的憂鬱症，不到 60 歲即厭世自殺。
10. 以鈀金屬當催化劑的反應非常多。可參考：Jiro Tsuji, P*alladium Reagents and Catalysts: New Perspectives for the 21st Century*, John Wiley & Sons, Ltd., **2004**.

中英名詞對應表

σ-, π-, δ-Bond	σ-, π-, δ- 鍵
α-Hydrogen Elimination	α- 氫離去步驟
β-Hydride Elimination	β- 氫陰離子離去步驟
β-Hydrogen Elimination	β- 氫離去步驟
κ-(Kappa) Notation	雙向牙基以何原子接金屬的符號
π-Backbonding	π- 逆鍵結
18-Electron Rule	十八電子律
Ab initio Method	初始法電算方式
Activation	活化反應
Actinides	錒系元素
Active Species	活性物種
Addition Reaction	加成反應
Agostic Bonding	抓氫作用鍵結模式
Agostic Interaction	α- 碳上氫原子被金屬吸引作用
Air-sensitivc Compound	對空氣敏感化合物
Ambi-dentate Ligand	雙向牙基
Amination	胺化反應
Arachno	蜘蛛狀架構
Antibonding Orbital	反鍵結軌域
Arduengo Carbene	Arduengo 碳醯
Aromaticity	芳香族性
Arylation	苯基化
Associative Mechanism	結合反應機制
Asymmetric Synthesis	不對稱合成
Atom Economy	有效率使用原子
Backbonding	逆鍵結
Banana Bond	彎曲型（香蕉鍵）化學鍵

- Barycenter 能量中線
- Bend Metallocene 彎曲的金屬辛
- Berry Pseudorotation Berry 旋轉機制
- Bimetallic Compound 雙金屬化合物
- BINAP 一種具旋光性雙磷配位基
- Bond Energy (Bond Enthalpy) 化學鍵能
- Bond Length 化學鍵長
- Bond Order 化學鍵次
- Bonding Orbital 鍵結軌域
- Boranes 硼化物
- Borazine 環硼氮烷
- Boron 硼
- Boron Neutron Capture Therapy 硼中子捕捉治療法
- Boronic Acid 硼酸化合物 ($RB(OH)_2$)
- Buchwald Amination 包可華胺化反應
- Buchwald's Ligand 包可華配位基
- C1 Chemistry 一碳化學
- C1 Synthetic Building Block 一碳合成基材
- Cannula Technique 插針技術
- Carbene 碳醯（碳烯）
- Carbon Dioxide 二氧化碳
- Carbonyl Metal 羰基金屬
- Carbonylation 羰基化
- Carbyne 碳炔
- Catalysis 催化反應
- Catalytic Reaction 催化反應
- Catalyst Precursor 催化劑前驅物
- C-C Activation C-C 鍵活化
- C-C Coupling C-C 鍵耦合
- C-H Activation C-H 鍵活化
- Charge Transfer (CT) 電荷轉移
- Chemical Shift 化學位移

- Chemoselectivity　化學位向選擇性
- C-Heteroatom Coupling　C-X 鍵耦合
- Chiral Ligand　具旋光性配位基
- Chirality　旋光性（掌性）
- *Cis* Effect　鄰邊效應
- Cisplatin　*cis*-$PtCl_2(NH_3)_2$
- *Closo*　籠狀結構
- *Closo*-Borane　籠狀硼烷化合物
- Cluster　群簇，叢化物
- CO Activation　一碳化碳活化
- CO_2 Activation　二碳化碳活化
- CO_2 Hydrogenation　二碳化碳氫化
- CO_2 Insertion　二碳化碳插入
- Coal Gasification　煤炭氣化
- Coalescence　合併溫度區（崩解溫度）
- Cobalt Carbonyl　羰基鈷金屬化合物
- Cobaltocene　鈷辛化合物
- Cobaltocenyl　鈷辛離子
- Computational Chemistry　計算化學
- Cone Angle(Θ)　錐角
- Coordination Chemistry　配位化學
- Coordination Compound　配位化合物
- Coupling　耦合
- Coupling Constant　耦合常數
- Coupling Reaction　耦合反應
- Cross-coupling Reaction　交叉耦合反應
- Crystal Field Stabilization Energy (CFSE)　結晶場穩定能量
- Cyclometallation　金屬環化反應
- Cyclopentadiene　環戊二烯
- Cyclopentadienyl　環戊二烯離子（基）
- Dative Bond　配位共價鍵
- Decarbonylation　去羰基化

- Degenerate (Degeneracy) 簡併狀態
- Delocalization 非定域化
- Density Functional Theory (DFT) 密度泛函數理論
- Dewar-Chatt-Duncanson Model (DCD) 杜瓦—查德—鄧肯生模型
- Diastereoselectivity 非鏡像選擇性
- Diels-Alder Reaction Diels-Alder 反應
- Dimetallic Compound 雙金屬化合物
- DIOP 一種具旋光性雙磷配位基
- DIPAMP 一種具旋光性雙磷配位基
- Diphosphine Ligand 雙牙磷基
- Dissociative Mechanism 解離反應機制
- Dynamic Processes (NMR) 分子動態行為
- Early/Late Transition Metal 早期金屬及晚期金屬
- Eclipsed or Staggered 掩蔽式或間隔式
- Effective Atomic Number 有效原子數 (EAN rule)
- Effective Nuclear Charge 有效核電荷
- Electron Affinity 電子親和力
- Electron-deficient Compound 缺電子化合物
- Electronagtivity 電負度
- Electroneutrality Principle 電中性原理
- Electronic vs. Steric Effect 電子效應及立體障礙因素
- Elimination 離去步驟
- Enantiomer 鏡像異構物
- Enantiomeric Excess (e.e.) 鏡像超越值
- Enantioselectivity 鏡像選擇性
- Epoxidation 環氧化
- EPR 電子順磁共振光譜
- Extended Hückel Method 早期一種半經驗式量子化學計算方法之一
- Feedstock 大宗加工原料
- Ferrocenium 二茂鐵辛正離子
- Ferrocene 二茂鐵辛

- Ferrocenyl　二茂鐵辛離子
- Ferromagnetism　鐵磁性
- Fischer Carbene Complex　費雪碳醯錯合物
- Fischer Carbyne Complex　費雪碳炔錯合物
- Fischer-Tropsch Reaction　費雪－特羅普希反應
- Fixation of CO_2　二氧化碳固定
- Fixation of N_2　氮氣固定
- Flexibility　分子彈性
- Fly-over Ligand　類似架橋的鏈狀配位基
- Fluxional　流變現象
- Fourier Transform　傅立葉轉換
- Fragment Orbital　基團軌域
- Free Inductive Decay (FID)　自由感應衰減
- Friedel-Crafts Acylation　Friedel-Crafts 醯基化反應
- Frontier Orbital　前緣軌域
- Grignard Reagent　格林納試劑
- Group Orbital　群組軌域
- Grubbs' Catalyst　格拉布催化劑
- H_2 Activation　氫氣活化
- Haber Process　哈伯法
- Half-sandwich Complex　半三明治化合物
- Hard and Soft Acids and Bases, HSAB　硬軟酸鹼
- Hardness　硬度
- Heck Reaction　Heck 反應
- Hemilabile Ligand　半穩定配位基
- Heterocycles　異核原子環化物
- Heterogeneous Catalysis　非均相催化反應
- High Spin　高自旋狀態
- HOMO-LUMO Gap　HOMO-LUMO 能階差
- Homogeneous Catalysis　均相催化反應
- Hund's Rule　罕德定則
- Hybridization　混成

- Hydroboration　硼氫化反應
- Hydroformylation　氫醯化反應
- Hydrogen Bonding　氫鍵
- Hydrogenation　氫化反應
- Icosahedral Structure　正二十面體結構
- Imidazol-2-ylidene　1,3- 雙（2,6- 二異丙基苯基）咪唑 -2- 烯
- Imidazoliumm Ion　咪唑離子
- Indenyl Effect　茚基效應
- Inductive Effect　誘導效應
- Inhibitor　抑制劑
- Inorganometallic Chemistry　無機金屬化學
- Insertion　插入反應
- Interchange Mechanism　交換反應機制
- Isotope Labeling　同位素標記
- Isolobal Analogy　軌域瓣類比（等翼對等）
- Isomerization　異構化
- Josiphos　一種 Buchwald 型態磷基
- Kinetic Control Reaction　動力學控制反應
- Kinetic Lability　動力學不穩定
- Kumada Reaction　Kumada 反應
- Labile　動力學不穩定
- Labilizing Ligand　使對面配位基容易解離的配位基
- Lability　動力學不穩定
- Lanthanides　鑭系元素
- Lanthanide Contraction　鑭系收縮
- Late transition Metal　晚期過渡金屬元素
- LCAO-MO　將原子軌域做線性組合成分子軌域
- L-Dopa　具有旋光性胺基酸
- Lewis Acid & Base　路易士酸鹼
- Lewis Structure　路易士結構
- Ligand　配位基
- Ligand Exchange　配位基交換

- Ligand Field Theory 配位場論
- Ligand-Metal Charge Transfer 配位基金屬電荷交換
- Ligand Substitution Reaction 配位基取代反應
- Localization 定域化
- Metal Carbonyl 含羰基金屬化合物
- Metal Cluster 金屬群簇
- Metal Hydride 金屬氫化物
- Metalation 金屬化
- Metallacarborane 金屬碳硼化物
- Metallacycle 金屬環化物
- Metallocene 金屬辛
- Metal-Metal Bond 金屬—金屬鍵
- Metathesis 交換反應
- Metathesis Catalyst 交換反應催化劑
- Methane Activation 甲烷活化
- Methanol from Synthesis Gas 從合成氣製造甲醇
- Migration 轉移步驟
- Migratory Insertion 轉移插入步驟
- Mixed Metal Cluster 混金屬群簇
- Mixed Valence 混價
- Mobil Methanol to Olefin Process Mobil 從甲醇製造烯類步驟
- Moisture-sensitive Compound 對水氣敏感化合物
- Molecular Orbital Theory 分子軌域理論
- Mond Process 蒙德法
- Monsanto Acetic Acid Process 孟山都醋酸合成反應步驟
- Monsanto L-Dopa Process 孟山都 L-Dopa 合成反應步驟
- Multi-centered Bond 多中心鍵
- Multi-decker Sandwich Complex 多層三明治化合物
- Multiple Bond 多重鍵
- Natural Gas 天然氣
- Negishi Coupling Negishi 耦合反應
- Neutron Diffraction Method 中子晶體繞射法

- N-Heterocyclic Carbene (NHC) 氮異環碳醯
- Nickelocene 鎳辛
- *nido* 巢狀架構
- Nitro Compound 含硝基的化合物
- Nitrogenase 固氮酵素
- NMR 核磁共振光譜
- NO Ligand 一氧化氮配位基
- Noble-gas Rule 鈍氣組態規則
- NORPHOS 一種具旋光性雙磷配位基
- Noyori Catalyst Noyori 催化劑
- Octet Rule 八隅體規則
- Olefin Isomerization 烯類異構化
- Olefin Metathesis 烯烴複分解反應
- Olefin Oxidation 烯類氧化
- Olefin Polymerization 烯類聚合
- Olefin-TM Complex 烯類—金屬錯合物
- Open Metallocene 兩 Cp 環不平行的金屬辛
- Optical Activity 光學活性
- Organoboron Hydride 有機硼氫化物
- Orthometallation 鄰位金屬環化反應
- Oxidative Addition 氧化加成
- Oxidative Coupling 氧化耦合
- Oxo Synthesis 同 Hydroformylation
- Pauli Principle 庖立不互容原理
- Pauson-Khand Reaction 包生—韓德反應
- Pentamethylcyclopentadienyl (Cp*) 五甲基環戊二烯基離子
- Phosphine Ligand 磷基配位基
- Piano Stool 鋼琴腳蹬型狀
- Pincer 鉗狀或螯狀
- Planar Chirality 平面掌性異構化
- Poly-decker Sandwich Complex 多層三明治化合物
- Pre-catalyst 催化劑前驅物

- Promoter 加速劑
- Pseudo-rotation 擬似分子內配位機轉換機制
- Pyridine 吡啶
- Quadrupole Bond 四重鍵
- Quantum Chemistry Calculation 量子化學計算
- Rare-earth Metal 稀土金屬元素
- Redox Reagent 氧化還原試劑
- Reductive Cleavage 還原裂解
- Reductive Coupling 還原耦合
- Reductive Elimination 還原離去步驟
- Regioselectivity 位向選擇性
- Relaxation Time 鬆弛時間
- Ring-Closing Metathesis 合環交換反應
- Ring Current Effect 環電流效應
- Ring-Opening Metathesis (ROM) 開環交換反應
- Ring-Opening Polymerization (ROP) 開環聚合反應
- Rocket Fuel 火箭燃料
- Sandwich Complex 三明治化合物
- Schhwartz Reagent Schhwartz 試劑
- Schlenk Technique Schlenk 合成技術
- Schlenk Tube Schlenk 反應管
- Schrock Carbene Complex Schrock 碳醯化合物
- Schrock Carbyne Complex Schrock 碳炔化合物
- Schrock Catalyst Schrock 催化劑
- Secondary Phosphine Oxide Ligand (SPO) 二級氧化磷基配位基
- Selection Rule 選擇律
- Selectivity 選擇性
- Semi-empirical Calculation 半經驗式電算法
- Spectator Ligand 旁觀者配位基
- Sharpless Epoxidation of Allylic Alcohol Sharpless 丙烯醇環氧化反應
- Shell Higher Olefin Process (SHOP) Shell 烯類鍵增長反應
- Side-on Coordination 兩鄰邊配位

• Skeletal Bonding Electron	骨架鍵結電子對
• Skeletal Electron Pairs Theory (SEP)	骨架電子對理論
• Skeletal Electron Theory	骨架構鍵結電子對理論
• Slipped Sandwich	滑邊三明治化合物
• Solid State NMR	固態核磁共振光譜
• Sonogashira Reaction	Sonogashira, 耦合反應
• Spectrochemical Series	光化學強度排序
• Spectroscopic Method	光譜儀器方法
• Steric Effect	立體障礙效應
• Stereochemically Nonrigidity	立體化學的非剛性
• Stereochemically (In) equivalent	立體化學是（不）等同
• Steroselectivity	立體位向選擇性
• Still Coupling	Still 耦合反應
• Stoichiometric	化學計量
• Styx Theory	利普斯康的 styx 理論
• Supported Catalyst	附在載體上的催化劑
• Suzuki Reaction	Suzuki 耦合反應
• Symbiotic Effect	共生現象
• Symmetry-Adapted Linear Combination	對稱組合
• Symmetry Forbidden	對稱上不允許的反應
• Synergistic Bonding	互相加強鍵結
• Synthesis Gas	合成氣
• Template Effect	模板效應
• Thermodynamic Stability	熱力學穩定
• Three Centers/Two Electrons Bond	三中心／二電子鍵
• Tilt Angle	傾斜角
• Titanocene Dichloride	Cp_2TiCl_2；二氯化二茂鈦
• *Trans* Effect	對邊效應
• Transmetallation	交換金屬反應
• Turnover Frequency (TOF)	觸媒催化轉換率
• Turnover Number (TON)	觸媒催化轉換數
• Two Phase Catalyst	兩相催化劑

- Two Phase Process　兩相中執行的反應步驟
- Uranocene　鈾辛
- Urea　尿素
- Valence Bond Theory　價鍵軌域理論
- Valence Electron　價電子
- Valence Orbital　價軌域
- Valency　價數
- Variable Temperature NMR　變溫 NMR
- VSEPR Model　價軌層電子對斥力理論
- Wacker Process　Wacker 烯屬烴氧化反應
- Wade's Rule　韋德多面體架構電子對理論
- Water-Gas-Shift Reaction (WGSR)　水煤氣轉移反應
- Wilkinson's Catalyst　威金森催化劑
- Wittig Reaction　Wittig 反應
- X-ray Diffraction　X- 光晶體繞射法
- Ziegler-Natta Reaction　齊格勒—納塔反應
- Zincocene　鋅辛

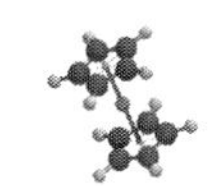

國家圖書館出版品預行編目（CIP）資料

有機金屬化學 / 洪豐裕作 . -- 初版 . -- 臺中市：興大出版；新北市：華藝數位發行，2015.01
面；　公分
ISBN 978-986-04-3583-2(平裝)
1. 有機金屬化合物 2. 有機化學

346.6　　103025517

有機金屬化學

作　　者／洪豐裕
總 編 輯／官大智
責任編輯／古曉凌、謝佳珊、黃俊升、李萌蘭
美術編輯／林玫秀
封面圖片／洪豐裕
版面編排／陳思政

發 行 人／李德財
總 經 理／鄭學淵
經　　理／范雅竹
發　　行／楊子朋
出　　版／國立中興大學
　地址：402 台中市南區國光路 250 號
　電話：(04)2284-0291　傳真：(02)2287-3454
　服務信箱：press@nchu.edu.tw
　華藝學術出版社（Airiti Press Inc.）
　地址：234 新北市永和區成功路一段 80 號 18 樓
　電話：(02)2926-6006 傳真：(02)2923-5151
　服務信箱：press@airiti.com
發　　行／華藝數位股份有限公司
　戶名（郵政／銀行）：華藝數位股份有限公司
　郵政劃撥帳號：50027465
　銀行匯款帳號：045039022102（國泰世華銀行　中和分行）
法律顧問／立暘法律事務所　歐宇倫律師
ISBN ／ 978-986-04-3583-2
DOI ／ 10.6140/AP. 9789860435832
GPN ／ 1010400014
出版日期／2015 年 1 月初版
定　　價／新台幣 450 元
總 經 銷／全華圖書股份有限公司
　地址：23671 新北市土城區忠義路 21 號
　電話：(02)2262-5666 傳真：(02)6637-3696
　網址：www.opentech.com.tw
　服務信箱：service@chwa.com.tw
　劃撥帳戶：0100836-1